How It Began: A Time-Traveler's Guide to the Universe
Copyright ©2012 by Chris Impey
Korean translation copyright ©2012 by Sigongsa Co., Ltd.
All rights reserved.
This Korean edition published by arrangement with W. W. Norton & Company, Inc., New York,
through Duran Kim Agency, Seoul

이 책의 한국어판 저작권은 듀란킴 저작권 에이전시를 통해 저작권자와 독점 계약한 시공사에 있습니다.
저작권법에 의해 한국 내에서 보호를 받는 저작물이므로 무단 전재와 복제를 금합니다.

세상은 어떻게 시작되었는가

크리스 임피 지음 · **이강환** 옮김

시공사

| 서문 |

나는 미로 속의 미로를 생각했다. 과거와 미래, 그리고 별까지 어찌
이어지는 복잡한 미로를.
_ 호르헤 루이스 보르헤스

우리는 어디에서 왔을까? 바쁜 일상생활 속에서도 가끔씩 자연스럽
게 떠오르는 의문이다. 물론 부모님과 선조들의 유전자를 물려받았다
는 사실은 잘 알고 있고, 어느 지역에서 태어났는지 쉽게 대답할 수 있
지만 그다음부터는 대답하기 어려워진다.

우리는 경계를 점점 넓히면서 '우리'에게로 향하는 여행을 해볼 수
있다. 지구는 태양과 다른 행성들과 함께 하나의 기체 구름이 수축되어
만들어졌다. 45억 년이 넘는 우리의 기원에 대한 이야기에는 수 세대
에 걸친 별들의 중심을 여행하면서 격렬한 핵반응을 통해 융합된 수많
은 원자들의 이야기가 포함되어 있다. 이것은 오랜 여행 끝에 결국 모
여 우리를 만들어낸 수많은 빛들과 그보다 더 많은 원자들의 여행에 대

한 이야기다.

더 큰 다음 무대는 우리은하라고 불리는 별들의 도시, 그리고 우리가 볼 수 있는 우주 안에 있는 수천억 개의 별들의 도시다. 우리은하는 전혀 특별하지 않고, 지구라고 불리는 비옥한 행성을 만들어낸 과정 역시 특별하지 않다는 사실을 고려해보면, 각각의 은하에는 수십억 개의 생명이 살 수 있는 세계가 있을 것이고, 수없이 많은 생물학적인 실험들이 이루어졌을 것이라고 생각할 수 있다. 광대한 우주는 우리가 이 우주에서 유일한 존재인지 알아보는 데 도전하게 만든다.

어둠 속에서 조용히 멀어져가는 은하들은 우주가 더 작고, 뜨겁고, 조밀했던 시절을 가리키고 있다. 우주에 있는 모든 것—모든 사람들, 모든 행성들, 모든 별들, 모든 은하들—은 빅뱅에서 만난다. 우주의 모든 이야기는 무한히 작은 시공간 안에 모인다. 우리의 몸을 이루는 모든 원자들은 무한히 작은 곳에서 다른 모든 원자들과 함께 있었다. 이 창조의 순간은 지금부터 137억 년 전이다.

우주론의 최전선은 빅뱅의 순간에 최대한 가까이 다가가는 모험이다. 우주를 이루는 가장 중요한 두 가지 재료인 암흑물질과 암흑에너지는 아직도 수수께끼고, 우주론 연구자들은 이들을 이해하고 미시물리학의 이론 속에 포함시키기 위해 노력하고 있다. 그런데 우리가 보고 있는 이 풍성한 우주도 다중우주라고 하는 미로 속의 미로의 일부일 뿐이라고 생각하는 사람들도 있다.

  시작하는 곳에서 시작하여 끝까지 가라. 그리고 멈춰라.
  _ 루이스 캐럴

이 책은 이런 의문에 대한 답을 찾는 책이다. 세상은 어떻게 시작되었는가? 지질학적으로 활동적인 지구가 형성 과정에 대한 대부분의 흔적을 지워버리는 것처럼, 끊임없이 변화하는 우주도 형성 과정에 대한 모든 흔적을 지워버린 것처럼 보인다. 빅뱅의 순간을 본 사람이 아무도 없는데 우리는 어떻게 우주의 이야기를 들을 수 있을까?

우주의 고고학은 광대한 우주 공간과 유한한 빛의 속도에 기반하고 있다. 과거를 보고 싶다면 그저 우주 공간을 보기만 하면 된다. 빛은 지구와 태양계를 불과 몇 시간 만에 가로지를 수 있지만 가장 가까이 있는 은하들까지도 수백만 년이 걸리고 멀리 있는 은하들까지는 수십억 년이 걸린다. 천문학자들은 망원경으로 고대의 빛을 관찰하여 별과 은하가 만들어지는 모습을 보고 초기 우주의 특이한 모습을 관찰하는 시간여행자들이다.

이 책의 목표는 우주를 여행하는 시간여행자들의 안내서가 되는 것이다. 이 책은 거리로는 더 멀리 시간적으로는 더 과거로 나아가며 세 부분으로 구성되어 있다. 1부는 가까운 우주를 다룬다. 인류가 지구 이외에 유일하게 발을 디딘 달에서 시작해, 목성과 그 위성들을 지나 우리가 직접 탐험할 수 있으면서 생명체가 존재할 가능성이 있는 태양계의 바깥쪽으로 나아간다. 다음은 가장 가까운 별인 프록시마 센타우리Proxima Centauri다. 지구가 특별한 곳인지 궁금한 천문학자들은 행성이 별을 가리는 현상을 관찰하여 멀리 있는 행성들을 찾았다. 다음으로 우리는 1,000광년 떨어진 오리온성운을 탐험한다. 기체와 먼지 속에서 새로운 별들이 태어나고 있는 곳이다. 마지막 방문지는 우리은하의 중심부이다. 이곳에서는 빛도 중력을 벗어나지 못한다. 심연의 끝은 태양보다 수백만 배 더 큰 질량을 가진 블랙홀이다.

2부에서는 가장 가까운 은하에서부터 첫 번째 별이 등장한 먼 우주까지 탐험한다. 이것은 우리가 볼 수 있는 우주의 99퍼센트와 빅뱅 이후 99퍼센트의 시간을 탐험하는 여행이다. 첫 번째는 우리은하와 너무나도 닮은 안드로메다 은하다. 그리고 암흑물질에 의해 은하들이 묶여 있는 코마 은하단Coma Cluster으로 간다. 이어지는 두 장에서는 은하들이 작은 조각에서 중심부에 거대한 블랙홀을 가진 큰 은하로 자라나는 과정을 살펴본다. 2부는 빛과 생명의 이야기가 시작되는 곳에서 끝난다. 별들이 처음으로 만들어진 시기다.

우리의 탐험은 우주가 막 태어났을 때의 특수한 환경에서 끝난다. 빅뱅 증거의 핵심은 들여다볼 수 없는 안개의 표면을 초단파로 관측한 자세한 아기 우주의 사진이다. 빛은 최대한 빠른 속도로 움직이지만 급격한 팽창을 따라잡지는 못한다. 초기 우주 시대의 증거는 간접적인 것이다. 3부, 빅뱅을 향한 여정에서 우리는 모든 우주가 하나의 핵융합로였던 시기, 순수한 에너지에서 물질이 만들어지던 시기, 자연의 모든 힘들이 하나로 녹아 있던 시기를 살펴본다. 그리고 그 과정에서 우리는 너무나도 조그만 증거들로 우주의 역사를 재구성하는 우주론 연구자들을 만난다. 그들 중에는 아침 식사시간 이전에 여섯 가지의 불가능한 일이 일어났다고 하는 극단적인 가정을 연구하는 사람들도 있다. 마지막으로 우리는 토끼굴이 얼마나 깊은지 살펴본다. 우주의 보이지 않는 차원, 무한한 시간, 그리고 다중우주이다.

이 깨달음의 세계에서 당신의 마음은 별로 가득 찬 우주이다. 당신이 한 발을 내딛으면 수많은 새로운 길들이 명확해진다.
_루미

만일 우주가 생명이 없는 물질들을 움직이는 힘들로만 이루어져 있다면 아무런 흥미가 없을 것이다. 우리들과 유사한(혹 어쩌면 전혀 다른) 지적 생명체의 존재는 우주의 역사에 극적인 긴장을 제공해주는 특별한 요소이다. 우리는 작은 입자들로 이루어져 있으며 거대한 시공간의 일부이지만 두 극단적인 세계를 동시에 인식할 수 있는 존재이기도 하다.

우리는 진화의 과정에서 운 좋게도 원자들이 적절하게 결합하여 만들어진 우연의 산물일까? 아니면 우주의 구조와 밀접한 연관을 가지고 있는 존재일까?

과학자들은 아마도 영원히 이 질문에 대한 답을 찾지 못할 것이다. 하지만 이 책은 개인적인 이야기를 덧붙여 우주를 인간적으로 표현한다. 각 장의 앞뒤에 소개된 글들은 독자들에게 지금 여기에서 출발하여 빅뱅을 향해 다가가는 느낌을 줄 것이다. 극단적인 환경의 초기 우주에서는 감각을 이용한 비유를 할 수 있을 것이다. 보이지도 들리지도 않고 냄새도 맛도 없는 곳에서도 우리는 여전히 우리의 마음으로 우주를 느낄 수 있다.

수년 동안 내가 우주론에 대해 이해하는 것을 도와준 애리조나대학 University of Arizona을 비롯한 여러 곳에 있는 동료들에게 감사의 뜻을 전한다. 이 책에 있는 어떤 오류나, 실수, 혼란도 전적으로 나 개인의 책임이다. 이 책의 초고는 생각하고 글을 쓰는 데 최적의 환경을 갖춘 아스펜물리학센터Aspen Center for Physics에서 쓰여졌다. 이 책과 전작《세상은 어떻게 끝나는가How It Ends》를 노턴Norton의 안젤라 폰 데어 리페Angela von der Lippe와 함께 작업한 것은 큰 즐거움이었다. 나의 경력과 집필을 참을성 있게 관리해주는 안나 고쉬Anna Ghosh에게 감사를 드린다.

| 차례 |

서문 ● 005

**1부
가장
가까운
이웃**

1장 | 태어나면서 이별하다 ● 017
이웃의 바윗덩어리
순수한 광기
우리의 잃어버린 쌍둥이
위대한 모험

2장 | 행성 동물원 ● 041
로봇 메신저
가족을 만나다
깊은 시간
우주의 당구 게임

3장 | 지구 밖 세계 ● 069
별을 만지다
멀리 있는 세계의 발견
태양계 만들기
또 하나의 고향

4장 | 별들의 요람 ● 099
우주의 가마솥
별이 태어나다
동물원 여행
현자의 돌

5장 | 어둠의 끝 • 129
　빛의 도시
　블랙홀
　잃어버린 지평선
　거대한 괴물

2부
멀리 있는
세계

6장 | 섬 우주 • 161
　성운의 본질
　나선 구조
　나선은하 만들기
　거기 누구 없나요?

7장 | 우주의 구조 • 189
　우주의 팽창
　우주 거대구조
　암흑물질
　타원은하 만들기

8장 | 핵의 위력 • 219
　불만스러운 속삭임
　중력엔진
　동물원 방문
　괴물 먹이기

9장 | 은하의 성장 • 245

존재하는 가장 빠른 것
거대한 유리
은하 만들기
빛과 그림자

10장 | 빛과 생명 • 275

최초의 빛
지평선 너머
최초의 생명
우리는 왜 여기에 있을까?

**3부
우주
생명체를
찾아서**

11장 | 빅뱅 • 305

파이어볼
창조의 순간에서 온 초단파
안개가 걷히다
정밀한 우주론

12장 | 백열 • 335

동틀 무렵의 피리 연주자
빅뱅이론의 검증
우주의 재료들
우주의 재창조

13장 | 아무것도 없기보다는 무언가 있는 것 ● 363
물질이란 무엇인가?
표준 모형
물질 만들기
정교한 조정의 흔적들

14장 | 통합과 인플레이션 ● 391
빅뱅을 넘어서
대칭성
인플레이션의 흔적
양자 우주

15장 | 다중우주 ● 421
지식의 한계
모든 것의 이론
이웃의 우주
끝없는 창조

부록　사진 출처 ● 454
주 ● 456

1부

가장 가까운 이웃

1장
태어나면서 이별하다

나는 황량하면서도 아름다운 풍경 속에서 눈을 떴다. 바위들이 흩어져 있는 거친 평야가 눈앞에 펼쳐져 있다. 그 윤곽과 그림자가 날카로운 칼로 새긴 것처럼 뚜렷하다. 언덕은 지평선을 이루고 그 위로는 칠흑같이 까만 하늘이 보인다. 회색의 바위와 흙 사이에서 황토색만이 유일하게 존재한다.

거친 숨소리가 나의 우주복 안에서 울린다. 나의 심장소리가 들린다. 심장소리는 느리며 조금씩 안정된다. 무릎을 굽히자 달의 흙이 부서지는 소리가 들린다기보다는 느껴진다. 마치 설탕을 밟는 느낌이다. 내려다보니 고운 먼지들이 신발에 붙어 있다. 흙 속의 광물들은 밝은 불빛에 빛나는 부서진 다이아몬드 조각처럼 반짝거린다.

또 다른 뭔가가 있다. 발자국들이다. 신발 밑창의 모양이 선명하게 찍혀 있다. 이곳에는 나뿐이다. 지난 40년 동안 이곳을 방문한 사람은 아무도 없다. 하지만 공기가 없는 이곳에서는 그때의 발자국들이 마치 어제 만들어진 것처럼 선명하게 남아 있다.

조심스럽게 중력을 확인해보았다. 살짝만 뛰었는데도 몸이 허리 높이까지 올라간다. 몸을 앞으로 기울여 부드럽게 쓰러지면서 손과 무릎을 짚었다. 깜짝 놀랐다. 우주복에서 공기가 빠져나가는 소리를 들으며 숨을 죽였다. 아무것도 아니다. 어색한 동작으로 일어났다. 조심스럽게 몇 발짝 뗀 다음 큰 걸음을 내딛다가 다시 중심을 잃고 바닥에 쓰러진다. 고운 먼지들이 솟구친다. 너무 부드러워서 마치 가루나 연기처럼 보인다.

나는 수십 년 전 고요의 바다에서 간절히 기다리고 있는 세상으로 보내온 거친 화면을 회상했다. 발을 크게 떼거나 뛰어서는 안 된다. 천천히 살살 걸어야 한다. 팔을 휘저으며 달 위를 부자연스럽게 움직이면서 나는 기쁨의 환호를 질렀다. 마음은 가벼웠다. 당연히 그래야 한다. 여기서 심장의 무게는 50그램도 되지 않으니까.

이웃의 바윗덩어리

38만 킬로미터. 달까지의 거리다. 추측이 아니라 잘 측정된 거리다. 달이 타원 궤도를 돌기 때문에 그 거리가 10퍼센트 정도 달라지기는 하지만, 우리는 달까지의 거리를 오차 1밀리미터 이내로 정확하게 알고 있다. 아마도 당신이 있는 곳에서 가장 가까운 벽까지의 거리나 저녁 식탁에 마주앉은 상대방까지의 거리를 측정하는 것보다 더 정확할 것이다.

어떻게? 아폴로호가 착륙했던 세 지점에는 옷가방 정도 크기의 거울이 놓여 있다(실제로는 거울이 아니라 상자의 모서리를 늘어놓았다). 이 모서리들은 빛을 들어온 방향으로 다시 반사시키는 특징을 가지고 있다. 라켓볼 경기장에서 모서리를 때린 공을 생각하면 될 것이다. 이때 뉴멕시코에 있는 3.5미터 망원경이 거대한 레이저 포인터로 이용된다. 레이저 빛은 달까지 날아가면서 살짝 퍼지기 때문에 광자 3,000만 개 중 1개만이 이 작은 거울에 닿는다. 돌아오는 빛도 역시 퍼지기 때문에 (우연히도) 거울을 떠난 광자들 중에서도 같은 비율만큼만 망원경으로 돌아온다. 1,000조 개의 광자들 중 1개만이 돌아오는 셈이지만 다행히 레이저

빛은 아주 강하기 때문에 많은 광자들을 모을 수 있다. 망원경에서 나온 빛은 엄청나게 짧은 간격으로 달을 '두드리기' 때문에 빛이 돌아오는 시간은 1조 분의 1의 정확도로 측정된다. 빛이 달에 갔다가 돌아오는 시간은 2.5초이고, 우리는 빛의 속도를 알기 때문에 달까지의 거리를 구할 수가 있는 것이다.■1

달은 우리의 긴 여행에서 첫 번째 경유지다. 우주적인 관점에서 보면 달은 지구에서 던져진 돌멩이에 불과하다. 달에서 하늘을 보는 우주비행사들은 지구에서와 거의 똑같은 별자리들을 볼 것이다. 별들은 너무나 멀리 있기 때문에 바로 이웃에 있는 바윗덩어리에서 이들을 보는 것으로는 아무런 변화를 알아차릴 수 없다. 이것은 극장 맨 뒷자리에서 한 좌석 옆으로 옮기는 것과 비슷하다. 달은 너무나 익숙하고 로맨틱한 곳이지만 매우 삭막하고 이국적인 곳이다. 한 숨의 대기도 붙잡아둘 수 없을 정도로 작은 바위여서 표면은 충돌과 우주에서 오는 강력한 방사선에 그대로 노출되어 있다.

이 금단의 영역은 불과 지구 둘레의 10배 떨어진 곳에 있다. 40만 킬로미터라는 거리는 그렇게 다른 세계로 느껴지지 않는다. 많은 사람들이 일생 동안 이 정도 거리는 날아다니고, 또 여행자들이나 사업가들은 몇 년에 한 번씩 날아다니는 거리다. 나도 20년 동안 이 정도 거리의 레저 여행은 다녔고 이제 지겨울 정도가 되었다. 하지만 대부분의 여행은 지구의 표면을 거의 벗어나지 못하고 지구의 강력한 중력에 묶여 있다.

제자리에서 뛰어오르면 아무리 높이 뛰어도 바닥에서 1미터 이상 올라가기 어렵다. 아이들은 높은 곳에 닿기 위해서 의자 위나 다른 사람의 어깨 위에 올라선다. 예를 들어 어깨 위에 계속 사람이 올라간다고 해보자. 중심을 잡는 방법이나 아래쪽에 있는 사람들이 견뎌야 할 무게를 무시한다면 미국 인구 정도는 되어야 달에 닿을 수 있을 것이다. 다른 방법이 필요하다. 답은 고층 건물 크기의 폭죽이다.

수년간의 연구와 자금 지원 끝에 플로리다의 평범한 습지에 거대한 건물이 지어졌다. 건물 안에는 성 바오로 성당이 충분히 들어갈 수 있을 정도다. 낮은 울림과 함께 문이 열리고 발사 탑에 위쪽과 아래쪽이 묶인 거대한 로켓이 서서히 모습을 드러낸다. 이 로켓의 높이는 자유의 여신상 기단에서 횃불까지 높이의 2배다. 이동 차량의 무게는 3,000톤이나 되고 시내버스 4개 크기의 궤도 위를 이동한다. 이 새턴 V 로켓이 5킬로미터 떨어진 39번 발사 장소로 이동하는 데는 5시간이 걸렸다.

발사 과정 동안에는 기묘하게 고요했다. 수증기가 로켓에서 빠져나와 습한 공기 위로 올라갔다. 한 무리의 왜가리들이 머리 위로 날아갔다. 탑재된 액체 연료는 TNT 0.5킬로톤 정도의 폭발력을 가지고 있었다. 작은 핵폭탄 정도의 위력이다.

발사 9초 전, 점화가 시작되었다. 중앙 엔진이 순식간에 점화되었고 바깥쪽 4개로 이어졌다. 그리고 2,000톤의 등유와 액체산소의 도화선이 점화되었다. 북아메리카의 모든 강들의 힘과 맞먹는 추진력이 발생되면서 엔진 노즐에서 흰 연기가 피어올랐다. 발사대에서 2킬로미터 떨어진 곳에 소음과 생생한 열기가 전달되는 데에는 5초가 걸렸다. 로켓의 위력은 소리보다 몸으로 더 잘 느껴졌다. 가슴이 조이고 몸속의 모든 뼈가 뚫리는 느낌이었다. 발사대에서는 4개의 지지대가 분리되고 로켓이 천천히 위로 올라가기 시작했다. 발사 탑을 벗어나는 데 10초가 걸렸다.

엔진에서 나오는 빛은 눈부시게 하얀색이었다. 로켓은 이제 하늘 위로 솟구치고 있다. 1킬로미터 올라갈 때마다 시속 1,000킬로미터씩 빨라지고 있다. 2분 후에는 65킬로미터 높이에서 시속 1만 킬로미터의 속도로 움직였다. 3시간이 지나기 전에 3단계 분리가 끝나고 40톤의 아폴로 8호 몸체는 시속 4만 킬로미터의 속도로 달을 향해 진공 속을 날아가고 있었다.

캡슐 속의 3명은 발사 과정 동안 모두 목숨의 위협을 느끼고 있었다. 새턴 V 로켓은 이전의 기술을 능가했지만 테스트도 되지 않은 것이었다.■2 새턴 V 로켓은 거대한 연료 탱크에 공기방울이 생겨 연소가 불완전하게 되어 순간적으로 힘에 문제가 생겼다. 400만 킬로그램중의 힘은 엄청난 압력과 진동을 만들어낸다. 이후 브리핑에서 빌 앤더스Bill Anders는 '양호한 동작 제어'를 이야기하며 태연한 표정을 유지했지만, 대화에서는 마치 '거대한 사냥개 입 속의 쥐'와 같았다고 이야기했다. 그는 그들의 목숨이 종이 한 장 앞에 놓여 있었다고 생각했다. 한편 경쟁 상대였던 소련의 N-1로켓의 첫 번째 발사는 참혹했다. 로켓과 발사 타워는 완전히 부서졌고 50킬로미터 떨어진 곳의 유리창까지 박살냈던 것이다.

지금까지 살았던 수백억의 사람들 중에서 지구의 중력을 벗어나 다른 세계를 여행해본 사람은 24명에 불과하다. 이것은 아주 특별한 클럽이다.■3

달에 도착한 사람들은 2.5초씩 지연되는 통신을 통해 그들이 오하이오(많은 우주비행사들의 고향)에 있지 않다는 사실을 실감할 수 있었다. 세상에서 가장 빠르며, 지구에서는 너무 빨라 움직이는 것을 미처 알아채기 힘든 빛도 달까지 갔다 오기에는 숨이 가쁘다. 이런 잠깐의 지체는 우주비행사들과 우주비행 관제센터와의 대화를 묘하게 형식적이고 부자연스럽게 만든다. 때문에 우주비행사는 아직 지구의 영향권에서 크게 벗어나지는 못했지만 광활한 우주가 펼쳐진 듯한 느낌을 받는다.

순수한 광기

하늘에 커다랗게 떠 있는 달은 문화에도 큰 영향을 미쳤다. 차고 기우는 모습이 너무나도 잘 보이는 달은 전 세계에서 시간과 문명의 변화를 상징하였다. 이름의 기원은 인도유럽어족의 '측정하다'라는 동사에서 왔다.

인류가 처음으로 만든 도구가 방향을 알려주는 것이라면 인류의 문화는 이야기와 시간 관리에서 시작되었다. 레봄보 뼈Lebombo bone는 29개의

■ 가장 가깝고 인류가 유일하게 방문했던 천체인 달은 40만 킬로미터 떨어져 있으며, 우리 지구에 물리적인 영향뿐만 아니라 인류의 문화에도 큰 영향을 미쳤다.

기호가 새겨진 개코원숭이의 종아리뼈다. 이것은 스위스의 동굴에서 발견되었고 연대는 기원전 3만 5,000년이다.■4 29라는 숫자는 프랑스의 라스코Lascaux에서 발견된 정교한 동굴 그림에서도 발견되는데, 이 그림의 연대는 기원전 1만 5,000년이다. 라스코에 천문학적인 현상이 묘사되어 있다는 데에 대해서는 논쟁의 여지가 없지만, 글자가 없는 문명의 경우에는 항상 그렇듯이 우리는 먼 조상들의 의도를 추측만 할 뿐이다.■5 초기 인류가 달을 시간 표시용으로 이용하고 휴대용 달력 막대기를 만들었을 가능성이 충분히 있다.

인간에게 영향을 미치는 우주 현상으로, 빠르게 변화하는 달의 주기와 생명의 원천이 되는 태양에 의해 생기는 좀 더 느린 계절의 변화 사이에는 항상 긴장관계가 있었다. 중국 철학과 관련이 있는 음과 양의 개념을 생각해보자. 올챙이가 서로 엉켜 있는 듯한 이 낯익은 기호는 기원전 14세기부터 점술에 사용되었다. 이 기호는 자연과 마음의 조화, 우주와 인간의 흐름, 그리고 모든 것의 균형을 상징한다.

양陽은 움직임, 낮, 남성, 그리고 태양과 연관된다. 음陰은 휴식, 밤, 여성, 그리고 달과 연관된다. 이 유명한 음양 기호의 기원은 알 수 없지

■음양 기호는 2,500년 전에 시작된 중국 문화의 오래된 기호이다. 이 모양은 1년 동안 수직으로 세운 막대기가 만드는 그림자를 이용하여 만들 수 있다. 서로 얽혀 있는 어둠과 빛은 달과 태양을 의미한다.

만, 그 모양은 해시계나 수직으로 세운 막대기로 1년간 태양의 그림자를 기록하면 쉽게 만들 수 있다. 중국에서는 원을 지점과 분점, 그리고 북두칠성의 위치에 따라 24개로 나누었다. 그림자의 길이를 매일 기록하여 그 점들을 연결하면 원은 음양 기호와 같은 모양으로 2개로 나누어진다.

생명의 에너지를 의미하는 중국 철학의 또 다른 개념인 기氣는 음과 양의 이분법을 해소한다. 음과 양은 함께 기를 이루고, 기는 음과 양의 상호작용에서 만들어진다는 것이 중국 우주론의 기본이다.■6 기원전 3세기경의 고대 중국 사상가 장자는 이것을 이렇게 설명한다. "둘이 성공적으로 어우러져 조화를 이루면 모든 것이 만들어진다."

달은 초기 문명에서 달력의 기반이 되었다. 달의 모양이 한 번 바뀌는 삭망월 29.5일에 맞추기 위하여 바빌로니아인들은 한 달을 29일 또는 30일로 정했다. 바빌로니아인들에게 30일인 달은 가득 찬 달이고 29일인 달은 부족한 달이었다. 그리스인들도 짧은 달은 비어 있는 달로 여겼고, 켈트족들은 불운한 달이라고 생각했다. 음력을 사용한 문명에서는 농사 주기 때문에 가끔씩 태양력과 맞추어야 했는데, 처음에는 8년에 3번씩 한 달을 추가하는 방법을 사용했다. 이후 기원전 5세기 그리스의 천문학자 메톤은 19태양년이 234.997삭망월과 일치하여 19년마다 한 번씩 태양력과 태음력이 정확하게 일치한다는 사실을 알아냈다. 고대 로마에서는 사제들이 밤하늘을 관측하여 새로운 달이 시작되는 날을 왕에게 알려주었다. 매달의 첫날을 '선언'을 의미하는 라틴어 '칼렌드Calends'라고 불렀는데 이것이 달력을 의미하는 '캘린더calendar'의 어원이다.■7

세계의 주요 종교들은 항상 달과 연관이 있다. 기독교의 가장 중요한 축제인 부활절은 춘분 이후 첫 번째 보름날 다음 일요일이다. 유대인의 유월절은 보름날이고, 중국의 새해는 동지 이후의 두 번째 음력 초하룻날이다. 힌두교의 중요한 축제인 디왈리Diwali는 태양이 천칭자리에 들어 있을 때의 음력 초하룻날이다. 이슬람 국가에서는 공식적이거나 종교적인 업무들을 해가 진 후 첫 번째 초승달이 보이는 순간에 맞춰서 한다.[8]

달은 항상 의식이나 종교와 연관되어 있지만 과학의 탄생에 촉매 역할을 하기도 했다. 그리스의 철학자 아낙사고라스는 처음으로 달이 태양빛을 반사해서 빛나는 거대한 바위라고 주장했다. 그는 심지어 달이 지구에서 떨어져 나가 만들어졌다고도 생각했는데, 이것은 현재 달의 기원에 대한 가장 유력한 이론이다. 그러나 그의 이런 생각들은 결국 그를 곤란에 빠뜨렸는데, 감히 태양이 펠로폰네소스반도보다 더 크다고 주장하다가 기원전 450년 아테네에서 추방당한 것이다.

그로부터 200년이 되기도 전에 그리스의 천문학자 아리스타르코스는 천재적인 방법으로 태양의 크기와 지구로부터의 거리를 측정했다. 월식이 일어나면 달은 지구의 그림자 속을 지나간다. 달은 지구 그림자의 절반도 되지 않기 때문에 반드시 지구보다 작아야 한다. 그리고 하늘에서 태양의 크기는 0.5도이기 때문에 지구의 그림자도 0.5도에서는 평행해야 한다. 아리스타르코스는 기하학을 이용하여 달까지의 거리를 지구 반지름의 60배로 측정했는데 이것은 실제와 매우 가까운 값이다.[9] 그리고 그는 왠지 지구의 지위가 그렇게 중요하지 않다는 느낌에, 세상이 받아들일 준비가 되기 1,800년 전에 이미 태양이 우주의 중심일 수도 있다는 생각을 했다.

한편 월경 주기는 사람과 달의 연관성을 가장 잘 보여준다. 월경이라

■2008년 2월 20일에 일어난 월식을 시간에 따라 촬영한 사진. 달이 지구 그림자 속을 지나면서 지구의 곡면이 명확하게 보인다. 간단한 기하학으로 지구와 달, 태양의 상대적인 크기를 구할 수 있다.

는 이름도 달과 연관이 있으며, 많은 사람들은 선사 시대 여성들이 보름달과 함께 배란을 하고 초승달일 때 월경을 했다고 생각했다. 하지만 이에 대한 명확한 증거는 없고, 월경 주기 28일은 달의 위상 변화 주기인 29.5일과도 맞지 않다. 인간과 가장 유사한 동물인 침팬지의 월경 주기는 35일이다. 태반이 있는 다른 포유동물들은 월경 주기가 아니라 발정 주기를 가지고 있고 그 기간도 5일인 쥐부터 16주인 코끼리까지 매우 다양하다. 여성의 월경 주기와 달의 위상 주기가 유사한 것은 그저 우연인 것으로 보인다.

달은 우리의 상상력을 강하게 지배했다. 영감을 주기도 했고, 일식 때는 두려움과 경외감을 주기도 했다. 달이 태양을 거의 완벽하게 가리는 것은 달보다 400배 더 큰 태양이 우연히 400배 더 멀리 있기 때문에 일어나는 현상일 뿐이다. 다른 태양계에 있는 생명체들은 이런 멋진 모습을 보기 어려울 것이다.

달의 중력이 우리에게 영향을 미친다는 것은 그럴듯해 보인다. 어쩌면 당신은 보름달이 머리 위에 떠 있는 밤에 달이 당신을 가볍게 끌어당겨 더 멋진 자세가 되는 것을 상상할 수도 있을 것이다. 달은 엄청난 무게의 바닷물을 끌어당겨 해수면의 높이를 1~2미터 정도 높일 수 있다. 사람의 몸은 75퍼센트가 물이기 때문에 달은 분명 사람에게도 영향을 미칠 것이다. 달이 조석을 일으키고 대륙에도 영향을 미친다는 것은 사실이며 그 영향이 큰 이유는 물의 양이 많기 때문이다. 조석력은 차이에 의한 힘이기 때문에 영향을 받는 물체의 크기에 따라 그 영향력이 달라진다. 지구는 크지만 사람은 작다. 그래서 아기를 안고 있는 엄마가 아기에게 미치는 조석력이 달의 조석력보다 1,000만 배는 더 크다. 그리고 달은 갇혀 있지 않은 물에만 영향을 미칠 수 있는데 우리 몸속의 물은 단단하게 갇혀 있다.

달이 우리의 정신이나 행동에 문제를 일으킨다는 믿음은 꽤 넓게 퍼져 있다. 경찰이나 응급실 간호사들 중에는 보름달이 뜨면 '사람들이 미친다'고 주장하는 이들도 있다. 뉴스 기사나 꽤 존경받는 학자들이 쓴 글에서도 보름달이 살인, 자살, 수술 후 출혈, 사고사, 심장마비, 그리고 교통사고의 비율을 높인다는 내용을 볼 수 있다. 과학 연구기관들이 충격적인 사실을 숨기고 있다고 주장하는 글도 있다. 이런 주장은 UFO, 엘비스 프레슬리, 9·11 테러, 그리고 케네디의 암살과 같은 음모론으로 이어지기도 한다. 문제는 이런 주장들에 아무런 근거가 없다는 것이다.

워싱턴대학 생명공학과 연구교수인 에릭 슈들러Eric Chudler는 보름달이 사람의 행동에 미치는 영향을 연구한 75개의 연구 결과를 수집했다. 그 연구들은 자살, 과격한 행동, 우울증, 응급실 방문, 약물 과용, 그리고 동물에게 물린 결과까지 포함하고 있다. 서로 다른 연구자들에 의해 수행된 65개의 연구에서는 통계적으로 아무런 의미 있는 결과가 나오지 않았다. 관련 있어 보이는 10개의 연구들은 표본의 수가 너무 적거나 방법적으로 의문이 있는 것이었다.■10 또 다른 37개의 메타 분석 결과, 달이 월별 변화에 미치는 영향은 0.03퍼센트도 되지 않았다.■11

이 주제는 엉터리 과학의 위험이 종합된 것이다. 이 주장들은 보잘것없는 표본에 근거하기 때문에 통계적 중요성을 엄밀하게 분석하면 금방 힘을 잃고 만다. 예를 들어, 30개의 연관성 없는 변수를 비교하니 그 중 2개가 3시그마 수준에서 우연히 연관이 있었다고 하자(보통 3시그마 효과는 99.5퍼센트의 신뢰수준이다. 하지만 이것은 풍부한 변수들의 '연못'에서 건져 올렸을 때의 이야기다). 이 경우 연구자들은 다른 원인을 미처 발견하지 못했을 수 있다. 교통사고의 수치가 보름달과 초승달일 때 최고점을 보였던 한 연구에서는 연구자들이 보름달과 초승달에 나타난 수치가 원래 사고율이 높은 주말과 겹친다는 사실을 놓치고 있었다. 가능성이 높아 보이는 연관성도 자세히 살펴보면 그렇지 않은 경우가 많다. 사람의 행동에 부정적인 영향을 미치는 양이온은 보름달일 때 더 많다. 하지만 달의 효과는 에어컨이나 공기 오염의 효과에 비하면 미미할 뿐이다.

수백 년 전 인공조명이 없던 시절에는 달이 사람의 행동에 영향을 미친다는 생각이 매우 그럴듯했다. 영국에서는 달에 의해 정신이 이상해진 사람들(영어로 moonstruck 또는 lunatic이라고 한다)이 저지른 범죄에 대해서는 형을 감해주기도 했다. 사실 보름달이 뜬 날은 밤에 활동하기 가장 좋은 날이기 때문에 그만큼 사건이 생길 가능성이 높았다. 이제 더 이상 그것은 변명이 되지 않을 것이다.

우리의 잃어버린 쌍둥이

어두운 가족사다. 가이아는 한밤에 우렁찬 울음소리와 함께 건강하게 태어났다. 자궁 속에서 영양 부족에 시달리던 쌍둥이 동생 루나는 조금 늦게 태어났다. 루나는 왜소하고 허약했다. 잠시 활동적일 때도 있었지만 금방 힘이 빠졌다. 여동생을 잃기 싫었던 가이아는 항상 그녀를 옆에 두었는데, 이는 루나가 숨을 거두어 피부가 썩어 들어가는 동안에도 마찬가지였다. 여동생과 같은 운명을 피하기 위하여 가이아는 열심히 노력했다. 슬프고도 다정한 여자인 그녀는 젊음을 유지하기 위하여 수단과 방법을 가리지 않았다. 하지만 죽은 쌍둥이 자매를 옆에 두고 있었기 때문에 극단적인 상황까지는 가지 않고 안정을 유지할 수 있었다.

달은 아주 특별하다. 달은 태양계에서 네 번째로 큰 위성이며 모행성과의 상대적인 크기로는 가장 크다. 자기장은 없고, 밀도를 계산해보면 달의 금속핵은 매우 작다는 것을 알 수 있다. 일반적으로는 태양계에서 큰 천체가 만들어질 때에는 철이나 니켈과 같은 무거운 원소들은 마그마 속으로 가라앉아 중심부에 모이게 된다. 그런데 어떤 이유에서인지 달은 그저 커다란 바위일 뿐이다.

과학자들은 이 문제를 45억 년 전에 있었던 격렬한 사건으로 설명한다. 우리는 그 모습을 그려볼 수 있다. 불과 5,000만 년 동안—우주적인 관점에서는 눈 깜짝할 사이—태양계 성운의 바위 조각들이 점점 엉겨 붙어 달이나 화성 정도 크기의 아기 행성들이 되었다. 초기에 작은 조각들이 약한 중력으로 서로 뭉치는 것에 대부분의 시간을 보내기 때문에 이 과정은 시간이 지날수록 점점 가속된다. 100킬로미터에서 1만 킬로미터로 커지는 데 불과 10만 년밖에 걸리지 않는다. 아기 행성들은 원형 궤도 위의 티끌들을 끌어모은다. 이 과정은 아주 질서정연하게 이루어진다.

다음 단계는 대혼란이다. 중력에 의해 궤도에서 벗어난 아기 행성들이 태양계 여기저기를 위험하게 돌아다닌다. 끌려 들어오는 것도 있고 밀려 나가는 것도 있다. 대부분의 상호작용은 아주 가까이에서 일어난다. 서로 부드럽게 붙어서 하나가 되기도 하고 텅 빈 우주 공간으로 튕겨 나가기도 한다. 그리고 커다란 충돌이 일어나기도 한다.

이제 갓 태어난 지구로 눈을 돌려보자. 표면은 아직 거의 녹아 있는 상태로 축축하고, 수증기들은 막 바다를 만들었다. 어린 태양은 먼지에 가려져 어둡다. 밤하늘에는 밝은 별이나 별자리들을 찾아보기 어렵다. 목성과 토성은 아직 단단한 핵을 둘러쌀 기체들이 모이지 않아 보이지 않을 정도로 어둡다. 그리고 달은 없다.

갑자기 화성만 한 크기의 바위가 다가와 지구의 하늘을 가득 채운다. 이 바위는 지구를 빗겨 때렸지만 그 힘은 수조 톤의 바위를 녹여 우주 공간으로 날려 보낼 만큼 강력했다. 침입자의 무거운 핵은 대부분 지구로 떨어지고 지구와 침입자의 맨틀 물질들은 날아가 지구를 둘러싸는 마그마 원반을 형성하였다. 끈적거리는 달이 만들어지는 데에는 1,000년이 채 걸리지 않았다. 물론 달의 마그마 바다가 식어서 바위로 굳어지는 데에는 다시 1억 년이 걸리긴 했지만. 처음 만들어진 달은 지금보다 지구에 10배 더 가까웠고 하늘에서 그만큼 더 크게 보였다.

이는 몇 가지 사실들을 적당히 잘 포장한 '그럴듯한' 이야기일 뿐일까? 그렇게 보이지는 않는다.[12] 충돌이론은 달의 상대적으로 큰 질량과 작은 핵을 잘 설명할 뿐만 아니라 지구보다 조금 작은 달의 나이, 지구-달 시스템의 큰 각운동량, 지구와 달의 산소 동위원소 양이 거의 같은 것, 그리고 달의 공전 궤도가 지구의 적도와 기울어져 있는 것도 잘 설

■달은 자기장이 약하고 금속핵의 크기가 아주 작다는 점에서 지구와 크게 다르다. 충돌에 의한 달 형성 가설에 따르면 44억 년 전에 일어난 충돌이 달을 '떼어내어' 지구-달 시스템에 각운동량을 전해주었다.

명해준다.■13 물론 충돌이 많은 사실들을 잘 설명해주기는 하지만 아무도 직접 보지는 못했기 때문에 어쩌면 다른 설명이 있을 수도 있다. 과거를 설명하는 과학은 고고학과 마찬가지로 그 누구도 확신할 수 없다.

수십억 년이 지난 후에도 지구와 달의 이야기는 아직 서로 얽혀 있다. 우리의 이 황량한 쌍둥이는 조석력에 영향을 미친다(보름달이 사람에게 영향을 미친다는 생각에 대한 또 다른 반대 증거다. 모든 영향은 한 달에 한 번이 아니라 두 번 나타나야 한다). 지구는 달이 공전하는 것보다 훨씬 빠르게 자전하기 때문에 부풀어 오른 물은 지구와 달을 연결하는 가상의 선을 만든다. 이 인력에 의해 지구의 각속도가 줄어들기 때문에 달의 속도가 빨라져서 더 먼 궤도로 이동하게 된다. 결과적으로 달은 지구의 손에서 벗어나 1년에 4센티미터씩 멀어지고 있다. 다시 달을 방문하는 것이 조금씩 어려워지는 셈이다. 좋은 소식은 일상생활을 할 시간이 늘어난다는 것이다. 하루의 길이는 1년에 15마이크로초씩 길어지고 있다.[14]

45억 년 전에 이루어진 우연한 만남은 지구에서 진화된 생명체가 나타나는 데 중요한 역할을 했다. 조수간만의 차이 때문에 생긴 특이한 전이 영역은 생명체가 바다에서 육지로 이동하는 데 적응하기 위한 실험 장소가 될 수 있었다. 달은 지구의 기울어진 자전축을 안정시킨다. 달처럼 큰 위성이 없는 화성의 자전축은 0도에서 60도까지 변한다. 결과적으로 지구의 날씨가 극단적으로 변화하지 않게 된 것이다. 달이 지구에 더 가까이 있을 때에는 생명체가 자리 잡을 수 있는 지각을 형성하는 데 도움을 주었다.

이 이야기를 너무 깊이 하는 것은 위험하다. 하지만 초기의 충돌은 지구의 맨틀을 금속으로 덮었다. 그러지 않았다면 인간은 돌화살과 돌바퀴를 넘어서지 못했을 것이다. 달의 주기가 자연의 규칙성을 파악하는 데 자극제 역할을 했다는 것은 이미 살펴보았다. 달은 그리스인들이 지구가 둥글다는 것을 깨닫게 하고, 갈릴레오가 '또 다른 세계들'을 생각하게 하고, 아인슈타인의 중력이론을 처음으로 검증하는 데 중요한 역할을 하였다.

달이 만들어진 이야기는 '만약에'라는 질문을 제기한다. 만약에 화성 크기 물체의 궤적이 조금만 달랐다면 아무 문제없이 지나쳤을 것이다. 기후변화가 극심하게 일어났다면 아주 좁은 온도 범위에서밖에 살 수 없는 털 없는 원숭이가 살기에 지구는 적합하지 않은 곳이 되었을 것이다. 만약에 정면충돌이 일어났다면 아마도 지구는 더 커지기보다는 없어져버렸을 것이다. 우리가 초기 태양계의 혼돈 속에서 일어난 우연한 사건 때문에 존재할 수 있었다고 생각하면 참으로 놀랍다.

위대한 모험

12명의 다른 세계에 발을 디딘 이 사람들은 결코 다양한 인류를 대표하지 못한다. 모두 남자고 백인이다. 한 명을 제외하고는 모두 대학에서 항공공학을 전공했다. 거의 모두가 군 조종사였고 냉전과 한국전쟁에서 활약했다. 그들은 위험한 직업을 가지고 있었고 그들의 많은 동료들은 목숨을 잃었다. 그러니까 그들이 1960년대 초에 우주비행사 후보가 된 것은 행운이었다.

우리를 달로 데려간 위대한 모험은 실패 가능성에도 불구하고 연료가 바닥나기 25초 전에 달착륙선을 착륙시킨 냉정한 머리를 가진 한 사람의 공이 크다. 당시 작은 비행선과의 통신이 지연되어 긴장이 고조되는 가운데 아폴로 11호의 대원들은 아래로 내려가면서 현재의 디지털시계보다 훨씬 성능이 떨어지는 우주선의 컴퓨터가 보내는 경고음을 무시하기로 결정했다. 관제소에서는 우주비행사들이 착륙 예정지에서 6킬로미터 떨어진 바위투성이의 벌판으로 다가가고 있다는 것을 알아차리고 공포에 휩싸였다. 우주선이 위험에 처하자 조종사 닐 암스트롱 Neil Armstrong이 컴퓨터 대신 이를 조종하여 무사히 착륙시켰다. 휴스턴에서는 줄어드는 연료를 숨죽이고 지켜보고 있었다. 암스트롱이 '이글호가 착륙했다'고 발표하자 관제소에서는 TV를 지켜보고 있던 수백만 명의 사람들에게 이렇게 말했다. "고요의 바다에 착륙한 것을 확인했다. 당신들은 우리를 파랗게 질리게 만들었다. 이제야 숨을 쉴 수 있을 것 같다. 정말 고맙다."

달 위를 걸었던 경험은 12명 모두에게 큰 영향을 주었다. 달에 다녀오긴 했지만 내리지는 않았던 다른 12명에게도 마찬가지다. 이들이 모두 미치거나 종교에 귀의했다고 뚜렷한 근거는 없지만 많은 사람들이 그렇게 믿고 있다. 버즈 올드린Buzz Aldrin은 우울증과 알코올 중독에 시달렸다. 에드가 미첼Edgar Mitchell은 초자연적인 현상을 연구하는 데 일생을 바쳤다. 그리고 제임스 어윈James Irwin과 찰리 듀크Charlie Duke는 복음교회의 교인이 되었다. 나머지는 원로와 잊혀져가는 영웅으로서의 역할을 기꺼이 받아들였다. 자기 성찰에 몰두하지 않고 그렇게 특이한 곳에서 안식을 찾는 것은 자신감이 넘치고 과학기술을 신봉하던 사람들에게는 엄청난 변화이다.■15

아폴로 15호 달착륙선의 조종사였던 제임스 어윈은 이것을 이렇게 설명했다. "지구는 캄캄한 우주 공간에 떠 있는 크리스마스트리의 장식물을 연상시켰다. 멀어지면 멀어질수록 크기는 점점 작아지다가 결국에는 상상할 수 있는 가장 아름다운 구슬만 한 크기로 줄어들었다. 그렇게 아름답고 따뜻하고 살아 있는 지구는 너무나도 깨지기 쉽고 연약해 보여서 손가락으로 건드리면 금방 부서져버릴 것 같다. 그 모습을 본 사람은 달라질 수밖에 없다."■16

미국인의 6퍼센트 정도는 인류가 달에 간 적이 없고, 아폴로 프로그램은 모두 잘 연출된 거짓이라고 믿고 있다.■17 이 사람들은 아마도 다른 종류의 음모론을 믿는 사람들과 같은 사람들인 것으로 보이고, 그 숫자 역시 별로 많지 않아 보인다. 이런 믿음에 대한 우주비행사들의 반응은 아주 다양하다. 유진 서난Eugene Cernan은 이렇게 말한다. "진실은 방어가 필요 없다. 그 누구도 내가 달에 남긴 발자국과 나를 별개로 만들 수 없다." 상원의원 해리슨 슈미트Harrison Schmitt는 이렇게 말했다. "무엇보다도, 그들을 제대로 교육시키지 못한 것에 대해서 유감스럽게 생각한다." 버즈 올드린은 훨씬 더 격렬하게 반응했다. 아폴로 11호의 우주비행사가 그런 의심에 대해 참지 못하고 영화감독 바트 시브렐Bart Sibrel의

■달에 남긴 버즈 올드린의 상징적인 발자국 사진은 우리가 그곳에 40년 동안 가지 않았다는 사실을 일깨워준다. 단 12명의 아폴로 우주비행사들만이 달에 발을 디뎠다. 우리가 달에 갔다는 것을 믿지 않는 몇몇 사람들을 위해서 달정찰궤도선Lunar Reconnaissance Orbiter은 달 탐사선의 궤적을 포함하여 달 표면에 남아 있는 추가적인 증거들을 보여주었다.

안면을 주먹으로 때리는 유튜브YouTube 동영상은 200만 번이 넘게 재생되었다.

그런 비이성적인 주장은 젖혀두고라도, 시간이 지날수록 아폴로호에 대한 것은 점점 비현실적인 느낌이다. 인간이 달에 착륙할 때 살아 있었던 사람은 현재 미국인의 3분의 1도 되지 않기 때문에 그 이야기는 어쩔 수 없이 먼 추억과 같은 분위기를 풍기게 되었다.

어떤 면에서 볼 때 이 '위대한 모험'은 비정상적인 것이었다. 10년 안에 달에 도착하겠다고 한 케네디 대통령의 선언은 소련과의 강력한 경쟁 구도에서 비롯된 것이었다. NASA의 예산은 1960년에서 1967년 사이 (고정된 화폐 가치로) 30억 달러에서 330억 달러로 10배나 올랐다가 이후 3분의 1 정도로 줄어들었다.■18 NASA가 엄청난 아폴로 임무를 위해

끌어들였던 많은 기술 인력들은 새로운 반도체나 컴퓨터 산업으로 흩어졌다. 유진 서난이 1972년 12월 4일 달착륙선에 오를 때 그는 자신이 이후 50년이 넘는 시간 동안 달에 발을 딛는 마지막 사람이 될 것이라고는 꿈에도 생각하지 못했다. 그는 희망을 가지고 불을 껐다. NASA의 전망은 불투명하다. 이웃의 바윗덩어리를 다음으로 방문하는 사람이 누가 될지 아무도 알 수 없다.

그것은 사람은 아닐 가능성이 크다. 아마도 로봇들이 그 자리를 물려받을 것이다. 2007년 9월, X프라이즈재단X Prize Foundation에 의해 달을 향한 경주가 재개되었다. 이 재단은 2012년 내에 달에 무인 탐사선을 '부드럽게 착륙'시키고, 표면에서 500미터를 움직이고, 영상을 보내오는 첫 번째 팀에게 상금 2,000만 달러를 주겠다고 발표했다. 2014년 내에 이루어지면 상금은 1,500만 달러로 줄어든다. 두 번째 팀에게는 500만 달러를 주고, 아폴로 시대의 흔적이나 물을 발견하거나 달에서 밤새 무사히 살아남은 팀은 추가로 500만 달러를 받는다.

전문가들은 이를 달성하기 위해 필요한 비용은 최소한 5,000만 달러일 것이라고 예상한다. 따라서 돈을 목적으로 이 일을 할 사람은 아무도 없다. 성공적이었던 이전 안사리 X 프라이즈Ansari X Prize(민간우주여행에 성공하면 현상금 1,000만 달러를 주는 프로그램 - 옮긴이)에 고무된 재단은 우주여행에 대해 기업들이 혁신적인 흐름을 만들어내기를 기대하고 있다. 사기업이나 개인, 그리고 비정부기관만이 자격이 있다. NASA는 어정쩡한 방관자로 강등되었다. 이 재단의 달 2.0Moon 2.0은 구글이 후원하고 있으며 11개국의 21개 팀이 열정적으로 준비하고 있다. 경쟁에 기반하고 있긴 하지만 서로 충분히 협력하면서 아이디어를 나누고 있기 때문에 과거 우주 경쟁과는 전혀 다른 경쟁이 이루어지고 있다.

달은 관광객들을 위한 것이다. 물론 아직은 아니다. 하지만 열정적으로 활동하는 사기업들이 선도하고 있다. 버진Virgin과 XCOR는 20만 달러에 일반인에게 저궤도 비행을 시켜주는 사업에서 서로 경쟁하고 있다. 우주관광 산업은 '에인절' 투자자들로부터 10억 달러의 자금을 모았다. 하지만 아직은 모든 사업은 2,000만 달러에서 3,500만 달러에 7명의 일반인을 소유즈 우주선에 태워 국제 우주정거장을 방문하는 여행을 주선하는 스페이스어드벤처Space Adventures사가 장악하고 있다. 찰스 시모니Charles Simonyi를 제외하고 이 부자들은 '우주관광객'이라는 용어를 매우 싫어한다. 우주선구자재단Space Frontier Foundation의 공동 설립자인 릭 툼린슨Rick Tumlinson은 그 이유를 이렇게 설명한다. "관광객이란 꽃무늬 셔츠를 입고 목에 3개의 카메라를 걸고 있는 사람들을 말하는 것이다." 스페이스어드벤처사는 개량된 소유즈 우주선으로 달 주위를 비행하는 여행을 계획하고 있다. 그 비용은 1억 달러라고 하니 빨리 저축을 시작하는 것이 좋겠다. ■19

달은 연인들을 위한 것이기도 하다. 나는 과학을 전공하지 않는 학생들을 가르칠 때마다 NASA 존슨스페이스센터Johnson Space Center에서 달 샘플을 받기 위해 복잡한 신청서를 작성한다. 5주가 지나면 투명 아크릴 디스크와 슬라이드 세트, 그리고 설명 자료들을 담은 알루미늄 상자가 등기 우편으로 도착한다. 나는 동료들에게 달 착륙 때마다 가져온 달의 흙 샘플보다 NASA 로고가 새겨진 상자가 더 멋있다는 농담을 하곤 한다. 샘플은 깨지지 않는 플라스틱 디스크에 담겨 있다. 그리고 나는 다른 세계에서 온 먼지들을 무관심하게 돌려보는 10대들을 지켜본다.

나의 시선이 처음으로 슬라이드에 꽂힌 것은 샘플 패키지를 휴스턴으로 돌려보내려고 준비하던 때였다. 각 슬라이드는 월석을 얇게 잘라 금속 프레임으로 둘러싼 유리 사이에 집어넣은 것이었다.

한 가지 아이디어가 떠올랐다. 이별과 이혼 후 약 2년간 홀로 지내던 나는 당시 멋진 여자를 만났다. 상상 속에서 나는 태양계의 원료가 된 검은색의 오래된 현무암이 들어 있는 슬라이드를 들어 올렸다. 작업장에서 육각렌치와 도구들을 빌려와 슬라이드를 열어 안에 들어 있는 보물을 꺼낸다. 그것을 긁어 가루를 종이 깔때기에 모은 다음 작은 초콜릿 디저트 위에 뿌린다. 우리는 이 이국적인 맛을 함께 나눈다. 거칠고 딱딱했지만 멋진 식사다. 며칠이 지난 후에도 나는 그 느낌에 젖어 있다. 모든 연인들은 달에서 데이트를 해야 한다.

나는 그 회색의 울퉁불퉁한 표면을 영원히 뛰어다니고 싶었다. 하지만 다리 근육에 강한 통증을 느껴 멈추고 커다란 언덕에 기댔다. 심장이 두근거린다. 달의 경치는 너무나 황량하다. 특별한 지형지물이나 이정표로 삼을 만한 것도 없다. 공기가 없으니 거리를 판단하는 것도 불가능하다. 나는 내가 어디에 있는지도 모른다는 것을 깨달았다.

살짝 불안한 느낌이 든다. 내가 어떻게 여기에 왔지? 집으로는 어떻게 돌아가지? 이게 꿈이라면 내가 지금까지 꾼 꿈 중에서 가장 생생한 꿈이다. 환상이라고 하기에는 너무나 정확하고 세밀하다. 나의 상상력은 이 정도로 사실적이지 않다.

나의 상황을 생각하면서 고개를 들었다가 나는 처음으로 지구를 보았다. 마치 신들의 장식품처럼 아름다운 옅은 푸른색과 갈색을 띠면서 하늘 높이 걸려 있었다. 이렇게 먼 거리에서는 사람의 흔적을 찾을 수 없다. 땅과 자원에 대해 만족할 줄 모르는 털 없는 원숭이들이 모든 생태계를 혼란에 빠뜨린 흔적을 찾을 수 없는 것이다. 아무리 진짜처럼 보여도 이 달은 가짜가 분명하다. 나는 천천히 호흡을 가다듬으며 눈을 감고 나를 지구에 있는 나의 몸으로 돌려보내려 했다.

그런데 너무나 이상한 느낌이 들었다. 내가 달에 있다는 것은 너무나 확실했다. 다리의 이상한 느낌, 우주복 마스크에 맺히는 입김, 줄어든 몸무게 때문에 생기는 현기증, 이 모든 것은 현실이 분명했다. 마음의 눈으로 지구를 돌아보니 교외의 우리 집 마당에 있는 내 모습이 보인다. 어느 여름날, 나는 한 손에 차가운 레모네이드를 들고 캠핑 의자에 비스듬히 기대어 앉아 있다. 나의 가슴이 천천히 오르내린다. 그런데 그 시간은 여기 달에 있는 나의 호흡과 일치하지 않는다. 1초 조금 넘는 시간 정도가 지체된다.

2장
행성 동물원

얼음 벌판은 구겨진 하얀색 담요처럼 멀리까지 펼쳐져 있다. 나는 수 킬로미터를 볼 수 있는 산등성이에 서 있다. 하지만 대기가 없기 때문에 거리를 가늠하는 것은 불가능하다. 천천히 돌아보니 모든 방향의 풍경은 똑같다. 지평선은 눈부신 흰색과 완벽한 검은색으로 칼날처럼 명확하게 구분된다.

나는 주변을 자세히 살펴보았다. 내가 서 있는 산등성이는 어떤 곳은 반투명한 옅은 푸른색이고 어떤 곳은 갈색과 붉은색 무늬가 있는 울퉁불퉁한 얼음이다. 경사 아래쪽은 화가 난 거인이 매끈한 블록으로 깨뜨린 것 같은 날카롭고 경사진 얼음 덩어리로 엉망진창이다. 멀리 거친 얼음 절벽 사이로 물결 모양으로 얼어붙은 구불구불한 강이 보인다. 얼음 풍경은 험악하고 거칠어 보인다. 그 사이를 돌아다니는 것은 불가능하다. 여기는 목성의 얼음 위성인 유로파Europa다.

걸음을 떼니 깜짝 놀랄 정도로 높이 올라간다. 이것은 익숙한 느낌이다. 유로파의 크기와 밀도는 달과 비슷하니까 나의 몸무게는 15킬로그램중 정도밖에 되지 않는다. 하지만 이렇게 약한 중력에도 바닥에 떨어지는 순간에는 다리에 통증이 약간 느껴진다. 이곳 얼음은 너무나 차가워서 마치 화강암 같다. 나의 피부, 그리고 250도 더 낮은 거의 완벽한 진공 사이에 있는 우주복의 질감이 명확하게 느껴진다.

머리 위에는 목성이 하얀 구슬처럼 하늘에 떠 있다. 나에게 익숙한 하늘에 보이는 달보다 25배나 더 크다. 지구를 찾는 데에는 약간의 시간이 걸렸다. 창백한 푸른 점은 너무나 작아서 별과 구별이 되지 않는다. 70억의 희망과 꿈이 핀의 머리만 한 크기에 모두 들어가 있는 것이다.

고향. 나는 저기에 있다. 아니면 내가 정말로 수십억 킬로미터나 떨어진 이 거대 기체행성의 왕국에 있는 것일까? 이 공상은 내가 방금 본 영화의 엔딩 크레딧이 TV 화면을 채우고 있을 때 시작되었다. 옆에는 먹다 남은 점심이 놓여 있었다. 하지만 이렇게 먼 곳에서 우리 집을 보니, 나는 이제 막 샌드위치를 먹기 시작하고 있고 영화는 반밖에 진행되지 않았다. 시간의 균열이 생긴 것이다. 나는 지금 여기에 있으면서 그때 거기에 있다. 시공간의 두 갈림길에서 나는 내가 실제로 어디에 있는지 알 수가 없다.

로봇 메신저

우리는 결코 자궁을 떠날 수 없었다. 우리의 어머니 가이아는 온도를 적당하게 유지시켜주고 비와 바람을 다스리며, 자외선과 우주선cosmic rays, 그리고 대부분의 운석으로부터 우리를 보호해주는 대기로 우리를 감싸고 있다. 8킬로미터, 에베레스트 산의 정상 높이에서 인간은 산소 공급 없이는 몇 시간밖에 살지 못한다. 몇몇 용감한 (어쩌면 정신 나간) 모험가들은 30킬로미터 높이에서의 자유낙하를 준비하고 있다. 아무리 우수한 압력복이나 생명 유지 장치를 사용한다 하더라도 이들은 엄청난 위험을 감수하는 것이다. 이 정도 높이에서는 아무런 보호 장치가 없으면 피가 끓어올라 금방 죽게 된다. 우리의 몸은 혹독한 우주 공간에서 견딜 수 있게 만들어지지 않았다.[1]

그래서 달보다 먼 곳을 여행하는 데에는 로봇을 보낸다. 우주탐사 초기는 그야말로 실패의 연속이었다. 미국과 소련은 절대 강자들끼리의 경쟁 속에서 우주비행에 대한 최첨단 기술 습득에 사활을 걸었다.

1958년, 스푸트니크호Sputnik의 발사와 함께 우주 개발 경쟁이 막을 올렸다. 두 나라는 달을 향해 날아갔고 1959년 첫 근접 비행에 성공하기까지 모두 7번 실패했다. 소련이 루나 9호를 안전하게 달에 착륙시킬 때까지는 그 후 7년 동안 22번의 실패가 더 있었다. 그러는 동안 미국은 사람을 착륙시키는 놀라운 아폴로 프로그램으로 경쟁에 더욱 불을 붙였다. 화성과 금성도 역시 마찬가지였다. 두 강대국은 1960년의 첫 번째 실패 이후 1965년 마리너 4호Mariner 4가 처음으로 근접 사진을 보내올 때까지 7번의 실패를 나눠 가졌다. 그 이후로 성공이 이어졌지만 실패도 18번이나 되었다. 금성은 더 많은 우주탐사선들의 무덤이 되었다. 베네라 7호Venera 7가 다른 행성에 착륙한 첫 번째 우주탐사선이 되기까지 1960년대에 17대의 우주탐사선이 실종되거나 부서졌다. 베네라 7호가 금성 표면의 뜨거운 열과 엄청난 압력으로 유령이 될 때까지 자료를 보내온 시간은 23분에 불과했다.

만일 당신이 1970년대의 석유파동과 시트콤의 녹음된 웃음, 싸구려 록 음악 공연, 멀릿mullet(앞은 짧고 옆과 뒤는 긴 남자들의 헤어스타일 - 옮긴이)과 나팔바지를 기억하는 세대라면, 그 시대가 태양계 바깥쪽을 처음으로 탐험하던 시대였다는 것도 기쁜 마음으로 회고할 수 있을 것이다.

파이어니어 10호Pioneer 10는 처음으로 소행성대를 통과하여 1973년 목성을 근접 비행한 다음 토성을 향해 날아갔다. 수성은 1970년대 중반에 마리너 10호의 방문을 받았다. 1970년대 말에는 보이저Voyager 1호와 2호가 발사되었다. 보이저 1호와 2호는 각각 목성과 토성을 방문한 다음 보이저 2호는 천왕성과 해왕성을 빠르게 지나쳤고, 지금은 둘 다 태양계를 떠나고 있다.

이 시기 동안 항공우주국들은 많은 경험을 쌓았고 제어 시스템과 하드웨어의 오류들을 제거해나갔다. 그 결과 태양계 내행성 탐사 임무의 성공률이 극적으로 높아져서 1960년대에 35퍼센트였던 것이 1970년대에는 73퍼센트가 되었다가 최근 10년 사이 91퍼센트가 되었다.[2] 이 성공률은 '뛰어들기'와 '뛰어오르기'의 난이도가 더 높아지는 과정에서 달성된 것이다.

우리는 불과 수십 년 동안 많은 것을 이루었다. 우주 시대는 1957년 10월 4일 비치볼보다 크지 않고 사람 몸무게보다 무겁지 않은 러시아 위성으로부터 시작되었다. 스푸트니크호가 수행한 일은 라디오 송신기의 역할뿐이었다. 현대의 성공적인 탐사위성의 예로는 1997년에 발사되어 2004년부터 활발하게 토성과 그 위성들을 탐사하고 있는 NASA의 카시니호Cassini를 들 수 있다. 카시니호의 크기와 무게는 짐을 잔뜩 실은 스쿨버스 정도로 각종 복잡한 기기들이 가득 들어 있다. 비용도 만만찮다. 제작 단계부터 든 총 비용은 약 35억 달러 정도이다.

프로젝트 디자이너들은 태양계를 탐험하는 동안 시간과 연료, 그리고 비용을 줄이기 위해서 '중력의 도움'을 어떻게 이용하는지 배웠다. 이것은 중력 슬링샷gravitational slingshot이라고도 하는데, 행성이나 위성의 중력으로 우주선의 경로와 속도를 바꾸는 것이다. 우주선은 이것을 통해서 최고 2배까지 속도를 늘이거나 줄일 수 있다.[3] 멀리서 보면 마치 우주선이 행성에 부딪혀서 튀어 오르는 것처럼 보일 것이다. 물론 실제로 부딪히지는 않는다. 물리학에서 거저 얻을 수 있는 것은 아무것도 없다. 우주선이 얻는 운동량과 에너지는 행성이 잃어버리는 운동량과 에너지와 정확하게 일치한다. 코끼리가 모기의 무게를 느끼지 못하듯이, 이 효과가 행성 궤도에 미치는 영향은 극히 미미하다.

중력의 효과를 가장 극적으로 보여준 것은 행성 그랜드 투어The Planetary Grand Tour 제안이었다. 1960년대 말에 NASA의 제트추진연구소Jet Propulsion

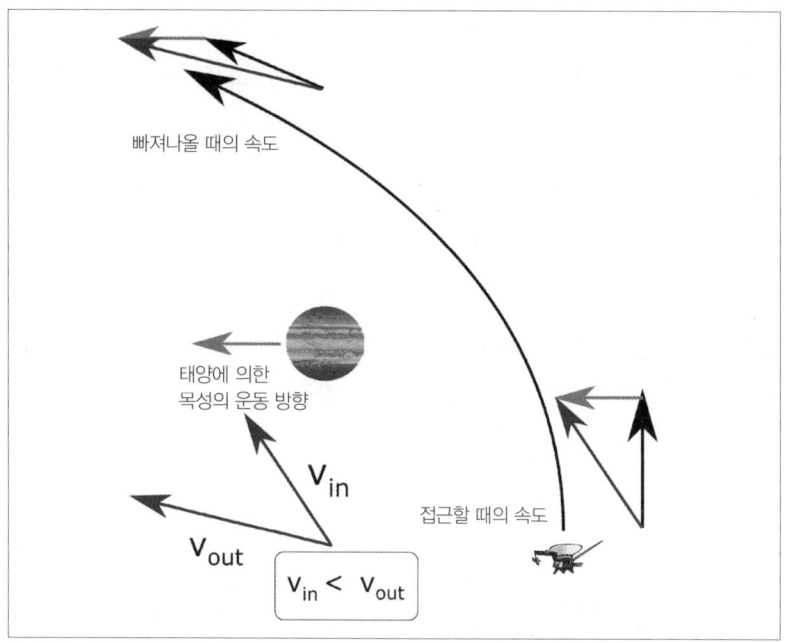

■ 중력을 이용한 비행. 여기서는 목성을 이용한 예를 보였다. 우주선은 목성에 접근하여 목성이 태양 주위를 도는 운동을 이용하여 속도를 얻는다. 에너지는 보존되므로 목성은 에너지를 잃게 된다. 하지만 목성의 질량은 워낙 크기 때문에 그 속도의 변화는 무시할 수 있다.

Laboratory, JPL의 인턴 연구원이었던 가이 플란드로Guy Flandro는 가장 멀리 있는 행성들이 10년 뒤에 일직선으로 배열될 것이라는 사실을 깨달았다. 그 뒤로는 176년 동안 일어나지 않을 일이었다. 이 기회를 이용할 4개의 탐사선이 제안되었다. 호수의 표면을 튀어 오르는 돌멩이가 튀어 오를 때마다 에너지를 얻듯이 이 탐사선들은 거대한 행성들을 스쳐 지나서 결국 태양계 밖으로 튀어 나가게 되는 것이었다.

1970년대에 이루어진 NASA의 예산 삭감은 이 제안뿐만 아니라 '소형 그랜드 투어mini grand tour' 제안까지 죽여버렸다. 하지만 보이저 2호는 실제로 4개의 거대 행성들을 모두 방문하기 위하여 중력의 도움을 받았다. 자매 탐사선인 보이저 1호는 목성과 토성을 근접 비행한 뒤에 태양계 밖을 향하고 있어 지구에서 200억 킬로미터 정도 떨어진 곳에 있는 가장 멀리 있는 인공물이 되었다.[4] 중력을 이용하는 것은 이제 프로젝트 디자이너들의 기본적인 도구가 되었다. NASA의 최근 프로젝트 중에서는 2011년 초에 메신저호Messenger가 수성 궤도에 진입하기 위하여 속도를 늦추는 데 이 방법을 이용하였고, 2015년에 명왕성에 도착할 예정인 뉴호라이즌호New Horizons는 명왕성과 카이퍼 벨트Kuiper Belt를 향해 속도를 높이는 데 이 방법을 이용하였다.

태양계를 탐험하는 것은 매우 어려운 일이다. 행성들의 크기에 비해 행성들 사이의 거리는 너무나 멀기 때문이다. 태양을 지름 3미터 크기의 불타는 기체 덩어리로 축소해보자. 이 스케일에서 지구는 태양에서 300미터 떨어진 포도 알갱이 크기이고, 태양계의 끝은 10킬로미터 정도가 된다. 달은 지구에서 팔 길이만큼 떨어진 곳에 있는 콩알 정도된다. 그 짧은 거리에 12명의 우주비행사를 보냈던 아폴로 프로그램에 든 비용은 물가 상승을 감안하면 300억 달러 정도다. 달보다 200배 더 멀리 있는 화성에 사람을 보내는 것에 왜 지금 당장 감당하기 어려운 수준의 비용이 드는지 아마도 이해될 것이다.

태양계를 당신의 거실 안에 모두 집어넣는다고 해보자. 태양은 1밀리미터의 점으로 겨우 보일 정도이고 거대 행성들은 사람 머리카락 두께 정도인 0.1밀리미터 이하가 되어 거실의 가장자리에 흩어져 있을 것이다. 지구는 눈에 보이지도 않을 것이다.

우주는 놀라울 정도로 텅 비어 있다. 이것은 좋은 소식이다. 당신이 채워넣을 수 있는 공간이 많다는 뜻이니까.

가족을 만나다

가족에 대한 질문을 받은 사울은 어깨를 으쓱했다. 그렇게 많은 아이들이 어떻게 살고 있는지 어찌 알 수 있단 말인가? 그는 아내 뉴아주를 잃었다. 아직도 그 이야기는 하고 싶지 않다. 그녀는 너무나 젊었다. 비극이었다. 아이를 낳고 얼마 되지도 않아 떠나가버렸다. 그녀는 항상 가냘팠는데 얇은 옷을 입으면 마치 유령 같았다. 하지만 사울에게는 매우 충실했고 그가 흥분하거나 고집을 피울 때도 항상 차분했다. 그녀를 그렇게 빨리 잃고 혼자 아이를 키우는 것은 감당하기 힘든 일이었다.

특별한 순서 없이—부모는 자식을 편애해서는 안 된다—사울은 아이들에 대해서 이야기했다. 불안정한 성격과 어두운 분위기를 가진 아레스(화성)는 사랑하기 힘든 아이였다. 그가 데리고 다니는 투견 두 마리(화성의 위성을 상징-옮긴이)는 모든 사람들이 무서워했다. 두려움과 공포, 그렇게 부드러운 이름은 아니었다. 이 기형의 갈색 개들은 무서울 정도로 충성스러웠다. 사울이 가장 좋아하는 아이는 이슈타르(금성)라는 것은 쉽게 알 수 있었다. 그녀는 따뜻했으며, 아름답고 밝은 목소리를 가지고 있었다. 아버지처럼 되기를 열망했지만 그녀는 반대자의 기질(금성의 공전 방향이 다른 행성들과 반대라는 것을 의미-옮긴이)을 가지고 있어서 절대로 다수를 따라가지 않았다. 그녀의 쌍둥이 자매 가이아(지구)는 어렸을 때부터 과학에 심취하여 가족들 사이에서 괴짜로 통했다. 그녀는 지하실에서 거품이 나는 플라스크에 이상한 화학약품들을 만들었다. 이 약품은 샤워 커튼의 얼룩으로 시작해 온 집 안에 퍼졌다. 사울은 그것이 일으킨 문제들을 생각할 때면 눈을 굴리며 혀를 찼다.

헤르메스(수성)는 지금도 사울의 가장 가까이에 있다. 하지만 그는 특별한 관심사가 없었고 독립하지도 못했다. 그는 아직도 아버지 사울에게서 벗어나지 못하고 항상 동의를 구했다. 하지만 그는 사울의 계승자가 되지 못했다. 그 역할은 항상 언젠가 그 자리가 자신의 것이라고 생각하는 배짱과 자신감을 가진 조브(목성)에게 돌아갔다. 그는 몸을 던져 원하는 것을 얻었다. 아무도 그의 앞을 가로막지 않았다. 또 권리를 주장하는 크로노스(토성)가 있다. 사울은 그렇게 이야기하면서 혀를 찼다. 크로노스는 훌륭한 외모를 가지고 있었지만 가족을 이끌 만한 인물은 아니었다. 카일루스(천왕성)와 네레우스(해왕성)는 자신들만의 세계에서 지냈기 때문에 아무런 문제를 일으키지 않았다. 사울은 아직도 둘을 구별하는 데 어려워하고 있다. 그래서 카일루스는 (말을 험하게 하기로도 유명했으며) 어릴 때 크게 넘어진 이후로 정상으로 돌아오지 않은 아이(천왕성이 충돌로 자전축이 누워 있는 것을 의미-옮긴이)로, 네레우스는 자기도 아이를 입양한 동정심이 많은 아이로 기억하고 있었다. 사울은 수년간 이 많은 아이들을 부양하기 위해서 최선을 다했고, 적어도 큰 문제는 없었다.

　우리는 수천 년 동안 행성들을 의인화해왔다. 태양과 달, 그리고 맨눈으로 볼 수 있는 5개의 행성들—수성, 금성, 화성, 목성, 토성—은 우리 문화에 깊은 흔적을 남기고 있다. 요일의 이름이 되었고 시간을 나누는 중요한 단위 중 하나가 되었다.■5 행성들의 이름은 수메르에서 기원하여 바빌로니아 문화로 스며들었으며, 이후 그리스어를 거쳐 결국 로마로 가서 라틴어로 번역되었다.

　태양에서 절대 멀리 떨어지지 않는 머큐리Mercury(수성)는 멋진 날개 달린 신발을 신고 날개 달린 모자를 쓰고 있다. 그는 신들 사이를 빠르게 오가는 전령사이며 상인들의 신이었다. 그리고 부업으로 죽은 사람들을 사후 세계로 인도하는 일도 했다. 비너스Venus(금성)는 사랑과 다산의 여신이었다. 하지만 신화 속에서는 유혹을 의미하는 나쁜 쪽의 의미도 가지고 있다. 실제 라틴어로는 '독약poison'과 같은 어원을 가지고 있기도 하다. 어쩌면 로마인들은 금성의 짙은 대기 아래에 독성으로 가득한 지옥이 있다는 사실에 대한 선견지명이 있었던 것인지도 모르겠다.

마르스Mars(화성)는 핏빛으로 하늘을 누비는 전쟁의 신이었다. 그는 로마를 세운 로물루스의 아버지로, 모든 로마인들은 자신들을 마르스의 후예라고 생각했다. 주피터Jupiter(목성)는 모든 신들 중 최고였다. 새턴Saturn(토성)의 아들이자 마르스와 머큐리의 아버지로 하늘과 천둥의 신이었다. 로마 제국에서 집정관은 주피터에게 멋진 뿔을 가진 거세된 하얀 황소를 바치며 선서했다. 새턴은 농업과 수확의 신이었다. 그를 기념하는 축제에서는 주인과 노예의 역할이 뒤바뀌었고, 예의는 무시되었으며, 도덕적인 제한은 창밖으로 가볍게 던져졌다.

망원경이 발명된 뒤 새로운 행성이 발견되어도 전통은 그대로 유지되었다. 우라노스Uranus(천왕성)는 태고의 하늘의 신이었으나 그리스 신화에서는 거의 무시되었다. 그래서 로마인들은 충격적인 뒷이야기를 덧붙여야만 했다. 우라노스는 매일 밤 지구를 덮어서 가이아와 관계를 맺었다. 하지만 그는 가이아가 낳은 아이들을 싫어해서 아이들을 어두운 지하세계 타르타루스Tartarus에 가두었다. 가이아는 가장 용감한 아들인 크로노스Kronos를 설득하여 우라노스를 거세하고 몰아내버렸다. 한편 넵튠Neptune(해왕성)은 물과 바다와 말들의 신이었다. 로마인들은 해전에서 승리하면 넵튠을 기렸다. 지금까지도 많은 해군에서는 적도를 처음으로 가로지르는 선원들이 바다의 왕 넵튠의 보호를 기원하는 의식을 치른다.■6

불쌍하게도 버려진 플루토Pluto(명왕성)는 어떻게 할까? 나는 냉정한 마음으로 플루토를 제외해버릴 것이다. 대신 행성에 대한 천문학적인 관점이 어떻게 변해왔는지 설명하겠다.

그리스인들은 행성들을 황도 상의 동물들(양, 황소, 게, 사자, 전갈, 물고기, 그리고 이상한 바다염소) 사이를 배회하는 신이 아닌, 우주 공간에 존재하는 또 다른 세계로 생각하는 길을 열었다. 현대적 개념의 행성은 갈릴레오 이전까지는 등장하지 않았다. 갈릴레오가 자신이 만든 망원경을 통해서 달을 관찰하다가 기름 램프 옆에서 달의 모습을 그리는 장면을 상상해보자. 포도주와 빵으로 끼니를 때운 다음 다시 돌아와서 남동쪽 하늘에 떠 있는 목성을 겨냥한다. 여름밤의 공기 때문에 상이 조금 흔들리기는 하지만 목성 근처의 4개 점들을 분명히 볼 수 있다. 그 배열은 지난번에 관측했을 때에 비해서 조금 달라져 있다. 갈릴레오는 그것을 스케치북에 기록한다.[7]

갈릴레오의 망원경으로 보면 목성은 뿌연 원으로 우주 공간에 떠 있는 먼 세계로 보인다. 하지만 그 위성들은 모행성 주위에서 우아하게 춤추는 점들로만 보인다. 갈릴레오가 관측한 목성의 위성들은 코페르니쿠스의 모형을 강력하게 지지하는 것이었다. 지구가 그들의 중심이 아닌 것은 분명했다. 갈릴레오는 그들에게 자신의 후견인인 메디치Medici가家 사람들의 이름을 붙였지만 결국에는 제우스의 연인들 이름이 붙게 되었다. 그 위성들을 자세히 보는 것은 갈릴레오의 이름을 딴 우주선이 목성에 도착한 1995년 말에서야 가능했다.

갈릴레오탐사선은 목성의 큰 위성들을 차례대로 근접 비행하는 데 성공했다. 탐사선은 불과 얼음의 이국적인 세계를 발견했다. 가니메데Ganymede는 태양계에서 가장 큰 위성이며, 수성보다도 더 크다. 용융된 철이 핵을 이루고 있고, 표면은 바위와 얼음으로 덮여 있으며, 표면에서

■ 갈릴레오탐사선이 촬영한 사진. 유로파 표면의 균열된 얼음이 보인다. 이 구조는 지구 극지방의 얼음 모습과 유사하며, 금이 가고 갈라진 모습은 물이 스며들어 움직여서 만들어진 것으로 보인다. 사진에서 가장 작은 구조가 1킬로미터 정도의 크기다.

200킬로미터 아래에는 염분이 있는 큰 바다가 있을 가능성이 매우 높다. 다음으로 큰 것은 칼리스토Callisto로 표면은 크레이터(충돌 분화구)로 덮여 있고, 지하 100킬로미터에는 바다가 있을 것으로 추정된다. 이오Io는 400개의 활화산을 가진 특이한 위성이다. 태양계에서 지질학적으로 가장 활동적인 천체이며, 화산에서 나온 새로운 황이 매년 2.5센티미터씩 표면에 쌓이고 있다. 유로파는 넷 중에서 가장 작고, 지구의 달보다 조금 더 작다. 이것은 얼음으로 만든 당구공처럼 생겼다. 100킬로미터 깊이의 바다를 수 킬로미터의 얼음이 덮고 있다. 지구에서 수십억 킬로미터 떨어진 이 물의 세상은 미래 우주탐사선들의 가장 중요한 목표들 중 하나다.

우리의 태양계 행성 가족들은 위성을 가지고 있기도 하며 매우 특이하고 개성들이 강하지만, 크게 두 종류의 카테고리로 나눌 수 있다. 지

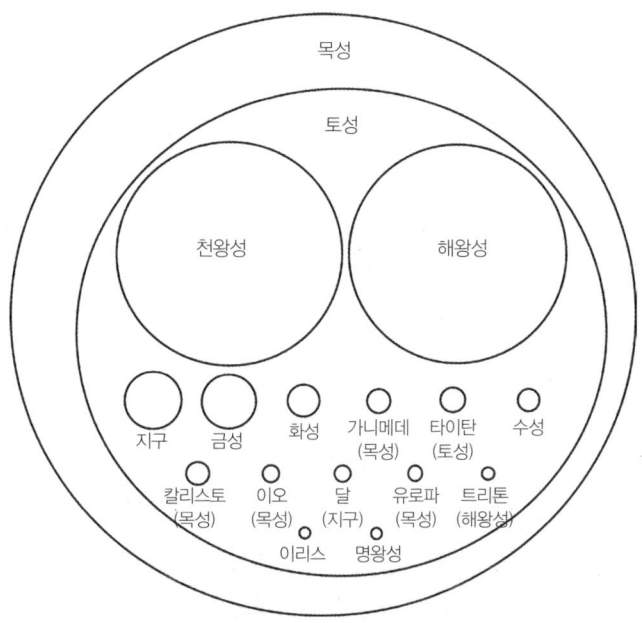

■ 태양계 8개의 행성들과 몇몇 큰 천체들의 상대적인 크기. 지구형 행성들과 거대 기체행성들의 차이가 분명히 나타나고, 명왕성의 크기가 매우 작다는 것도 확실하게 알 수 있다. 태양계에서 가장 큰 7개의 위성들도 함께 표시했다.

구형 행성은 지구-태양 거리의 5배가 넘지 않는 태양 근처에 분포한다. 이 행성들은 단단한 표면을 가지고 있으며 대부분 암석과 금속으로 이루어져 있다. 이 형제들—수성, 금성, 지구, 화성—은 독신들이다. 자식도 거의 없고 결혼반지도 없다. 목성형 행성들은 지구-태양 거리의 5배에서 30배 정도로 태양에서 멀리 떨어져 있다. 이 행성들은 크기가 크고 밀도가 작으며, 태양과 같은 화학 성분인 수소, 헬륨, 그리고 소량의 무거운 원소들로 이루어져 있다. 이 행성들은 아직 증명되지는 않았지만, 아마도 지구 질량의 3배에서 10배 정도 되는 암석으로 이루어진 핵이 있는 것으로 보인다. 서로 밀접한 연관이 있는 이 가족 구성원들—목성, 토성, 천왕성, 해왕성—은 많은 자손들을 가지고 있고(그중

넷은 우리가 이미 만났다) 멋진 반지를 끼고 있다.■8

태양계에는 작은 암석 천체들도 존재한다. 가장 대표적인 것은 화성과 목성 사이의 소행성대다. 이들은 아마도 이 지역에서 행성을 만드는 데 실패한 잔해들인 것으로 생각된다. 질투 많은 목성이 라이벌이 생기는 것을 방해한 것으로 보인다. 목성을 숭배하는 소행성들은 목성과 같은 궤도에서 적당한 거리를 두고 앞뒤에 모여서 움직이고 있다. 소행성들 중에는 태양계 안쪽을 여행하는 것들도 있다. 그중 몇몇은 지구의 궤도를 가로지르기도 한다. 켄타우로스Centaurs라고 불리는 암석 천체들은 거대 행성들 사이에서 살고 있다. 카이퍼 벨트는 지구-태양 거리의 30배에서 50배 사이의 영역에, 암석보다는 얼음에 가까운 다양한 모양의 천체들이 모여 있다. 50킬로미터보다 큰 것이 약 10만 개 정도 된다. 태양계의 경계는 오오트 구름Oort Cloud이 장식한다. 수조 개의 혜성들이 둥글게 모여 있지만 전체 질량은 지구의 질량보다 훨씬 더 작다.

지금쯤이면 내가 지하세계의 왕이며 죽은 자와 죽음을 앞둔 자들의 신인 명왕성을 완전히 외면하고 있다는 사실을 눈치챘을 것이다. 1930년에 발견된 이후 76년 동안 명왕성은 행성의 하나로 자리를 차지하고 있었다. 하지만 천문학자들은 명왕성의 특이한 점 때문에 명왕성의 지위를 점점 더 불편해하고 있었다. 명왕성은 해왕성보다 안쪽으로 왔다가 지구-태양 거리의 49배까지 멀어지는 긴 타원형 궤도를 가지고 있고 공전 궤도면이 크게 기울어져 있다는 점이 특이했다. 목성형 행성들에 비해 크기와 질량이 너무 작다는 점도 특이했고, 자신의 절반이 넘는 크기의 위성 카론Charon을 가지고 있다는 점도 특이했다.

결정타는 해왕성의 바깥쪽 궤도에서 명왕성과 비슷한 크기의 천체들이 발견되었을 때 왔으며 명왕성보다 더 큰 천체인 이리스Eris가 발견되었을 때는 정점에 달했다. 명왕성을 행성으로 인정한다면 이리스도 행성으로 인정해야만 했다.■9 학자들은 태양계의 지옥에는 이런 천체들이 명왕성보다 큰 것을 포함하여 수천 개나 있을 것이라고 생각했기 때문에, 그랬다가는 행성의 수가 너무 많아져서 사람들은 새로운 이름을 기억하느라 골치가 아팠을 것이었다. 그래서 명왕성은 인정사정없이 '왜소행성dwarf planet'으로 강등되어 행성의 지위를 잃고 말았다.

깊은 시간

지구와 달, 그리고 다른 행성들, 더 나아가서 전 우주가 만들어진 이야기를 하기 위해서 우리는 시간을 측정하는 방법이 필요하다. 시계로 쉽게 알 수 있는 일상생활의 시간이 아니라 인간이 존재했던 시간을 아무것도 아닌 것으로 만들어버리는 '깊은' 지질학적 또는 천문학적 시간 말이다.

인류는 항상 하루의 시간을 측정하기 위해서 어떤 기계들을 사용했고, 더 긴 시간을 측정하기 위해서는 천문학적인 주기를 사용해왔다. 보석이나 돌에 뚫린 구멍으로 일정한 비율로 물이 떨어지는 것을 이용한 물시계는 기원전 1500년 이집트의 파라오 이모텝 1세Imhotep I 때부터 사용되어왔다. 모래시계 역시 고대로 거슬러 올라간다. 중국에서는 11세기에 탈진기(기어의 회전속도를 고르게 하는 장치)를 발명했고, 유럽의 몇몇 시계들은 수백 년 동안 잘 작동하고 있다. 갈릴레오는 진자를 잘 이해하고 완벽하게 이용하여 시계의 정확도를 증가시켰다.

양력과 음력 달력은 1,000년이 넘게 사용되고 있지만, 우리가 시간을 측정하는 데 인간이 만든 기기만 사용한다면 불과 몇만 년밖에 이르지 못할 것이다. 지질학적 기록들을 이용하면 수백만 년의 과거를 돌아볼 수 있다. 지구는 활동적인 행성이기 때문에 침식이나 지질학적 활동들이 끊임없이 부드러운 암석층을 파괴한다. 하지만 계절에 따른 물의 변화나 거대한 대륙에 쌓이는 먼지의 질량과 같은 것들은 종종 매우 규칙적이다. 남극의 얼음층과 몽골의 먼지는 거의 1,000만 년의 시간을 돌아볼 수 있는 좋은 예다. 지구의 공전 주기와 자전축 기울기의 주기적인 변화는 암석에 흔적을 남겨서 아주 정확하지는 않지만 2억 5,000만 년 전까지 알아볼 수 있다.

수십억 년의 시간(그리고 수십억 분의 1초의 짧은 시간)을 측정하기 위해서 과학자들은 방사능을 이용한다. 자연적으로 만들어지는 몇몇 원소들은 본질적으로 불안정하다. 이 원소들의 원자들은 저절로 가벼운 원소로 붕괴한다. 방사성 붕괴는 매우 특이하면서도 유용한 특징이다. 하나의 방사성 원자 붕괴는 절대 예측할 수 없다. 하지만 다량의 방사성 원자가 붕괴하는 평균적인 시간은 아주 정확하게 알 수 있다. 일반적인 경우 여러 개의 '모르는' 사건이 결합되어 '잘 아는' 사건이 되는 일은 거의 없다. 하지만 양자역학은 아주 이상하고 직관에 어긋나는 것이다. 방사성 원소 한 묶음의 절반이 붕괴하는 시간을 반감기라고 한다. 방사성 붕괴는 요새와 같은 원자핵 속에서 일어나는 일이기 때문에 주변의 온도와 압력, 그리고 화학작용에 영향을 받지 않는다. 이것은 방사성 연대측정법이 지구와 같이 활동적인 행성의 지질학적 혼돈 속에서도 완벽하게 적용될 수 있다는 것을 의미한다.■[10] 충분히 나이가 많은 암석을 찾기만 한다면.

지질학자들은 처음 만들어진 이후로 변화를 겪지 않은 암석들을 찾아서 지구를 샅샅이 뒤졌다. 만일 암석이 맨틀로 들어가 용융된다면 방사성 붕괴의 최종 결과물은 없어지거나 재배열되어버린다. 그래서 지질학자들은 오스트레일리아나 남아프리카, 그리고 일부 북아메리카와 같은 오래된 대륙을 뒤진다. 변화를 겪지 않은 가장 오래된 암석은 빙하작용으로 드러난 오래된 산의 일부인 캐나다 아카스타 편마암Acasta Gneiss에서 나왔다. 이 암석의 나이는 40억 3,000만 년이다.■¹¹ 지금까지 지구에서 발견된 가장 오래된 광물은 서부 오스트레일리아의 잭 힐스Jack Hills에서 발견된 지르콘zircon 결정이다. 이 작은 준보석의 나이는 44억 년이다.■¹² 좋다.

달은 지질학적으로 조용하기 때문에 오래되고 변화를 겪지 않은 암석들을 찾기에 아주 좋은 곳이다. 아폴로 우주비행사들은 382킬로그램의 월석을 가지고 왔는데, 대부분 마지막 세 번의 착륙에서 가지고 온 것이다. 3대의 러시아 루나Luna 우주선이 400그램 정도를 가지고 왔고, 1980년 이후로 120개의 달 운석을 수집하여 총 48킬로그램의 '공짜 샘플'이 모였다.

지질학 이야기를 하면 졸고 있던 사람도 달 운석의 가치에 대해서는 눈을 반짝이며 관심을 가진다. 온라인에서 평판이 좋은 딜러들은 그 가치가 그램당 1만에서 2만 달러 정도 될 수 있다고 한다. 고품질의 다이아몬드는 그램당 1,000에서 2,000달러이고 순금은 그램당 50달러 정도이다.■¹³ 달에서 가장 오래된 암석은 산악지대에서 가져온 사장석anorthosite으로, 달이 처음 만들어진 직후 달의 마그마 바다 위에 거품처럼 떠다니던 약하게 결정화된 암석이다. 아폴로 16호가 가져온 샘플의 나이는 44억 6,000만 년이었다.■¹⁴ 달은 지구 역사에서 아주 초기에 만들어졌기 때문에 이 나이는 태양계의 나이와 아주 가깝다. 더 좋다.

행성들의 생성에서 가장 믿을 만한 추적자는 수축한 태양 성운의 변

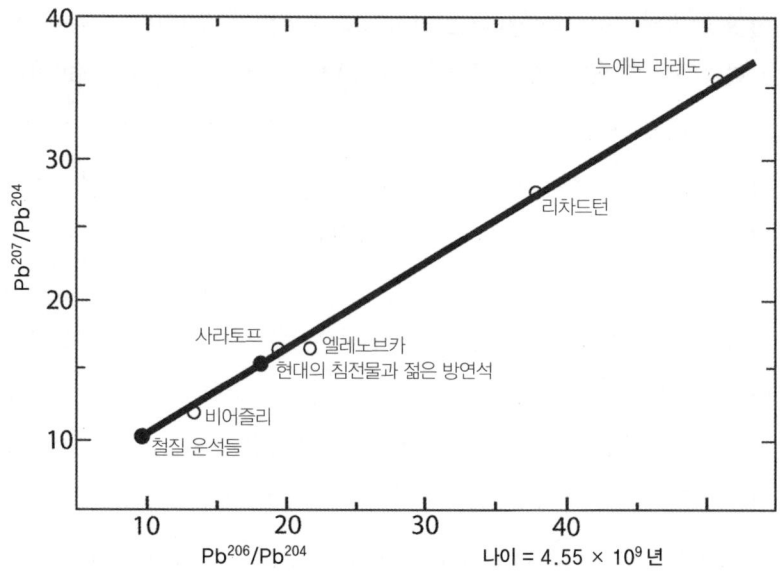

■ 태양계의 나이는 서로 다른 우라늄 동위원소가 붕괴하여 만들어진 서로 다른 납 동위원소의 양을 비교하여 결정된다. 여러 개의 암석 샘플과 철질 운석들에서 두 가지 서로 다른 붕괴 과정으로 구한 이 그래프는 지구의 나이를 거의 완벽하게 하나의 값으로 보여준다.
(누에보 라레도[멕시코 북동부, 미국과의 경계에 있는 도시], 리차드턴[미국 노스다코타주에 있는 도시], 엘레노브카[아르메니아에 있는 도시], 사라토프[러시아 사라토프주의 주도], 비어즐리[미국 미네소타주에 있는 도시] – 옮긴이)

화를 겪지 않은 원시 유물인 특별한 운석들이다. 애리조나 북부의 베링거 크레이터Barringer Crater를 만든 디아블로 협곡Canyon Diablo 운석의 나이는 1950년대 초반 처음 측정되었다. 우라늄을 가지고 있는 모든 샘플은 비교 확인이 가능하다. 우라늄-235는 7,000만 년의 반감기로 납-207로 붕괴하고, 우라늄-238은 45억 년의 반감기로 납-206으로 붕괴하기 때문이다. 이렇게 분석한 결과 지구와 태양계의 나이는 45억 7,000만 년으로 일치했다.■15 최고다.

지구의 나이 측정은 너무나 정밀하여 행성지질학자들이 100만 년을 두고 여기저기서 서로 논쟁을 할 정도까지 되었다. 이것은 전체 나이에 비하면 작은 값이지만, 태양계가 아주 짧은 시간 안에 만들어졌기 때문에 중요하다.

우주의 당구 게임

넓게 퍼져 있던 기체와 먼지 구름이 왜 갑자기 질서 정연하게 주위를 도는 작은 바윗덩어리들로 둘러싸인 젊은 별로 바뀌는 과정을 시작하게 되었을까?

이 질문은 오랫동안 천문학자들과 행성과학자들을 괴롭혔다. 그들이 얻은 답은, 불에서 나온 불이다. 우리 태양계는 45억 년 전에 태양 성운 근처에서 하나 또는 몇 개의 별들이 폭발하면서 죽은 흔적을 가지고 있다.[16] 운석은 태양계의 생성 과정을 재구성하는 데 사용할 수 있는 원시 물질이다. 우주에 있는 대부분의 철은 안정된 철-56이다. 그런데 운석에는 방사성 물질인 철-60이 소량 포함되어 있다. 그리고 철-60이 안정된 형태로 붕괴하여 만들어진 니켈-60도 포함되어 있다. 철-60의 반감기는 150만 년이다. 철-60은 질량이 큰 별이 죽을 때 발생하는 충격파로 만들어지기 때문에 태양계가 만들어지던 시기에 근처에서 초신성 폭발이 있었던 것이 분명하다. 그래서 우리는 이것이 초기의 수축을 유발했다고 충분히 가정할 수 있는 것이다.[17]

별의 탄생과 죽음은 순환적이다. 폭발하면서 죽은 별들은 새로운 별들을 탄생시키는데 이 순환 과정은 우리은하에서 110억 년 동안 계속되고 있다. 이 이야기는 우리의 이야기이기도 하다. 별들은 행성과 사람을 만드는 원료가 된 무거운 원소들을 뿌려놓았다. 우리 몸을 이루고 있는 모든 탄소 원자들은 태양계가 만들어지기 오래전, 먼 우주 공간

어딘가에 있었던 별의 가마솥에서 만들어진 것이다.

다음에 일어난 일은 아주 놀랍다. 먼지 티끌이 바윗덩어리로 자라나는 것은 우주적인 관점에서 본다면 눈 깜빡할 사이에 일어났다.

중력에 의한 수축을 마친 원시 태양계는 젊고 불안정한 별을 높은 밀도의 기체와 먼지로 이루어진 원반이 둘러싸고 있는 모습이었다. 수소를 헬륨으로 융합하기 전의 태양은 활동적이고 불안정했다. 몇백만 년 사이에 흑연, 암석, 얼음으로 이루어진 작은 먼지 입자들은 먼지 뭉치와 같은 느슨한 공으로 뭉쳐졌다. 처음에는 자기력이 이들을 붙들고 있었지만 언덕만 한 크기를 넘어 산만 한 크기로 자라나면서 중력이 그 역할을 차지하게 되었다. 중력이 확실히 지배하면서 뭉쳐지는 과정은 더 가속되어 불과 수십만 년 만에 수백 개의 배아행성들이 만들어졌다. 이후 상황은 험악해졌다.

도시에서 큰 나라 정도로 다양한 크기의 배아행성들은 타원 궤도를 돌면서 서로 상호작용하면서 충돌하였다. 강하게 충돌하여 부서지기도 하고 부드럽게 충돌하여 더 커지기도 했다. 8개의 행성이 만들어지는 과정은 약 1억 년 동안 계속되었다. 지구-태양 거리의 몇 배 정도로 가까운 거리에 있던 원반의 남은 기체들은 젊은 태양에서 나오는 복사에 의해 밀려나가서 이곳에서는 암석행성들이 만들어졌다. 더 먼 곳에서는 기화된 물, 암모니아, 이산화탄소와 같은 물질들이 얼어서 암석과 얼음으로 된 천체들이 만들어졌다. 암석 핵들은 수소와 헬륨을 끌어모을 수 있을 정도로 중력이 커서 거대한 기체행성으로 자라났다.■[18] 그 과정에서 달은 용융된 지구에서 떨어져 나가고, 뒤통수를 맞은 금성은 다른 모든 행성들과 반대 방향으로 자전을 하게 되고, 옆머리를 맞은 천왕성은 태양계에서 가장 극적인 계절 변화를 겪게 되었다.

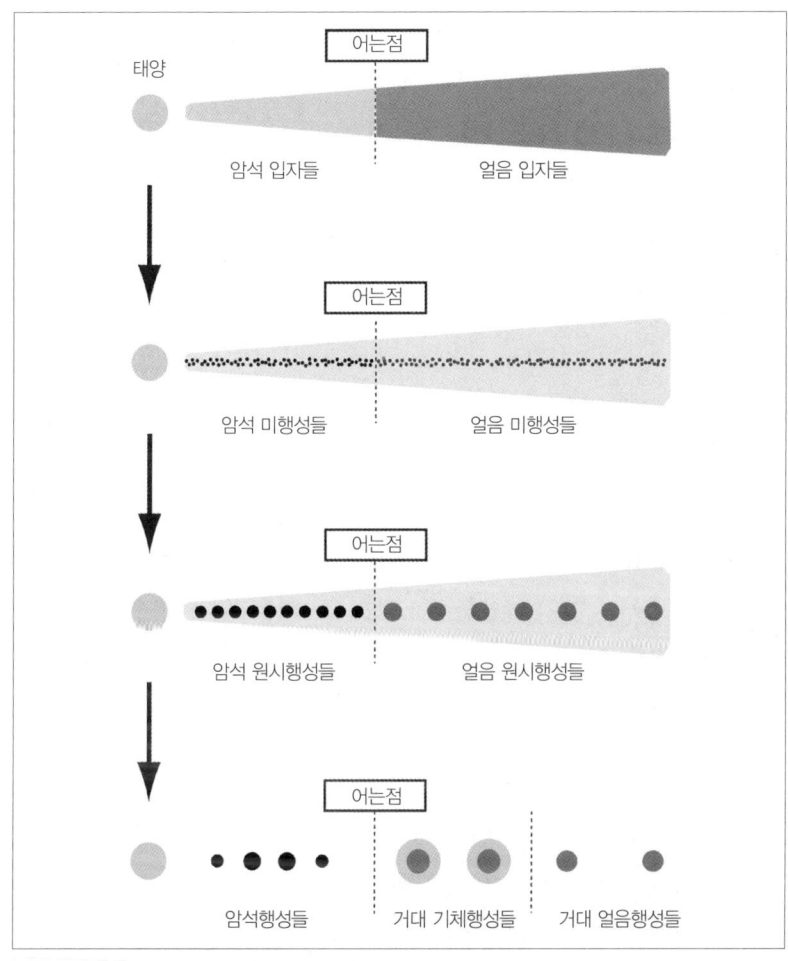

■ 초기 태양계의 단면도. 어는점 안쪽에서는 암석행성들만이 만들어질 수 있다. 그보다 먼 곳에서는 암석과 얼음이 결합하여 더 큰 핵을 만들어 차가운 기체에서 수소와 헬륨을 끌어모아 기체행성이 되었다.

이 대혼란의 시기가 끝난 다음에도 행성들은 게임을 끝내지 않았다. 어떤 행성들도 이때는 태양에서 지금과 같은 거리에 있지 않았다. 암석행성들은 태양 성운에서 마지막으로 남은 기체와의 상호작용 때문에 약간 안쪽으로 움직였고, 거대 기체행성들은 남은 배아행성들과의 상호작용으로 인해 천천히 궤도가 바뀌었다. 토성, 천왕성, 해왕성은 조금씩 바깥쪽으로 움직였다. 반면 안쪽으로 움직인 목성은 소행성대가 있는 거리에서 행성이 만들어지는 것을 방해하여 대부분의 물질들을 태양 쪽 혹은 태양계 바깥쪽으로 보내버렸다.

바깥쪽 행성들의 이동은 만들어진 후 5억 년 동안 천천히 꾸준히 진행되었다. 그래서 목성과 토성은 목성이 태양 주위를 두 번 도는 동안 토성이 한 번 도는 위치가 되었다. 이런 공명이 일어나면 서로에게, 그리고 이웃들에게 미치는 효과는 더 커진다.[19] 공명 상태에 있는 행성들은 마치 스테로이드를 복용한 것 같다. 천왕성을 지나간 해왕성은 태양계의 바깥쪽에 있는 암석 잔해들을 들이받아 태양계 안쪽으로 끌려 들어가게 만들었다. 그 잔해들이 목성을 지나칠 때 이 거대한 행성에 의해 잔해의 일부는 멀리 바깥쪽으로 쫓겨나 혜성 구름을 형성하였고, 일부는 조금 더 멀리 가서 카이퍼 벨트를 구성하였으며, 일부는 태양계 안쪽으로 들어갔다.[20]

이 시나리오는 초기의 거대한 충돌이 끝난 한참 후인 38억 년에서 39억 년 전 사이에 크레이터의 수가 증가한 것으로 보이는 달과 수성의 충돌의 역사에 대한 오랜 의문을 해결해준다. '늦은 집중 충돌'은 이제 태양계 이야기의 정설이 되었다. 지구의 초기 생명체들이 이 공격에 살아남을 수 있었는지는 확실하지 않다.

태양계는 이제 더 이상 개구쟁이 꼬마는 아니었지만 완전히 지루한 상태가 되지도 않았다. 여러 가지 계산과 컴퓨터 시뮬레이션에 따르면 행성들의 궤도는 아직도 혼란스럽고 장기적인 변화를 겪게 될 것이다. 앞으로 수십억 년 후에는 지구의 자전축 기울기는 더 커질 것이고, 수성과 화성의 궤도는 너무 불안정해져서 지구와 충돌을 하거나 태양계 바깥으로 튀어나가게 될 것으로 보인다.

위성들은 스케일이 축소된 동일 과정으로 만들어졌다. 목성과 토성의 큰 위성들은 가까이 있고, 행성과 같은 방향으로 공전하며 적도 부근에 위치한다. 이 위성들은 각 행성들의 고리와 같은 물질로 이루어져 있다. 바깥쪽 위성들은 긴 타원형 궤도를 가지고, 궤도의 기울기가 불규칙적이며 행성의 자전 방향과 반대 방향으로 공전하는 등 포획된 천체의 특징을 보여준다. 포보스Phobos와 데이모스Deimos는 화성에게 포획된 소행성들이다. 해왕성의 위성인 트리톤Triton은 카이퍼 벨트에서 포획된 것이다. 명왕성의 큰 위성인 카론은 지구의 달처럼 충돌에 의해 만들어진 것으로 보인다.

갈릴레오가 목성의 주위를 도는 4개의 불빛을 관측할 때, 그는 이 위성들이 얼마나 재미있는 것들로 밝혀질지 거의 상상하지 못했다. 이들은 모두 얼어붙은 암석이지만 그 구성 성분은 목성에서의 거리에 따라 달라진다. 목성이 젊고 뜨거울 때 그로 인해 구워진 이오는 대부분 금속과 암석으로 이루어져 있다. 바깥쪽으로 가면서 유로파는 90퍼센트의 암석과 10퍼센트의 얼음, 가니메데는 60퍼센트의 암석과 40퍼센트의 얼음, 그리고 칼리스토는 암석과 얼음이 거의 같은 양으로 이루어져 있다. 이들은 거의 완벽한 공명 상태로 공전한다. 이오의 공전 주기는 42시간이고, 나머지의 공전 주기는 바깥쪽으로 가면서 각각 바로 안쪽 위성의 2배씩 된다. 이들을 자세히 관찰할 수 있는 탐사선을 보내려면 적어도 10년은 더 기다려야 한다.

바로 지금 여기에서부터 태양계 여행을 시작해보자. 목성에서 우리에게까지 빛이 오는 데 걸리는 시간은 목성의 위치에 따라 35분에서 50분이 걸린다. 프로젝트 관리자는 내린 명령이 제대로 수행되었는지 확인하기 위하여 한참을 기다려야 한다. 가까이 있는 화성도 빛이 왕복하려면 8분에서 40분이 걸린다.

우리는 NASA의 기술자들이 마치 게임광처럼 카우보이 모자를 쓰고 소리를 지르며 멋진 화성 로버를 운전하는 모습을 상상한다. 하지만 사실 그들은 꼼꼼하고 체계적이며 체크리스트에 집착한다. 30센티미터를 움직이는 명령 하나를 내리고 30분을 기다려 이상이 없는지 확인한 후에 다음 명령을 내린다. '앞으로 조금 나가라. 알았다. 갔나? 그렇다. 괜찮나? 그런 것 같다. 여기에 많은 것이 달렸다. 확실해야 한다. 정말로 괜찮다. 기어 상자에 붉은 먼지가 조금 있을 뿐이다. 좋다. 그럼 앞으로 90센티미터 더 전진해라. 물러나라. 나는 최대한 천천히 가고 있다!' 화성에서의 하루 동안 로버는 여러분 집 거실을 겨우 가로지를 정도밖에 움직이지 않는다.

한 시간의 지체는 행성탐사 미션을 처음부터 끝까지 수행하는 데 걸리는 시간에 비하면 순식간이다. 계획 단계에 풋풋한 박사 후 과정이었던 사람이 자료가 얻어질 때쯤이면 머리가 반백인 고참 연구원이 되어 있을 정도다. 미션이 실패하면 경력에 치명적이다. 그리고 멀리 있는 세상을 자세히 관찰하기 위하여 복잡한 기기를 수십 킬로미터 떨어진 곳으로 보내는 것은 매우 위험한 일이다.

하지만 왜 로봇만 즐거워야 하는가? 우리가 진지하게 고민한다면 언젠가는 사람이 달을 넘어서 태양계의 더 흥미로운 곳을 탐험하는 날이 올 것이다. 이 장의 앞부분에 나온 이야기를 현실화시키기 위해서는 시간이 얼마나 걸릴까? 화성에 사람을 보내는 계획은 지난 수십 년 동안 있어왔지만 모두 뜨거운 아스팔트 위의 신기루처럼 사라져버렸다.■21 현재로서는 2030년을 목표로 하고 있으며 비용은 300억 달러 이상이다. 이에 비용을 절감하기 위해서 일방통행 미션을 주장하는 사람들이 늘어나고 있다. 여기에는 '달은 잊어버려라. 화성으로 가자!'라고 말하는 NASA의 아메스Ames연구소 소장 사이먼 '피트' 워든Simon 'Pete' Worden과 우주비행사 버즈 올드린이 포함되어 있다.

화성보다 10배나 더 멀리 있고 태양빛이 지구보다 25배나 더 약한 목성은 훨씬 더 어렵다. 아서 클라크Arthur C. Clarke는 미국과 소련이 공동으로 2040년에 유로파에 도착하는 모습을 그렸다. 현실에서는 NASA에서 2020년에 발사하여 2026년에 유로파에 도착하는 무인 탐사선을 계획하고 있고, 비용은 47억 달러다. 여기에 몇십억 달러를 더한다면 6년 동안의 생명 유지를 위한 '수도자의 방'을 추가할 수도 있을 것이다. 화성까지의 일방통행 미션을 수행할, 그러니까 화성까지 가서(그곳에서 죽겠지만) 지금까지 아무도 보지 못한 세상을 보기를 원하는 지원자들은 얼마든지 있을 것이다.

유로파를 작은 망원경으로 관측할 수 있는 기회는 크게 늘어났다. 그리고 대체로 처음 망원경으로 관측하는 순간은 매우 즐거운 경험이다.

하와이에서 박사 후 연구원으로 있을 때, 나는 대부분의 관측을 빅 아일랜드Big Island(하와이에서 가장 큰 섬 – 옮긴이)에 있는 높이 4,200미터의 휴화산 마우나케아Mauna Kea에서 했다. 마우나케아는 세계에서 가장 많은 망원경들이 모여 있는 곳이다. 대부분의 망원경들은 전문적인 망원경 운영자가 조정하는 거대한 금속과 유리로 이루어진 괴물 같다. 그리고 이 망원경들로 자료를 얻는 천문학자들이 재미로 이용하기에는 그것이 너무 비싸고 귀한 것으로 여겨진다. 하지만 하와이대학에는 교육과 야외 활동에 사용하는 60센티미터 망원경이 있었다.

어느 날 밤, 나는 친한 친구 마이크를 산 정상으로 데려갔다. 정신과

의사로 캠퍼스 내 연구 클리닉의 책임자였던 그는 지금까지 한 번도 망원경을 들여다본 적이 없다고 했다. 경치는 환상적이었다. 사방으로 기울어져 내려가는 화산 아래에는 구름의 윗부분이 달빛에 빛나고 있었다. 머리 위에는 별들이 눈부시게 빛나고 있었다.

  내가 망원경을 목성에 맞추는 동안 마이크는 희박하고 차가운 공기 속에서 옷깃을 여미고 발을 동동 구르며 기다렸다. 나는 최대한 서둘러 작업했다. 손의 감각이 점점 없어졌다. 성공했다. 나는 마이크에게 이동식 철제 사다리 위로 올라와서 아이피스를 들여다보게 했다. 마이크는 평소 침착하고 조용한 성격으로 다른 사람의 이목을 별로 끌지 않는 사람이었다. 하지만 아이피스를 통해 목성과 400년 전 갈릴레오가 처음 보았던 4개의 위성이 눈에 들어오자 그는 미친 듯이 소리를 질렀다.

  검은 하늘을 바라보다가 나는 순간적으로 지구를 시야에서 놓치고 혼란스러운 느낌에 사로잡혔다. 시간적으로는 혼란스럽지만 나는 고향 행성과 밀접하게 연결되어 있었다. 부드러운 물결과 같은 구름과 푸른 언덕이 있는 지구와 비교해보면 이곳은 너무나 삭막하다. 떠다니는 뾰족한 얼음들은 너무 딱딱하고 경직되어 보인다.

  나는 가까운 산 정상 방향으로 움직이려다 내가 움직일 수 없다는 사실을 발견하고 깜짝 놀랐다. 아래를 내려다보니 발이 발목까지 얼음 속에 묻혀 있다. 또 다른 걱정이 밀려왔다. 무슨 일이지? 무슨 일인지 알았다. 내가 입은 우주복의 발전기에서 나온 열이 발아래의 얼음을 녹였고, 그 물이 위로 올라와 얼어붙은 것이었다. 천천히 조금씩. 아래를 내려다보는 동안 몇 밀리미터 더 얼음 속으로 들어갔다. 다리를 비틀어 돌리며 빠져나오려고 했지만 소용없었다. 나는 얼음에 발이 묶인 것이다.

시간이 지나면서 나는 푸르스름한 얼음 속으로 서서히 가라앉았다. 나는 발버둥치는 것을 포기했다. 도와줄 사람은 아무도 없었고 할 수 있는 일도 아무것도 없었다. 얼음이 헬멧 챙까지 올라왔을 때 나는 이것이 꿈속의 꿈일 것이라고 스스로를 위로했다. 그렇게 믿고 싶었다.

나는 유로파의 얼음 속에 갇혔다. 유로파는 마치 이누이트족Inuit(캐나다 북부 및 그린란드와 알래스카 일부 지역에 사는 종족-옮긴이)의 여신 세드나Sedna 같았다. 세드나는 식탐이 너무 많아 아버지가 그녀를 바다에 던져버리고 그녀가 배 위로 올라오려고 하자 손가락을 잘라버렸다. 그녀는 차갑고 가차 없었다. 내가 얼어붙은 관이 되지 않을 수 있는 유일한 희망은 계속 가라앉아 얼음 아래의 바다까지 들어가는 것이다. 나는 그곳에서 무엇을 발견하게 될지 상상해보려고 했지만 아무 생각도 나지 않았다. 입에서 느껴지는 금속성의 맛은 공포스러웠다. 나는 그 생각은 접어두고 심연 속으로 천천히 미끄러져 들어가는 것에만 집중하기로 했다.

3장

지구 밖 세계

이 그림자들에 익숙해지는 데에는 시간이 좀 걸릴 것 같다. 나는 손을 앞으로 뻗어보았다. 머리 위에 있는 붉은 별이 아래쪽으로 강한 그림자를 만든다. 그리고 반대쪽 지평선에 있는 한 쌍의 창백한 노란 별이 옆쪽으로 약한 그림자들을 만든다. 손을 흔들어보았다. 그림자들이 춤춘다. 내 손이 마치 촉수 달린 바다 괴물 같다.

공기는 약간 시큼하긴 하지만 숨 쉴 만하다. 오존이다. 나는 산등성이와 계곡이 물결치는 벌판에 서 있다. 초목은 전혀 없다. 어두운 방의 조명처럼 흐릿한 붉은색이다. 이 별빛은 모든 원근감을 없애버린다. 낮게 떠 있는 쌍둥이 별들은 풍경에 창백한 느낌을 더한다. 이 별들은 붉은 별보다 약간 어둡고 흐리다. 멀리 있는 험준한 산 뒤로 지면서 앙상한 손가락 같은 그림자를 만든다.

나는 경사면을 올라간다. 발아래에는 작은 돌무더기가 있다. 깊이는 15센티미터 정도. 신발에 부딪힌 돌들이 사방으로 흩어진다. 경사는 급하지 않지만 금방 숨이 찬다. 중력은 내가 익숙한 것보다 더 강하다. 다리는 무겁고 심장은 쿵쾅거린다. 나는 지형 너머를 볼 수 있는 지점에 이르렀다. 나무도 풀도 없는 곳에서 스케일을 추측할 방법이 없다. 물도, 다른 어떤 종류의 액체도 없다. 척박하고 황량한 곳이다. 오싹한 기운이 스치고 지나갔다.

모든 것이 살짝 어긋나 뭔가 맞지 않다. 빛도, 중력도, 공기도. 평생 지구의 공기로 숨을 쉰 나는 그것을 당연한 것으로 여겨왔다. 하지만 지금 내 허파로 들어오는 공기와 비교하면 그것은 아주 달콤하고 신선한 것이었다. 갑자기 외롭고 집에서 멀리 떨어진 느낌이 든다.

별을 만지다

별을 만지려면 시간이 얼마나 걸릴까? 지난 50년 동안 우리는 우리의 뒷마당만을 돌아다녔다. 인간을 가장 가까이 있는 바위로 보내고 무인 탐사선들을 태양계의 주요 천체들로 보냈다. 가장 가까이 있는 별까지 가는 것만 해도 어마어마한 공간을 가로질러야 한다는 것을 의미한다.

태양계를 당신의 거실에 다시 넣어보자. 이것은 실제 거리를 1조 배 정도 축소한 것이다. 태양은 대략 지름 1밀리미터 정도이고, 행성들은 청소를 하기 전에는 알아차리기도 힘든 먼지 티끌 정도다. 가장 가까운 별은 40킬로미터 떨어져 있다. 가까이 있는 도시에서 작은 점이 빛나고 비슷한 먼지 티끌들이 주위를 돌고 있는 또 다른 거실을 상상하면 된다. 현실세계로 돌아오면, 가장 가까운 별까지 40조 킬로미터의 거리는 이제 막 시작된 우주공학이 만든 원시적인 화학로켓을 비웃고 있다.

우리는 이 모형을 빛이 이동하는 시간으로 생각해볼 수도 있다. 거리를 1조 배로 축소한 것처럼 빛의 속도도 1조 배로 줄이면 빛이 움직이는 것을 보거나 적어도 상상해볼 수는 있다. 먼지 덩어리 크기의 태양에서 빛은 1분에 2.5센티미터 정도 움직여 지구까지 오는 데 8분이 걸리고, 가장 멀리 있는 행성들까지 가는 데는 수 시간이 걸린다. 그러는 동안 가장 가까이 있는 별에서도 빛이 같은 속도로 오고 있다. 이웃 도시에서 기어오는 데는 4년이 걸린다. 개미나 달팽이에게도 따라잡힐 정도다.

우리는 별의 현재 모습이 아니라 과거의 모습을 본다. 이 모형에서 빛은 정보를 전달하는 가장 빠른 수단이다. 빛은 짧은 다리로 움직일 수 있는 가장 빠른 속도로 움직인다. 실제 우주에서 빛은 엄청나게 빠르게 움직이지만 우주는 너무나 넓기 때문에 빛이 도착하는 시간을 측정할 수 있다. 태양계 가장 멀리서 오는 빛은 수 시간 전의 빛이고, 가장 가까운 별에서 오는 빛은 수년 전, 그리고 밤하늘에서 가장 어둡게 보이는 별들에서 오는 빛은 수백 년 전의 빛이다. 만일 빛의 속도가 무한대라면 우리는 전 우주의 지금 현재 모습을 볼 수 있을 것이다. 모든 곳에서 모든 일들이 한꺼번에 일어나 우리의 주의를 끌기 위해 아우성칠 것이다. 실제로 우리는 우주의 과거의 모습을 본다. 거리가 멀어질수록 더 오래된 정보를 보는 것이다.

우리는 밝은 시리우스 별에서 바로 지금 어떤 일이 일어나고 있는지 질문할 수 있다. 하지만 알 수는 없다. 그 질문에 대한 대답은 불가능하다. 우리는 빛이 우리에게 도착할 때까지 9년을 기다려야 한다. 시리우스의 바로 옆에 누군가가 있다면 그것을 알 수 있다. 하지만 그 사실을 우리에게 알려주려면 어떤 신호를 보내야 하는데 그 신호가 우리에게 도착하는 데만도 역시 9년이 걸린다. 우리는 결국 낡은 정보에 의존해야만 한다.

만일 당신이 중세 유럽 어느 제국의 지배자라면 당신의 영토에서 일어나는 일을 알 수 있는 유일한 방법은 말을 탄 전령이 가지고 오는 소식이다. 이 말이 광자이고 그 속도는 제한되어 있다(그리고 전령이 숙소에서 얼마나 시간을 보내는지에 영향을 받는다). 가까운 곳에서 오는 소식은 며칠이면 들을 수 있을 것이고 먼 곳에서 오는 것은 수 주가 걸릴 것이다. 제국의 먼 전방에서 반란이 일어난다면 그 소식은 한 달은 지나야 알 수 있을 것이다. 더 빨리 대응할 방법이 없다.

별들이 너무나 멀리 있기 때문에 과거의 빛을 보는 것이라는 사실을 천문학자들이 어떻게 깨닫게 되었는지 살펴보자. 고대 문명은 별들이 둥근 천장에 그림처럼 붙어서 돌고 있다고 생각했다. 그들은 별들까지의 거리가 지구상의 가장 멀리 있는 나라보다 더 멀 수 없을 것이라 생각했다. 고대 그리스의 천문학자 프톨레미가 생각할 수 있었던 별까지의 가장 먼 거리는 수백만 킬로미터 정도였다.[1] 에라토스테네스가 지구의 둘레를 4만 킬로미터로 측정했기 때문에 별들이 붙어 있는 구는 40배 더 멀리 있어야 했다. 하지만 이것도 여전히 가장 가까이에 있는 별까지의 거리보다 훨씬 작은 값이다.

별들이 태양과 같은 것이라는 사실을 깨달은 것은 개념의 획기적인 발전이었다. 그리스의 철학자 데모크리토스와 에피쿠로스는 별들이 또다른 태양이라는 생각을 처음 꺼냈고, 12세기 페르시아의 학자 파크르 알딘 알라지 Fakhr al-Din al-Razi는 이 생각을 더 발전시켰다.[2] 조르다노 브루노 Giordano Bruno는 별들이 태양과 같은 불타는 가스공이라고 웅변했고 생명체가 있는 행성들을 가지고 있다고까지 주장했다. 1600년대에 이런 주장은 이단으로 취급받아 그는 가톨릭 교회에 의해 화형을 당했다.

갈릴레오는 자신이 만든 간단한 망원경으로 이 주장에 힘을 실었다. 그의 책 《별들의 소식 Sidereus Nuncius》에는 지금까지 관측되지 않았던 별이

플레이아데스Pleiades에 30개, 오리온Orion자리에 80개가 있고, 부드러운 빛으로 보이는 은하수가 실제로는 무수히 많은 별들로 이루어져 있다는 것을 보여주는 삽화가 있다. 하늘에서 맨눈으로 보이는 가장 밝은 별과 가장 어두운 별의 밝기는 400배 정도 차이가 나는데, 갈릴레오는 이것을 1만 배로 늘려놓았다. 만일 모든 별들이 본질적으로 똑같은 것이라면 그 거리는 100배 정도의 차이가 나야 한다. 망원경은 이런 3차원 '깊이'의 개념을 제공해주었다.

17세기 중반 크리스티안 하위헌스Christian Huygens는 밝은 별 시리우스의 밝기가 태양보다 6억 배 더 어둡다는 측정을 하여 이 논쟁을 더욱 첨예하게 했다. 빛은 거리의 제곱에 반비례하여 어두워지기 때문에 시리우스는 태양보다 2만 5,000배 더 멀리 있어야 한다. 이 논리는 맞지만 시리우스와 태양의 밝기가 똑같다는 가정은 잘못된 것이다. 시리우스를 포함하여 하늘에서 가장 밝은 별들은 태양보다 질량이 크기 때문에 원래 더 밝다. 그러므로 이런 별들은 태양과 같은 별보다는 실제로 더 멀리 있는 것이다. 결국 하위헌스는 시리우스까지의 거리를 크게 과소평가한 것이다.■3

별까지의 거리를 직접적인 기하학 방법으로 측정할 수 있을 정도로 망원경이 발달하는 데에는 200년이 넘게 걸렸다. 우리가 태양 주위를 한 바퀴 도는 동안 별을 보는 위치는 변한다. 가까이 있는 별들은 멀리 있는 별들과 비교해볼 때 움직이는 것처럼 보이는 것이다. 이것을 시차라고 한다. 다른 거리에 있는 물체들을 양쪽 눈을 서로 가리면서 살펴보라. 가까이 있는 물체의 위치가 멀리 있는 것보다 더 많이 변할 것이다. 또 다른 익숙한 예는 달리는 차 안에서 창밖을 보는 것이다. 가까운 물체들이 멀리 있는 경치보다 더 빠르게 움직인다. 우리가 사용할 수 있는 가장 큰 위치의 변화는 6개월마다 지구가 태양을 도는 궤도에서 정반대쪽에 있을 때로 3억 2,000만 킬로미터 간격이다.

 1830년대에 일련의 천문학자들은 처음으로 별까지의 거리를 측정하기 위해 첨예하게 경쟁하였다.[4] 목표는 '고유운동 proper motion'을 가진 별들이었다. 다시 말해서 몇 년간 하늘에서 표시가 날 정도로 움직인 별들이다. 그것은 이 별들이 빠르게 움직이고 있다는 것을 의미하므로 상대적으로 가까이 있는 별들일 가능성이 높았다. 첫 번째 스코틀랜드 왕실 천문학자였던 토마스 제임스 헨더슨 Thomas James Henderson이 처음으로 측정에 성공했다. 그는 1833년에 알파 센타우리 별의 시차를 약 1초각 정도로 측정했지만 관측기기의 정밀도를 확신하지 못했기 때문에 결과를 발표하지는 않았다(당연히 실패한 측정과 잘못된 발표의 긴 역사에도 영향을 받았을 것이다). 5년 후에 프리드리히 빌헬름 폰 슈트루베 Friedrich Wilhelm von Struve가 베가 Vega의 시차를 측정하였다. 폰 슈트루베는 다섯 세대에 걸친 뛰어난 천문학자들의 계보에서 두 번째였다. 하지만 두 사람은 모두 1838년에 결과를 발표한 프리드리히 베셀 Friedrich Bessel에게 밀리고 말았다. 베셀은 대학을 다닌 적도 없지만 천문학과 수학 두 분야에 커다란 기여를 하였다.

 베셀은 맨눈으로 보이는 별들 중에서 가장 큰 고유운동을 가지고 있는 시그너스 61 61 Cygni의 시차를 0.314각초로 측정하였다. 각도의 변화는 아주 미세했다. 이것은 12킬로미터 떨어진 곳에서 보는 동전 양 끝 사이의 거리와 같다.[5]

 시차는 측량사가 두 지점에서 보이는 각도를 이용하여 멀리 있는 곳의 거리를 측정하는 삼각측량의 한 예다. 지구-태양 거리에 비해 별까지의 거리는 매우 멀기 때문에 아주 길고 가는 삼각형이 만들어진다.

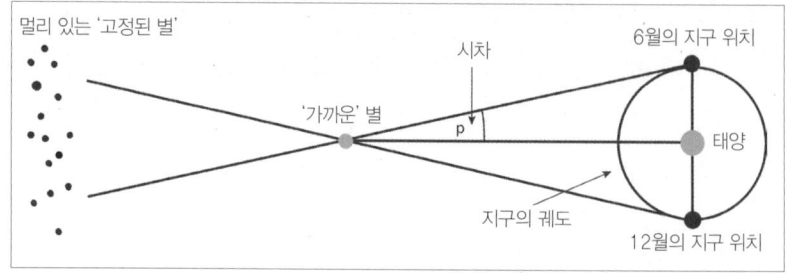

■시차는 다른 위치에서 볼 때 가까이 있는 물체가 멀리 있는 배경에 대해 움직이는 각도를 말한다. 별의 경우에는, 태양 주위를 도는 지구가 서로 반대 위치에서 관측할 때 가까이 있는 별은 멀리 있는 별에 비해 움직이는 것으로 보인다. 이 그림에서 시차의 각도는 과장되어 있다. 실제로 가까운 별들까지의 거리는 지구-태양 거리보다 수백만 배 더 크다.

시차 측정법은 지구와 태양 사이의 정확한 거리에도 영향을 받는다. 태양의 시차—지구와 태양 사이의 거리를 측정하기 위하여 지구의 반대쪽에서 태양 중심을 연결한 두 선이 만드는 각도—는 8.8초각이다.■6 오늘날 지구-태양 거리는 반사되는 레이더를 이용하여 화성과 금성의 거리를 측정하고, 이들의 정확한 공전 주기를 구한 다음, 태양까지의 거리와 공전 주기 사이의 관계를 알려주는 케플러 법칙을 이용하여 매우 정확하게 측정된다.

천문학자들은 인공위성으로 지구의 궤도에 의해 만들어지는 수십만 개 별의 길고 가는 시차를 측정하여 별까지의 거리를 몇 퍼센트의 정확도로 알아내었다. 몇 광년 이내에 있는 별들은 극소수밖에 되지 않는다. 대부분은 수백 년 전의 모습을 보는 것이고 어떤 것은 십자군 시대나 로마 제국 시대의 모습이다. 하지만 오래된 빛이라고 걱정할 필요는 없다. 별은 아주 조용한 삶을 살기 때문에 지금의 모습도 그때와 크게 다르지 않을 것이다.

멀리 있는 세계의 발견

논리는 그럴듯해 보인다. 별들이 태양과 같은 불타는 기체로 된 공이고 우리의 위치가 특별하지 않다는 코페르니쿠스의 원리가 적용된다면, 별들도 행성과 위성으로 둘러싸여 있어야 할 것이다.

이를 확인하는 것이 어려운 이유는 가장 가까이 있는 별들까지의 거리도 너무 멀기 때문이다. 우리의 태양계에는 지구에서 태양까지 거리의 1.5배 이내에 4개의 암석행성이 있고, 지구-태양 거리의 5배에서 40배 사이에 4개의 거대 기체행성이 있다. 해왕성은 태양에서 60억 킬로미터 떨어져 있지만 프록시마 센타우리는 40조 킬로미터로 6,000배나 더 멀리 있다. 또 하나의 장애물은 행성들은 스스로 빛을 만들지 못하고 모성parent star의 빛을 반사할 뿐이라는 것이다. 별에서 나온 빛은 모든 방향으로 흩어지기 때문에 수십억 킬로미터 떨어져 있는 행성에 도달하는 빛은 극히 일부일 뿐이다. 그리고 그중에서도 극히 일부만이 반사되어 멀리 있는 관측자에게로 간다. 이런 상황에서 우리가 할 수 있는 일은 그렇게 많지 않다.

태양계에서 가장 큰 행성인 목성을 예로 들어보자. 목성이 발견되지 않는다면 다른 행성들이 발견될 가능성은 훨씬 낮다. 태양을 100와트 전구라고 가정해보자. 이 축소 모형에서 목성은 45미터 떨어진 곳에 있는 창백한 연노랑색의 구슬이다. 여기서 지구는 전구에 5배 더 가까이 있지만 10배 더 작다. 축구장 절반 거리에서 전구의 빛에 반사된 구슬을 보는 것은 쉽지 않을 것이다. 이 전구를 프록시마 센타우리라고 하고 구슬을 이 시스템에 있는 가상의 목성이라고 한다면, 그 거리는 2,400킬로미터가 된다! 큰 망원경이라면 대륙 절반 거리에 있는 집의 불빛을 볼 수도 있을 것이다. 하지만 작은 구슬에 반사된 빛을 보는 것은 보통 일이 아니다. 이 구슬은 전구 빛의 1억 분의 1만을 우리 방향으로 반사하기 때문에 100만 분의 1와트 전구와 같다.

이런 일은 불가능해 보인다. 그래서 천문학자들은 간접적인 방법을 사용한다. 뉴턴의 중력이론에 따르면 두 물체가 서로에게 미치는 힘은 크기가 같고 방향은 반대다. 일상생활에서 지구와의 힘겨루기는 일방적인 것으로 느껴질 것이다. 지구는 여러분을 사정없이 당기고 있고, 아침 잠자리에서 일어날 때 이는 더 강하게 느껴질 것이다. 하지만 지구가 여러분을 당기는 것과 똑같은 힘으로 여러분도 지구를 당기고 있다. 우주 공간에 있는 두 물체는 중력의 중심을 기준으로 서로 회전한다. 중력의 중심은 질량이 같은 물체에서는 중간 지점이 되고, 질량이 다른 물체에서는 질량이 큰 물체 쪽으로 이동한다.

태양계에서도 마찬가지다. 행성들은 정지되어 있는 태양 주변을 도는 것이 아니라 전체 시스템의 중력 중심을 기준으로 회전한다. 그래서 태양은 뚱뚱한 발레 댄서처럼 가장자리를 중심으로 뒤뚱거리며 회전하는데, 이 움직임은 대부분 질량이 가장 큰 행성인 목성 때문에 생기는 것이다. 이 흔들림은 잘 보이지 않는다. 2,400킬로미터 떨어진 곳에서 전구가 흔들리고 있는 것을 보는 것만큼이나 어려울 것이다. 하지만 천문학자들은 질량이 큰 행성에 의해 별이 앞뒤로 흔들리면서 만들어지는 주기적인 도플러 이동을 찾을 수 있을 것이라는 희망을 가지고 있었다. 목성은 태양을 12년을 주기로(목성의 공전 주기와 같은) 움직이게 만드는데, 그 속도는 초속 13미터로 도시의 자동차 제한속도보다 더 작다.■7

흔들림과 도플러 이동은 막대 양쪽 끝에 달린 두 물체를 예로 들어 이해할 수 있다. 두 물체의 질량이 똑같다면 막대는 한가운데에 압정으로 균형을 잡아 회전시킬 수 있다. 두 물체의 질량이 다르면 균형을 잡

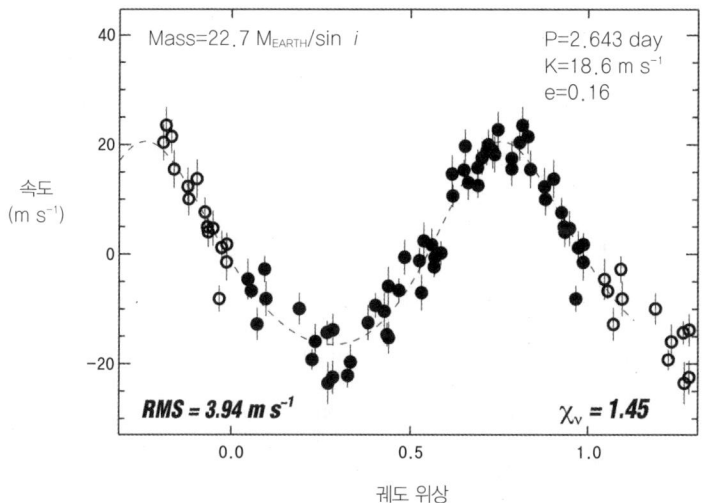

■ 글리제 436 Gliese 436 별은 2.6일을 주기로 빠르게 주위를 도는 해왕성 정도 질량의 행성 때문에 움직이는 속도가 위의 그래프처럼 주기적으로 변한다. 도플러 이동은 초속 19미터이고 행성의 궤도는 이심률이 작은 타원형이다. 글리제 436은 지구에서 30광년 떨어진 곳에 있는 적색왜성이다. 이어진 관측으로 이 별의 행성이 일으키는 식현상을 관측하여 천문학자들은 행성의 반지름과 밀도를 구할 수 있었다. 이 행성은 암석과 물이 거의 같은 비율로 있으며, 소량의 수소와 헬륨을 가지고 있다.

는 지점은 무거운 물체 쪽으로 이동된다. 회전하는 막대기는 질량이 큰 행성을 가진 별의 상황을 잘 보여준다.

   도플러 효과를 이용한 방법은 행성들이 모성에 영향을 미치는 것을 이용하여 간접적으로 행성을 발견하는 방법이다. 행성은 별의 속도 변화를 사인곡선 모양으로 만든다. 곡선의 진폭은 행성의 질량에 의해 결정되고 주기는 행성의 공전 주기와 같다. 만일 또 다른 행성이 있다면 별도의 사인곡선을 만들어 피타고라스의 메아리와 같은 조화를 만든다. 이것은 케플러가 꿈꾸던 조화의 현대적 버전이다.

   검은 댄스 플로어 위에서 흰색 양복을 입은 체격 좋은 남자가 춤을 추고 있다고 해보자. 그의 파트너가 머리부터 발끝까지 검은색으로 뒤덮은 작은 여자라면 이 여자는 보이지 않을 것이다. 남자가 바깥쪽으로 몸을 기울이면 작고 검은 유령이 완벽하게 균형을 잡아준다. 우리는 왈츠의 선율을 들으며 장갑 낀 그의 손이 빈 공간을 붙잡고 있는 모습만 볼 수 있다.

1995년, 오랜 시행착오 끝에 과학자들은 드디어 도플러 효과를 이용하여 다른 별의 주위를 도는 행성들, 즉 외계행성들을 발견했다. 지금은 700개가 넘는 외계행성들이 발견되었다. 이 대부분의 새로운 세계들은 수십 광년에서 수백 광년 정도 떨어진, 우주에서는 우리의 뒷마당에 있다. 이들을 발견하는 것은 예상했던 것보다 더 쉽기도 하고 더 어렵기도 했다.[8]

어려운 부분은 효과의 크기였다. 태양과 유사한 별이 목성과 유사한 행성에 의해 만드는 파장의 도플러 이동은 1,000만 분의 1 정도이므로, 이런 행성을 발견하기 위해서는 엄청나게 정밀한 분광기가 필요하다. 태양과 같은 별들은 차가운 바깥층의 수소, 칼슘, 나트륨과 같은 원소들에 의해 생기는 얇은 흡수선을 가지고 있다. 이런 선들이 별의 속도를 결정하는 데 사용된다. 그런데 별들은 거대한 행성에 의해 만들어지는 운동보다 1,000배나 더 큰 무작위 운동을 하고 있다. 그런데 무작위 운동에 의한 별의 궤적은 변화가 없는 데 비해 행성은 작지만 주기적인 변화를 만든다. 이런 규칙성 때문에 행성을 발견할 수 있는 것이다. 1990년대 중반까지 대여섯 개의 연구 그룹들이 외계 목성들을 발견할 수 있는 기술들을 개발했다.[9]

쉬운 부분은 멀리 있는 행성들을 발견하는 데 걸린 시간이다. 천문학자들은 우리 태양계를 기준으로 생각했을 때 멀리 있는 목성 정도의 도플러 신호를 찾아내려면 10년 이상의 시간—행성의 공전 주기—동안은 자료를 수집해야 할 것이라고 예상했다. 그런데 놀랍게도 첫 번째 외계행성은 2주 동안의 자료로 발견되었다.

1995년, 지오프리 마시Geoffrey Marcy와 폴 버틀러Paul Butler는 밝은 달 때문에 누구도 관측을 하지 않아 버려지는 망원경 시간을 이용하여 북캘리포니아의 릭천문대Lick Observatory에서 수년 동안 끈기 있게 자료를 모아오고 있었다. 그들은 자신들의 분광기가 그 일을 위한 완벽한 기기가 될 때까지 참을성 있게 모든 불완전하고 부정확한 자료들을 제거해나갔다. 주변에서는 이들을 회의적인 눈으로 바라보았고 동료들은 더욱 심했다. 외계행성을 향한 길은 실패한 주장과 망가진 명성으로 뒤덮여 있다는 사실을 그들도 잘 알고 있었다. 두 사람은 자신들이 사냥하고 있는 거대 행성들이 천천히 궤도운동을 하고 있을 것이라고 생각했기 때문에 인내심을 가지고 있었다. 우주에서 우리가 특별한 존재인가에 대한 오래된 질문에 대답하려고 하는 과학자들은 거의 없었다.

한편, 제네바천문대에서 쌍성을 연구하던 미셸 마이어Michel Mayor와 디디에 퀠로즈Didier Queloz는 자신들의 방법을 거대 행성들을 발견하는 방향으로 확장시켰다. 쌍성은 빠른 속도로 서로의 주위를 돌기 때문에 마이어와 퀠로즈는 매일 밤 자료를 수집했다. 백조자리에 있는 태양과 유사한 낱별인 페가수스 51 51 Pegasi의 자료를 처리하던 그들은 목성보다 질량이 큰 행성에 의한 도플러 신호를 발견하고 깜짝 놀랐다.

이 슈퍼 목성은 별에서 멀리 떨어져 천천히 궤도를 돌지 않고 4일을 주기로 빠르게 돌고 있었으며, 가까이 있는 별에 의해 온도는 1,200도에 달했다. 거대 행성들이 별에 그렇게 가까운 곳에 있을 것이라고는 아무도 기대하지도 예상하지도 못했다. 마시와 버틀러도 페가수스 51의 자료를 컴퓨터에 가지고 있었지만, 행성의 궤도를 결정하려면 수년

이 걸릴 것이라고 생각했기 때문에 아직 분석하지 않고 있었다. 그들은 곧바로 새로운 발견을 재확인했다. 하지만 만일 이 발견에 노벨상이 수여된다면 아마도 수상자는 스위스(제네바) 팀이 될 것이다.[10]

놀라운 소식은 계속 도착했다. 이후 10년 동안 여러 팀들이 외계행성을 찾아 하늘을 대대적으로 조사하였고, 그 수는 수백 개에 이르렀다. 그들은 해왕성이나 천왕성 정도의 행성들을 찾을 수 있을 정도로 도플러 방법의 정밀도를 향상시켰다. 하지만 새롭게 발견되는 거대 기체행성들은 우리 태양계의 기체행성들보다 훨씬 더 별에 가까이 있었다. 그리고 대부분의 외계행성들은 우리 태양계 행성들보다 이심률이 더 큰 타원 궤도를 가지고 있었다. 그들의 특징은 특이하고 혼란스러웠다.

도플러 효과를 이용한 방법은 여전히 외계행성 발견에 중요한 역할을 하고 있지만, 지난 10년 동안 두 번째 방법의 중요성이 커졌다. 멀리 있는 행성계들은 특별한 방향성이 없지만, 만일 우리가 어떤 행성의 궤도면에 있다면 우리는 그 행성이 모성의 앞을 지나가는 식현상을 발견할 수 있다. 궤도면의 방향이 거의 완벽하게 맞아야 하기 때문에 외계행성들의 일부만 식현상을 일으키지만, 목성 질량 정도의 행성이 일으키는 밝기의 변화는 1퍼센트 정도이기 때문에 작은 망원경으로도 쉽게 발견할 수 있다. 1999년에 첫 번째 식현상이 발견된 이후 200개가 넘는 외계행성들이 지상망원경으로 관측되었다.[11]

식현상은 외계행성들 중 일부에서만 발견되지만 크기를 알아낼 수 있기 때문에 중요하다. 도플러 효과를 이용한 방법으로는 행성의 질량과 공전 주기는 알아낼 수 있지만 그 외 아무것도 알 수 없다. 식현상에서 별빛이 약해지는 비율은 별과 외계행성 크기의 비에 의해 결정된다. 식현상은 전체 공전 시간 중 짧은 시간에만 일어나기 때문에 인내심이 필요하다. 목성의 경우에는 12년마다 몇 시간 동안만 일어난다. 전구 하나를 12년 동안 바라보다가 밝기가 100에서 99로 떨어지는 몇 시간을 찾아낸다고 한번 생각해보라. 크기와 질량을 알면 밀도를 구할 수 있기 때문에 도플러 효과를 이용한 방법과 식현상을 이용한 방법이 결합되면, 그 행성이 목성처럼 큰 기체행성인지 아니면 지구처럼 작은 암석행성인지 알아낼 수 있다.

  다시 한 번 흰색 양복을 입은 남자가 춤을 끝내고 쉬고 있는 모습을 상상해보자. 그는 의자에 앉아서 이마의 땀을 훔치고 있다. 그의 파트너는 떠났지만 그녀의 목도리에서 떨어진 깃털 하나가 저녁 바람에 날리면서 그의 흰색 양복에 작은 그림자를 만들고 있다. 그는 떠난 그녀를 추억하며 미소를 짓는다.

  뭐니 뭐니 해도 가장 확실한 방법은 직접 관측하는 것이 아닐까? 결국 보면 믿게 되는 것이니까. 훨씬 더 밝은 별의 가장자리에서 외계행성에 반사된 약한 빛을 찾아내는 것은 매우 어려운 일이어서 그동안 많은 잘못된 보고와 실패를 가져왔다. 직접 관측은 2007년이 되어서야 성공했다. 그리고 수백 개의 알려진 외계행성들 중에서 직접 관측된 것은 수십 개에 불과하다. 외계행성의 직접 관측은 큰 망원경들이 적응광학adaptive optics 시설을 갖추게 되면서 점점 일상적인 것이 될 것이다. 적응광학은 빛이 대기에 의해 흔들리는 것을 부경secondary mirror의 모양을 빠르게 변화시키면서 보정하는 방법이다. 빛이 대기에 의해 흔들리면 지상망원경 상의 정밀도에 한계가 생겨, 퍼진 별빛이 가까이 있으면서 훨씬 어둡게 반사되어 빛나는 행성을 덮어버린다.

  외계행성의 직접 관측은 외계생명체를 찾는 데 매우 중요하다. 반사된 빛이 스펙트럼을 만들 수 있을 정도로 충분히 모이면, 천문학자들은

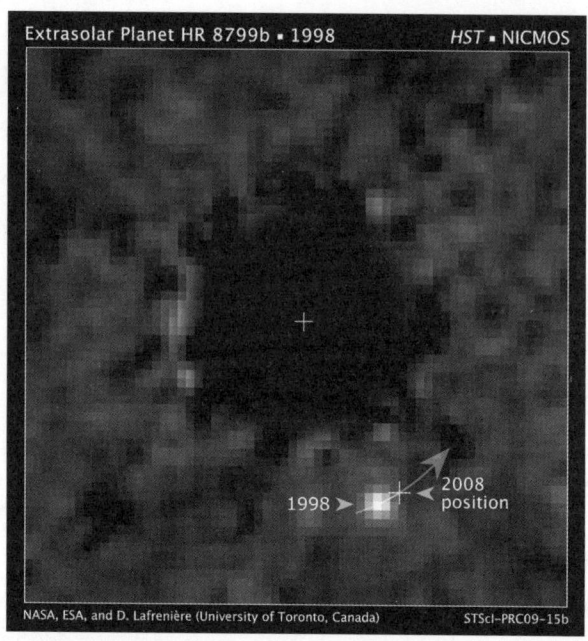

■ 외계행성 HR 8799b는 켁Keck망원경과 북제미니Gemini North망원경으로 2007년과 2008년에 직접 관측에 의해 발견되었다. 하지만 이것은 1998년에 허블우주망원경Hubble Space Telescope이 촬영한 적외선 사진에서도 보인다. 새로운 영상 처리 기술로 과거 자료에서 찾아낸 것이다. 이 행성은 이 사진에서 지워진 별보다 10만 배 더 어둡다. 이 행성은 130광년 떨어진 별 주위를 도는 3개의 행성 중 하나고, 공전 주기는 400년이다.

이것을 분석하여 행성의 대기를 이루고 있는 화학적 성분을 알아낼 수 있다. 대부분 수소와 헬륨으로 이루어진 거대한 기체행성들에서는 별다른 일이 없을 것이다. 작은 암석행성들은 아마도 이산화탄소, 질소, 그리고 수증기의 흔적을 보여줄 것이다. 하지만 만일 산소나 오존이 발견된다면 신문의 머리기사를 차지하게 될 것이다. 이 기체들은 불안정하기 때문에 암석이나 금속과 반응하여 금방 사라진다. 지구에서 이 기체들은 생물 활동의 결과로 계속 공급된다. 이것이 어쩌면 우주에서 우리가 혼자가 아니라는 사실을 알게 될 방법일지도 모른다.

태양계 만들기

이것은 아주 간단해 보인다. 기체와 먼지로 이루어진 거대한 뿌연 구름을 가져온 다음 살짝 건드린다. 그리고 중력에 의해 수축하는 모습을 관찰한다. 이것은 원래 회전을 하고 있었는데 수축하면서 회전은 점점 빨라져 결과적으로 훨씬 더 작고 밀도가 높은 회전하는 원반이 된다. 구름의 중심부에서 새로운 별이 만들어진다. 원반에 있는 입자들은 충돌하면서 자라나 먼지 입자들이 행성으로 된다. 젊은 별에서 나오는 빛이 가까이 있는 남은 기체들을 바깥쪽으로 밀어내어 암석행성들은 가까이 있고, 거대한 기체 껍질을 모을 수 있는 암석 핵들은 먼 곳에 있도록 만든다. 만세.

이는 충돌과 궤도가 변하면서도 함께 움직이는 행성들 사이의 상호작용 때문에 복잡해진다. 하지만 하나의 태양계에 대한 연구만으로는 우리 이웃들을 설명하기 위해 만들어낸 그냥 그런 이야기밖에 안 된다. 700개가 넘는 외계행성에다 그중에서도 2개 이상의 행성을 가진 100개 이상의 시스템이 있다면 우리에게 필요한 것은 행성들이 만들어지는 일반적인 이론이다.

첫 번째 문제는 뜨거운 목성을 설명하는 것이다. 암석 핵이 별에서 아주 가까운 곳에서 만들어진다고 하더라도 이것은 거대한 기체 껍질을 모을 수 없다. 끌어올 기체가 많지 않은 데다가 끌어온다 하더라도 젊은 별에서 나오는 열 때문에 우주로 날아가버리게 될 것이다. 원에서 20에서 60퍼센트 어긋나는 타원 궤도도 이해하기 힘들다. 만들어지는 행성들의 궤도는 충돌에 의해 점점 원형으로 변하기 때문이다. 길쭉한 궤도는 불안정하기 때문에 계속 유지될 수가 없다.

이런 성질들을 미리 예측하지 못했던 이론과학자들은 얼굴을 파묻고

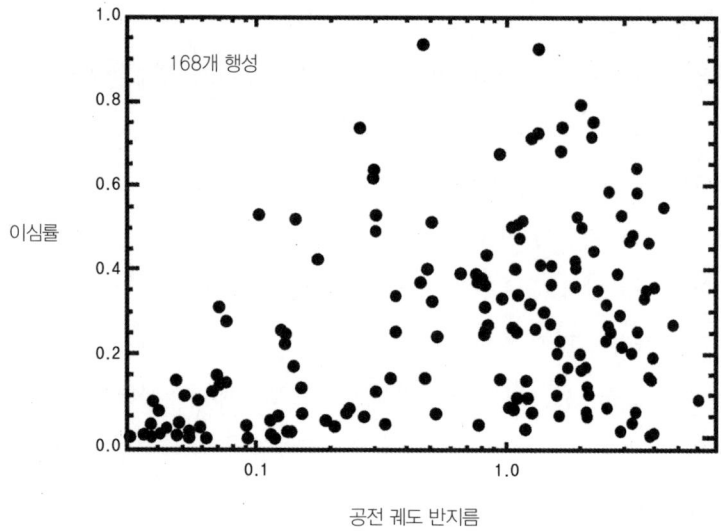

■ 발견된 외계행성들 중 3분의 2 정도의 공전 궤도 반지름(지구–태양 거리를 단위로)과 궤도 이심률 관계 그림. 우리 태양계의 행성들은 대체로 이심률이 0.1보다 작다. 원에서 벗어난 정도가 10퍼센트 이내라는 뜻이다. 공전 궤도 반지름이 작은 것은 가까이 묶여 있기 때문에 거의 원에 가깝다. 하지만 반지름이 큰 것은 이심률이 커지면 불안정한 것을 의미한다.

적당한 설명을 만들어내고 있다. 관측천문학자들은 발견의 속도에 기뻐하지만 스스로도 많은 의문들을 가지고 있다. 좀 더 '정상적인' 혹은 익숙한 궤도를 가진 거대 기체행성들은 없을까? 얼마나 많은 태양과 유사한 별들이 행성들을 가지고 있을까? 얼마나 많은 외계행성들이 전형적인 시스템을 갖추고 있을까? 그리고 무엇보다도 어딘가에 지구와 똑같은 행성이 있을까?

행성계 형성을 설명하는 새로운 요소는 이동에 의한 것이다. 행성계가 만들어지던 초기에 많은 최초의 작은 아기 행성들이 점성을 가진 원반의 기체와 상호작용하여 별을 향해 나선형으로 끌려 들어갔다. 기체들을 끌어모은 후에, 아기 행성들은 대체로 만들어진 위치에 그대로 머물러 있었다. 일부 안쪽으로 끌려 들어간 아기 행성들은 계속 나선형으로 움직였다. 끌려 들어가는 행성이 별에 접근하면 중력의 작용에 의해 더 가까이 다가가는 것을 멈추고 '자리를 잡아' 항상 같은 면이 별을 향하는 궤도에 '고정'된다. 깔끔한 설명이지만 최근의 발견들은 이와 같은 이동에 의한 방법이 뜨거운 목성들이 만들어지는 것과 관련된 유일한 메커니즘은 아니라는 것을 보여준다.[12]

자연이 이상한 행동을 하는 것은 행성 형성을 연구하는 이론가들에게는 좋은 소식이다. 다른 방향으로 생각해볼 수 있는 길이 열리기 때문이다.

행성 형성의 표준이론은 핵부착core accretion 이론이다. 암석 핵들은 지속적인 충돌로 원반에 있는 대부분의 물질들이 모여서 만들어진다. 그리고 이 핵들이 수소와 헬륨을 끌어모아 원반의 바깥쪽에 거대한 기체행성들로 만들어진다. 암석 핵들은 빠르게 만들어지지만 큰 기체 껍질은 천천히 자란다. 핵부착이론은 천왕성과 해왕성이 현재의 위치에서 만들어진 것을 설명하는 데 어려움이 있다. 이 행성들이 자라는 데에는 1억 년 정도가 걸렸을 것으로 보이는데 활동적인 젊은 태양은 모든 기체들을 300만 년에서 1,000만 년 사이에 모두 씻어내버렸을 것이기 때문이다. 이 문제는 천왕성과 해왕성이 이동해왔다는 설명이 아니면 해결되지 않는다.

이것과 경쟁하는 이론은 중력수축gravitational collapse 이론으로 거대 기체행성들이 기체 원반 안에서 불안정, 즉 중력 '씨앗'을 중심으로 바로 수축하여 만들어졌다는 이론이다. 이 이론은 핵부착이론보다 더 빠른 메커니즘을 필요로 한다. 적어도 거대 기체행성 한 개는 불과 몇백만 년 만에 만들어졌기 때문이다.[13]

여기에 최근의 관측 결과로 세 번째 이론이 나왔다.[14] 2009년, 목성

질량의 5~10배 정도 되는 큰 질량의 행성이 갈색왜성 주변을 돌고 있는 것이 발견되었다. 갈색왜성은 핵융합을 일으키기에는 너무 작고 차가워서 별이 되지 못한 천체다. 이 갈색왜성은 나이가 100만 년 정도밖에 되지 않아서 핵부착으로 행성이 만들어지기에는 너무 젊다. 그리고 중력 수축으로 만들어지기에는 행성의 질량이 너무 크다. 이 행성은 별도의 기체와 먼지 구름에서 만들어진 다음 가까이 있는 갈색왜성과 짝을 이루게 된 것으로 보인다. 따라서 행성들은 항상 별이 만들어지는 과정에서 만들어지는 것이 아닐 수 있다. 행성들은 모성이 없이 독립적으로 만들어질 수도 있는 것이다. 이 행성형성planet formation이론은 혼란과 복잡성이 지배하고 있다. 자료가 많아진다고 해서 항상 더 명확해지는 것은 아니다.

우리 태양계나 다른 외계행성계들이 어떻게 만들어졌는지 설명하는 것이 왜 그렇게 어려울까? 마찬가지로, 그렇게 간단한 초기 조건으로 만들어진 행성들의 특징을 예측하는 것이 왜 그렇게 어려울까? 이는 중력 역학의 비선형성 때문이다. 조금 덜 전문적인 용어로 말하면 '카오스' 때문이다.

과학에서 말하는 카오스는 여러분들의 부엌이나 너무 많은 사람들이 모인 곳에서 말하는 카오스와는 다르다. 역학계에서 카오스는 무질서를 의미하는 것이 아니다. 이것은 규칙적인 행동이 무작위성과 결합되어 초기 조건에 극단적으로 민감하게 되는 것이다. 고대 그리스 철학자들은 우주가 코스모스와 카오스 사이에서 균형을 이루고 있다고 생각했다. 둘 다 그리스어로, 코스모스는 질서와 조화를 뜻하는 긍정적인 측면이 있지만, 그들은 우주가 예측할 수 없는 행동을 한다는 사실도 인식하고 있었다. 아이작 뉴턴은 결정론과 무작위성의 긴장을 결정론쪽으로 해결하려 했다. 그의 만유인력의 법칙은 '시계태엽장치의 우주clockwork universe'로 비유되었다.

하지만 이 결론은 성급한 것이었다. 뉴턴은 지구와 태양, 혹은 지구와 달과 같이 단 2개의 물체로만 이루어진 계에서의 운동 법칙만을 풀 수 있었다. 중력의 범위는 무한하기 때문에 3개 이상의 물체에서는 답을 근사치로밖에 구할 수 없었다. 그래서 태양계의 안정성에 대한 의문은 풀리지 않은 상태였다. 행성들은 지금의 궤도에 계속 머물러 있을 것인가, 아니면 시간이 지남에 따라 작은 변화들이 누적되어 어쩌면 지구일 수도 있는 어떤 행성이 태양으로 끌려 들어가거나 태양계 밖으로 영원히 사라질 것인가? 이에 대한 대답은 학문적인 관심 이상의 것이었다. 그래서 19세기 말, 아마추어 수학자였던 스웨덴의 왕 오스카 2세는 3개의 물체가 중력을 미치는 단순한 상황에 대한 해법을 구하는 사람에게 2,500크로나krona의 상금을 주겠다고 했다.

프랑스의 젊은 수학자 앙리 푸앵카레Henri Poincare가 이 도전을 받아들였다. 그는 삼체문제를 푸는 데는 실패했지만, 중력에 대한 이해가 많이 높아져 결국 그 상금을 받았다. 그는 행성 궤도 변화를 연구하여 삼체문제에 많은 변화 요소들을 발견했다. 궤도들은 어떤 경우에는 규칙적이고 주기적이지만 어떤 경우에는 복잡하고 예측이 불가능했다.■15 또한 그는 결과가 초기 조건에 매우 민감하다는 사실도 발견했다. 초기 조건이 조금만 바뀌어도 궤도를 여러 번 돌고 나면 상황은 인지할 수 없을 정도로 달라질 수 있었다. 두 물체의 자전이나 공전 주기가 단순한 숫자의 비율로 이루어져 있을 때에는 카오스는 공명 상태에서 시작되기도 했다.

카오스는 기상학자 에드워드 로렌츠Edward Lorentz에 의해 대중들에게 알려졌다. 1960년대에 그는 초기의 컴퓨터를 이용하여 기후 시스템에서 매우 중요한 과정인 간단해 보이는 대류방정식을 풀었다. 로렌츠는 복잡 미묘한 결과들을 보고 날씨를 예측하는 것이 불가능할 수도 있다는 것을 깨달았다. 초기 조건에 민감한 현상은 '나비효과'로 알려졌다. 카오스는 흔들리는 진자나 물이 떨어지는 수도꼭지, 올라가는 연기와 같이 단순한 행동에서도 볼 수 있다. 그리고 연구자들은 이것을 심장박동이나 주식시장의 변동과 같이 무수히 많은 곳에 적용시키고 있다.

카오스는 행성계의 기본적인 성질이다.■16 이것은 모든 것이 예측 불가능하다는 것을 의미하는 것이 아니다. 태양계 대부분 행성들의 궤도는 수십억 년 동안 안정적일 것이다. 그렇다고 '시계를 거꾸로 돌려' 예전에 일어났던 일이나 초기 조건을 알아낼 수 있다는 의미는 아니다. 우리는 '세상이 어떻게 시작되었는지' 절대 알 수 없다. 결정론은 실제로 완전히 죽은 것이다.

또 하나의 고향

외계행성들이 발견된 뒤 수년 동안 연구자들은 자신들의 방법을 다듬어서 발견할 수 있는 행성의 질량 한계를 더 낮추었다. 첫 번째 외계행성들의 질량은 목성 정도이거나 더 컸지만, 곧 천왕성이나 해왕성 질량 정도의 행성들도 발견되었다. 목성, 토성, 천왕성, 해왕성은 각각 지구보다 질량이 318, 95, 15, 17배씩 더 크다. 이것은 암석행성들, 특히 지구와 유사한 행성들을 찾고 있는 모든 사람들의 흥미를 돋운다.

2010년까지 천문학자들은 지구보다 질량이 10배 이내로 큰 외계행성 30개를 도플러 효과를 이용해 발견했다. 지금까지 외계행성으로 확

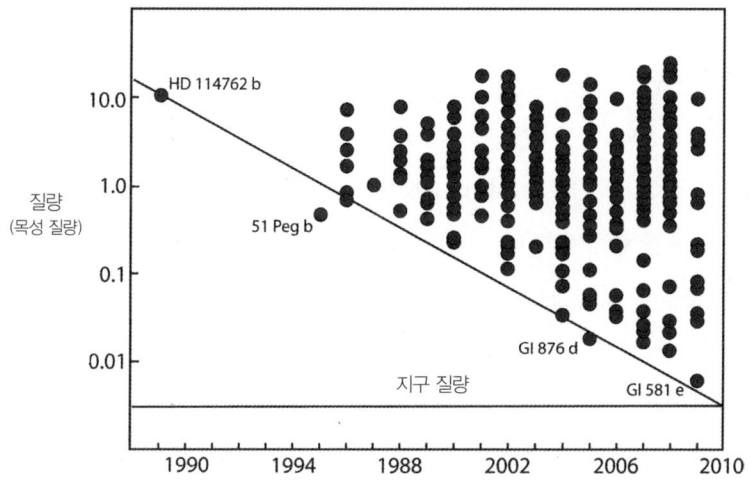

■ 발견된 연도에 따른 외계행성들의 질량. 점점 지구와 유사한 질량으로 다가가고 있다. 대부분의 외계행성들은 도플러 효과를 이용한 방법으로 발견되었지만 식현상이 확인된 것도 많이 있다. 케플러 위성은 식현상을 이용하여 질량이 작은 행성들을 찾을 수 있도록 설계되었고, 수십 개의 지구와 유사한 행성들을 발견하는 데 성공했다.

인된 것 중에서 가장 작은 것은 지구 질량의 2배가 조금 안 되는 것이다 (지구와 비슷한 크기의 행성은 2011년 12월에 처음 발견되었다 - 옮긴이). 천문학자들은 태양과 유사한 별에는 암석행성들이 많이 있을 것이라고 기대하고 있다. 외계행성의 질량 분포가 한계 질량으로 가면서 급격하게 증가하고 있기 때문이다.

구멍 크기가 2.5센티미터인 그물로 물고기를 잡고 있다고 가정해보자. 그물에 걸린 물고기들을 조사해보니 30센티미터보다 큰 물고기가 몇 마리 있고, 30센티미터보다 작은 물고기가 더 많이 있고, 2.5센티미터보다 조금 큰 물고기들이 잔뜩 있다면 2.5센티미터보다 작은 물고기가 없다고 결론 내릴 수는 없을 것이다. 가장 정확한 결론은 그런 물고기들은 아주 많이 있을 것이고 이들을 잡기 위해서는 구멍 크기가 더 작은 그물이 필요하다는 것이다.

천문학자들은 더 나은 그물을 만들기 위해 열심히 노력하고 있다. 외계행성을 발견하는 데 선구적인 역할을 했던 두 그룹은 발견할 수 있는 도플러 이동의 값을 초속 0.5미터까지 만들기 위해서 노력하고 있다. 이것은 시속 약 1.8킬로미터로 태양과 유사한 별 주위를 돌고 있는 지구와 유사한 행성에 의해 생기는 움직임을 측정할 수 있도록 정밀한 것이다. 모성의 대기에서 일어나는 난류의 움직임이 도플러 방법으로 발견할 수 있는 질량의 한계를 결정지을 수 있다. 이 움직임이 외계행성에 의한 움직임과 혼돈될 수 있기 때문이다. 많은 수의 지구들을 발견하기 위해서 행성 사냥꾼들은 식현상을 이용한 방법으로 눈을 돌렸다.

NASA의 케플러 위성은 지구와 유사한 행성을 찾는 것을 목표로 2009년 3월에 발사되었다. 식현상을 보이는 별은 300개 중의 1개 정도밖에 되지 않기 때문에 질량이 가장 작은 외계행성들의 통계를 구하기 위해서는 많은 수의 별들을 살펴보아야 한다. 케플러의 1미터 망원경은 백조자리 지역의 15만 6,000개의 별들의 밝기 변화를 관찰하고 있다. 지구와 유사한 행성이 태양과 유사한 별의 앞을 가리면 몇 시간 동안 0.01퍼센트의 밝기 변화가 생긴다. 이것은 목성에 의한 것보다 100배 더 작기 때문에, 이런 미세한 효과를 발견하기 위해서 우주 공간에서의 안정적인 환경이 필요한 것이다.

NASA의 팀 책임자 빌 보루키Bill Borucki는 이렇게 말한다. "이것은 똑같은 일을 6초마다 반복해야 하는 가장 지루한 미션이다." 보루키는 외계행성 탐사가 몽상으로 취급받던 수십 년 동안 회의적인 시선을 견디면서도 눈을 돌리지 않았다. 그는 NASA가 미션을 보류하여 그를 준비 부서로 네 번이나 보내는 동안에도 침착하고 끈질기게 일을 계속했다. 대

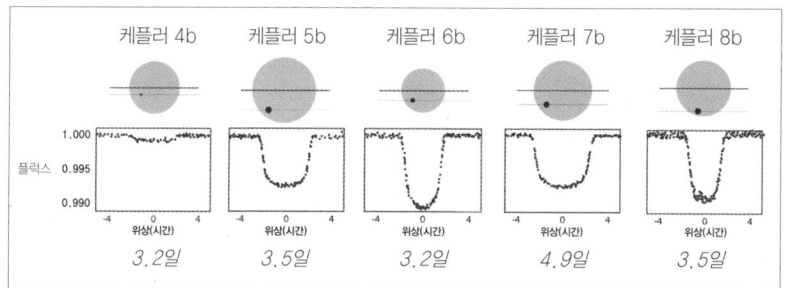

■ 케플러가 처음으로 발견한 5개 외계행성의 광도곡선. 케플러는 목성과 유사한 행성이 만드는 1퍼센트 정도의 밝기 변화는 쉽게 발견할 수 있다. 자료의 질이 상당히 좋아서 지구와 유사한 행성이 만드는 0.01퍼센트 정도의 밝기 변화도 충분히 발견할 수 있다. 케플러 팀이 발표한 대부분의 행성들은 아직 반복 관측으로 확인되지 않은 '후보들'이다. 지구와 유사한 궤도를 도는 지구와 유사한 행성을 발견하려면 수년이 걸릴 것이다.

학을 졸업하면서 그는 자신이 하고 싶은 일은 우주를 탐사하는 것이라고 강하게 확신하여 단 한 곳밖에 지원하지 않았다. 바로 NASA였다. 그는 외계행성들이 발견되기 몇 년 전에 케플러 미션의 개념을 발표했다. 역사는 결국 그를 따라잡아, 이 차분한 개척자는 NASA의 작업 목록에서 가장 흥미진진한 미션을 지휘하고 있다.

케플러는 행성 사냥 게임을 극적으로 진전시켰다. 2010년, 케플러는 첫 번째 후보군과 몇 개의 확인된 행성들을 발표했다. 2011년 초에 발표된 케플러의 자료에는 1,235개의 외계행성 후보들이 있는데, 대부분 앞으로 발표될 자료에서 확인될 것으로 기대된다.■17 여기에는 지구 크기의 행성 68개, 지구보다 몇 배 더 큰 행성 288개, 그리고 해왕성 크기의 행성 662개가 포함되어 있다. 새 행성 후보들 중 54개는 모별의 거주 가능 지역에 존재하고 5개는 지구와 유사한 것이다.

케플러는 불과 1년도 되지 않는 사이에 약 15년 동안 발견했던 외계행성의 3배를 발견했고, 또 다른 지구의 수를 0에서 68로 늘려놓았다.

케플러의 초기 자료들은 공전 주기가 며칠에서 최대 몇 주 정도인 것에만 민감하다. 케플러가 지구와 유사한 궤도를 도는 지구와 유사한 행성을 발견하려면 2년이 더 걸릴 것이다. 지구보다 조금 더 큰 '슈퍼 지구'도 물을 가지고 있을 수 있다. 그리고 행성 형성에 대한 컴퓨터 시뮬레이션에 의하면 암석행성들은 지구의 모든 바다에 있는 양만큼의 물을 쉽게 가질 수 있다.

 이것은 생명체의 문제로 이어진다. 생명체의 문제, 이것은 참 이상한 것이기도 하다. 현대의 생물학은 생기론(생명 현상은 물리적 요인과 자연법칙만으로는 설명할 수 없고, 그와는 원리적으로 다른 초경험적인 생명력의 운동에 의하여 창조·유지·진화된다는 이론 - 옮긴이) 혹은 '기계 속의 유령'에게 거의 문을 열어주지 않는다.[18] 간단하고, 보편적으로 이용 가능한 화학 재료들이 최초의 원시적인 세포로 배열되는 많은 단계들은 실험실에서 연구되어왔다. 현대 생물학의 혁명은 생명이 디지털 정보의 일부라는 사실을 깨달은 것이다. 네 글자의 화학 알파벳이 유전 암호를 구성한다. 그리고 우리 유전체genome의 30억 개 글자는 지능과 지각의 심오하고 정교한 속성을 우리에게 고취시키기에 충분하다. 유전체는 두 가지 분명한 형태의 디지털 정보를 암호화한다. 유전자는 단백질과 생명체의 RNA 분자기계molecular machinery, 그리고 유전자가 유기체 속에서 어떻게 표현되는지를 결정하는 규제 네트워크regulatory network를 암호화한다.[19] 우리는 아마도 40억 년 전 최초의 세포—우리의 궁극적인 조상—가 어떻게 진화했는지 절대 알지 못할 것이다. 하지만 그 결과는 마술적이라기보다는 자연적이고 물리적일 것이라고 자신 있게 말할 수 있다.

 우리는 흔히 지구를 '골디락스Goldilocks' 행성이라고 생각한다. 완벽한 온도의 오트밀과 좋아하는 음악, 그리고 민트향이 나는 적당한 높이의 베개를 갖춘 곳이다. 하지만 오직 인간과 몇몇 큰 동물들만이 생명을 위해서 그런 까다로운 조건을 필요로 한다. 우리는 물이 끓는 온도 이상과 어는 온도 이하, 하수구 세정제에서 건전지용 산에 이르는 pH 범위, 지표면 기압보다 수백 배 높거나 낮은 압력, 그리고 우리에게는 치명적인 독성 화합물에서도 견딜 수 있는 생소한 미생물, 이들과 이 행성을 공유하고 있다. 이런 극한 환경의 생명체들은 생명의 형태가 매우 광범위하다는 것을 보여준다.

지구에서 생명체가 빠른 시간 안에 나타나 광범위하게 퍼져 있고, 그 재료들은 우주에 흔히 존재한다는 사실을 놓고 볼 때, 생명체가 지구에만 유일하게 존재할 것이라고 가정하는 것은 코페르니쿠스의 원리에 맞지 않을 것 같다. 생명체가 나타나기 위한 최소한의 전제 조건은 유기물질, 물과 에너지원, 그리고 자연선택에 의해 화학 반응으로 유기체가 만들어지기에 충분한 시간이다. 이런 조건은 태양계에만도 수십 곳일 것이고 우리은하 전체에는 수십억 곳은 있을 것이다. 별의 왕국을 탐험하는 것은 가장 가까운 곳에서 시작된다. 이것은 우리가 선택할 수 있는 여행이다.

태양에서 가장 가까운 이웃은 센타우르스 자리 남동쪽 구석에 위치한 3개의 별로 이루어진 시스템이다. 프록시마 센타우리는 4.2광년 거리에 있고 너무 어두워서 맨눈으로는 보이지 않는 차가운 적색왜성이다. 알파 센타우리 A와 B는 4.4광년 거리에 있고 서로 너무 가까이 있어서 1752년까지 쌍성이 아니라 하나의 별로 여겨졌다. 두 별 사이의 거리는 지구-태양 거리의 24배로, 암석행성들이 쌍성의 궤도운동에 의해 영향을 받지 않을 정도로 멀다. 적색왜성인 프록시마 센타우리는 거주 가능 지역이 매우 좁고 생명체에게 해로운 플레어를 방출하지만 A와 B는 지구와 유사한 행성을 가질 수 있다.[20] 세 연구 그룹이 도플러 효과를 이용한 방법으로 행성 사냥을 하고 있는데 몇 년 안에 결과가 나올 것으로 기대된다.

케플러가 찾을 것으로 기대되는 쌍둥이 지구는 수십에서 수백 광년 떨어져 있을 것이다. 만일 알파 센타우리 시스템에 한두 개의 지구와 유사한 행성이 있다면, 우리는 이미 별빛을 차단하고 행성에서 나오는 빛의 스펙트럼을 분석하여 생명체의 흔적을 찾을 수 있는 기술을 가지고 있다. 그것은 광합성 대사가 이루어지고 있다는 증거와 미생물의 존재 증거가 될 것이다. 지적 생명체는 찾기 어려울 것이다. 아주 먼 곳에서 지구를 본다면 도시나 공장의 존재를 알아낼 수 없을 것이다. 그러면 다음 단계는?

다음은 아마 직접 가보고 싶을 것이다. 가장 간단한 방법은 무인 탐사선을 보내는 것이다. 그곳에 도착하는 데 1970년대 기술에 기반한 보이저 1호는 방향을 정확하게 잡으면 8만 년이 걸린다. 탐사선을 소형화하면 에너지 소비를 줄일 수 있다. 소형 탐사선이 빛의 속도의 10퍼센트 속도로 여행한다면 50년 안에 도착할 수 있다. 실용적으로 가장 좋은 전략은 나노 로봇의 부대를 파상적으로 보내는 것이다. 맨 앞에 있는 탐사선이 자료와 사진을 지구를 향해 보내면 뒤따르는 탐사선이 신호를 증폭시키는 것이다. 소방관들이 줄을 서서 물 양동이를 전달하는 방법과 유사하다. 이렇게 하면 먼 곳에서 신호를 보낼 때 신호가 약해지는 문제가 해결되어 효율적으로 전달될 수 있다.

더 야심찬 계획은 사람을 보내는 것이다. SF 작가들은 수 세대에 걸쳐서 생활할 수 있는 거대한 탐사선에 대해서 언급해왔다.[21] 이 계획이 실현되는 데에는 아마도 수백 년에서 수천 년이 걸릴 것이다. 성급한 사람들은 우주선cosmic-ray을 막을 수 있는 상자에 들어가 미지의 세계로 발사되는 쪽을 선택할 수도 있을 것이다.

우리가 발견하게 될 것은 무엇일까? 영화 〈아바타Avatar〉에서 제임스 카메론James Cameron은 알파 센타우리 A 근처의 거대 기체행성 주위를 도는 위성인 상상의 세계 판도라Pandora를 만들어냈다. 그곳의 두 별은 모두 나이가 57억 년이기 때문에 생명체는 우리보다 10억 년 먼저 등장했을 수도 있다. 그들은 우리를, 우리가 지구의 박테리아를 보는 것처럼 볼지도 모른다. 우리의 상상력은 지구가 아닌 곳에서의 생명체 존재 가능성을 상상하기에는 부족해 보인다.

> 나는 하늘의 별들이 익숙한 별자리를 이루고 있는 것을 발견하고 편안함을 느낀다. 시리우스는 하늘 높은 곳에서 빛나고 있다. 하지만 오리온자리에 너무 가까워 보인다. 그 옆에서 작은개자리의 프로키온을 볼 수 있었지만, 이것 역시 평소와 너무 다른 위치에 있다. 쌍둥이자리의 발 근처에서 빛나고 있다. 남쪽에는 여름철 대삼각형이 보이지만 알테어Altair(견우성, 독수리자리의 가장 밝은 별-옮긴이)의 위치 역시 평소와 다르다. 독수리자리의 머리가 아니라 백조자리의 꼬리에 있다. 모든 것을 알아볼 수는 있었지만, 마치 놀이공원의 신기한 거울에 비친 것처럼 왜곡되어 있다.
>
> 갑자기 상황이 이해되었다. 벌판에 주황색 빛을 비추고 있는 어두운 별은 프록시마 센타우리가 분명하다. 그리고 두 개의 별은 쌍성을 이루고 있는 알파 센타우리가 분명하다. 나는 집에서 수조 킬로미터나 떨어진 곳에 있는 것이다.
>
> 잃어버린 아이를 찾는 부모처럼 나는 별들을 샅샅이 살펴보았다. 마침내 아무 별자리에도 속해 있지 않은 밝은 별을 발견했다. 태양이다. 나는 눈을 감고 나를 이 낯선 세계로 데려온 주문을 깨뜨리려고 시도해본다. 눈을 감으니 또 다른 세

계가 나타난다. 나는 차를 몰고 출근을 하고 있다. 그런데 그 차는 내가 몇 년 전에 팔았던 차. 조수석에 놓인 신문의 머리기사를 보자 두려움이 현실이 되었다. 내가 살고 있는 세계. 그런데 4년 전의 세계. 빛이 프록시마 센타우리까지의 텅 빈 공간을 날아오는 데 걸리는 시간이다. 불가능해 보이지만 나는 흐르는 강물의 똑같은 부분에 두 번 들어간 것이다. 그리고 나는 그렇게 반복되는 사건을 바꿀 수 있는 능력이 없다.

나는 눈을 떴다. 하늘은 변함이 없고 여전히 이상하다. 그때, 어떤 움직임이 있는 것을 느끼고 아래를 내려다보았다. 작은 자갈과 돌들이 발밑에서 조금씩 움직이고 있다. 처음에는 어두운 불빛 때문에 일어나는 착시로 생각했지만 자세히 들여다보니 처음 느낌이 맞았다. 땅이 움직이고 있는 것이다. 여기뿐만 아니라 10미터 떨어진 곳, 조금 걸어가니 100미터 떨어진 곳, 그리고 1킬로미터 떨어진 곳도 움직이고 있다.

작은 벌레처럼 생긴 생명체가 함께 흙을 옮기고 있다. 하나를 집어 올리니 손 위에서 꿈틀댄다. 앞을 보지 못하고 반투명하다. 조용한 벌판은 착각이었다. 이 세계는 생명체로 가득 차 있지만 단 하나만의 생태계다. 나는 신비로운 지질학과 생물학적 사건에 둘러싸여 있다. 그렇게 작고 연약하면서도 행성 전체를 구성하고 있는 생명체는 도대체 무엇일까?

4장

별들의 요람

너무나 아름답다. 어디를 보아도 창백한 빛이 커튼과 실처럼 펼쳐져 있다. 마치 검은 벨벳 위에 붙어 있는 빛나는 벌레처럼 숨을 쉰다. 성운은 머리 위에서 발아래까지 뻗어 있고, 나는 마치 자궁 속에 있는 느낌이다. 중력이 없어 아래위를 구별할 수 없다. 잠시 방향감각 상실로 혼란에 빠졌다. 팔을 흔들어보았지만 아무 반응이 없다. 긴장을 풀었다. 숨어 있는 거대한 밤의 거미가 나를 마음대로 할 수 있을 것이다. 나는 빛의 가느다란 거미줄에 잡혀 있다.

이제 약한 색이 구별된다. 색의 의미도 기억이 난다. 분홍색은 가장 많은 원소인 수소의 부드러운 색이다. 녹색은 성운에서 가장 어린 별들 주위를 둘러싸고 있는 뜨거운 기체에 포함되어 있는 산소다. 숨을 쉬기에는 충분하지 않고 녹슬게 할 금속도 주변에 없다. 황은 따뜻한 오렌지색이다. 나는 매케한 냄새를 기대했지만 너무 옅어서 맡을 수가 없다. 네온에서 나오는 강한 붉은색도 볼 수 있다. 별들이 화려하게 자신들의 탄생을 알리고 있는 것이다.

익숙한 것도 가까이 있으면 낯설어 보일 수 있다. 하지만 나는 호머의 <오디세이>에 등장하는 위대한 사냥꾼 오리온의 무릎 위에 있다는 것을 알 수 있었다. 앞에는 성운이 있다. 사다리꼴의 별들 가운데에서 갓 태어난 아기를 감싸고 있다. 손을 뻗어보니 그림자가 만들어진다. 뒤를 돌아보니 푸른빛의 초거성 알니람Alnilam이 너무나 밝게 빛나고 있어 똑바로 쳐다볼 수가 없다. 지구 쪽을 보니 멀리 중간 지점에 리겔Rigel과 베텔게우스Betelgeuse가 보초처럼 서 있다. 공격하는 함대라도 있나 해서 조심스럽게 살펴보았지만 아무것도 없다.

우주의 가마솥

선사 시대부터 사람들은 태양이 지구의 생명을 유지시켜준다는 것을 이해하고 있었다. 하지만 그 에너지의 원천은 상상할 수가 없었다. 그리스의 철학자 아낙사고라스는 기원전 499년에 부유한 집안에서 태어났다.[1] 젊은 나이에 떠오르는 그리스 제국의 중심이 된 아테네로 가서 페리클레스, 에우리피데스, 그리고 소크라테스를 가르쳤던 것으로 여겨진다. 그는 태양이 펠로폰네소스 반도보다 더 큰 붉고 뜨거운 돌이라고 주장하였다. 오래전부터 전해오던 생각에 완전히 반하는 주장이었다. 그는 별들도 태양과 비슷하게 뜨겁지만 너무 멀리 있기 때문에 우리가 그 열기를 느끼지 못한다고 주장했다.

이런 대담한 주장은 아낙사고라스를 위험에 처하게 했다. 그는 감히 태양이 신이 아니라 세속적인 물체라고 주장했다는 불경죄로 기소되어 사형을 선고받았다. 다행히 영향력 있는 그의 후원자인 페리클레스가 개입하여 감형을 받았다. 아낙사고라스는 유배지에서 죽었다. 하지만 그의 현명한 추측은 현대 과학에 앞서 자연을 바라보는 방식에 영향을 주었다.

태양에서 나오는 엄청난 에너지의 양을 정확하게 알기 위해서는 태양까지의 거리를 알아야 한다. 기원후 1세기에 프톨레미는 태양까지의 거리가 지구의 반지름보다 1,200배 더 크다고 했다. 실제보다 20배 작은 값이다. 태양까지의 거리와 크기는 지오반니 카시니Giovanni Cassini와 그의 젊은 조수 장 리처Jean Richter가 파리와 프랑스령 기아나Guiana에서 화성을 동시에 관측한 1672년이 되어서야 정확하게 측정되었다. 그들은 시차를 측정하여 지구에서 화성까지의 거리를 계산했다. 그리고 케플러 법칙을 적용시켜 지구에서 태양까지의 거리를 구했다. 태양은 지름이 140만 킬로미터이고 지구에서 1억 5,000만 킬로미터 떨어져 있다.

따뜻한 봄날 땅에 얼음을 두면 약 40분 만에 녹는다. 이것은 태양에서 1억 5,000만 킬로미터 떨어진 모든 지점에 있는 얼음의 운명이다. 그러므로 지름 3억 킬로미터의 두께 3센티미터의 얼음으로 만들어진 공 껍질은 같은 시간에 완전히 녹는다. 이 껍질을 태양의 표면까지 축소시키면 두께 500미터에 지구 표면적의 1만 배가 되는 거대한 빙하처럼 된다. 이것도 역시 40분 만에 녹는다!

태양의 밝기는 몇 년 사이 혹은 몇 세대 사이에 눈에 띨 정도로 변하지 않는다. 그리고 태양 안에는 지구가 100만 개나 들어갈 수 있다. 그렇다면 그렇게 엄청난 에너지는 어디에서 나오는 것일까? 19세기 중반 당시에 그 답은 명확했다. 산업혁명을 이끈 석탄이나 석유였다. 하지만 태양이 140만 킬로미터 크기의 석유나 석탄 덩어리라고 생각하는 것은 아주 이상해 보인다. 그런데도 과학자들은 이 생각을 진지하게 받아들여 실제 계산까지 했다. 그 결과는, 대기가 순수한 산소로 이루어져 있다 하더라도 태양이 화석연료로 이루어져 있다면 5,000년밖에 견딜 수 없다는 것이었다.

윌리엄 톰슨William Thompson은 태양의 에너지원을 설명하는 데 도전하기로 했다. 그는 600편 이상의 논문을 발표하고 많은 발명을 한, 당대의 가장 뛰어난 과학자였다. 런던왕실학회 회장으로 5번이나 선출되었으며, 빅토리아 여왕으로부터 기사작위를 받아 켈빈 경Lord Kelvin으로 불리게 되었다. 그의 이름은 '절대' 온도의 단위에 사용되고 있다.[2] 켈빈은 중력을 에너지원으로 생각한 독일의 물리학자 헤르만 폰 헬름홀츠Hermann von Helmholtz가 했던 일을 확장시켰다. 결국 태양은 기체와 먼지가 수축하여 만들어진 것이니까. 태양의 에너지원이 중력 수축이라고 생각하는 것보다 더 자연스러운 생각이 어디 있겠는가? 켈빈은 수축하는 태양에서 어떻게 열이 만들어지는지 계산했다. 지구에 도달하는 만큼의 에너지를 만들 정도로 계속 수축한다면 태양은 불과 3,000만 년 만에 점이 되어버린다. '어마어마하게 큰 수축하는 태양'의 증거는 없었기 때문에 이 숫자는 태양 나이의 상한선이 되어야 했다. 이것은 순화시켜서 말하더라도 심각한 문제였다.

그로부터 불과 얼마 전에 찰스 다윈Charles Darwin이 《종의 기원On the Origin of Species》을 썼다. 그는 초기의 단순한 조상에서 지금 이렇게 다양한 종으로 진화하려면 적어도 수억 년에서 수십억 년은 걸릴 것이라고 추정했다. 그리고 다윈은 영국의 노스다운스와 사우스다운스North and South Downs 사이의 계곡이 침식에 의해 만들어지는 데 얼마나 시간이 걸릴지 계산하여 3억 년이라는 결과를 얻었다. 지질학자들도 지층으로 볼 때 지구가 상당히 오래된 행성이라는 데 동의했다.[3] 켈빈도 녹아 있던 지구가 현재의 온도로 냉각되는 데에는 2억 년이 걸린다고 계산하였다. 지구의 나이 논쟁에 질려버린 다윈은 자기 책의 새로운 판을 발행할 때에는 시간 간격에 대한 언급을 모두 빼버렸다.

이 문제가 해결되는 데에는 수십 년이 걸렸다. 20세기가 되면서 물리학자들은 화학적 연소나 중력 수축에 의한 에너지보다 더 강력한 에너지원이 있다는 것을 알아냈다. 방사성 원소들의 원자들은 불변이 아니라 놀라운 에너지를 방출한다는 것이 밝혀졌다. 원자는 대부분이 빈 공간이고 질량은 작은 요새와 같은 핵에 모두 모여 있다는 사실을 밝힌 어니스트 러더퍼드Ernest Rutherford는 보통의 암석에 있는 무거운 방사성 원소들이 방출하는 에너지를 계산했다. 그 결과는 지구가 냉각되는 데 걸리는 시간을 수십억 년으로 늘리기에 충분했다.

두 번째 퍼즐 조각은 알버트 아인슈타인Albert Einstein이 특수상대성이론으로 $E=mc^2$이라는 유명한 공식을 유도한 1905년에 나타났다. 빛의 속도의 제곱은 매우 큰 숫자이기 때문에 그의 공식은 아주 작은 질량도 엄청난 양의 에너지로 바뀔 수 있다는 사실을 보여준 것이다. 당시에는 이것이 태양과 어떻게 연관될지는 아무도 몰랐다.

그러던 1920년, 물리학자 프랜시스 애스턴Francis Ashton은 무거운 원소들의 질량이 그 원료가 되는 원소들의 질량의 합보다 작다는 놀라운 사실을 발견했다. 질량을 서로 더하면 결과는 간단한 덧셈으로 알 수 있다. 1킬로그램 2개가 모이면 2킬로그램, 3개가 모이면 3킬로그램, 이런 식이다. 이것은 상식이다. 하지만 원자는 그런 식으로 행동하지 않는다. 헬륨 핵의 질량은 그것을 구성하고 있는 2개의 양성자와 2개의 중성자 질량의 합보다 약간 작다. 원자핵의 덧셈에서는 1 더하기 1 더하기 1 더하기 1의 답은 4보다 약간 작다.

같은 해에 유명한 영국의 천체물리학자 아서 에딩턴 경Sir Arthur Eddington은 이 '잃어버린' 질량이 아인슈타인의 공식에 따라 에너지로 바뀐다는 것을 깨달았다. 수소가 헬륨으로 융합되면서 만들어지는 에너지는 태양을 수십억 년 동안 타게 할 수 있을 정도로 효율적이다. 그는 핵융합 에너지의 희망적인 측면과 인류 미래에 대한 위험성을 함께 보는 선견지명이 있었다. "만일 원자력을 거대한 용광로에서 자유롭게 사용할 수 있다면, 이것은 인류의 풍요를 위해서 이 잠재적인 에너지를 마음대로 다룰 수 있는 꿈에 한 발 더 다가가는 것이다. 혹은 인류의 자살에 다가가거나."■4

이 이야기의 마지막 조각은 이상한 양자의 등장이다. 고전물리에서는 양으로 대전된 2개의 양성자는 서로 결합을 방해하는 넘을 수 없는 벽을 만든다. 원자핵은 정말 난공불락의 요새다. 하지만 양자이론에서는 양성자들이 서로 융합될 정도로 충분히 가까워질 가능성이 제한적이지만 존재한다. 자세한 이론은 제2차 세계대전 직전 코넬대학에서 일하고 있던 한스 베테Hans Bethe가 정리했다. 베테는 핵물리학의 대부로 인정받고 있었으며, 이 주제에 대한 그의 세 논문은 '베테의 경전Bethe's Bible'으로 알려져 있었다. 온도가 1,500만 도에 이르는 태양 부피의 안쪽 2퍼센트에서는 세 단계의 핵융합 반응으로 4×10^{26}와트의 에너지가 만들어진다. 매초마다 20개의 고층빌딩에 해당되는 질량이 복사에너지로 바뀌고 있다.■5 우리는 감마선이 만들어지는 가마솥을 보지 못한다. 이 광자들은 10만 년 동안 중심에서 빠져나오다가 이리저리 헤매면서 에너지를 잃어버린다. 그래서 우리가 표면이라고 부르는 곳에 이르면 노란색의 광자들이 8분 후 지구에 도착한다.■6

우리는 태양을 당연한 것으로 생각하지만 사실 이것은 정말 이상한 괴물이다. 중심부는 온도가 매우 높은 기체이면서도 밀도는 물보다 150배나 더 높다. 전체적으로 매초 1,000억 메가톤의 TNT가 폭발하는 것

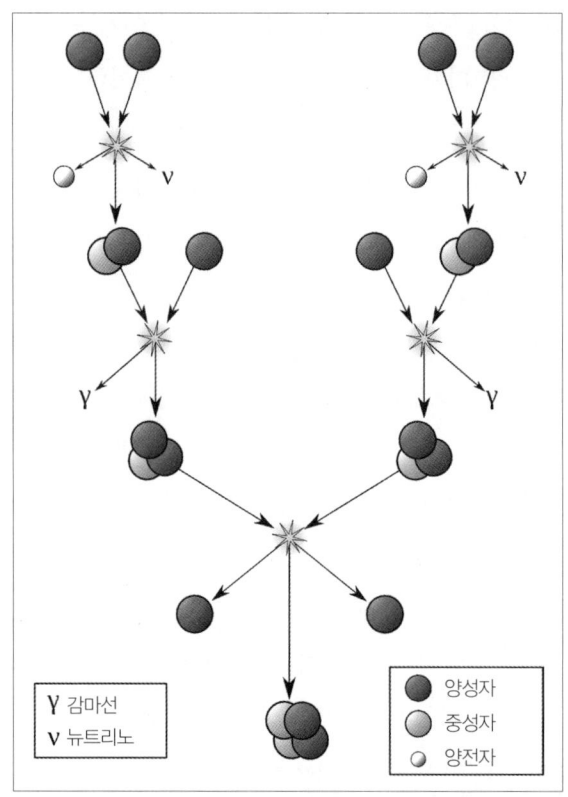

■ 양성자-양성자 연쇄반응이라고 불리는 태양의 에너지원이 되는 3단계 핵반응. 첫 번째 단계(맨 위)에서는 2개의 양성자가 결합하여 중수소가 된다. 두 번째 단계(가운데)에서는 양성자가 중수소와 결합하여 가벼운 헬륨 동위원소가 된다. 마지막 단계(맨 아래)에서는 2개의 가벼운 헬륨 동위원소 핵이 결합하여 하나의 평범한 헬륨 핵을 만들면서 방출된 2개의 양성자가 새로운 핵반응을 일으킨다. 에너지는 매 단계에서 방출된다.

과 같은 에너지를 만들어낸다. 하지만 태양은 폭탄이 아니고, 열역학적으로 안정되어 있어서 몇 년 혹은 수천 년 동안 큰 변화가 없다. 중심부에서 만들어지는 에너지는 1제곱미터당 280와트밖에 되지 않는다. 이것은 퇴비 더미와 비슷한 수준이다. 태양이 엄청난 에너지를 내는 것은 단위 부피당 많은 에너지를 만들기 때문이 아니라 전체적인 크기가 크기 때문이다.

별이 태어나다

"머리 위에는 하늘이 있고, 별로 가득 차 있다. 우리는 등을 대고 누워서 별을 바라보며 이야기를 나누었다. 저 별들은 만들어진 것일까, 아니면 원래부터 있던 것일까." 마크 트웨인의 《허클베리 핀Mark Twain's Huck Finn》 중, 이 대목은 핵심을 짚고 있다. 별로 가득 찬 밤하늘을 바라보면 별들이 너무나 예술적이고 멋있게 배열되어 있어, 외계인이나 어떤 탁월한 지적 능력을 가진 존재가 그렇게 만들어놓은 것처럼 보인다. 우리 태양계를 보아도, 근처에서 죽어가는 별의 미는 힘에 의해 거대하고 엷은 기체 구름이 움직이기 시작하면서 수축하여 태양과 8개의 행성이 만들어졌다. 하지만 이 이야기가 일반적으로 적용되는지 어떻게 확신할 수 있을까?

물리학자들은 마크 트웨인처럼 이야기를 잘하지 못한다. 대신 구형球形의 암소에 대한 이야기로 시작한다. 어느 농장에서 우유 생산량에 문제가 생겨 근처 대학의 전문가를 불렀다. 불행히도 어떤 이론물리학자가 그 팀의 책임자가 되었다. 그 팀은 수 주 동안 자료들을 모았고 그 물리학자가 자료를 종합하여 보고서를 만들었다. 보고서를 받은 농장 주인은 첫 번째 줄을 읽고는 가슴이 철렁 내려앉았다. 첫 번째 줄은 이렇게 시작했다. "진공 상태에 있는 구형의 암소를 가정하면…."

핵심은, 물리학자나 천체물리학자들은 종종 현실과의 연관성이 크게 떨어지더라도 계산이 가능하도록 하기 위해서 어떤 문제를 가장 단순한 형태로 만든다는 것이다. 어떤 경우에는 이것이 앞으로 나아가는 유일한 방법이다. 소는 구형이 아니고, 별이 만들어지는 지역도 역시 구형이 아니다. 허블우주망원경이 촬영한 가장 가까운 별 생성 지역의 모습은 기체와 먼지가 어지럽게 분포하는 모습이고, 아무리 살펴보아도

구형과는 한없이 거리가 멀다. 구형의 암소와 얼마나 다른지 보고 싶다면 오리온 대성운을 들여다보면 된다. 하지만 그러기 위해서는 적외선이 필요하다.

1800년, 천문학자 윌리엄 허셜William Herschel은 태양빛을 분산시켜 만든 무지개의 여러 색에 온도계를 놓아보았다. 그는 온도계의 온도가 눈으로 볼 수 있는 가장 붉은빛의 바깥쪽에서 가장 크게 높아지는 것을 발견하고 깜짝 놀랐다.[7] 태양의 복사는 지구 표면에서 1제곱미터당 1킬로와트 정도의 에너지양을 만들어내는데, 그 절반이 조금 넘는 양이 눈에 보이지 않는 긴 파장 쪽에 있었다. 허셜은 이 '적외선'이 가시광선처럼 반사되고, 투과되고 흡수된다는 것을 보였다. 다트머스대학과 MIT의 총장을 지냈던 물리학자 어니스트 폭스 니콜스Ernest Fox Nichols가 다른 별에서 나오는 적외선을 관측한 것은 100년이 지나서였다. 새로운 적외선천문학은 1970년대에 많은 천체에서 적외선을 발견할 수 있을 정도로 관측 기술이 발달될 때까지는 천천히 발전하였다.

나이트 비전 안경이 적외선으로 물체를 '보는' 것처럼, 천문학자들도 적외선 카메라로 가시광선을 내기에는 온도가 너무 낮은 지역을 본다.[8] 별 생성 지역에는 작은 먼지 입자들이 기체와 섞여 있는데, 먼지들은 파장이 긴 빛보다 파장이 짧은 빛을 더 잘 산란시킨다(하늘이 파란 것과 저녁노을이 붉은 것도 이 현상으로 설명된다). 우리는 기체와 먼지의 스모그 사이로 오리온 대성운을 본다. 2개의 가시광선 파장 중에서 하나만 통과할 수 있기 때문에 이 성운은 엷은 기체가 없는 경우보다 2배 더 어둡게 보인다. 성운의 가장 깊고 어두운 부분은 가시광선의 1,000분의 1밖에 통과하지 못하여 마치 짙은 안개를 보는 것 같다. 하지만 적외선은 영향을 훨씬 더 적게 받기 때문에 성운의 깊은 곳을 들여다볼 수 있게 해준다. 20/20 적외선 비전으로 별이 만들어지고 있는 오리온 대성운에서 무엇을 볼 수 있을까?

이 장의 앞부분에서 상상했던 여행을 실제로 해보자. 오리온 대성운에 다가가면 우리는 우리은하의 큰 나선팔들 중 하나의 끝부분에 있게 되기 때문에 밀도가 평균보다 약간 높아서 1세제곱센티미터에 원자 1개 정도가 된다. 이것은 지구에서 인공적으로 만들 수 있는 최고의 진공보다 1억 배 정도 더 밀도가 낮고, 지구 해수면 높이의 공기보다는 1조 배 정도 더 낮다. 우주 공간의 가장 복잡한 곳조차도 거의 텅 비어 있는 것이다. 우리는 창백하게 빛나는 얇은 기체막을 지나 성운 속으로 들어간다. 혜성 사냥꾼 샤를 메시에Charles Messier가 만든 목록에서 42번째 천체다. 전체 별 생성 지역은 100광년 크기지만 우리가 있는 곳은 2,000개의 별들이 무리지어 빛나고 있는 중심부 20광년 지역이다. 온도는 절대온도 30도로 무척 춥다.

우리는 이제 거대한 분자 구름 속에 있다. 밀도는 우리가 출발한 곳보다 100배나 높지만, 여전히 거의 완벽한 진공이다. 밀도가 높고 온도가 엄청나게 낮다는 것은 깨지기 쉬운 분자들이 살아남을 수 있다는 것을 의미한다. 수소 분자뿐만 아니라 이산화탄소, 암모니아의 유독한 냄새, 그리고 소리 없는 살인자 일산화탄소도 있다. 여기에다 덜 밀집된 곳에서는 130종의 분자들이 만들어진다. 그중에서 가장 큰 것은 2010년에 발견된 60개의 탄소 원자들로 구성된 버키볼buckyballs이다.

다른 예로는 포름산, 벤젠, 에틸렌글리콜, 메탄, 아미노산 글리신, 그리고 엄청나게 위험한 아세톤과 시안화수소가 있다. 좋은 점은 여기에는 술도 있다는 것이다. 그것도 아주 많이. 가장 정확한 측정 결과에 따르면 200프루프proof(증류주의 알코올 농도를 나타내는 단위-옮긴이)의 에틸알

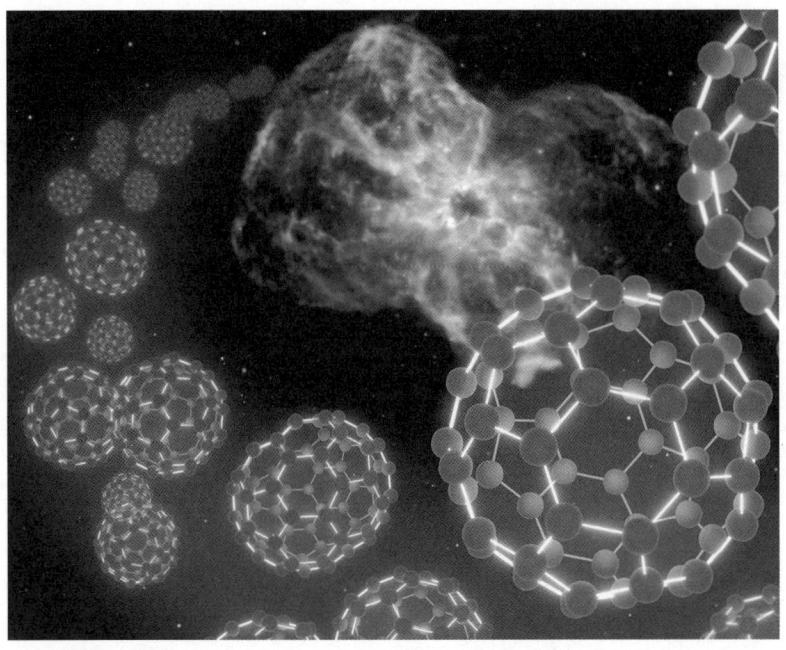

■ 2010년 스피처우주망원경Spitzer Space Telescope은 우주 공간에서 버키볼을 발견했다. 이 축구공 모양의 탄소 분자들은 죽어가는 별 근처 지역에서 나온 것으로 밝혀졌다. 이 그림은 차가운 우주 공간에서 발견될 수 있는 이 큰 분자들의 복잡한 구조를 시각화한 것이다.

코올 1,028잔이 있다.■9 이것은 지구에 있는 모든 사람을 수조 년 동안 취하게 하기에 충분한 양이다. 단, 술집은 1,300광년 떨어진 곳에 있다.

분자 구름의 밀집한 핵을 향해 들어가자 온통 아수라장이다. 수백만 년 전에 이 성운을 밀어낸 달아나는 별들은 시속 수십만 킬로미터의 속도로 움직이고 있다. 새롭게 태어난 별에서 나오는 강한 자외선은 대부분의 수소 원자에서 전자들을 떼어냈다. 난류 기체 때문에 항상 난기류다. 태양계보다 10배 큰 초음속 '총알' 기체는 철 성분이 많은 앞부분이 푸르게 빛나며 밀집한 수소 구름을 뚫고 지나간다. 강력한 마이크로파 방출은 좁은 스펙트럼선에 집중되어 메이저maser가 된다. 인류는 불과 60

년 전에야 가간섭성 복사coherent radiation를 실험실에서 다루는 방법을 알아냈지만 자연에서는 이미 수십억 년 전부터 일어나고 있었다.

이제 여행은 순탄하지 않다. 분자 구름 속으로 더 깊이 들어가면 밀도는 태양 주변보다 수백만 배 더 높다. 하지만 여전히 인공적으로 만드는 진공보다는 훨씬 낮다. 별들은 둘러싸고 있는 먼지들 때문에 점점 보이지 않게 된다. 완전히 보이지 않게 되기 직전에 우리는 작고 가장자리가 울퉁불퉁한 검은 잉크처럼 새까만 부분들을 보았다. 이들은 하나의 별이나 몇 개의 별들이 만들어지고 있는 1광년 크기의 밀도가 높고 불투명한 지역이다. 난류는 점점 커져서 마치 번개와 천둥이 치는 폭풍우 속에 있는 것 같다. 기체는 보이지 않는 자기장을 따라 초음속으로 움직인다. 태양 1만 개의 질량이나 되는 이 거대한 구름 속에서는 내부 압력이 중력을 이기지 못하여 자유낙하 속도로 수축한다.[10] 구름은 수백 개의 작은 영역으로 분리되고, 각각은 수축하면서 회전하는 훌륭한 구형 암소가 된다. 이들은 별의 배아들이다.

우리는 수축하는 기체의 한 지점을 따라가본다. 구름의 중심부에서는 온도가 증가하여 수축이 멈추고 충격으로 가열된 기체는 핵에 충돌한다. 적외선으로도 속을 들여다보기 어렵다. 핵의 온도는 2,000켈빈K에 이르고 흐릿한 붉은색으로 빛난다. 분자들은 열에 의해 서로 분리되고 전자들은 수소와 헬륨 원자들에서 떨어져 나온다. 이 과정은 수축에 의해 발생하는 열을 흡수하여 수축이 계속되게 해준다. 중심부 물체는 태양과 비슷한 질량이 된다. 이 원시별의 상태는 10만 년 동안 지속된다.

플라스마 공은 수축을 계속하지만 아직 별은 아니다. 모든 에너지는 중력 수축에서 발생된다. 이 상태는 1억 년 동안 지속된다. 그러니까 켈빈의 계산은 크게 틀리지 않은 셈이다. 이것은 주변의 기체들을 깨끗하게 몰아낼 정도로 충분한 복사와, 회전축을 따라 기체가 빠르게 움직이는 제트를 방출한다. 그리고 적도면에 있는 기체와 먼지들은 나중에 행성들이 만들어질 얇은 원반을 형성한다. 허블우주망원경은 오리온 대성운에서 수백 개의 원시행성 원반들을 관측했다. 행성들이 탄생할 지역의 크기는 우리 태양계 크기의 10배에서 20배 정도다.

기체 공이 수축할수록 온도는 올라가서 주계열성이 될 수 있는 힘을 모은다. 중심부의 온도가 100만 도에 이르면 약간의 중수소와 리튬을 태울 정도가 된다. 핵의 온도가 1,000만 도에 이르면 수소가 헬륨으로 융합되는 세 단계 과정이 중심 무대를 차지하게 된다. 공은 계속 빛나고, 별이 태어난다.

동물원 여행

자연은 거듭제곱 법칙power law을 좋아한다. 자연의 세계에서는 한 집단의 모든 구성원이 같은 크기를 가지거나 같은 힘을 가지는 경우가 매우 드물고, 다양하게 구성되는 경우가 대부분이다. 거듭제곱 법칙에서는 한 현상에 대응하는 현상들의 구성이 로그로 이루어진다.■[11] 특히 자연은 작고 약한 현상들을 더 좋아하기 때문에 보통 크고 강한 현상들보다는 작고 약한 현상들이 더 많이 일어난다.

너무 추상적이니까 좀 더 구체적으로 살펴보자. 물리학에서 거듭제곱 법칙은 달의 크레이터 크기, 태양 플레어의 세기, 그리고 (다행히도) 지진과 허리케인을 설명한다.■[12] 생물학에서는 성장률, 수명, 그리고 대사율들이 모두 거듭제곱 법칙으로 분포한다. 일상생활에서도 거듭제곱 법칙은 적용된다. 정전사고, 교통 체증, 도시의 인구, 영어 단어의 길이, 성이 같은 사람의 수, 책이나 음악의 인기, 그리고 주식시장의 변화, 이들은 모두 거듭제곱 법칙을 따른다.

별들도 마찬가지다. 큰 별보다는 작은 별들이 많다. 별에 적용된 거듭제곱 법칙을 보면, 태양 질량의 100배인 별 하나가 있으면 태양 질량의 10배인 별은 200개가 있고, 태양 질량의 별은 4만 개, 그리고 태양 질량의 10분의 1인 별은 250만 개가 있다. 이것은 놀라운 결과가 아니다. 중력은 거듭제곱 법칙을 따르는 힘이기 때문에 중력에 의해 만들어지는 물체들은 여러 스케일로 펼쳐지고, 중력은 거리에 따라 약해지기 때문에 큰 물체들보다 작은 물체들이 더 많아지는 것이다. 혼돈과 난류 속에 있는 분자 구름의 구성원들도 결국 단순한 거듭제곱 법칙을 따르게 된다.

그런데 별의 질량이 거듭제곱 법칙을 따른다면 왜 무한히 이어지지 않는가? 다시 말해서 은하만큼 큰 별이나 손바닥만 한 작은 별은 왜 없는가?

자연은 질량의 범위에 한계를 두기 때문이다. 어떤 기체 구름의 질량이 태양보다 120배 이상 더 크다면—확실한 한계는 아직 관측으로 정확하게 결정되지 않았다—이것은 중력에 의해 자유낙하를 하게 된다. 그런데 수축이 너무 격렬하게 일어나 스스로 부서지게 되어 안정적인 별을 만들지 못한다. 어떻게 좀 더 부드럽게 수축을 한다 하더라도 방출되는 에너지가 너무 커서 별의 바깥쪽 껍질을 날려버리게 된다.

질량이 큰 별들은 낭비가 심하다. 그들은 격렬하게 빛나며 태양보다 수백만 배 더 많은 빛을 방출한다. 직관적으로 생각하면 태양보다 100배 더 큰 '연료 저장고'를 가지고 있으면 100배 더 오래 유지될 것 같다. 하지만 실제로는 연료를 너무나 빠르게 소비하기 때문에 수명은 태양보다 수천 배 더 짧은 몇백만 년밖에 되지 않는다. 이 중에서 어떤 별들은 우리의 선조인 호모 하빌리스Homo habilis(약 150만 년 전 홍적세에 살았던 인류로, 능력 있는 사람이라는 뜻을 가진 화석인류 – 옮긴이)가 동아프리카 열곡 Great Rift Valley in East Africa를 거닐고 있는 동안에 탄생과 죽음을 경험했을 수도 있다.

7,500광년 떨어진 곳에 있는 쌍성계이며 질량이 더 큰 별이 태양 질량의 100배 정도인 밝고 푸른 변광성인 에타 카리나Eta Carinae는 좋은 후보이다. 에드먼드 핼리Edmund Halley는 이 별에 '초거성superstar'이라는 이름을 붙였다. 에타 카리나는 19세기 중반에는 하늘에서 두 번째로 밝은 별이었지만,■13 20세기에 들어 50년 동안 시야에서 사라져버렸다. 그리고 최근 다시 맨눈으로 볼 수 있게 되었다. 이 무거운 별은 기체를 초음속으로 방출한다. 기체는 X-선을 방출할 수 있는 온도인 6,000만 도까지 가열된다. 에타 카리나는 곧 죽게 될 것이다. 하지만 지금의 모형들은 그것이 언제일지 알려줄 정도로 정확하지 않다. 천문학자들은 이 별을 관심 있게 지켜보고 있다.

질량이 작은 쪽의 한계는 핵의 온도가 수소핵융합 반응을 일으킬 수 있을 정도로 충분한지에 의해 결정된다. 그 한계는 태양 질량의 7.5에서 8퍼센트, 혹은 목성 질량의 75배에서 80배 정도이다. 가장 작은 별들의 표면 온도는 3,500켈빈 정도로 '차갑기' 때문에 적색왜성이라고 불린다. 천문학자들은 실패한 별인 갈색왜성에 대해 오랫동안 연구해왔지만 이들은 너무 어둡기 때문에 발견하기가 어렵다.■14 갈색왜성들은 외계행성으로 인정받지는 못하지만 만들어지는 과정은 유사하다. 갈색왜성에 대한 첫 번째 증거는 1995년에 나왔고, 지금은 수백 개가 알려져 있다. 실패한 별들은 천천히 어두워져 완전히 보이지 않게 된다.

작은 별들은 구두쇠들이다. 그들의 연료 저장고는 태양보다 10배 더 작기 때문에 금방 다 써버릴 것 같다. 하지만 그들은 태양의 0.01퍼센트 밝기로 빛나기 때문에 태양보다 수천 배 더 오래 산다. 그러니까 지금 만들어지고 있는 적색거성은 앞으로 10조 년 동안 수소핵융합을 하는 별로 살아갈 것이다. 별들의 세상에 온 것을 환영한다.

1910년, 에즈나 헤르츠스프룽Ejnar Hertzsprung과 헨리 노리스 러셀Henry Norris Russell은 별들이 어떻게 빛나는지 이해하기 위해 노력하고 있었다. 그들은 몇 개의 별들에 대해서 별의 밝기, 즉 절대등급과 표면 온도의 관계를 그래프로 그렸다. 불규칙적인 분포를 예상했던 그들은 별들이 그래프의 특정한 영역에 집중되어 있다는 사실을 발견하고 깜짝 놀랐다. 그래프에서 가장 뚜렷한 모습은 뜨겁고 밝은 지점에서 차갑고 어두운 지점까지 마치 뱀 같은 형태로 분포하고 있는 별들이었다. 그들은 이 선을 '주계열main sequence'이라고 불렀다. 그리고 그래프의 다른 부분에도 다른 성질의 별들이 모여 있었다. 헤르츠스프룽과 러셀은 '동물원'의 지도를 그린 것이다. 별들이 공간상의 어느 지점에 있는지를 보여주는 것이 아니라 별들의 물리적 성질을 파악할 수 있는 지도였다.

이 다이어그램은 곧바로 이해되지는 않았지만, 에딩턴은 이것을 별들의 에너지원을 설명하는 물리 이론으로 발전시켰다. 지금은 주계열에 있는 모든 별들은 수소핵융합 반응으로 헬륨을 만들고 있으며, 태양도 여기에 포함된다는 사실을 알고 있다. 이 짐승들은 피라미에서 철갑상어에 이르는 것처럼 크기와 질량이 다양하다. 질량이 큰 별들은 크고 잘 보이지만 많지가 않고 금방 꺼져버린다. 질량이 작은 별들은 수명이 길기 때문에 수적으로 우세하다. 실제 우주의 별 이야기는 그저 꾸준한 적색왜성들처럼 다소 지루하다.

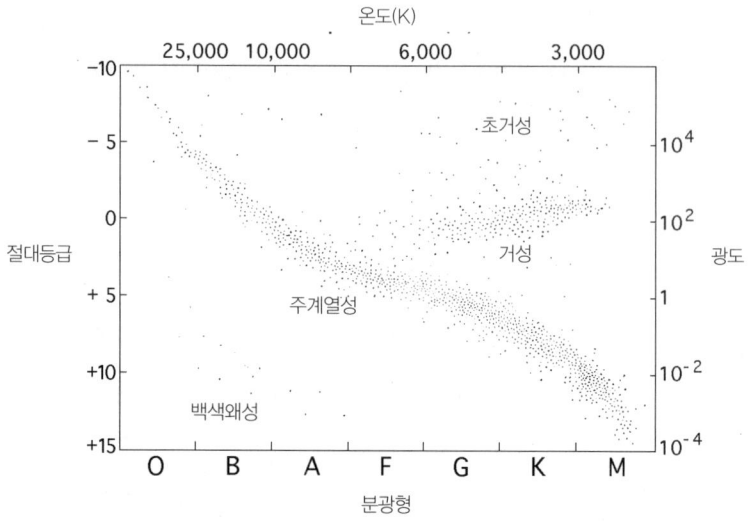

■ 헤르츠스프룽-러셀 다이어그램 또는 HR도라고 불리는 이 그림은 별을 이해하는 핵심적인 도구이다. 이것은 표면 온도와 광도의 관계를 그린 그래프다(천문학자들은 주로 분광형과 절대등급으로 그린다). 태양과 같은 별들은 '주계열'이라고 불리는 곳에 위치하는 성질을 가지고 있다. 주계열에 있는 별들은 모두 수소핵융합 반응으로 헬륨을 만들고 있으며, 태양보다 질량이 큰 별들이 있는 왼쪽 위에서 질량이 작은 별들이 있는 오른쪽 아래까지 분포한다. 다른 위치에 있는 모든 별들은 다른 형태의 에너지원을 가지고 있다.

수족관 앞에서 헤엄치는 물고기들을 바라보는 것도 즐거운 일이긴 하지만, 그러다 보면 아마 다른 동물들에 대해서도 알고 싶어질 것이다. HR도에는 주계열에서 멀리 떨어진 곳에 위치하는 성질을 가진 별들도 포함되어 있다. 큰 물체는 작은 물체보다 더 빨리 식기 때문에 밝고 차가운 별은 뜨겁고 어두운 별보다 훨씬 더 크기가 크다. 비유하여 설명하자면, 흐릿한 붉은색으로 빛나는 큰 뜨거운 철판이 노란색으로 빛나는 더 뜨거운 작은 철판보다 더 큰 에너지를 방출한다.

그래서 태양보다 100배에서 심지어 1,000배나 더 큰 차갑고 밝은 별도 있고, 태양보다 100배에서 1,000배 더 작은 뜨겁고 어두운 별도 있다. 에딩턴은 이런 별들이 태양과 같은 방법으로 에너지를 만들 수 없다는 사실을 복사물리학을 통해 알았다.

동물원을 완전히 탐험하고 이해하는 데에는 수십 년이 걸렸다. 태양과는 다른 특이한 종족들—백색왜성, 적색거성, 초거성, 신성, 초신성, 그리고 수십 가지의 변광성—은 그저 단순한 관심의 대상만은 아니다. 이들은 결국은 우리의 이야기가 되는 이야기의 핵심적인 역할을 한다. 바로 원소들의 탄생과 확산에 관한 이야기다.

현자의 돌

핏빛의 붉은 돌은 기숙학교 학생들의 큰 관심 대상이다. 이것은 흔한 금속들을 금으로 바꾸고 영원한 생명의 비밀을 품고 있는 것으로 유명하다. 교장선생님은 이것을 학교의 금지된 구역에 있는 특별한 방에 숨겨두고 7개의 마법과 동물들이 지키게 했다. 한 용감한 어린 마법사가 사람을 자신의 명령에 따르도록 조종하는 극악한 악마로부터 이 돌을 보호하기 위하여 목숨을 건다.

교장선생님의 이름은 알버스 덤블도어Albus Dumbledore다. 악마는 볼드모트Voldemort, 그리고 어린 마법사는 당연히 해리 포터Harry Potter다. 엄청난 인기를 얻은 이 시리즈 첫 번째 책의 이야기 중심에는 현자의 돌이라는 신비한 물체가 있다.[15]

해리 포터 시리즈는 허구지만 J. K. 롤링Rowling은 연금술을 이야기 속에 녹여넣기 위해서 역사와 문화에 대한 깊은 지식을 이용했다. 연금술은 흔한 금속을 금으로 바꾸고, '만병통치의 영약'을 만들고, 어쩌면 영원한 생명도 가능하게 하는 것이었다. 이것은 실용적인 기술이기도 하면서 전 세계의 주요 문화와 2,500년 역사에 그물처럼 퍼져 있는 철학적인 시스템이기도 하다. 역사와 신화는 호그와트마법학교에서 덤블도어와 함께 연금술을 연구했던 니콜라스 플라멜Nicolas Flamel에 와서 만난다.

니콜라스 플라멜은 실존했던 연금술사로 1330년 파리에서 태어났다. 그는 큰 성당에서 책을 팔면서 책을 복사하고 '빛나게' 하거나 삽화를 그렸다. 어느 날 꿈에 천사가 나타나 그에게 특별하고 멋진 책을 보여 주었다. 그런데 놀랍게도 얼마 지나지 않아 어떤 낯선 사람이 플라멜의 가게로 찾아와서 돈이 급하다고 하면서 그가 꿈에서 보았던 것과 똑같은 책을 그에게 팔았다. 이후 20년 동안 플라멜은 그 책에 있는 특이한 다이어그램과 기호들을 해석하고 이해하려 노력했다. 어쩌면 그는 성공한 것으로 보인다. 그가 약 250그램의 수은을 은으로 바꾸었고 나중에는 순금으로 바꾸었다는 소문이 돌았기 때문이다. 그는 그 시기에 큰 부자가 되었고 자신의 부를 자선사업에 사용했다. 그는 여든여덟 살까지 살았는데 14세기 당시로서는 아주 오래 산 것이었다.

사실과 허구의 경계는 이 지점에서 다시 희미해진다. 플라멜의 도서관은 수백 년 동안 자손들에게 이어졌고, 17세기 초에 뒤부아Dubois라는 이름의 사람이 플라멜의 현자의 돌을 이용하여 루이 13세 앞에서 납으로 된 공을 금으로 만들어 보였다고 알려져 있다. 왕의 야심찬 첫 번째 대신이었던 리슐리외Richelieu 추기경은 플라멜의 책에 숨어 있는 힘을 탐내어 뒤부아를 감옥에 가두고 사형을 선고하여 그의 모든 재산을 빼앗았다. 그리고 리슐리외는 뢰이유Rueil에 있는 자신의 성에 특별한 연금술 실험실을 만들었지만 암호를 풀기도 전에 죽어버렸다. 책은 이후 다시는 발견되지 않았다.

연금술은 그저 괴상하고 신비한 것만은 아니다. 루이 13세 시절 즈음에 뉴턴이 죽었을 때, 왕립 학회는 그의 명예를 지키기 위해서 그가 쓴 연금술 문서들을 '출판에 적합하지 않은' 것으로 판정했다.■16 뉴턴은 최초의 물질과 이것의 변환에 대한 비밀을 알려준다고 주장하는 허미티시즘 전통Hermetic tradition(자연현상을 연금술과 마술적인 개념들을 가지고 설명하는 전통 – 옮긴이)을 담은 그리스의 책《에메랄드 태블릿Emerald Tablet》을 직접 번역했다. 그는 밤에 연금술 실험을 하고 하인들에게 절대 비밀을 지킬 것을 맹세 받았다. 1936년 소더비 경매에 나온, 뉴턴이 쓴 출판되지 않은 문서들 중 3분의 1이 연금술에 대한 것이라는 사실이 알려졌을 때에는 큰 충격과 파문이 일었다. 그는 사실 빛이나 중력보다 연금술에 대해서 더 많은 글을 썼다. 뉴턴의 많은 문서를 구입한 경제학자 존 메이너드 케인스John Maynard Keynes는 그 문서들을 읽은 후 '뉴턴은 첫 번째 이성의 시대 사람이 아니라 마지막 마법사였다'라고 말했다.

현대적인 관점이 나타나는 속도는 느렸다. '화학의 아버지'로 불리는 그 위대한 로버트 보일Robert Boyle조차도 연금술에 기반을 둔 이론에 집착했다. 앙투안 라부아지에Antonie Lavoisier는 물질이 모습이 바뀌어도 그 질량은 항상 일정하다는 것을 보였고, 존 돌턴John Dalton은 물질은 원자들로 이루어져 있으며 서로 다른 비율로 재배열될 수 있다고 설명했다. 1800년이 되자 모든 증거들이 원자는 변할 수 없다고 주장하고 있었다. 원소들은 완고하게 자신들의 특징을 유지하고, 원소를 다른 원소로 바꾸려는 모든 시도는 실패했다. 연금술의 꿈은 완전히 사라진 것처럼 보였다. 과학자들이 별의 내부에서 현자의 돌을 발견하기 전까지는.

별에는 눈에 보이는 것보다 훨씬 더 많은 것이 있다. 숨겨진 곳에서 별의 핵들은 물질세계의 모든 원료들을 만들어내고 있다. 모양은 단순한 구형이지만 별들은 새로운 원소를 창조해내는 능력에 있어서는 변화무쌍하다.

원소들의 탄생 이야기는 간단한 질문으로 이루어진다. 우주는 무엇으로 만들어져 있는가? 우리 자신부터 시작해보자. 원자의 수를 기준으로 하면 우리의 몸은 대략 수소 65퍼센트, 산소 25퍼센트, 탄소 10퍼센트, 질소 1.3퍼센트, 그리고 소량의 다른 원소들로 구성되어 있다. 우리 몸 질량의 대부분은 물의 형태로 되어 있다. 가까운 곳에서 돌을 하나 주워 든다면 화학 성분은 많이 다르다. 지구의 지각에 가장 많이 존재하는 원소는 산소, 규소, 알루미늄, 나트륨, 수소, 철, 칼슘, 칼륨, 그리고 마그네슘이다. 하지만 지질학적으로 활동적인 지구는 원소들의 구성 비율을 변화시켜왔다. 그러므로 행성과 위성들을 구성하는 물질들의 공정한 샘플은 원시 운석의 성분을 조사하여 구할 수 있다. 이것을 태양계 전체 질량의 99퍼센트를 차지하는 태양의 대기를 분석한 결과와 합친다. 우주의 대부분은 '별의 물질'로 구성되어 있다. 우주의 구성 성분을 가장 잘 알 수 있는 방법은 우리은하 넓은 영역의 평균값을 구하는 것이다.

우주의 원소들이 놀이 카드처럼 흩어져 있는 모습을 상상해보자. 이 카드들에는 숫자와 무늬 대신 주기율표의 원소들이 표시되어 있다. 가장 많은 원소는 수소와 헬륨이고, 나머지는 모두 놀라울 정도로 드물다. 원자의 수를 기준으로 하면 우주는 수소 88퍼센트, 헬륨 12퍼센트, 산소 0.060퍼센트, 탄소 0.026퍼센트, 네온 0.025퍼센트, 그리고 모두 합쳐서 0.01퍼센트도 되지 않는 나머지 원소들로 이루어져 있다. 놀이 카드에 비유하자면 에이스 4개와 킹 2개가 헬륨 원자이고 나머지는 모두 수소가 된다.

이 두 원소 이외의 다른 원소를 찾으려면 32묶음의 카드를 뒤져야 한다. 만일 240묶음 1만 2,500개의 카드를 조사할 정도로 참을성이 있다

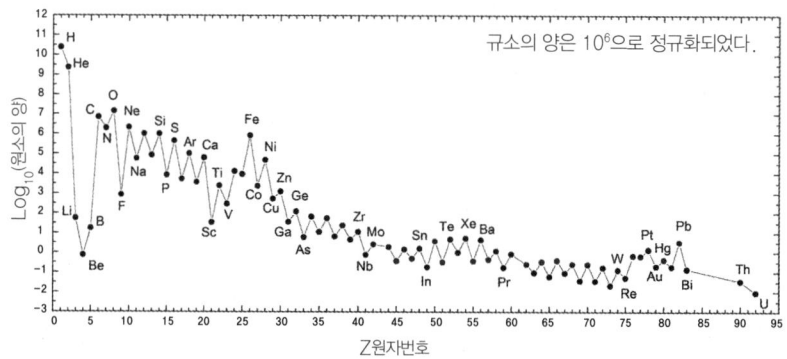

■ 태양계에서 측정된 우주 원소들의 양의 분포. 수직축은 로그 스케일이기 때문에 무거운 원소들은 가벼운 원소들에 비해 월등히 적다. 아주 가벼운 원소들은 빅뱅이론으로, 그리고 나머지 모든 원소들은 별에서의 핵융합으로 그래프의 모든 모양을 설명할 수 있다. 수직축의 스케일은 규소를 기준으로 임의로 정한 것이다.

면 1개의 질소 카드, 3개의 네온 카드, 3개의 탄소 카드, 그리고 5개의 산소 카드를 찾을 수 있을 것이다. 철 카드 하나를 찾기 위해서는 3,600묶음 19만 개의 카드를 뒤져야 한다. 금이나 은, 그리고 백금 같은 희귀한 금속들은 말로 표현할 수 없을 정도로 드물다. 원소 10억 개 중 하나이니까 지금의 금값은 거의 도둑질이라고 할 수 있을 정도로 싸다. 대형 마트의 모든 상품들을 치우고 바닥부터 천장까지 카드로 가득 채운다면, 금 원자 하나를 찾기 위해서는 그 카드를 모두 뒤져야 한다.

우주에 있는 원소들의 양의 분포를 그린 그래프에는 몇 가지 특이한 점이 있다. 태양계에는 수소에 비해 상대적으로 많은 양의 헬륨이 있다. 헬륨은 태양과 같은 주계열성에서 만들어지지만, 별에서의 핵융합으로 설명하기에는 양이 너무 많다. 이 이야기는 나중에 다시 다룰 것이다.■17 베릴륨 근처에 깊은 골이 있고, 생명체에 중요한 원소들(탄소, 질소, 산소)이 두 번째 봉우리를 이룬다. 철에서 세 번째 봉우리를 이루고 철보다 무거운 원소로 가면서 양이 급격히 줄어든 다음에는 톱니바퀴 모양을 보인다.■18 이 내용은 20세기 중반에 별에서의 핵융합과 별의 진화가 잘 이해된 덕분에 모두 설명되었다.

생물학적 존재로서 우리는 탄소를 유달리 좋아한다. 몇몇 특별한 핵물리학에서는 탄소가 왜 그렇게 드물면서도 생명체가 존재할 수 없을 정도로 드물지는 않은지 설명하고 있다. 헬륨 핵 2개는 베릴륨 핵 하나로 융합된다. 그런데 베릴륨은 반감기가 수백조 분의 1초밖에 되지 않는 방사성 원소다. 2개의 핵이 서로 자연적으로 분리되는 것보다 더 빨리 융합시키려면 별 중심부의 온도가 1억 도는 되어야 한다. 태양보다 질량이 더 큰 별만이 이 정도 온도에 이를 수 있다. 1950년대에 천체물리학자 프레드 호일Fred Hoyle은 특별한 핵의 공명 현상이 세 번째 헬륨 핵이 베릴륨과 융합하여 탄소를 만들 수 있는 가능성을 크게 증가시킨다는 사실을 깨달았다.■19 탄소는 핵물리학에서의 우연에 의한 결과로서 존재하는 것이다!

더 무거운 원소들을 만들기 위해서는 질량이 더 크고 온도가 더 높은 별이 있어야 하는데, 이런 별은 많지 않기 때문에 그래프에서 이 원소들의 양이 급격히 줄어든다. 핵융합은 원자핵이 점점 커질수록 양성자들의 전기적인 반발력이 커지기 때문에 점점 더 어려워진다. 가장 흔한 재료는 수소와 헬륨인데, 헬륨은 원자번호를 2씩 증가시키기 때문에 원소들의 양을 표현한 그래프가 지그재그 모양이 된다. 가장 무거운 별에서는 탄소(C, 원자번호 6)가 헬륨(He, 원자번호 2)과 융합하여 산소(O, 원자번호 8)를 만든다. 하지만 별들은 호흡을 멈추지 않는다. 산소는 헬륨과 융합하여 네온(Ne, 원자번호 10)을 만든다.

아직 끝나지 않았다. 네온은 헬륨과 융합하여 마그네슘(Mg, 원자번호 12)을 만든다. 더 큰 원소들도 융합될 수 있다. 탄소는 산소와 융합하여 규소(Si, 원자번호 14)가 되고, 2개의 산소가 융합하여 황(S, 원자번호 16)이 되고, 2개의 규소가 융합하여 철(Fe, 원자번호 26)이 된다.[20] 이것은 레고 블록과 비슷하다. 단지 블록이 눈에 보이지 않을 정도로 작고, 빛의 속도로 움직이고, 방의 온도가 10억 도라는 것만 제외한다면.

　질량이 큰 별은 모든 것이 비극으로 끝난다. 연금술의 광란은 점점 심해진다. 각 단계를 성공적으로 마치는 데 걸리는 시간은 점점 짧아진다. 탄소 핵융합은 1,000년이 걸리고, 산소 핵융합은 1년, 그리고 마지막 규소 핵융합은 하루밖에 걸리지 않는다! 별은 결국 '양파' 구조가 된다. 수소와 산소가 바깥층에 있고 안쪽으로 갈수록 점점 무거운 원소들의 층이 철이 자리 잡고 있는 핵을 둘러싸고 있다. 핵은 특이한 상태의 물질이다. 핵의 철은 고체 철보다 수백 배 더 밀도가 높지만 30억 도의 기체 상태다. 철은 더 이상 더 무거운 원소로 융합되면서 에너지를 만들어내지 못한다.[21] 별은 지탱해줄 에너지가 없으면 수축하게 된다.

　주기율표에서 철보다 무거운 모든 원소들은 질량이 큰 별에서 만들어진다. 그 원자들 중 절반 정도는 이런 별들의 대기에서 중성자들이 무거운 핵에 붙잡혀서 만들어진다. 이 과정은 안정적인 원소 중에서 가장 무거운 원소인 비스무트(Bi, 원자번호 83)까지만 일어난다. 나머지 절반 정도는 별의 죽음의 혼돈 속에서 만들어진다. 수축은 초신성이라고 불리는 폭발로 이어진다. 그리고 방사성 원소인 우라늄(U, 원자번호 92)과 플루토늄(Pu, 원자번호 94)까지의 무거운 원소가 수십억 도의 폭풍파 속에서 순식간에 만들어진다. 이 무거운 원소에는 금(Au, 원자번호 79)도 포함되어 있다.

　납(Pb, 원자번호 82)을 금으로 바꾸는 것은 가능하다. 1972년 러시아 바이칼 호 근처의 핵 연구소에서 일하던 물리학자들은 실험용 원자로를 막고 있는 납의 일부가 금으로 바뀐 것을 발견했다. 그리고 1980년에는 미국의 화학자 글렌 시보그Glenn Seaborg가 원자로를 이용하여 몇천 개의 납 원자를 금으로 바꾸었다. 하지만 이것이 부자가 되는 좋은 방법은 아니다. 별에 의존하는 것이 훨씬 더 쉽다. 크로이소스(기원전 6세기 리디아의 최후의 왕으로 큰 부자로 유명함-옮긴이)의 비축물에서 포트 녹스Fort Knox(켄터키 주의 연방 금괴 저장소-옮긴이)의 금고에 있는 4,600톤에 이르기까지 사람들은 수십억 년 동안 별에서 이루어진 핵반응의 결과물을 수확해오고 있다.

별들은 거대한 재활용 프로그램에 결부되어 있다. 별들이 만들어낸 원소들을 영원히 보관만 하고 있다면 우주는 따분한 곳이 되었을 것이다. 다행히 모든 큰 별들은 질량의 상당 부분을 성간물질로 돌려보내고, 이것은 새로운 세대의 별과 행성들의 일부가 된다. 많은 원소들은 백색왜성, 중성자별, 그리고 블랙홀과 같은 여러 종류의 별의 시체 속에서 순환에 참여하지 못한다. 하지만 많은 양은 우주 공간으로 돌아가 새로운 이야기의 일부가 된다.

당신이 잉태된 것은 특별한 순간이었다. 하나의 작은 수정란이 자신의 존재를 인식하고 우주 전체를 머릿속에 그릴 수 있는 사람으로 자란 것이다. 하지만 당신을 이루고 있는 원자를 중심에 놓고 보면 그렇게 특별하지는 않다. 당신의 몸은 우주의 역사에서 무수히 많은 배열을 경험했고 앞으로도 경험할, 원자들로 구성되어 있다. 우리 모두의 몸은 별의 중심에서 만들어져 수 세대의 별들을 거쳐온 원자들로 이루어져 있는 것이다. 다양한 여행을 거친 원자들이 지구가 만들어진 우주 공간에 모였고, 우리는 그 원자들에게 생기를 불어넣은 것이다. 우리는 별을 방문할 필요가 없다. 별이 벌써 우리 속에 들어와 있으니까.

살사 소스 때문인 것이 분명하다. 어느 날 밤 나는 식은땀을 흘리며 잠에서 깼다. 그날은 학생들에게 우주에 존재하는 원소들의 양에 대한 강의를 하고 친구들과 멕시코 음식을 먹으러 갈 예정이었다. 항상 그랬던 것처럼, 나는 학생들에게 그들의 몸이 한때는 서로 다른 별을 이루고 있었던 원자들로 이루어져 있고, 그 이야기는 지구가 만들어지기 훨씬 전으로 거슬러 올라간다고 설명하려고 했다. 나는 이 내용이 너무나 익숙하기 때문에 거의 생각하지 않고도 말할 수 있다. 이런 환상적인 이야기를 정작 나 자신은 깊이 생각하지 않고 하게 되는 것이다.

잠에서 깨어나 정신을 차리기 직전에 나는 원자들에 대한 꿈을 꾸고 있었다. 나는 여전히 누워 있었고, 반쯤 감긴 눈꺼풀 사이로 속눈썹 한 개가 흐릿하게 보였다. 속눈썹 끝에 주의를 집중하다가 나는 내가 엄청나게 작아져서 원자들 사이에 있다는 것을 알게 되었다.

케라틴Keratin. 머리카락과 피부를 구성하는 가장 중요한 단백질. 원자의 절반은 탄소다. 나에게서 가장 가까이 있는 원자는 60억 년 전에 태양과 비슷한 별에서 만들어져 방출된 다음 한참 동안 우주 공간을 떠돌다가 지구가 만들어지는 곳으로 끌려 들어갔다. 그 옆에 있는 원자는 격동의 세월을 겪었다. 6개가 넘는 별들에 머물렀다가 지구로 와서 내 몸을 이루게 될 음식이 된 것이다. 저기 있는 수소 원자는 137억 년 전 우주 탄생 이후에 한 번도 변화를 겪지 않은 것이다. 저기 있는 황은 질량이 큰 별에서 만들어져 50억 년 전에 거대한 폭발로 이곳까지 오게 된 것이다.

이야기는 계속 이어진다. 속눈썹 하나에만도 수조 개의 이야기가 있고, 몸 전체로 따지자면 셀 수도 없다. 휘트먼Whitman의 시처럼 "나는 거대하고, 많은 것을 가지고 있다." 정신이 혼미해지면서 나는 다시 잠에 빠져들었다.

트라페지움Trapezium이 나의 시야를 가득 채우고 있다. 4개의 밝은 별이 손등의 핏줄처럼 튀어나온 엷은 덩굴 모양의 그물에 덮인 부드러운 분홍빛 기체 속에서 빛나고 있다. 그중 3개의 별은 실제로 쌍성이라는 것을 알 수 있고, 가장 밝은 별 세타 오리오니스Theta Orionis는 강한 자외선에 의해 푸른색으로 빛나는 밝은 기체 덩어리들로 둘러싸여 있다. 별들은 조금씩 움직인다. 알고 보니 내가 움직이기 때문에 모습이 변하는 것이었다. 먼지 성운 사이를 지나가자 총알처럼 생긴 이온화된 기체 거품에 싸인 어린 별이 빠르게 지나간다. 나는 우주의 계곡들 사이를 빠르게 여행하고 있다.

나의 목적지는 어두운 기체 덩어리인 것 같다. 그 안에는 타다 남은 석탄과 같은 흐릿한 붉은빛이 빛나고 있다. 나는 아직 먼지에 둘러싸여 있는 새로 태어난 별의 중력에 이끌려 떨어진다. 전에는 진공이었던 곳이 지금은 마른 안개같이 느껴진다. 달콤하면서 신 냄새가 난다. 벤젠과 암모니아다. 좀 지나친 상상일 수도 있지만, 우주 공간에는 청산가리도 있다는 사실이 떠올랐다. 갑자기 비터 아몬드bitter almonds 냄새가 느껴진다.

내가 지나온 길을 돌아보니 별들이 뿌옇게 보인다. 나는 벌써 성운의 중심부에 들어와 있고 멀리 있는 별들은 거의 먼지에 가려져 있다. 태양계 근처의 별들을 어렵게 찾아냈다. 나의 고향을 거느린 노란색 별이 보인다.

나는 새롭게 타오르는 지옥 속으로 끌려 들어갔다. 정신을 집중하고 좀 더 익숙한 우주 공간에 보이지 않는 줄로 연결되어 있다고 상상한다. 나는 지구를 향해 나아간다. 하지만 나의 도시는 있어야 할 곳에 있지 않고, 풍경은 낯설고 새롭다. 나는 무언가 알아볼 수 있는 것을 찾아 대양을 가로지른다. 사람들은 모두 걸어

다니고 단순한 옷을 입고 있다. 군인들이 작은 무리를 지어 대륙의 숲을 가로지른다. 파괴된 거대한 도시가 보인다. 연기가 하늘로 솟아오르고 있다.

로마의 멸망. 거대한 제국의 멸망과 암흑 시대의 시작. 여기는 태양의 주위를 약 1,600바퀴 덜 회전한 지구다. 여기는 내가 살던 시대가 아니기 때문에 나는 존재하지 않는다. 내가 만일 오리온 대성운에 있다면 나는 지구의 1,600년 전의 빛을 보는 것이다. 나는 집으로 가야 한다. 하지만 언제의 집일까? 나는 지금이라는 개념을 완전히 잃어버렸다.

5장

어둠의 끝

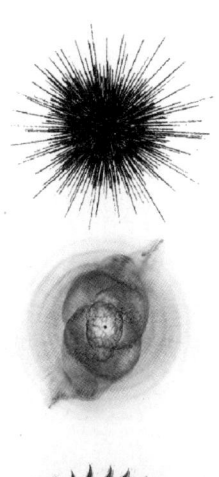

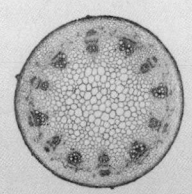

나는 눈부시게 빛나는 도시에 있다. 불빛은 검은 벨벳에 걸린 다이아몬드처럼 빛난다. 내가 어린 시절에 보았던 조용한 하늘이 아니라 강력하고 많은 변화가 일어나고 있는 복잡한 하늘이다. 하늘은 책을 읽을 수 있을 정도로 밝다. 나는 궁수자리를 향하여 출발한다. 은하의 조용한 외곽 지역에서 별들과 3개의 복잡한 나선팔을 지나간다. 그리고 은하면을 통과하는 궤도를 가지고 있는 늙은 별들의 거대한 무리 속으로 들어간다. 화려한 불빛들을 보면서 나는 대도시에 처음 온 시골 소년 같은 느낌을 받는다.

앞에는 4,000억 개의 별들의 중력 중심이 있다. 뒤로 멀리 보이는 태양은 그저 충성스러운 하나의 신하로만 보인다. 야간 경비처럼 주변의 별들과 함께 은하 중심 주위를 2억 5,000만 년에 한 바퀴씩 돌고 있다. 내 근처에 있는 별들은 눈에 보이지 않는 힘에 의해 빠르게 움직이고 있다. 앞에 밀집한 성단은 너무나 밝아서 똑바로 볼 수가 없다. 하지만 그중에도 어두운 뭔가가 있다는 것을 느낀다.

복잡한 별들 사이에서 태양을 찾는 것은 쉽지 않지만 나는 노란색으로 따뜻하게 빛나는 이 별이 어디에 있는지 알고 있다. 그리고 그 근처에 창백한 푸른 점이 있다. 이 점이 시야에 들어왔지만 역시 거칠고 낯설다. 문명의 흔적을 찾아보았지만 아무것도 보이지 않는다.

순간 광활한 배경에서 거의 알아차리기 힘들지만 몇 개의 작은 무리들이 움직이는 것이 보인다. 이 털 없는 원숭이들은 다른 동물의 무리들과 구별하기 어렵지만 천천히 어떤 목적을 가지고 움직이고 있다. 빛이 내 눈에 닿는 데까지는 2만 7,000년이 걸린다. 나는 우리가 특별한 존재로 등장하기 위해서 막 준비를 하고 있을 때의 지구를 보고 있다. 우리는 아프리카를 벗어나 유럽과 아시아로 퍼져나갔다. 우리는 네안데르탈인을 벗어났지만 아직 아메리카로 이어지는 다리를 건너지는 못했다. 약 100만 년 동안 우리는 이 행성을 떠돌고 있다. 나는 너무나 젊고 순수하고 무한한 가능성이 있는 그 종을 안쓰럽게 바라보고 있다.

빛의 도시

나는 지친 상태에서 따뜻한 바지와 외투를 입었다. 칠레까지의 비행기 여행은 정말 끔찍하다 로스앤젤레스에서 마이애미를 지나 안데스 산맥의 등줄기를 따라 긴 밤을 비행해야 한다. 나는 산티아고에 있는 게스트 하우스에서 잠시 휴식을 취하고 지방 공항으로 가 라 세레나La Serena를 향해 한 시간 동안 비행했다. 그런 다음 마치 달처럼 황량한 아타카마 사막Atacama Desert의 남쪽의 거친 길을 4시간 동안 운전하여 라스캄파나스천문대Las Campanas Observatory에 도착했다. 나는 방에 짐을 풀고 몇 시간 깜빡 존 후 망원경이 있는 곳으로 갈 준비를 하고 있다. 내일은 첫 번째 관측일이기 때문에 모든 것이 순조롭게 진행되고 잘 준비되어 있는지 확인하고 싶다.

숙소는 사막이 내려다보이는 곳에 자리 잡고 있는 망원경에서 산등성이를 따라 아래쪽에 있다. 포장된 작은 길이 사막의 덤불 사이로 구불구불하게 나 있다. 빛은 전혀 없다. 빛은 큰 천문대에게는 적이다. 문을 열자 차가운 밤공기가 느껴진다. 나는 로스앤젤레스의 따뜻한 여름에서 안데스의 겨울로 온 것이다. 나는 장갑을 끼고 외투의 깃을 세운 다음 조심스럽게 걷기 시작했다.

왼쪽으로는 구겨진 담요 같은 경사면이 흐릿한 회색의 바다로 이어진다. 오른쪽은 코르디예라Cordillera(아메리카 대륙 서부, 태평양 연안을 따라 줄지어 있는 산맥을 통틀어 이르는 말. 로키 산맥, 시에라네바다 산맥, 안데스 산맥 등이 포함된다-옮긴이)이다. 어둠에 충분히 익숙해지는 데에는 20분이 걸린다. 걸어가는 동안 뾰족뾰족한 안데스의 윤곽 위로 점점 더 많은 별들이 보인다.■1 잠깐 멈추어서 호흡을 가다듬었다. 해발 2,500미터의 공기는 확실히 희박하다. 주위는 완벽하게 고요하다. 아래를 내려다보니 장갑 낀 나의 손이 길에 그림자를 만들고 있다. 나는 위를 올려다보았다.

감탄을 금할 수 없었다. 은하수가 바로 머리 위로 지나가고 있었다. 밤의 지붕은 불타는 듯이 이글거렸다. 은하수는 아치를 그리며 지평선 끝에서 끝으로 이어져 있었다. 아름다운 빛의 커튼을 석탄처럼 검은 선이 가로지르고 있었다. 나는 백조의 꼬리에서 알테어, 독수리 머리의 밝은 별들, 여름철 대삼각형의 꼭지점(백조자리의 데네브, 독수리자리의 알테어, 거문고자리의 베가-옮긴이)들, 그리고 궁수자리를 차례로 찾았다. 궁수의 활은 거대한 별의 집단을 향해 활을 쏘는 자세를 취하고 있다. 나는 중력이 조금만 약하다면 은하의 중심으로 날아갈 수 있을 것 같은 느낌이 들었다.

우리는 빛의 도시에 살고 있다. 그 광활함을 알기 위해서는 축소 모형이 필요하다. 우리는 두 단계를 거칠 것이다. 첫 번째 단계는 천체와 공간을 1,000만 분의 1로 축소하는 것이다. 지구는 살구만 하고 달은 팔 하나 길이만큼 떨어진 곳에 있는 콩만 한 크기다. 이 정도 배열이면 사람이 충분히 여행할 만하다. 이 스케일에서 태양은 90미터 떨어진 곳

■빛의 도시. 공원 직원이 찍은 많은 사람들이 절대 볼 수 없는, 우리가 살고 있는 은하의 멋진 사진. 2005년 죽음의 계곡Death Valley의 레이스트랙 플라야Racetrack Playa, 360도를 이어 붙여 우리은하면인 은하수가 인공적으로 휘어졌다. 가운데의 검은 부분은 별이 없어서가 아니라 먼지가 빛을 가리기 때문에 생긴 것이다.

에 있는 3미터 크기의 공이고, 가장 가까운 별은 5만 킬로미터 떨어져 있다. 이 스케일에서는 아직 대부분의 별들이 상상할 수 없을 정도로 멀기 때문에 공간을 다시 축소시켜야 한다.

이번에는 이 스케일에서 다시 1억 분의 1로 축소한다. 이제 별들은 원자 크기이며, 태양계는 작은 모래알 하나 크기의 공간에 들어갈 수 있다. 별들 사이의 평균적인 거리는 9미터 정도이고 우리은하의 크기는 미국 전체 크기 정도이다. 빛의 도시는 수십억 개의 별들을 가지고 있다. 이 지도의 비율은 1 대 1015, 2.5센티미터가 빛의 속도로 한 달간 이동하는 거리다. 어쩌면 더 커질 수도 있다. 천체들은 눈에 보이는 것보다 훨씬 더 멀리 있으니까 우리은하를 여행하기 위해서는 잘 준비해야 한다.

현재의 이런 크기 개념은 쉽게 알아낸 것이 아니다. 대부분의 고대 그리스 사람들은 은하수의 복잡한 모습은 피타고라스학파의 완벽하고 깨끗한 천구의 개념과 너무나 맞지 않았기 때문에 이것을 대기에 의한 현상이라고 생각했다. 하지만 여러 측면에서 과감한 사상가였던 아낙사고라스와 데모크리토스는 이것이 멀리 있는 별들이 만든 현상일 수도 있다고 생각했다. 중세 아랍의 몇몇 천문학자들도 같은 생각을 했다.[2] 하지만 이것은 1610년 갈릴레오가 망원경으로 관측할 때까지는 확인되지 않았다.

은하의 지도를 그리는 데에는 오랜 시간이 걸렸다. 계곡에 살면서 사냥과 수집을 주로 하는 부족을 생각해보자. 그들은 계곡을 탐험하고 높은 곳으로 올라가서 좀 더 먼 곳을 볼 수는 있겠지만 자신들이 살고 있는 대륙 전체의 모습을 알 수 있는 방법은 전혀 없다. 이것은 능력 밖의 일이다. 18세기 말 음악가였다가 천문학자가 된 윌리엄 허셜은 자신의 망원경으로 밤하늘을 '샅샅이' 뒤져서 여러 방향으로 별의 수를 세었다. 전 하늘을 관측하기 위해서는 지구의 공전을 이용했다. 그는 우리가 원반 모양으로 분포하고 있는 별들 사이에 있다는 사실을 정확하게 알아냈지만, 우리가 이 원반의 중심부에 있다고 생각한 것은 잘못된 것이었다. 그는 충분히 멀리 보지 못했기 때문이다. 1,000광년 이내에서는 모든 방향으로 원반이 똑같이 보인다. 그리고 은하의 중심 부분은 별들 사이의 공간이나 별의 탄생 지역에 있는 먼지들 때문에 빛이 흡수되어 잘 보이지 않는다.

1917년 윌슨산천문대Mount Wilson Observatory에서 일하고 있던 젊은 천문학자 할로 섀플리Harlow Shapley가 이 문제를 해결했다. 섀플리는 은하면의 아래위를 통과하면서 움직이는 구상성단이라는 거대한 별의 집단까지의 거리를 조사했다. 그는 구상성단들의 궤도 중심이 태양에서 멀리 떨어진 곳에 있다는 것을 보여줌으로써 우리가 은하의 중심에서 멀리 떨어진 곳에 있다는 사실을 보였다. 하지만 그는 은하 전체의 크기를 잘못 판단

했다.■³

 우리은하의 실제 크기와 자세한 구조는 전파천문학이 성숙된 1950년대가 되어서야 명확해졌다. 차가운 수소 기체는 파장이 21센티미터인 스펙트럼선을 가지고 있다(라디오로 주파수를 찾는다면 1421MHz이다). 전파는 먼지에 의해 영향을 받지 않기 때문에 21센티미터 선은 은하의 반대편을 관측하여 전체 원반의 회전을 조사하는 데 사용되었다. 하버드의 물리학자 에드워드 퍼셀Edward Purcell과 그의 대학원생인 해럴드 이웬Harold Ewen이 1951년에 처음으로 이 선을 발견했다. 이웬은 주말과 밤 시간을 이용하여 직접 만든 전파수신기와 뿔 모양의 안테나를 실험실 창밖으로 향했다. 하지만 모든 것이 엉망이었다. 쏟아지던 폭우가 안테나를 타고 들어와 실험실이 물바다가 된 데다가 하버드 학생들이 안테나 안으로 눈뭉치를 던져넣었던 것이다.

 전파천문학은 이보다 18년 전에 벨연구소의 엔지니어 칼 잰스키Karl Jansky가 궁수자리에서 전파가 나오는 것을 발견했을 때 시작되었다. 평범한 별에서는 전파가 나오지 않기 때문에 이것은 우리은하의 중심에서 뭔가 이상한 일이 일어나고 있다는 것을 의미했다.

블랙홀

우리은하에는 시작하는 것과 끝나는 것들로 가득 차 있다. 우리 주변에는 오리온 대성운처럼 별이 태어나는 곳도 있고, 질량이 큰 별들이 죽을 때 일어난 거대한 폭발의 증거도 있다. 우리은하에 있는 수천억 개의 별들 중 대부분은 거의 영원하다. 그 별들은 만들어진 시기에 관계없이 매우 작은 질량을 가지고 있어서 앞으로 수백억 년 동안 수소를 조금씩 헬륨으로 바꾸면서 살아갈 것이다. 이 별들이 죽으면 수축하여 백색왜성이라고 하는 밀도가 높은 상태가 되어 어두워질 때까지 천천히 남은 에너지를 방출할 것이다. 훨씬 더 질량이 큰 별들에게는 시작과 끝이 연결되어 있다. 이런 별들은 새로운 세대의 별과 행성들의 일부가 되는 무거운 원소들을 만들어내고, 죽을 때는 기체 구름에서 새로운 별이 만들어지는 데 시동 거는 역할을 하기도 한다.

    질량이 큰 별들의 죽음은 자연에서 알려진 것들 중에서 가장 특이한 것을 만들어낼 수도 있다. 바로 블랙홀이다. 핵연료가 모두 없어지면 별의 핵은 중력에 의해 급격히 수축한다. 무거운 별들의 대부분의 질량은 진화 과정에서 서서히 혹은 죽으면서 초신성 폭발에 의해 격렬하게 방출된다. 폭발 후에 남는 것은 핵 수축을 진행하는 별의 질량에 의해 결정된다. 태양 질량의 8배에서 20배 사이의 별들은 수축된 핵이 중성자별이라고 불리는 특이한 천체가 된다. 엄청난 중력에 의해 양성자와 전자가 결합하여 중성자가 되고, 죽은 별의 전체 밀도가 원자핵의 밀도가 된다. 사람의 몸 전체가 설탕 한 조각 크기가 되었다고 생각하면 된다. 중성자별은 1930년대에 이론적으로 예측되었다가 1967년 펄사$_{pulsar}$의 발견으로 그 존재가 증명되었다.■4

    수축된 핵의 질량이 태양 질량의 3배 이내이면 이것은 중성자별이 된다. 질량이 이보다 크면 수축을 계속하여 아무것도 탈출할 수 없을 정도로 밀도가 높은 상태가 된다. 가장 질량이 큰 별들의 죽음은 우리가 거의 아무것도 알지 못하는 무언가의 탄생을 의미한다.

    하늘에서 최고의 보물이 무엇인지 논쟁하고 있는 신들의 이야기를 엿들어보자.

    "하늘에서 태양과 그와 같은 종류의 별들만큼 위대한 별은 없습니다.

■ 중성자별은 수축된 핵의 질량이 태양 질량의 1.5배에서 3배 사이인 질량이 큰 별의 마지막 상태다. 전기적인 반발력이 작동되지 않기 때문에 이 별의 밀도는 원자번호가 10^{57}인 원자핵의 밀도만큼 밀도가 높다. 별의 크기는 지름 8킬로미터 정도이며 매우 강한 자기장을 가지고 있다. 우리은하에는 대략 3억 개 정도의 중성자별이 있다.

그 별들은 액체 상태의 금이나 마찬가지입니다." 아폴로가 강하고 자신 있는 목소리로 이야기하고 있다. "내 아들아, 너의 노래는 무척 아름답구나." 제우스가 모두를 내려다보며 말한다. "누가 반대 의견을 말하겠나?" "제가 하겠습니다." 아르테미스다. 아폴로의 쌍둥이이며 아폴로만큼이나 자신감 넘치고 아폴로와의 논쟁에서 지기 싫어한다. "저의 선택은 백색왜성입니다. 달과 같은 유백색이며 하늘의 진정한 다이아몬드죠. 이보다 귀한 돌은 없습니다."

다음 차례는 아레스다. 그는 어둡고 웅얼거리는 목소리를 가지고 있다. "그렇지 않습니다. 전쟁에서 이기는 것은 피를 흘리면서도 가장 오래 타는 것입니다. 나에게 그런 전사들의 군대를 준다면 어떤 곳도 정복할 수 있습니다. 적색왜성은 다른 어떤 군대보다 수가 많습니다. 그들은 절대 포기하지 않습니다. 다른 이들에게는 그들이 그저 밤하늘에 어둡게 빛나는 별것 아닌 것일 수도 있지만 나에게는 빛나는 루비와 같습니다." 제우스는 맏아들의 이야기를 참을성 있게 들으며 고개를 끄덕였다.

가까이서 듣고 있던 마이더스가 끼어들었다. "여러분들은 모두 잘못 생각하고 있습니다. 가장 무거운 별들은 죽을 때 금을 만들어냅니다. 신들에게 이보다 더 좋은 선물은 없죠. 초신성은 별들의 왕국에서 최고입니다." 하지만 제우스의 생각은 달랐다. "그렇지 않아. 그 선물은 보잘것없고 심지어는 모욕적이기까지 하다. 그 금은 우주 공간에 그냥 떠 있을 뿐이다. 내 눈썹 하나도 빛나게 하지 못할 양이다. 물 분자 하나가 뭔가를 적시지 못하듯이 금 원자 하나가 빛을 내지는 못한다. 썩 꺼져라. 가서 네 당나귀에게나 이야기해라." 제우스가 말했다.

하데스가 천천히 걸어 나왔다. 머리가 셋인 그의 개 세레브루스가 옆에서 으르렁거리고 있다. 제우스가 쏘아붙였다. "넌 뭐하고 있는 거냐? 너는 오늘 특별히 우리가 묵인해주어서 이 자리에 있는 것이다." 하데스가 차분하게 바라보았다. "형제여, 너는 너의 기원을 잊고 있다. 네가 여기 올림포스에 있는 것은 단지 추첨에서 운이 좋았기 때문이다. 너는 눈에 보이지 않는 것을 존중하지 않는다. 하지만 어둠의 세계는 빛의 세계를 완전히 가릴 수 있다. 별들 중에서 가장 중요한 별은 죽을 때 어둠의 헬멧을 쓰고 있는 별들, 바로 블랙홀이다. 그들은 밤하늘의 흑진주다."

블랙홀이란 정확하게 무엇일까? 블랙홀은 시공간에 난 구멍을 말한다. 물질의 밀도가 가장 높은 곳이고, 정보의 장막이며, 시간과 공간이 아무런 의미가 없는 곳이고, 머리카락을 가지고 있지 않고, 끝없는 심연이며, 코미디언이자 배우인 스티븐 라이트Stephen Wright의 말에 따르면 '신이 0으로 나누어지는 곳'이다.

블랙홀에 대한 공식적인 정의는 무한한 미래가 평범하지 않은 과거를 가지고 있는 시공간의 영역이다. 뭐라고? 이것이 당신이 일반상대론 학자에게 질문한다면 얻게 될 대답이다. 그가 텐서tensor나 다양체manifolds(기하학적인 유추를 통하여 4차원 이상의 공간을 연구하기 위해 도입된 개념-옮긴이)에 대해 신나게 설명하지 않도록 방향을 잘 유도한다면, 좀 더 이해하기 쉬운 정의는 중력이 너무나 강해서 빛조차도 빠져나갈 수 없는 영역이다. 하지만 이 정의는 몇 가지 의문을 낳는다. 그 영역에서 물질의 상태는 어떤가? 그 안으로 떨어지는 물체에는 어떤 일이 생기는가? 빛은 항상 일정한 속도로 움직인다고 했는데, 어떻게 중력에 의해 잡힐 수 있는가?

블랙홀에 대한 이런 질문을 포함한 여러 가지 질문들에 답하기 위해서는 우리는 중력과, 특히 일반상대성이론을 이해해야 한다.[5] 뉴턴의 중력이 우아한 미뉴에트라면 아인슈타인의 중력은 거칠고 즉흥적인 탱고다.

뉴턴의 관점은 이렇다. 시간과 공간은 무한하고 절대적이며 선형적이다. 공간 속에서 움직이는 물체들은 시간의 흐름에 따라 기술되며 시간과 공간은 완벽하게 분리될 수 있다. 질량과 에너지도 돌과 물이 다른 것만큼 분명히 다른 것이다. 어떤 물체의 질량은 본질적인 것으로 변할 수 없지만 에너지는 변할 수 있다. 중력은 진공의 공간 사이에 순식간에 작용되는 힘이다. 질량은 중력에게 얼마나 강한 힘을 미칠지 알려주고, 힘은 질량에게 어떻게 움직일지 알려준다.

아인슈타인의 급진적인 관점은 이렇다. 시간과 공간은 연결되어 있으며 서로 바뀔 수 있고, 시공간이라고 불리는 4차원을 함께 구성한다. 시공간은 유한할 수도 무한할 수도 있고, 선형적일 수도 휘어질 수도 있다. 시공간은 그 '주변'의 중력에 의해 성질이 바뀌기 때문에 결코 절대적이지 않다. 질량과 에너지도 서로 바뀔 수 있고 유명한 방정식 $E=mc^2$으로 서로 연결되어 있다. 중력은 순식간에 작용되는 것이 아니라 빛의 속도로 작용되는 힘이다. 블랙홀이라는 이름을 붙인 물리학자 존 휠러John Wheeler에 따르면 '질량-에너지는 시공간에게 어떻게 휘어질지 알려주고, 휘어진 시공간은 질량-에너지에게 어떻게 움직일지 알려준다.'■6

1905년에 아인슈타인은 물리 법칙은 일정한 속도로 상대운동을 하는 모든 관측자에게 동일하게 적용된다는 특수상대성이론을 발표했다. 이것은 빛에게도 똑같이 적용되어, 빛은 상대운동의 속도에 관계없이 모든 관측자에게 일정한 속도로 관측된다. 그 결과 아주 이상한 일이 벌어진다. 빠르게 움직이는 물체는 움직이는 방향으로 수축되고, 질량은 증가하며, 시간은 느려진다. 시간과 공간의 이런 유연성은 당시의 물리학자들에게 충격을 주었고, 아직도 많은 물리학자들이 불편해한다. 물리학은 딱딱하고 규칙적인 것으로 남아 있기를 바라는 사람들에게 이것은 너무 변화무쌍해 보이기 때문이다. 아인슈타인은 자신의 아이디어를 일정하지 않은 운동, 즉 가속운동에도 적용시킬 수 있을지 궁금했다. 그의 단서는 등가원리였다.

갈릴레오는 낙하하는 물체가 물체의 질량과 구성 성분에 관계없이 같은 비율로 빨라진다는 사실을 알아냈다. 이것은 아주 이상한 사실이다. 이것은 겉보기에 전혀 다른 것처럼 보이는 두 질량—운동의 변화에 대해 저항하는 정도로 정해지는 질량(관성질량)과 중력에 의한 움직임으로 정해지는 질량(중력질량)—이 사실은 같다는 것을 의미하기 때문이다.

어떤 사람의 죽음의 순간을 기분 좋게 떠올리는 사람은 별로 없을 것이다. 하지만 1907년 베른Bern의 특허 사무소에 앉아 있던 아인슈타인은 엘리베이터의 줄이 끊어지거나 하는 이유로 중력에 의해 자유낙하하고 있는 사람은 자신의 몸무게를 느끼지 못할 것이라는 사실을 깨달았다. 그는 나중에 이 순간을 '가장 행복했던 순간'이라고 불렀다.

등가원리를 이해하기 위해서, 당신이 모든 별에서 멀리 떨어진 깊은 우주에 떠 있는 엘리베이터 안에 있다고 상상해보자. 여기서 중력은 0이기 때문에 당신은 무게가 없을 것이다. 이는 좀 더 위험한 상황인 줄이 끊어진 엘리베이터 안에 있는 상황과 구별되지 않는다.■7 한편 아인슈타인은 또 다른 두 상황을 생각했다. 이번에는 당신이 로켓에 의해 1초에 초속 9.8미터씩 빨라지고 있는 엘리베이터 안에 있다고 상상해보자. 이 상황은 지구 표면에서 정지해 있는 엘리베이터 안에 있는 것과 구별되지 않는다. 한쪽 시나리오에는 중력이 포함되어 있고 다른 쪽에는 중력 없이 가속도만 포함되어 있지만 두 경우는 일치한다. 아인슈타인은 중력의 힘으로 운동 상태를 바꾸는 것이 다른 어떤 힘으로 운동 상태를 바꾸는 것에 비해서 아무런 특별한 것이 없다는 사실을 알아냈다.

물리학자처럼 생각한다는 것은 모든 물리 현상을 통일적으로 보려고 노력한다는 것을 의미한다. 중력만이 별도의 메커니즘을 가지는 '특별한' 힘이라는 것은 별로 매력적이지 못하다. 모든 힘은 기본적으로 동일하다는 것이 더 좋다.

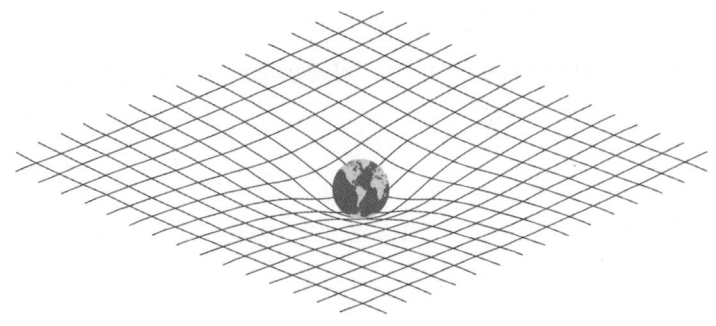

■ 중력에 대한 아인슈타인의 핵심 개념은 휘어진 시공간이다. 뉴턴의 중력은 선형적인 공간에서 작용하지만 일반상대성이론에서는 질량과 에너지가 시공간을 휘어지게 하고 물질과 빛은 이 휘어진 시공간의 궤적을 따라 움직인다.

　아인슈타인의 대담한 시도는 중력을 기하학 이론으로 새롭게 공식화한 것이다. 뉴턴의 절대적이고 선형적인 시간과 공간 대신에 일반상대성이론의 시간과 공간은 유연하며 휘어질 수 있는 것이다. 아인슈타인의 '장field' 방정식은 시공간의 곡률과 시공간 속에 있는 질량의 에너지와 운동량을 연결시켜준다. 일반상대성이론은 뉴턴의 개념과 완전히 다르며 심오한 의미를 내포하고 있다.

　엘리베이터의 예로 다시 돌아가보자. 당신이 엘리베이터를 가로질러 빛을 비춘다고 가정해보자. 엘리베이터가 움직이지 않고 중력도 없다면 그 빛은 직선으로 나아갈 것이다. 하지만 엘리베이터가 로켓에 의해 가속되어 1초에 초속 9.8미터씩 속도가 빨라지고 있다면 빛은 휘어진 경로로 나아간다. 등가원리에 따라 이것은 엘리베이터가 지구의 표면에서 정지해 있는 상태와 아무런 차이가 없다. 그러므로 지구의 표면에서도 빛은 아래쪽으로 휘어져야만 한다. 중력이 빛을 휘게 하는 것이다! 더 정확하게 말하면, 지구의 질량이 시공간을 휘어지게 만들고 빛은 휘어진 시공간을 따라 나아가는 것이다.■8

　중력의 기하학이론을 이용하면 우리는 단테Dante의 〈신곡Divine Comedy〉 중

지옥 입구에 있는 다음과 같은 입구를 가진 물체를 생각해낼 수 있다. "여기에 들어오는 모든 이들이여, 희망을 버릴지어다."

 1783년, 영국의 지질학자 조지 미첼George Michell은 탈출속도가 빛의 속도가 되려면 태양의 밀도가 얼마나 높아져야 할지에 대해서 생각했다.[9] 10년 뒤, 프랑스의 수학자 피에르-시몬 라플라스Pierre-Simon Laplace도 유사한 방법으로 '어둠의 별'의 존재를 상상했다. 하지만 이 아이디어는 100년이 넘게 무시되었다. 빛은 질량이 없기 때문에 중력의 영향을 받지 않는다고 생각되었기 때문이다. 블랙홀은 빛이 질량에 의해 휘어진다고 예측한 일반상대성이론의 논리를 따른다.

 아인슈타인이 일반상대성이론을 발표한 1년 뒤에 칼 슈바르츠실트Karl Schwarzschild는 회전하지 않는 구형 물체에 대한 방정식을 풀어서 밀도가 아주 높아져서 블랙홀이 되는 물체의 크기를 계산했다. 슈바르츠실트는 제1차 세계대전 당시 독일군에 복무하면서 이 계산을 수행했다. 불행히도 그는 피부병에 걸려 심하게 앓았다. 아인슈타인은 이 선구적인 아이디어를 슈바르츠실트가 죽기 한 달 전에 발표했다. 1939년 로버트 오펜하이머Robert Oppenheimer는 맨해튼 프로젝트Manhattan Project를 시작하기 직전에 다음 단계를 수행했다. 태양 질량의 3배 이상 되는 별은 물질과 복사가 빠져나가지 못하는 상태로 수축한다고 예측한 것이다.

 일단 만들어지고 나면, 블랙홀의 시작은 모든 것의 끝일까? 블랙홀은 우주의 진공청소기처럼 주위에 있는 모든 것을 빨아들일 것인가? 오펜하이머의 표현을 빌리자면, 블랙홀이 말을 할 수 있다면 인도의 시바Shiva신처럼 이렇게 말할 것인가? "나는 죽음이자 세상을 파괴하는 자가 되었다."

 그렇지 않다. 블랙홀에서 멀리 떨어진 곳에서는 중력이 약하기 때문에 뉴턴의 중력과 거의 차이가 없다. 사실 그래야 한다. 일반상대성이론은 뉴턴의 이론을 대체했지만 중력이 약할 때는 뉴턴의 이론과 거의 같아진다. 중력이 강할 때는 반드시 일반상대성이론을 이용해야 한다. 만일 나쁜 외계인이 태양을 반경 3킬로미터로 수축시킨다면 태양은 블랙홀이 될 것이다. 하지만 지구의 궤도는 아무런 영향을 받지 않고 같은 궤도를 돈다(물론 8분 뒤에는 빛이 사라지게 될 것이므로 당연히 영향을 받을 것이다). 블랙홀과 죽음을 바로 연결시킬 수는 없다. 하지만 우리는 여전히 궁금하다. 블랙홀은 실제로 매우 특별한 성질을 가지고 있기 때문이다.■[10]

잃어버린 지평선

블랙홀은 순전히 이론적으로 만들어진 것이므로 우리는 이것이 실제로 존재하는지, 존재한다면 얼마나 많은지 질문해야 한다. 블랙홀을 만드는 가장 명확한(하지만 유일하지는 않은) 방법은 죽어가는 질량이 큰 별의 핵이 중력에 의해 수축되는 것이다. 질량이 큰 별들은 아주 드물지만, 은하 전체로 보면 매우 많은 별들이 죽어서 블랙홀을 남긴다.■[11] 대략적으로 계산하면 초신성은 30년에 1개, 즉 우리은하의 나이 100억 년 동안 약 3억 개가 생겼다. 별의 질량 분포 그래프는 기울기가 매우 급해서 질량이 아주 큰 별들은 매우 드물기 때문에 대부분의 초신성의 잔해는 중성자별이 되었을 것으로 생각된다. 우리은하에는 20개에서 3,000만 개의 블랙홀이 만들어졌을 것이다. 문제는 보이지 않는 검은 것을 찾아내는 것이다.

홀로 존재하는 블랙홀은 보이지 않는다. 하지만 많은 별들은 쌍성계를 이루고 있기 때문에 눈에 보이는 이웃별과의 상호작용을 통해 블랙홀을 발견할 수 있는 가능성이 열려 있다. 블랙홀을 직접 보는 것이 아니라 물질이 블랙홀로 빨려 들어가면서 힘을 받는 모습을 보는 것이기 때문에 이 증거는 간접적인 것이다. 천문학에서는 흔히 그렇듯이 증거는 놀라운 방향에서 다가왔다.

1948년, NASA는 X선을 관측하도록 설계된 기기를 제2차 세계대전 중에 독일이 개발한 로켓으로 발사했다. X선은 높은 에너지와 짧은 파장을 가지고 있고 우주에서는 지구 표면에 도달하지 못한다. 그 기기는 태양에서 나오는 X선을 포착했지만 그 세기는 가시광선보다 100만 배나 약했다. 별들은 X선 원천으로는 큰 역할을 하지 못하는 것으로 여겨졌다. 하지만 1962년 비슷한 로켓이 전갈자리에서 오고 있는 X선을 발견했다. Sco X-1이라고 이름 붙은 그 원천은 태양보다 수십억 배 더 강한 X선을 방출하고 있었다. 진정한 X선 천문학의 탄생은 1970년 우후루Uhuru 위성의 발사로 시작되었다. 이 위성은 수백 개의 X선 원천을 발견했다. 하늘은 X선으로 넘쳐나고 있었다.

대부분의 X선은 평범한 별이 검은 이웃별에게 기체를 공급해주는 쌍성계에서 나오고 있다. 두 별은 중력으로 단단하게 묶여 있다. 큰 별의 대기에서 떨어져 나온 기체가 어두운 별에 나선형으로 끌려 들어가 뜨거운 플라스마 원반을 형성한다. 그렇게 많은 기체를 끌어들여 엄청난 양의 고에너지 복사를 방출하도록 가열할 수 있는 중력을 가진 물체는 어마어마하게 밀도가 높을 수밖에 없다. 이 쌍성들은 중력엔진이고 배기가스는 회전하는 어두운 별의 회전축을 따라 방출되는 쌍둥이 X선 분출이다.[12] 우리는 쌍성계에서 눈에 보이는 별의 궤도를 추적하여 밝은 별과 검은 이웃의 질량을 결정한다.

■ 블랙홀은 어떤 복사도 사건의 지평선 밖으로 빠져나오지 못하기 때문에 검다. 하지만 쌍성계에 있는 블랙홀은 이웃의 평범한 별에서 기체를 빨아들일 수 있다. 그 기체는 회전하는 블랙홀의 적도면을 따라 원반을 형성하고 플라스마 제트는 양극에서 분출된다. X선 위성들은 이 고에너지 복사를 관측한다.

 Sco X-1을 포함하여 대부분의 밀도가 높은 이웃별은 중성자별로 밝혀진다. 하지만 Cyg X-1이라고 불리는 백조자리의 가장 밝은 X선의 원천은 강력한 블랙홀 후보다. 이것의 추정 질량은 태양 질량의 3배가 넘기 때문이다. 약 20개의 블랙홀 후보들이 있는데 그중에서 절반 정도는 추정 질량이 너무 크기 때문에 블랙홀일 가능성이 매우 높다.■[13] 모두 지구에서는 수천 광년 이상 떨어진 곳에 있다.
 우리는 먹이를 조심스럽게 추적한다. 블랙홀은 별의 진화 결과로 분명하게 예측되었지만 홀로 존재하는 높은 밀도의 물체는 발견할 수가 없다. 그래서 가장 좋은 증거는 평범한 별이 블랙홀이라고 판단할 수밖에 없을 정도로 질량이 큰 검은 이웃을 가지고 있는 쌍성계와 연관되어 있다. 검은 이웃은 엄청나게 뜨거운 기체로 이루어진 원반과 강한 중력에 의해 가속되는 입자로 알아낼 수 있다. X선은 블랙홀 자체가 아니라 블랙홀 근처에서 나오는 것이다.

블랙홀은 많은 특이한 성질을 가지고 있는데 그 경계는 사건의 지평선이다. 사건의 지평선은 물리적인 경계가 아니다. 이것은 지식과 무지 사이의 경계다. 돌아올 수 없는 지점이라고 생각하면 된다. 사건의 지평선 근처 시공간은 심하게 뒤틀려 있지만 이 바깥쪽에 있는 물질과 복사는 우리에게 올 수 있다. 그 지평선 안에서는 모든 물질과 복사가 영원히 갇혀서 우리는 그들의 운명을 절대 알 수 없다.

슈바르츠실트는 블랙홀의 크기, 즉 탈출속도가 빛의 속도가 되어 아무것도 탈출할 수 없는 반지름을 계산했다. 태양 질량의 10배가 되는 천체에서 이것은 30킬로미터가 된다. 모든 강력한 현상과 휘어지는 시공간은 작은 도시 크기의 영역에서 일어난다. 사건의 지평선까지의 거리는 질량에 의해 결정되는데 원칙적으로 블랙홀은 어떤 질량과 크기도 가질 수 있다! 만일 나쁜 외계인이 태양을 반지름 3킬로미터로 압축시키면 블랙홀이 된다고 이야기했다. 만일 그들이 지구를 땅콩만 하게 압축시킨다면 지구도 역시 블랙홀이 될 것이다. 이런 일이 일어나지 않기를 바라자.

만일 당신이 블랙홀로 떨어진다면 이런 일이 벌어진다. 당신의 친구들은 안전한 거리에서 궤도를 돌고 있는 우주선에 남겨두고 작은 탐사선으로 블랙홀에 다가가고 있다고 가정해보자. 당신 친구들이 보기에 당신이 사건의 지평선에 다가갈수록 당신의 속도는 느려지고 모습은 붉고 어두워질 것이다. 친구들이 참을성이 있다면 당신이 지평선에 도착하기까지 무한대의 시간이 걸리고, 지평선에 도착하면 너무 어두워서 보이지 않게 된다는 것을 알 수 있을 것이다. 반면, 그러는 동안 당신은 탐사선의 시계에서 아무런 이상한 점을 보지 못할 것이다. 당신은 유한한 시간 안에 사건의 지평선을 통과하겠지만 정확하게 언제 어느 지점을 통과했는지는 알 수 없을 것이다.

사실 그것은 순수하게 이론적이다. 왜냐하면 우주선으로 갈 수 있는 가까운 거리에 블랙홀이 있다 하더라도 당신은 그 여행에서 살아남을 수 없다. 블랙홀 근처의 중력은 너무나 강해서 만일 당신이 발부터 들어간다면 아래위로 당기고 옆에서는 누르는 엄청난 조석력을 받게 될 것이다. 당신은 국수처럼 늘어날 것이다. 마치 피자 조각처럼 떨어지는 것보다 훨씬 더 나쁘다. 만일 당신이 사건의 지평선으로 다가간다면 당신의 몸은 여러 스케일에서 동시에 산산조각으로 찢어질 것이다. 팔다리, 근섬유, 세포, 심지어는 DNA까지. 아인슈타인이 엘리베이터 안에서 떨어지는 사람들을 떠올렸을 때, 그는 중력이 할 수 있는 고문에 대해서는 전혀 생각하지 못했다.

블랙홀이 두 번째로 가져다준 것은 '특이점'이다. 블랙홀의 중심부는 밀도와 시공간의 곡률이 무한대인 지역이다. 물리학자들은 특이점의 존재에 대해 불편해했지만 수십 년 동안의 노력 끝에 이것은 피할 수 없다는 결론에 이르렀다.■14 일반상대성이론은 밀도가 무한대인 상태를 계산할 수 없기 때문에, 이 이론은 스스로의 죽음을 내포한다고 이야기되었다. 특이점에서는 우리가 알고 있는 시간과 공간이 사라지기 때문에 이것을 이해하기 위해서는 양자중력이 필요하다. 아직 이 이론은 존재하지 않지만 초끈이론을 신봉하는 물리학자들은 바른길로 나아가고 있다고 생각하고 있다.

슈바르츠실트는 정지해 있는 블랙홀에 대한 해solution를 구했는데, 블랙홀도 별처럼 회전할 것이라고 생각되었다. 거의 50년 후인 1963년에

로이 커Roy Kerr가 회전하는 블랙홀에 대한 해를 구했다(거의 100년 동안의 노력으로도 장 방정식의 4가지 해밖에 구하지 못했다는 것은 일반상대성이론의 어려움을 잘 보여주는 예다). 회전하는 블랙홀은 전혀 새로운 수준의 특이함을 보여준다.

좌표계 이끌림frame-dragging 현상 때문에 욕조에서 물이 빠져나가는 것처럼 공간 자체가 회전하는 블랙홀 주변에서 소용돌이친다. 빛의 속도의 99퍼센트 빠르기의 회전이 관측되었다. 회전하는 블랙홀은 2개의 사건의 지평선이 있고, 더 빠르게 회전할수록 두 지평선은 더 가까워진다.■15 두 사건의 지평선 사이에서 시간과 공간은 뒤엉킨다. 바깥쪽 사건의 지평선 밖에는 작용권ergosphere이라고 불리는 타원형 지역이 있다. 안쪽에 있는 입자와 복사는 회전에 따라 끌려가지만 탈출할 수는 있다.

로저 펜로즈Roger Penrose는 블랙홀의 질량-에너지 중 3분의 1을 작용권에서 뽑아낼 수 있고, 언젠가 실제로 적용할 수 있을 것이라고 주장했다. 안쪽 사건의 지평선 안쪽은 특이점이다. 회전하는 블랙홀의 특이점은 점이 아니라 중력이 무한대인 원형의 고리다. 하지만 이것은 회전하지 않는 점으로 된 특이점만큼 위험하지는 않다. 피할 수 있기 때문이다. 사실 적도를 따라서를 제외하고는 이것은 끌어당기지 않고 밀어낸다.

회전하는 블랙홀의 고리 특이점은 두 가지 특별한 선택권을 제공해준다. 시간여행과 탈출이다. 이론적으로는 한 여행자가 고리를 이용하여 안쪽 사건의 지평선 안에 있는 사람을 먼 미래에서 과거까지 임의의 시간에 방문할 수 있다. 당신은 각각 나이가 다른 당신 자신이 플레이어가 되는 포커게임을 조직할 수도 있다.■16 하지만 존 레논 같은 유명인이 죽기 전이나 블랙홀을 여행하기 전의 당신 자신을 만날 수는 없다. 그들은 통과할 수 없는 두 개의 사건의 지평선을 지난 반대쪽에 있다. 이론적으로는 당신은 특이점을 가로질러 떠날 수 있다. 하지만 그렇게 되면 '음의 공간'으로 가게 된다. 이곳이 다른 우주로 가는 입구인지 아니면 그저 수식에서만 존재하는 것인지는 아무도 모른다.

블랙홀은 아주 매력적이다. 안쪽을 탐험할 수 있다면 놀라운 광경을 볼 수 있을 것이다. 중력의 가장 괴상한 모습을. 하지만 당신은 절대로 다시 돌아와서 그에 대한 경험을 이야기하거나 정보를 꺼내올 수 없다. 멀리 있는 관찰자는 사건의 지평선 안쪽에서 일어나는 일에 대해서는 아무것도 알 수 없다. 블랙홀은 질량, 회전, 그리고 전하를 가질 뿐이다 (전하는 실제로 적용되지 않는다). 이는 너무나 단순한 상태로, 블랙홀은 '머리카락이 없다'는 말로 표현된다. 여기서 머리카락은 블랙홀 속에 있는 정보를 비유한 것이다. 블랙홀이 어떻게 만들어졌는지는 중요하지 않다. 물질을 사용하든 반물질을 사용하든 백과사전을 먹든 캔디바를 먹든 작은 생쥐들을 먹든, 밖에서 보기에 결과는 똑같다.

블랙홀의 '기억상실증'은 심각한 문제를 낳는다. 엔트로피는 시스템의 무질서도 혹은 물리적 상태를 표시하는 수이다. 열역학 제2법칙은 엔트로피는 반드시 증가해야 한다는 것이다. 그런데 블랙홀 속으로 떨어지는 모든 물체는 엔트로피를 잃는 것처럼 보인다. 제이콥 베켄슈타인 Jacob Beckenstein은 블랙홀이 부피가 같은 어떤 물체보다도 더 큰 엔트로피를 가지고 있다고 주장했다(블랙홀이 겉보기에 단순한 상태에 이르는 방법은 너무나 많기 때문에 큰 엔트로피를 가지는 방법도 있을 수 있다). 스티븐 호킹 Steven Hawking은 열역학을 이용하여 엔트로피를 가지는 물체는 반드시 온도를 가져야 하고 온도를 가지는 물체는 반드시 에너지를 방출해야 한다는 사실을 밝혔다.

결국 블랙홀은 검지 않다! 물질과 반물질의 쌍이 사건의 지평신 근처에서 만들어져서 하나는 블랙홀로 떨어지고 다른 하나는 탈출할 때 미세한 에너지가 빠져나온다. 그러므로 블랙홀은 영원하지도 않다. '호킹 복사Hawking radiation'의 방출은 블랙홀이 천천히 증발한다는 것을 의미한다. 이 효과는 아주 미세하다. 질량이 큰 별에서 만들어진 블랙홀의 온도는 10^{-8}켈빈이고 증발하는 데 걸리는 시간은 10^{68}년이다. 이것은 우주의 나이와 비교해볼 때 너무나 긴 시간이기 때문이 기다려볼 수 없는 시간이다. 이 현상도 역시 이론적인 것이고 아직 한 번도 관측된 적이 없다.

증발하는 블랙홀은 오랫동안 물리학자들을 당황스럽게 만든 정보의 역설이라는 문제를 제기한다. 블랙홀은 백과사전으로 만들어졌든지 아니면 훨씬 더 단순한 물질들로 만들어졌든지 간에 정보는 모두 사라지는 것으로 보인다. 다양한 물리적 상태가 단 하나의 상태로 진화한다. 블랙홀이 증발할 때 방출되는 복사는 블랙홀을 구성하고 있는 물질의 상태에 대해 아무것도 알려주지 않는다. 이것은 많은 물리학자들을 매우 기분 나쁘게 만든다. 물리학의 법칙은 가역적이라는 것이 물리학에서는 신성한 원칙이기 때문이다. 물리학의 법칙이 가역적이지 않다면 양자이론은 성립될 수가 없다.

그래서 1997년 스티븐 호킹의 동료인 존 프레스킬John Preskill은 흥분하면서 블랙홀 안에서도 정보는 손실되지 않는다는 데에 백과사전을 걸었다. 2004년 호킹은 내기에서 졌음을 인정했다. 블랙홀 안쪽에 있는 물질의 상태에 대한 정보가 사건의 지평선 위에 '암호화되어' 있을 수 있다는 사실을 그와 몇몇 사람들이 알아냈기 때문이다. 2차원의 홀로그램이 3차원 물체의 정보를 암호화하여 가지고 있는 것과 같은 방법이다. 이 공식들은 대체로 소수만이 이해하는 양자중력과 끈이론의 방정식들을 포함하고 있다.■17

스티븐 호킹은 이것을 이렇게 표현했다. "만일 당신이 블랙홀 안으로 뛰어든다면 당신의 질량-에너지는 우주로 돌아간다. 하지만 심하게 훼손된 형태다. 당신이 어떤 존재였는지에 대한 정보를 가지고 있긴 하지만 쉽게 알아보기는 어려운 상태가 되는 것이다. 이것은 백과사전을 불로 태우는 것과 같다. 그 연기와 재를 모두 가지고 있다면 정보가 상실되지는 않는다. 하지만 읽기는 매우 어렵다."[18]

블랙홀은 수수께끼로 남아 있다. 블랙홀의 존재는 쌍성계에서 질량이 크고 어두운 천체의 형태로 의심의 여지없이 확실하게 알 수 있다. 하지만 질량 이외의 성질을 알아내기는 어렵다. 사건의 지평선이나 특이점의 존재를 입증한 사람은 아무도 없다. 강한 중력에 의해 생기는 모든 이상한 현상들은 그저 이론일 뿐이다. 블랙홀은 자신의 비밀을 쉽게 드러내려 하지 않는다.

거대한 괴물

블랙홀은 이상하면서도 불길한 괴물이다. 우리은하에서 가장 가까운 예가 수천 광년 떨어져 있다는 것은 좋은 소식일 것이다. 하지만 은하의 중심에 있는 거대한 괴물은 어떤 별이 만든 블랙홀보다 100만 배나 더 크다.

우리은하는 1974년 궁수자리 방향에 있는 강한 전파원의 크기가 매우 작다는 사실이 알려질 때까지 별로 재미없는 은하로 여겨졌다. 이어진 관측으로 전파원의 크기가 태양계보다도 작고 은하의 중심에서 움직이지 않고 있다는 사실이 밝혀졌다. 궁수자리의 전파원은 은하에 있는 그 어떤 것보다 작고 강력했다. 은하 중심과 우리 사이에 있는 먼지

■은하의 중심 사진. 별의 상이 흐려지게 만드는 대기의 난류 효과를 보정하지 않은 사진(왼쪽)과 보정한 사진(오른쪽). 적응광학adaptive optics이라고 불리는 이 기술과 근적외선 관측이 없었다면 중심부 성단의 자세한 모습을 보는 것은 불가능했을 것이다. 오른쪽 사진 가운데 Sgr A*라고 표시된 부분은 매우 작은 전파원이 있는 곳이다. 이곳은 질량이 태양의 400만 배인 블랙홀이 있는 곳이다.

때문에 더 연구하는 것은 어려웠다. 가시광선 광자 100억 개 중에서 1개만이 탈출해 우리에게 도착한다.

먼지를 뚫고 보는 데에는 적외선 관측이 이용된다. 이상한 전파원의 중간에는 밀집된 성단이 있다. 이 성단의 별들은 너무나 밀집되어 있어서 만일 우리가 그 안에 있다면 밤하늘은 낮처럼 밝을 것이고, 어떤 별들은 태양계로 침입하여 행성들을 볼링 핀처럼 흩어버릴 정도로 가까이 있다. 100만 개 이상의 별들이 0.33광년 범위의 공간에 밀집해 있다. 태양 근처에서는 그 정도 공간에 몇 개의 별밖에 없다.

1990년대 후반, 적외선 사진과 대기의 흔들림 효과를 제거하는 방법 덕분에 대형 망원경들로 은하 중심의 성단에 있는 별들을 처음으로 분해하여 관측할 수 있었다. 이 카메라들은 8,000킬로미터 떨어진 곳에 있는 동전도 볼 수 있다. 독일과 캘리포니아의 두 경쟁 연구 그룹이 별들의 공간이동을 매년 참을성 있게 추적하여, 20년 후에는 그중 몇 개 별들의 완전한 궤도를 구해냈다.[19]

그 결과는 질량이 태양의 400만 배인 검은 천체가 있다는 강력한 증거였다. 별들의 움직임을 이용하여 움직임의 원인이 되는 질량이 얼마나 되는지 측정하였다. 중심부에는 많은 별들이 모여 있지만 엄청난 질량은 평범한 별로는 설명될 수 없었다. 태양계보다 작은 공간에 태양 질량의 수백만 배가 모여 있는 것은 블랙홀밖에 없다. 별들은 화난 벌들처럼 검은 물체 주변을 돌고 있다. 0.5광년 떨어진 곳에서는 초속 160킬로미터의 속도로 움직이고 있고, 더 가까운 곳에서는 초속 800킬로미터의 속도로 빠르게 움직인다. 그 괴물에서 1광일light-day 이내에 있는 S1이라는 별은 초속 1,500킬로미터, 시속으로는 500만 킬로미터의 속도로 맹렬하게 움직이고 있다.

2만 7,000광년 떨어진 곳에 있는 거대한 검은 천체는 가장 좋은 블랙홀의 예다. 질량을 단 하나의 별이 아니라 수십 개의 별을 이용하여 구했기 때문에 별 질량의 블랙홀보다 증거가 더 확실하다.

이것이 블랙홀이라는 것은 의심의 여지없이 증명되었으므로 다음은 이것을 일반상대성이론과 블랙홀 연구에 이용할 차례다. 현재 가장 첨단의 전파관측 기술은 사건의 지평선 크기의 3배 크기까지 분해할 수 있는 수준이다.[20] 이제 곧 시공간이 블랙홀 주변으로 '끌려 들어가는' 모습이나 물질이 사건의 지평선을 향해 떨어지는 모습을 볼 수 있을 것이다. 더 흥분되는 것은 사건의 지평선에 의해 생기는 '그림자'를 관측하거나, 블랙홀은 정말 한 가지 성질밖에 없다고 하는 '머리카락이 없다'는 이론을 테스트하는 것이다.

마지막으로, 초거대 블랙홀이라고 하면 대단하게 들리겠지만 생각만큼 그렇게 이상한 물질의 형태는 아니다. 블랙홀의 질량이 커지면 사건의 지평선은 질량에 비례하여 커지지만 부피는 더 빠른 비율로 커지기 때문에 밀도는 낮아진다. 은하 중심에 있는 블랙홀의 사건의 지평선 내의 평균 밀도는 좀 더 평범한 별 크기의 블랙홀 안쪽의 밀도보다 1조 배 더 낮고 납의 밀도보다 100배 더 높다. 중력은 강하지만 블랙홀의 크기가 크기 때문에 조석력은 훨씬 작다. 어떤 여행자가 사건의 지평선에 다가가더라도 국수처럼 늘어나지도 않고 크게 위험하지도 않다. 이 여행은 하루 만에 할 수 있으며 자연의 타임머신 안에서 무슨 일이 일어나는지 볼 수 있다.

은하 중심으로의 여행은 상상하기도 어려운 일이어서 SF영화나 소설에서도 거의 다루어지지 않는다. 우리의 우주여행 능력은 아직 미숙해서 가장 가까이 있는 별도 우리가 가기에는 너무나 멀리 있다. 언젠가는 별에 도달할 수 있겠지만 새로운 기술이 발명되기 전에는 불가능하다. 가사상태를 유지하는 방법을 완성하거나 독자적으로 생존이 가능하고 식민지를 만들 수 있을 정도로 충분히 큰 우주선을 만들면 가능할 것이다.[21] 하지만 어떤 방법으로 여행을 하든지 지구와의 연관은 끊어질 수밖에 없을 것이다. 여행하는 동안 가족들은 모두 죽을 것이고 어쩌면 알아보기도 힘든 다른 문명으로 바뀌어버릴 수도 있을 것이다. 별들 사이의 광활한 공간을 가로지르는 여행에는 생명체를 보내는 것보다 로봇을 보내는 것이 더 쉽다. 만일 우리가 혼자가 아니라면 우리가 만나게 될 사절은 아마도 기계가 될 것이다.

이제 시간과 공간을 가로지르는 여행의 첫 번째 부분을 마쳤다. 우리는 닿을 수 없는 거리에 있는 별 때문에 위축되었다. 그러나 엄청난 거리이긴 하지만 빛의 속도로는 그렇게 멀지 않다. 우리는 행성은 몇 시간 전의 모습을, 가까운 별들은 수십 년에서 수백 년 전의 모습을, 그리고 우리은하의 중심은 수만 년 전의 모습을 본다. 은하 중심의 초거대 블랙홀의 중력은 약간의 빛을 영원히 붙잡고 있다. 우리가 보고 있는 빛은 우리가 야만을 막 벗어나 중력의 비밀을 고민할 정도에 이르지 못했을 때 출발한 것이다. 우주에서 은하수는 여전히 우리의 뒷마당일 뿐이다. 앞으로 훨씬 더 특이한 것들이 기다리고 있다.

나는 지구의 신석기 시대의 모습을 보는 데 정신이 팔려 내가 가속되고 있다는 사실을 알아채지 못했다. 진공에서는 속도감을 느낄 수 없지만 나는 밀집한 성단의 중심을 향해 움직이고 있고 별들은 매 순간 상대적인 위치가 바뀌고 있었다. 뜨거운 기체 가닥들이 별들 사이의 공간을 메워 마치 아침이슬에 덮인 거미줄같이 보인다.

나의 발밑에서는 기체의 소용돌이가 불꽃과 에너지를 방출하고 있다. 하지만 나는 자유낙하하고 있어 아무런 움직임이나 위험을 느낄 수 없다. 아름다운 빛은 나의 모든 근심을 밀어내버렸다. 몇 분이 지난 후, 놀라운 광경이 나타났다. 검은 곳에서 빠져나오고 있는 소용돌이였다. 사건의 지평선이다.

가까이 다가갈수록 검은 타원체와 이것을 둘러싸고 있는 소용돌이 기체는 점점 커지고, 사건의 지평선 가장자리 근처의 별빛은 유령의 집 거울에 비친 것처럼 뒤틀려 보인다. 크기를 가늠할 수 있는 표시는 없지만 나는 그 어둠의 크기가 1,600만 킬로미터라는 것을 알고 있다. 태양은 난쟁이에 불과하고 나는 지금 하잘것없는 우주의 방랑자처럼 느껴진다.

갑자기 시야가 바뀐다. 내가 아니라 공간이 떨어지고 있다. 공간이 폭포수처럼 블랙홀로 끌려 들어가고 있고 나도 공간을 따라간다. 새롭게 깨달았다. 이것이 더 불편하다. 시간의 화살이 뒤로 흐르고 나의 생각은 완벽하게 거꾸로 흐른다. 나는 막 바깥쪽 사건의 지평선을 지났고 시간과 공간이 뒤섞였다. 조금 전까지는 움직임은 자유로웠지만 시간의 흐름은 어쩔 수 없었다. 그런데 지금은 시간에 대해서는 자유롭지만 나의 움직임은 중력에 묶여 있다. 목이 답답하다. 나는 여전히 바깥쪽의 별들을 볼 수 있지만 아무도 나를 볼 수 없다. 나는 루비콘 강을 건넌 것이다.

나는 바깥쪽과 안쪽 사건의 지평선 사이 시공간의 혼돈 속에 있다. 빛에 가까운 속도로 흘러 들어오는 공간이 똑같이 빠른 속도로 흘러나가는 공간과 마주친다. 극도로 뒤틀린 공간은 혼란스럽다. 내가 점점 더 빠른 속도로 끌려 들어가고 있다는 것을 알고 있지만 블랙홀은 작아 보인다. 바깥쪽의 우주는 머리 위에서 약한 빛들이 빛나는 반구 모양으로 줄어들었다. 이제 조석력을 확실하게 느낄 수 있다. 나는 새로운 경험에 몸을 맡긴다. 공포는 기대로 바뀌었다. 이런 경험에 비할 것이 무엇이 있겠는가?

2부

멀리 있는 세계

6장
섬 우주

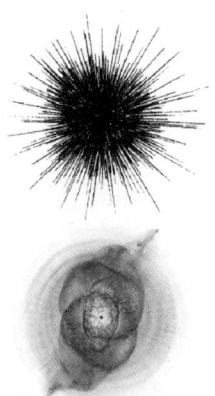

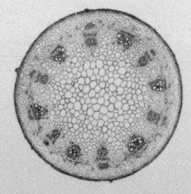

거대한 바람개비는 모든 방향으로 나의 시선 끝에 자리 잡고 있다. 흰색 팔은 모든 방향으로 뻗어 있고 부드러운 구름은 점점 박힌 다이아몬드로 빛난다. 바깥쪽으로는 모든 팔들이 어두운 밤하늘로 사라진다. 바깥쪽 경계는 분명하게 구별되지 않고 빛은 바람에 흩어지는 목소리처럼 사라진다. 중심에서 빛은 달걀노른자 같은 곳으로 모인다. 나는 중심부 바로 위쪽에 있지 않기 때문에 내가 보기에는 전체적으로 타원형으로 보인다. 중심의 팽대부는 매리골드marigold 들판을 가로지르는 진흙길 같은 울퉁불퉁한 먼지의 띠로 나눠진다.

나는 경치에 매혹되었다. 잠시 후 분명한 움직임이 느껴진다. 거대한 나선팔이 아주 천천히 회전하고 있다. 하지만 잠깐. 이건 너무 빠르다. 한 바퀴를 완전히 도는 데에는 수억 년이 걸려야 한다. 거디가 방향도 잘못되었다. 팔들은 앞쪽이 아니라 뒤쪽으로 돌아야 한다. 아하. 내가 돌고 있는 것인가 보다. 나는 미소를 지었다.

은하는 조금 전보다 더 커졌다. 나는 떨어지고 있다. 헤일로halo의 별들이 빠르게 스쳐 지나갈 때까지 속도를 느끼지 못했다. 별들은 너무나 빠르게 움직여서 퍼져 보일 정도다. 둥근 별들의 구름이 멀리서 나타난다. 머스터드 같은 희미한 주황색이다. 구름은 점점 커진다. 중심부는 너무 밀집되어 있어서 내부가 보이지 않는데 나는 정확하게 그 방향으로 향하고 있다. 나는 충돌에 대비한다.

하지만 충돌은 일어나지 않았다. 별들의 무리는 옆으로 퍼지고 나는 순식간에 안으로 들어갔다. 별들이 모든 방향으로 지나가지만 그 사이 공간은 너무나 넓어서 전혀 위험하지 않다. 잠시 동안 반딧불 무리처럼 춤추는 빛의 가장자리에 머물렀다. 그러고는 다시 어두운 공간으로 돌아갔다. 나는 구상성단을 아무 사고 없이 통과하여 거대한 나선팔을 향해 다가간다. 중심에서 3분의 2 지점에 위치해 있는 하늘색의 나선팔 가장자리를 향하고 있다. 이상하게도 익숙해 보인다.

성운의 본질

에드윈 허블Edwin Hubble은 달이 없는 밤하늘을 올려다보았다. 완벽한 밤이다. 그의 뒤에는 2.5미터 후커Hooker망원경이 다음 목표물을 향해 부드럽게 움직이고 있다. 따뜻한 여름 공기 사이로 모터 소리가 들린다. 그는 오렌지 숲과 말 목장 사이를 운전해서 윌슨 산에 도착했다. 운전하는 동안 머리를 맑게 하고 그날 밤의 관측을 준비할 수 있었다.

 정상에서 어두운 계곡을 지나 잠든 도시 패서디나Pasadena의 불빛이 보였다. 그 너머 왼쪽은 로스앤젤레스다. 그곳에서 멀리 떨어져 있어서 다행이다. 로스앤젤레스는 도둑과 주류 밀매업자와 매매춘의 천국이었다. 대부분의 경찰들은 부패했고, 시장의 최고 보좌관은 폭력조직을 이용한 갈취 혐의로 최근에 기소되었다. 그 너머 오른쪽은 헐리우드다. '헐리우드랜드Hollywoodland' 표시가 새롭게 설치되고 있는 곳이 보이고, 몇몇 스튜디오의 야간 조명이 빛나고 있다. 지평선에는 롱 비치Long Beach 해변을 따라 기름 불꽃이 반짝거린다. 허블은 자기도 모르게 눈살을 찌푸렸다. 상업은 너무 무신경하다. 저 불빛들은 밤하늘의 어둠을 망치고 있다.

때는 1923년. 로스앤젤레스의 인구는 50만 정도였다. 하지만 이곳은 빠르게 발전하여 1930년에는 2배가 되었다. 그해의 대형 영화는 세실 드밀Cecile B. DeMile의 〈십계The Ten Commandments〉와 더글러스 페어뱅크스Douglas Fairbanks 의 〈로빈 후드Robin Hood〉였다. 네 명의 워너 형제들Warner brothers이 막 스튜디오를 설립했고, 로이와 월트 디즈니가 부동산 사무실 뒤편에서 애니메이션을 만들기 시작했다. 유성영화, 오스카상, 그리고 그라우맨차이니즈 극장Grauman's Chinese Theater 밖의 스타들은 모두 미래의 이야기다. 패서디나에서는 칼텍California Institute of Technoloy, CALTECH의 작은 캠퍼스가 유명해지기 시작했다. 칼텍의 설립자 중 한 사람인 조지 엘러리 헤일George Ellery Hale은 돈을 모아 윌슨 산에 2.5미터 망원경을 건설했다. 또 다른 설립자인 로버트 밀리컨Robert Millikan은 막 노벨 물리학상을 수상했다.

야망이 넘치는 분위기였다. 허블은 이 분위기를 잘 느끼고 있었다. 하지만 그는 하나의 뿌연 빛이 우리가 우주를 보는 관점을 완전히 바꾸게 될 것이라고는 상상도 하지 못했다.

때는 10월 말이었고, 허블은 그달 초에 찍은 사진 건판을 조사하고 있었다. 그는 밝아진 3개의 뿌연 빛 옆에 갑자기 수 주에서 수개월 동안 밝아지는 별인 신성Novae이라는 의미로 'N'자를 썼다.■1 그러나 자신이 관측한 다른 건판들과 비교해본 그는, 그중 하나가 규칙적이고 주기적으로 밝기가 변하는 별임을 확인하고 흥분하여 'N'자를 지우고 변광성variable을 의미하는 'VAR!'라고 썼다.

그 차이는 아주 중요했다. 신성은 종류에 따라 절대밝기가 3배 이상 차이가 나기 때문에 겉보기밝기로 거리를 구할 수 없다. 그런데 세페이드Cepheid 변광성은 예측이 가능한 방법으로 맥동한다. 1908년 하버드대학 천문대의 헨리에타 리비트Henrietta Leavitt는 원래 더 밝은 세페이드 변광성은 변광 주기가 더 길다는 사실을 발견하였다. 그 관계는 매우 밀접하고 잘 정의되어 있다. 이것은 이 변광성의 겉보기밝기와 변광 주기만 구하면 이 별까지의 거리를 구할 수 있다는 것을 의미한다. 윌슨 산의 2.5미터 망원경은 아주 멀리 있는 별들을 분해하여 관측할 수 있는 최초의 망원경이었고, 허블은 이 망원경을 우주의 크기를 밝히는 데 사용하기로 했다. 그는 성운Nebulae이라고 불리는 수수께끼의 천체를 목표로 삼았다.

성운이라는 단어는 구름을 뜻하는 라틴어에서 온 것으로, 망원경이 발명된 직후부터 별의 탄생 지역과 연관이 있는 뿌옇게 퍼진 빛으로 알려져 있었다. 혜성 사냥꾼 샤를 메시에는 1781년에 103개의 성운 목록을 만들었다. 그의 움직이지 않는 목표물 목록은 사실 혜성 사냥꾼들이 피해야 할 '제외' 목록이었다. 윌리엄과 캐롤라인 허셜William and Caroline Herschel은 20년 만에 그 수를 2,500개로 늘렸다.

19세기 중반, 제3대 로스 백작으로도 알려진 윌리엄 파슨스William Parsons는 그의 새 대형 망원경으로 성운을 겨냥했다. 그의 망원경은 비가 많은 아일랜드 남부에 위치해 있었고, '파슨스타운의 거대괴물Leviathan of Parsonstown'이라는 별명을 가지고 있었다. 그는 나선팔 구조를 가지고 있는 14개의 성운을 발견했고, 그중 몇 군데에서 무수히 많은 별들이 내는 작은 빛을 구별할 수 있었다고 주장했다. 파슨의 거대괴물은 허블이 날씨가 더 좋은 남부 캘리포니아에서 사용했던 망원경이 등장할 때까지 60년이 넘는 시간 동안 세계에서 가장 큰 망원경의 지위를 차지하고 있었다.■2

허블의 관측을 위한 무대는 3년 전 워싱턴에서 있었던 공식적인 논쟁으로 준비되어 있었다. 한쪽 편은 윌슨산천문대의 연구원으로 있다가 하버드대학 천문대 대장으로 임명된 명석한 젊은 천문학자 할로 섀플리였다. 섀플리는 더 젊고 마찬가지로 명석하며 열정이 넘치던 허블과 2년을 같이 근무했다. 섀플리는 우리은하가 매우 크고 성운들은 우리은하 가장자리에 있는 기체 구름이라는 관점을 선택했다. 섀플리에게는 우리은하가 우주의 전부였다.

반대편은 나중에 미시간대학 천문대 대장이 된, 더 나이가 많고 훨씬 덜 튀던 허버 커티스Heber Curtis였다. 커티스는 존경받는 사람이었고, 어떤 관점을 확신하기 전에 높은 수준의 증거를 확보해야 한다는 데 아주 엄격했다. 커티스는 안드로메다(M31)와 다른 나선성운들이 우리은하에서 멀리 떨어져 있는 별들의 집단인 '섬 우주island universe'라는 생각을 지지했다. 이 생각은 영국의 천문학자 토머스 라이트Thomas Wright에 의해 처음 제기되었다. 라이트는 그의 책에서 우리은하의 모습을 다음과 같이 설명했다. "우리에게 보이는 많은 구름과 같은 점들에서는 어떤 별이나 특별한 천체도 구별되지 않는다. 이들은 모두 외부에 존재할 가능성이 크다. 너무나 멀어서 망원경으로도 닿지 않는 곳에."■3 섬 우주 가설은 영향력 있는 독일의 철학자 임마뉴엘 칸트에 의해 발전되어 인기를 얻었는데, 칸트는 자신의 생각을 라이트에게서 빌려왔다고 밝혔다.

떠오르는 별과 신중한 프로 중 승자는 누구였을까? 결과는 무승부였다. 주인공 둘 다 점수를 얻기도 하고 잃기도 했다.

섀플리는 우리은하의 크기가 지금까지 생각되었던 것보다 10배 더 큰 30만 광년이라고 주장했다. 그리고 그는 구상성단들의 분포를 이용하여 우리가 은하의 중심에서 벗어나 있다고 결론 내렸다. 이 두 가지 모두 맞았다. 하지만 그는 잘못된 거리 측정값을 이용하여 안드로메다 성운이 우리은하 내에 있다고 주장했다. 그리고 나선형 성운 M101의

■ 현대의 망원경으로 본 안드로메다 은하(M31). 20세기 초까지만 해도 이와 같은 나선형 성운들이 우리은하 내에 있는 별 생성 지역인지 아니면 우리은하에서 멀리 떨어져 있는 '섬 우주'인지 확실하지 않았다. 허블은 이 성운의 외곽에 있는 밝은 변광성들을 관측하여 거리를 측정했다.

의심스러운 빠른 회전속도 측정 결과를 액면 그대로 받아들여 이 역시 우리은하 내에 있어야 한다고 주장했다.■4

커티스는 명확한 증거는 아직 없었지만 나선형 성운들이 외부 은하라고 주장한 것은 옳았다. 그는 신성들이 우리은하를 벗어나는 거리에 있으며, 분광관측 결과 그들의 시선속도는 우리은하를 벗어날 정도로 빠르다는 것을 밝혔다. 그리고 그는 나선형 성운들이 우리은하처럼 빛을 가리는 물질로 양분된다는 것을 지적했다. 하지만 그는 섀플리가 세페이드 변광성을 거리 측정에 사용한 것에 대해 별 이유 없는 의문을 제기했다. 결국 우리은하의 크기에 대해서는 그가 틀렸다.

허블은 이 논쟁을 완벽하게 해결했다. 그가 20세기 천문학의 거인이라는 사실은 의문의 여지가 없지만, 그에 대한 전설을 더 강화시켜주는 불필요한 경력들도 있다. 고등학교 때 그는 투포환, 높이뛰기, 농구에서 뛰어난 능력을 보였으며 아마추어 권투선수로도 활약했다. 성적이 나빴던 것은 철자법뿐이었다. 나중에 전하는 말에 의하면 권투 프로모터들이 그를 프로로 전향시켜 세계챔피언에 도전하도록 설득하려 했다고 한다. 허블은 어느 독일군 해군 장교의 아내와의 관계 때문에 그 장교와 결투를 하게 되었다는 이야기를 종종 하기도 있다. 그는 법을 공부했지만 그와 관련된 일은 하지 않았고, 천문학에 매력을 느끼기 전까지는 학교 선생님으로 일했다. 허블은 제1차 세계대전 후반 군대에 있었고 소령으로 제대했다. 그 후 몇 년 동안 그는 자신을 허블 소령이라고 소개했다. 그는 로즈 장학생Rhodes Scholar(영국 옥스퍼드대학에서 공부하는 미국·독일·영연방 공화국 출신 학생들에게 주어지는 로즈 장학금Rhodes scholarship을 받는 학생. 1902년 세실 로즈Cecil Rhodes에 의해 시작됨 – 옮긴이)이었으며, 평생 옥스퍼드대학 교수의 어투와 습관을 유지하여 동료들에게 웃음을 주었다.

2.5미터 망원경과 캘리포니아의 어두운 하늘로 무장한 허블은 성운을 연구하는 데 전력을 바쳤다. 그는 1년 만에 10여 개의 세페이드 변광성을 발견하였고, 리비트의 주기-광도 관계를 이용하여 안드로메다 성운까지의 거리를 구했다. 놀랍게도 그 거리는 100만 광년이나 되었다. 우리은하의 바깥쪽 경계를 훨씬 넘는 거리였다. 그는 수십 개의 다른 나선형 성운들의 구했는데 모두 수백만 광년 거리에 있었다. 허블은 알려진 우주의 크기를 100배나 더 크게 만든 것이다.[5]

허블은 이 이야기의 영웅이고, 우주론 역사의 거인이다. 그의 이야기는 잘 알려져 있다. 일부는 스스로를 잘 알리는 그의 재능 덕분이었다.

숨은 영웅은 헨리에타 리비트다. 허블과 섀플리가 수행한 모든 거리 측정은 세페이드 변광성을 '표준촛불standard candle'로 사용할 수 있다는 그녀의 발견 덕분에 가능했다. 리비트는 래드클리프대학에서 천문학에 관심을 가지게 되었지만, 병 때문에 공부를 계속하지 못했다. 이 병으로 심각한 청각장애까지 생겼다.[6] 그녀는 몇몇 여성들과 함께 하버드대학 천문대에서 사진 건판을 조사하고 분석하는 노동을 하는 '컴퓨터'로 고용되어 있었다. 그러던 중 리비트는 세페이드 변광성의 주기와 절대밝기의 관계를 발견했다. 그녀는 자신의 발견을 더 발전시키고 싶었지만 낮은 지위 때문에 불가능했다. 섀플리가 하버드대학 천문대에 부임하여 그녀를 승진시켰지만 불행히도 암으로 죽고 말았다. 때문에 리비트는 허블이 자신의 발견을 이용하여 우주를 보는 관점을 바꾸는 과정을 보지 못했다.

섀플리는 존경받는 천문학자가 되었지만 성운의 본질에 대한 발견은 그에게 타격이 되었다. 허블이 안드로메다의 거리에 대해 그에게 편지를 보냈을 때, 섀플리는 그 편지를 흔들며 말했다. "이 편지가 나의 우주를 부숴버렸어!"[7] 가장 큰 아이러니는 그가 그 발견을 2년 먼저 할 수도 있었다는 것이다. 그는 몇 개의 건판을 윌슨산천문대에서 조수로 일하던 밀턴 휴메이슨Milton Humason에게 주어서 성운들의 회전에 대해 조사하도록 했다. 휴메이슨은 회전은 찾지 못했고, 대신 세페이드 변광성으로 생각되는 별들을 발견하여 건판 뒷면에 펜으로 표시했다. 섀플리는 그것이 세페이드 변광성일 리가 없다고 생각했다. 그는 나선형 성운들은 우리은하 내에 있는 기체 구름이라고 믿었기 때문이었다. 그래서 그는 그 표시를 손수건으로 지워버렸다.

나선 구조

허블은 남은 일생 동안 나선형 성운(지금은 우리은하 밖에 있는 별들의 집단이라는 것을 알고 있기 때문에 은하[8]라고 불린다)에 대한 연구를 계속했다. 그는 모양에 따라 이들을 분류하는 방법을 만들어냈는데, 이것은 지금까지도 사용되고 있다.[9] 그의 아이디어들 중에서 모양들의 차이가 진화 과정을 의미한다는 주장을 포함한 몇 개는 잘못된 것으로 판명되었다. 허블은 조지 엘러리 헤일의 작품인 팔로마 산Mount Palomar의 5미터 반사망원경을 처음으로 사용했다. 이 망원경으로 그는 수백만 개의 나선은하들이 존재한다는 사실을 알아낼 수 있을 정도로 충분히 멀리 볼 수 있었다. 지금은 그의 이름이 붙은 우주망원경으로 수십억 개의 은하들을 볼 수 있다.

우리는 나선은하 안에 살고 있으므로 나선은하에 대해서는 잘 알고 있지 않을까? 그렇기도 하고 그렇지 않기도 하다. 우리는 가족들과 함께 살기 때문에 가족에 대해서 잘 안다고 생각한다. 하지만 우리 가족은 일반적인 가족의 특징을 이해하기에는 불완전하다. 우리는 우리가 살고 있는 은하의 구성 성분들을 분명히 볼 수 있고, 별의 탄생을 자세히 연구할 수 있다. 하지만 어떤 면에서는 너무 가까운 것이 문제다. 우리는 은하면에 있기 때문에 먼지에 의해 가려진 은하 중심과 은하의 반대편을 볼 수가 없다. 그리고 우리는 우리은하의 멋진 나선팔들을 절대 내려다볼 수 없을 것이다.

그러므로 우리는 가까이 있는 다른 은하들로 시선을 돌려야 한다. 250만 광년 거리에 있는 안드로메다 은하(M31), 약간 더 먼 300만 광년 거리의 삼각형자리 은하Triangulum(M33), 1,200만 광년 거리의 큰곰자리(M81), 그리고 2,300만 광년 거리에 있는 소용돌이 은하Whirlpool(M51)와

바람개비 은하Pinwheel(M101)가 그 예들이다.■10

그렇게 빠른 빛조차도 이 정도 거리를 여행하면 지칠 것이다. 우리는 가장 가까이 있는 은하들마저 수백만 년 전의 모습을 보는 것이다. 오늘날 우리 망원경에서 모이는 M31과 M33에서 온 빛은 지금보다 뇌의 크기가 3배 이상 더 작은 인류들이 아프리카에서 다른 짐승들과 아무런 차이 없이 살고 있을 시기에 출발한 것이다. 우리가 보는 M51은 인류와 원숭이가 진화의 가지에서 아직 분리되지 않았을 때의 모습이다. 그리고 M101의 빛은 가장 큰 원숭이의 크기가 개보다 크지 않았을 때 떠난 것이다. 우리는 이 은하들의 현재 모습을 알 수 없다. 수백만 년 후에는 알 수 있을 것이다. 우리는 항상 과거의 빛만 볼 수 있는 것이다.

은하들은 우리를 탐험의 왕국에서 역사의 왕국으로 이끈다. 그들은 너무나 밀리 있어서 여행이나 교신이 불가능하다. 오직 상상으로만 가능할 뿐이다. 하지만 빛의 속도에 한계가 있기 때문에 우리는 과거를 들여다볼 수 있다. 은하를 관측하면 역사가 펼쳐지는 것이다.

과학적인 이해는 종종 분류에서 시작된다. 우리는 이 나비들을 잡지 않는다. 이들은 우리를 둘러싸고 있는 검은 천 위에 늘어서서 우리의 조사를 기다리고 있다. 날아가던 도중에 잡혀 시간적으로 정지되어 있기 때문에 나선은하들은 방향이 무작위적이다. 어떤 은하들은 정면을 향하고 있어서 대칭적인 모습이 완전하게 보이고, 어떤 은하들은 옆으로 보여서 원반이 검은 선으로 나뉘어 보인다. 많은 은하들은 안드로메다 은하처럼 비스듬히 있어서 나선팔이 축소되어 보인다.

은하들은 나비들만큼 원색적이지는 않다. 짙은 청색이나 선명한 주황 같은 색은 없다. 희미한 노란색 근처의 몇 개의 색만 있을 뿐이다. 하지만 모양은 매우 아름답고 정교하다. 허블은 나선은하들을 나선팔

■ 소용돌이 은하Whirlpool(M51)는 정면을 향하고 있는 나선은하로 나선팔을 완벽하게 볼 수 있다. 이 사진은 허블 우주 망원경으로 찍은 사진으로 별이 만들어지고 있는 밝은 점들이 나선팔을 따라 보인다. M51은 상대적으로 크기가 작은 중앙 팽대부를 가지고 있다.

이 선명한 정도와 나선팔의 모양, 그리고 중앙 팽대부의 크기에 따라 분류했다. 허블의 나선은하들을 부드럽고 단단하게 감긴 나선팔과 크고 밝은 팽대부를 가진 'a'에서 약하게 감긴 나선팔과 작은 팽대부를 가진 'd'까지로 분류했다.

 우리은하를 포함하여 이 분류의 중간에 있는 은하들을 위대한 설계grand design 나선은하라고 부른다. 이 은하들은 2개의 팔이 은하를 멋지게 감싸고 있고, 그 팔들은 별 생성 영역과 먼지 구름들이 마디를 이루고 있다. 이렇게 고전적인 모양을 가진 은하는 전체 나선은하의 10분의 1밖에 되지 않는다. 절반을 조금 넘는 은하들은 홀수 개의 팔을 가지거

■염면이 보이는 나선은하 NGC 4565의 별명은 '바늘 은하'로 1785년 윌리엄 허셜에 의해 발견되었다. 거리는 3,000만 광년이다. 빛을 가리는 먼지가 원반의 중심을 가로지르고 있고 땅콩 모양의 팽대부도 뚜렷하게 보인다.

나 큰 팔에서 뻗어 나온 짧은 팔과 같은 여러 개의 팔을 가지고 있다. 이런 복잡한 은하들을 보고 있으면 우리가 깨끗한 은하에 살고 있다는 것이 다행스럽게 느껴진다.

대부분의 나선은하들은 완전한 대칭이 아니다. 세 번째 종류의 나선은하들은 너무 복잡한 구조를 가지고 있어서 나선 모양이 보이지 않거나 거의 구별이 되지 않는다. 이런 은하들을 부드러운flocculent 나선은하라고 부른다. 우리은하를 포함하여 거의 절반의 나선은하들은 막대를 가지고 있다. 막대는 직선 모양으로 팽대부에서 뻗어 나와 팔들을 붙잡고 있다. 다른 은하들은 젊은 푸른 별들의 고리를 가지고 있고 많은 은하들이 중심핵 지역을 가로지르는 먼지 띠를 가지고 있다.■11 열성적인 나비 수집가들이 관심을 가질 만한 것들이 얼마든지 있다.

나선은하의 구성 성분들은 만들어지는 별의 종류와 그 별들의 궤도로 구별된다. 원반에는 원형 궤도를 가지고 있는 젊고 밝은 별들이 있다. 별이 가장 왕성하게 만들어지는 곳은 나선팔이다. 원반은 넓이에 비해 두께는 훨씬 얇아서, 크고 얇은 크러스트 피자 모양을 가진다. 팽대부는 달걀 프라이가 서로 맞붙은 모양이다. 여기에는 나이가 많은 별들이 밀집되어 있고, 3차원의 타원 궤도를 움직인다. 헤일로는 원반을 둘러싸고 더 바깥쪽까지 뻗어 나가는 둥근 모양이다. 이보다 더 큰 질량은 거의 그곳에 있는 것처럼 보이지 않는다. 헤일로는 거대한 구상성단들과 나이가 많은 별들로 이루어져 있고 모두 무한한 타원 궤도를 돈다. 또한 중심부에는 은하가 가까이 있지 않으면 발견하기 어려운 거대한 질량의 블랙홀이 있다.

나선은하를 정의하는 뒤틀린 팔들은 시각의 착각이라고 밝혀졌다. 이것을 이해하기 위해서는 이 은하들이 어떻게 회전하는지 살펴보아야 한다. 만일 나선은하들이 과거에 사용하던 LP와 같이 단단한 물체처럼 회전을 한다면 회전속도는 중심에서 멀어질수록 일정하게 증가하고 모양은 일정하게 유지될 것이다. 그런데 나선은하들의 회전속도는 중심에서의 거리에 관계없이 거의 일정하다. 그러므로 바깥쪽 영역은 안쪽 영역에 비하여 회전을 하는 데 더 오랜 시간이 걸리게 되어 은하가 '감겨서' 나선 모양이 만들어진다. 그런데 여기에는 문제가 하나 있다. 이것이 너무 빠르게 일어난다는 것이다! 멋진 나선팔을 만들려면 몇 번의 회전, 시간으로는 약 5억 년 정도면 충분하다. 그런데 우리은하와 같은 은하들은 20번이 넘는 회전을 할 시간이 있었으므로 나선팔들은 매우 단단하게 감겨 보이지 않게 되어 있어야 한다.

그렇다면 나선은하들이 만들어지는 다른 방법은 무엇이 있을까? 자동차로 고속도로를 달리다가 검은 가죽옷을 입고 할리데이비슨 오토바이를 타고 가는 할머니들을 만난 상황을 가정해보자. 이 할머니들을 '지옥의 할머니들'이라고 부르자. 할머니들은 조심스럽게 시속 60킬로미터로 달리고 있다. 당신은 시속 110킬로미터의 속도로 다가가서 속도를 늦추어 교통체증을 통과한 다음 다시 시속 110킬로미터로 속도를 높였다. 다른 자동차들도 모두 똑같은 방법으로 지나갔다. 이 모습을 공중에서 헬리콥터로 보고 있으면 교통체증이 일어난 부분은 시속 60킬로미터로 움직이지만 대부분의 차들은 시속 110킬로미터로 움직인다. 우리는 이것을 '밀도파density wave'라 생각할 수 있다. 다른 물체들과 다른 속도로 움직여서 밀도가 늘어나는 것이다.

회전하는 은하에서 지옥의 할머니들은 밀도가 평균보다 높은 곳을 표시하여 나선 모양을 만든다. 은하의 안쪽에서는 별들이 빠르게 움직여 밀도파를 앞지른다(할머니들을 앞질러 가는 것처럼). 바깥쪽에서는 별들이 느리게 움직여 밀도파에게 추월당한다(할머니들이 당신을 앞지른다). 그러니까 나선 모양은 다른 대부분의 별들보다 느리게 움직이기 때문에 감기는 것을 피할 수 있다. 결국 나선팔은 구성하고 있는 별들이 계속 바뀌는 투명한 구조인 것이다.

나선팔에는 많은 젊은 별들과 활발한 별 생성 지역이 모여 있다는 사실을 기억하자. 어떤 별이 밀도파에 접근하면 더 강해진 중력 때문에 속도가 증가한다. 그리고 밀도파를 벗어날 때는 속도가 느려진다. 결국 그 별은 밀도파 근처에서 머물게 되어 밀도가 높은 나선팔로 관측되는 것이다. 밀도가 높아지면 압축되기 때문에 기체 밀도가 수축하여 별이 만들어진다. 젊은 별들은 나선팔을 벗어난 후 나이 들고 흩어진다. 그리고 밀도파는 다른 곳으로 이동하여 새로운 별을 만든다. 나선팔은 움

직이는 밀도파에 의해 만들어지는 것이다.■12

나선은하는 10억 태양 질량보다 작고 크기는 1만 광년보다 작은 것에서부터 1조 태양 질량에 크기가 30만 광년에 이르는 것까지 다양한 질량과 크기를 가진다. 우리은하는 전형적인 중간 질량의 나선은하이기 때문에 우리은하의 숫자를 기준으로 사용할 수 있다. 나선은하는 약 2,000억 태양 질량이고 4,000억 개 정도의 별이 있다. 즉, 대부분 별들의 질량이 태양 질량보다 작다는 것이다. 별들은 대략 80퍼센트가 원반에 있고 20퍼센트는 팽대부에, 그리고 1퍼센트는 헤일로에 있다. 원반에는 100억 태양 질량 정도의 별을 만드는 원료인 기체가 있고, 1년에 약 5개의 새로운 별이 만들어진다. 이것은 얼마 되지 않는 숫자로 느껴질 것이다. 하지만 이 속도로도 기체는 20억 년이면 모두 소비되는데 대부분의 나선은하들은 이보다 더 나이가 많기 때문에 기체는 반드시 은하 사이의 공간에서 다시 채워져야 한다. 그리고 여기에 더하여 의문의 구성 성분이 있다.

때로는 관측 결과가 너무나 이상해서 그것을 어떻게 이해해야 할지 아무도 모르는 경우가 있다. 1933년 칼텍의 천문학자 프리츠 츠비키Fritz Zwicky가 바로 그런 경우를 당했다. 그는 코마 은하단에 있는 은하들의 움직임을 측정하고 있었는데, 은하들이 은하단의 중력에 잡혀 있기에는 너무 빠른 속도로 움직이고 있는 것을 발견했다. 우리는 다음 장에서 그의 업적을 다시 다룰 것이다. 하지만 40년 후, 나선은하들의 회전을 연구하던 연구자들은 받아들이기 어려운 선택에 직면했다. 우리가 중력을 잘못 이해하고 있거나, 그렇지 않다면 대부분의 질량이 빛을 방출하지 않는 의문의 물질로 이루어져 있다는 것이다.■13

그들이 한 일은 이렇다. 1970년 전후, 오스트레일리아의 켄 프리먼

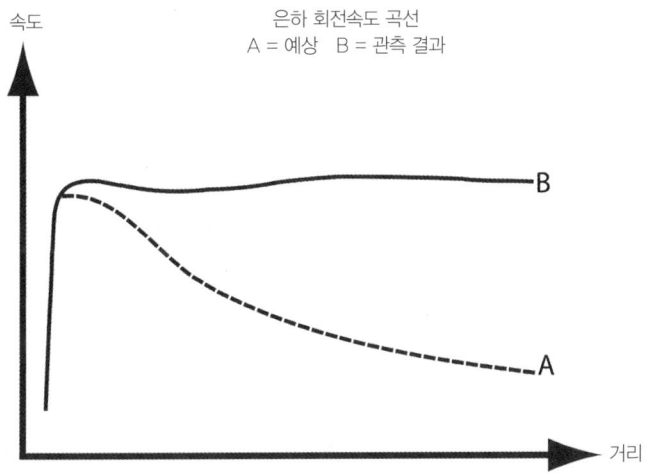

■ 은하의 회전속도를 중심에서의 거리의 함수로 그린 그래프를 회전속도 곡선이라고 한다. 만일 대부분의 질량이 중심부에 모여 있다면 원반에 있는 별과 기체의 속도는 중심부에서 멀어질수록 계속 줄어들어야 한다(A). 그런데 실제로 관측된 것은 편평한 회전속도 곡선이다(B). 빠른 회전속도를 설명하기 위해서 암흑물질이 도입되었다.

Ken Freeman과 그의 동료들은 나선은하들에 있는 기체의 전파를 측정하여 원반의 회전에 대해 연구하고 있었다. 같은 시기에 미국 카네기연구소 Carnegie Institution의 베라 루빈Vera Rubin과 켄트 포드Kent Ford는 광학분광으로 같은 일을 하고 있었다.■14 두 그룹은 모두 은하의 회전속도가 은하의 바깥쪽까지 모두 일정하게 유지된다는 사실을 발견했다.

이것이 왜 놀라운 것인지 이해하기 위해서 태양계를 예로 들어보자. 태양의 중력에 의해 회전하는 행성들의 속도는 케플러의 제3법칙으로 결정된다. 궤도속도는 거리의 제곱근에 비례하여 작아진다. 그래서 지구는 초속 30킬로미터의 속도로 회전하고, 5배 더 멀리 있는 목성은 초속 13킬로미터의 속도로 회전한다. 나선은하들의 질량은 중심부에 몰려 있기 때문에 회전속도는 가장자리로 가기 훨씬 전부터 줄어들어야 한다. 하지만 그렇지 않았다.

베라 루빈이 동료들의 회의적인 태도(혹은 그보다 더 나쁜)에 직면한 것은 이번이 처음이 아니었다. 그녀는 바사르대학을 졸업하고 코넬대학에서 석사학위를 받았다. 하지만 그녀의 석사학위 논문에 발표된 가까운 우주의 은하들의 거대구조 운동 자료는 당시의 우주론에서 보는 표준적인 관점에 어긋나는 것이었다. 이것은 큰 천문학 모임에서 냉정하고 부정적인 반응을 얻었다. 그녀는 순진하게도 프린스턴대학원에 편지를 보냈지만 대답은 없었다. 프린스턴은 1975년까지 박사과정에 여학생을 받지 않았다. 조지타운대학에서 쓴 그녀의 박사학위 논문은 은하들이 무리를 만드는 과정에 대한 것이었는데, 이 주제는 15년 동안 주류가 되지 못했기 때문에 그녀의 논문은 다시 외면당했다. 그녀는 팔로마산천문대에서 관측을 한 첫 번째 여자였다. 하지만 '수도원'이라는 별명의 남성 전용 천문대 기숙사에 머무는 것은 허용되지 않았다.

그러므로 그녀가 나선은하들의 '회전속도 곡선'을 발표했을 때 이해하지 못하겠다는 표정과 절레절레 가로젓는 머리들과 마주하는 것은 1970년대에는 익숙한 장면이었다. 하지만 자연은 우리를 기분 좋게 해주기 위해서 존재하는 것이 아니고, 자료는 너무나 생생했다. 이후 수천 개 나선은하들의 회전속도가 측정되었지만 모든 나선은하들의 회전속도가 눈에 보이는 물질만으로 설명하기에는 너무 빨랐다.

천문학자들은 서서히 어려운 선택을 받아들이기 시작했다. 너무나 성공적인 뉴턴의 중력이론을 버리는 것은 도저히 불가능했으므로 그들은 중력은 작용하지만 빛과는 상호작용하지 않는 물질들 사이에 살고 있다는 생각에 익숙해지기 시작했다. 우리은하도 마찬가지로 바깥쪽 경계까지 일정한 속도로 회전하기 때문에 우리도 역시 암흑물질에 둘러싸여 있다. 나선은하의 모형은 새로운 구성 성분을 얻은 것이다. 별

전체의 질량보다 6배에서 7배 더 큰 질량을 가지고 멀리 뻗어 있는 암흑물질의 '헤일로'다.■15

우리은하에는 1조 태양 질량이나 되는 의문의 '어떤 것'으로 가득 차 있는 것이다! 베라 루빈의 말에 따르면, "나선은하에서 암흑물질과 보통물질의 비율은 10 대 1 정도다. 이것은 아마도 우리가 모르는 것과 아는 것의 비율과 비슷할 것이다. 우리는 유치원은 졸업했다. 하지만 이제 겨우 초등학교 3학년 수준일 뿐이다."■16

나선은하 만들기

나선은하는 웅장하다. 그렇게 호화로운 질감과 우아하게 감긴 팔들이 확실한 형태가 없는 기체 구름에 중력이 작용하여 만들어졌다는 사실은 거의 믿기 어려울 정도다. 18세기말 영국의 철학자이자 신학자였던 윌리엄 페일리William Paley의 주장이 들리는 듯하다. 만일 길가에 시계가 떨어져 있는 것을 발견했다면 당신은 분명히 어떤 지적인 설계자가 만든 것이라고 생각할 것이다. 조정되지 않은 힘이 어떻게 그렇게 복잡하고 정밀한 것을 만들 수 있단 말인가?

나선은하는 시계는 아니지만 매우 인상적이다. 그리고 멀리까지 미치는 하나의 힘에 의해 만들어지기에는 너무 복잡해 보인다. 표범에게 왜 점이 있는지, 혹은 은하에게 왜 팔이 있는지 우리가 설명할 수 있을까? 그리고 만일 나선은하들이 우주가 처음 탄생할 때부터 존재하지 않았다면 그들은 어떻게 나타났을까?

(나와 같은) 관측천문학자에게 다행인 점은 자연은 매우 풍부하다는 것이다. 큰 망원경만 있다면 깊은 하늘의 사진을 찍어서 수많은 은하들

을 발견하고, 세어보고, 분류하는 일을 질릴 때까지 할 수 있다. 이론천문학자들은 쉽지 않다. 그들은 어떤 것이 왜 그런지 설명해야 한다. 자연은 풍부하지만 정교하고, 현재의 우주는 탄생의 증거들을 그렇게 잘 정리하여 남겨놓지 않았다. 은하들이 어떻게 만들어졌는지 설명하는 좋은 아이디어를 만들어내는 데 수십 년이 걸렸다.

 1960년대 초의 이론천문학자들은 우리은하와 같은 나선은하는 거대한 기체 구름이 수축하여 만들어졌다고 생각했다.[17] 이 그림은 원래의 기체에서 큰 것이 바로 만들어졌기 때문에 '위에서 아래로top-down' 방식이라고 한다. 헤일로 별들과 구상성단들은 초기 생성 시기의 냉동된 '유물'이다. 반면 기체는 공간에서 계속 공급되어 빠르게 회전하는 원반에서 계속해서 별을 만들어내고 있다. 위에서 아래로 이론은 헤일로의 구상성단들이 거의 우주 초기에 가까운 130억 년에서 상대적으로 젊은 30, 40억 년까지 다양한 나이를 가진다는 사실이 밝혀진 후 어려움에 빠졌다.

 대안으로 나온 이론은 '아래에서 위로bottom-up' 방식이다. 이 시나리오에서는 우리은하를 포함한 나선은하들은 오랜 시간 동안 작은 조각들이 모여서 만들어진 것이다.[18] 아래에서 위로 방식의 아이디어는 나선은하의 구조가 약하게 작용하는 풍부한 암흑물질 속에서 처음에 부드러운 상태에서 만들어졌다는 사실에서 시작되었다.

 나선은하를 요리하는 데에는 정교한 요리사의 손길이 필요하다. 컴퓨터 시뮬레이션은 은하의 생성과 진화를 이해하는 데 중요한 도구가 되었다. 은하 시뮬레이션을 위해서는 암흑물질, 별, 그리고 기체를 컴퓨터에 넣고(실제로 넣는 것이 아니라 비유적인 표현이다), 우주 팽창을 배경으로 중력을 가동한다. 그리고 시간을 수십억 년 전으로 돌린다. 암흑물질은 은하의 구조가 만들어지는 그릇이면서 빛과는 상호작용하지 않는다. 오랫동안 시뮬레이션 전문가들은 우리가 보는 것과 같이 깔끔하고 얇은 나선 원반을 만들어내는 데 어려움을 겪었다. 작은 은하들이 연속적으로 결합하면 결과는 항상 거대한 팽대부로 만들어진다. 좀 더 과장하여 요리에 비유하면, 작은 반죽들로 얇은 피자를 만들려고 하는데 커다란 덩어리만 만들어지는 것이다.[19] 가루(암흑물질)는 사방에 퍼져 있다. 완전히 엉망진창이다.

지난 몇 년 동안 컴퓨터의 성능이 매우 좋아져서 시뮬레이션 전문가들은 뜨거운 성분(별의 생성)과 차가운 성분(우주 공간에서 공급되는 기체)을 함께 다룰 수 있는 복잡한 알고리즘을 사용할 수 있게 되었다. 나선은하가 만들어져서 자라는 현재의 관점은 다음과 같다. 은하는 작은 은하들과 떠돌아다니는 기체가 결합하여 만들어진다. 원반은 차가운 기체들이 부드럽게 은하로 흘러 들어와 서서히 만들어지고, 팽대부는 병합에 의해서, 그리고 막대는 근처에 있는 은하들이 가까이 지나가는 과정에서 만들어진다. 나선 모양은 정교한 균형에 의한 결과다. 작은 은하와 병합되는 과정에서 나선팔들은 파괴될 수 있고, 반면 같은 작은 은하가 가까이 지나가면 나선팔이 만들어질 수도 있다. 우주 공간에서 새로운 기체가 들어오지만 원반에서도 무거운 별들의 순환 과정에 의해 기체가 공급되기도 하고 방출되기도 한다. 나선팔들은 일시적인 구조이기 때문에 원반 전체는 은하의 역사 속에서 여러 번 새롭게 만들어질 수 있다.[20]

나선은하들은 이런 복잡한 역사에 대한 증거를 보여주고 있을까? 그렇다! 모든 구성 성분들이 확인된다. 우리은하와 같은 큰 은하들이 작은 은하들의 병합에 의해 만들어졌다면 주변에 작은 은하들이 많이 존재해야 한다. 우리는 국부 은하군Local Group이라고 하는 느슨한 은하들의 집단에 속해 있다. 이것은 1,000만 광년 크기로 우리은하와 M31, M33이 포함되어 있다. 이 큰 3개의 나선은하들 외에도 40개 정도의 작은 은하들이 있고, 이 중에는 우리은하 질량의 100만 분의 1정도의 은하들도 있다. 그리고 사용 가능한 기체도 충분히 있어야 한다. 정밀한 조사에 의하면 은하 사이의 우주 공간에는 모든 은하에 있는 모든 별들을 만드는데 사용된 기체보다 4배에서 5배 더 많은 양의 기체가 있다. 원료는 무궁무진하다.[21]

남은 것은 중력이다. 우리은하는 남반구 하늘에서 뚜렷하게 보이는 동반은하들이 있다. 대마젤란 은하와 소마젤란 은하다. 우리은하의 원반은 중절모의 창처럼 휘어 있다. 모형 계산에 따르면 이것은 작은 은하들이 가까이 지나가면서 만들어진 것이다. 1994년, 우리은하 중심 반대편에서 궁수자리 은하가 발견되었다. 이 은하는 우리은하의 극궤도를 돌고 있으면서 현재 은하의 원반으로 뛰어들고 있다. 이 은하는 부서지면서 중력에 의해 '먹히고' 있는데, 우리은하는 지저분한 포식자여서 별들이 헤일로를 가로질러 길게 늘어진 흐름을 만들고 있다.

지난 10여 년 동안 우리은하의 헤일로에서 몇 개의 조석력에 의한 흐름이 발견되었다. 은하가 작은 동반은하를 삼키는 모습을 관측하는 것은 쉽지 않다. 별의 흐름은 밀도가 낮고 시간이 지나면서 퍼져버리기 때문이다. 새로운 헤일로 별 분광 탐색은 하늘의 넓은 영역에 있는 모든 별의 스펙트럼을 구하여 이 현상을 발견할 수 있다. 2010년, 안드로메다 은하의 헤일로에서 2개의 조석력에 의한 흐름이 발견되었다. 그러므로 은하의 병합은 일반적인 현상이며, 모든 은하들은 더 작은 은하들이 모여서 자라는 것으로 볼 수 있다.[22] 대식가가 항상 먹고 있는 것은

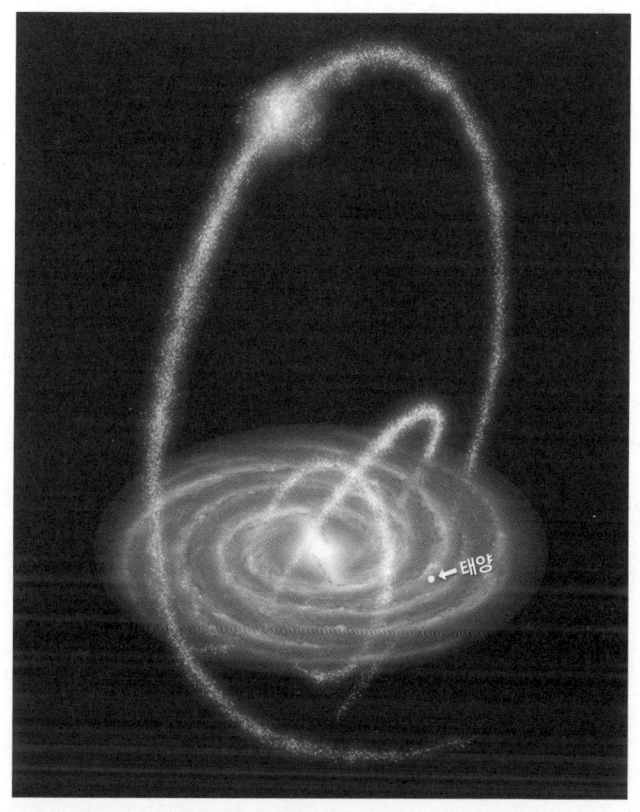

■ NASA의 스피처우주망원경으로 발견한 3개의 별들의 '흐름'을 보여주는 우리은하의 그림. 안쪽 2개의 흐름은 부서진 구상성단처럼 보이지만, 가장 바깥쪽에 있는 것은 작은 동반은하에서 떨어져 나온 별들이 이 은하의 궤도를 따라 흩어져 있는 것이다. 이런 흐름들은 우리은하가 오랜 시간 동안 더 작은 은하들이 모여서 만들어진 흔적이다.

아니다. 하지만 턱받이에 묻은 흔적과 얼굴에 있는 음식 자국으로 이미 많이 먹었다는 것을 알 수 있다.

거기 누구 없나요?

나는 소나무가 서 있는 어둠 속을 걸어서 행글라이더가 이륙하는 샌가

브리엘San Gabriel 산 가장자리로 갔다. 불빛들이 샌 버너디노San Bernardino에서 산타모니카Santa Monica까지 고기잡이 그물처럼 흩어져 있다.

로스앤젤레스 지역의 인구는 약 1,000만 명이다. 사람들이 집과 차에서 1인당 10개의 불빛을 낸다고 가정하면 총 1억 개가 된다. 불빛 하나가 1,000개의 별을 대신한다고 하면 이것은 우리은하의 원반과 같다. 빛의 도시를 바라보면서 각각의 빛에 얽힌 이야기들을 상상하다가 나는 장엄한 은하에 대한 힌트를 얻었다. 위를 올려다보니 그닥 많은 것이 보이지 않는다. 몇십 개의 밝은 별들이 보이지만 별자리를 알아볼 수 있는 정도는 아니다. 나는 어두운 하늘 아래에서 관측을 준비하고 있는 에드윈 허블을 생각했다. 페가수스의 사각형이 겨우 보이지만 아무리 정확한 방향을 바라보아도 안드로메다 은하를 볼 가능성은 전혀 없다.

내가 작은 망원경으로 안드로메다 은하를 처음 봤을 때 들었던 의문은 단 하나였다. 혹시 누군가가 이쪽을 보고 있을까?

1961년, 젊은 전파천문학자 프랭크 드레이크Frank Drake는 웨스트버지니아West Virginia의 그린뱅크Green Bank에서 열린 한 모임에서 방정식 하나를 발표했다. 그는 외계지적생명체탐사Search for Extraterrestrial Intelligence, SETI를 처음으로 과학적인 분야로 끌어들인 사람이다. 드레이크는 토론을 유도하기 위해서 방정식을 제안한 것뿐이지, 그것이 대중적인 인기를 끌게 될 것이라고는 생각하지 못했다.

7개의 항으로 이루어진 드레이크 방정식은 우리은하에서 소통이 가능한 지적 존재의 수를 측정하는 것이다. 그 7개의 항은 1년에 만들어지는 별의 비율, 그중에서 행성을 가지고 있는 별의 비율, 행성을 가지고 있는 시스템에서 행성의 평균적인 수, 어떤 시점에서 생명체를 만들어내는 행성의 비율, 실제로 지적 생명체를 만들어내는 비율, 우주 공간을 통해서 소통을 할 수 있는 지적 생명체의 비율, 그리고 소통이 가능한 상태가 유지되는 시간이다. 이 항들의 결과물이 잠재적으로 신호를 받을 수 있는 숫자 N이 된다.

앞의 3개 항은 천문학 연구를 통해서 점점 더 잘 알 수 있다. 하지만 뒤의 4개 항은 도저히 알 수 없다. 드레이크는 N=L이라고 적힌 자동차 번호판을 달고 다녔다. 인류와 같이 우주여행을 할 수 있는 문명의 수는 기술을 사용하는 기간의 길이와 같다는 의미다. 그 기간이 수천 년 이상이라고 긍정적으로 생각한다면 우리의 상대는 충분히 많다. 그렇게 낙관적이지 않은 사람들은 N이 거의 1에 가까울 정도로 작을 것이라고 생각한다. 이 문제는 추측이나 논쟁이 아니라 실제 조사를 해야만 해결된다. 그리고 세티 연구자들은 그렇게 부정적이지 않다.

나는 은하가 가진 그렇게 많은 부동산을 생각한다면—생명체가 존재 가능한 약 10억 개의 행성과 위성들—그 모두가, 생명체가 아예 없거나 우리와 비슷하게 오줌과 식초로 가득 찬 종족을 만들어내지 못했다고 믿기는 어렵다. N의 값이 10 이하이든 100이 되든 크게 중요하지 않다. 어딘가에 지적 문명이 있다면 그것은 짜릿한 상상이다.

우리는 이 우주에서 유일한 존재가 아닐 뿐만 아니라 첫 번째 존재일 가능성도 크지 않다. 우리은하는 별과 그에 딸린 행성들을 110억 년 동안 만들어왔다. 우리 자신의 경우를 보면(기술을 가진 종족을 만들어내는 데 거의 40억 년이 걸린 생명체가 존재 가능한 행성) 이런 예가 드물거나 거의 없다고 결론 내릴 수도 있을 것이다. 하지만 우리는 마찬가지로 여기에서 일어난 일이 다른 곳에서도 일어나지 말라는 법이 없다고 생각할 수도 있다. 그리고 생명체가 우리보다 60에서 70억 년 먼저 태어날 수 있었던 지구와 유사한 행성들이 존재한다. 이런 존재는 너무나 진보하여 알아보기도 힘들 수 있다.

우리은하에 얼마나 있을지는 모르지만 그와 비슷한 수가 우리의 쌍둥이 은하인 M31에도 있을 것이다. 누군가 혹은 어떤 것이 광활한 우주 공간을 가로질러 우리를 보고 있을 가능성은 매우 크다. 만일 우리가 M31에서 외계 문명의 신호를 받는다면 그것은 250만 년 전의 것이다.[23] 그 문명이 지금까지 존재할 것 같지는 않다. 아마도 그 신호는 아주 짧은 시간 동안 보내졌고, 그것이 250만 년 후에 내가 살고 있는 지구를 우연히 지나갔을 것이다. 물론 그 반대도 마찬가지다. 내가 안드로메다로 신호를 보낸다면 250만 년 후에 도착할 것이다. 당연히 그때 나는 죽었을 것이고 어쩌면 인류도 존재하고 있지 않을지 모른다. 이런 생각을 하면 머리가 어지럽다.

우리는 수십억 광년 정도 떨어진 곳에 있는 지구와 유사한 행성과 같은 가까운 이웃을 찾기 원한다. 하지만 문명을 수백만 년 동안 유지해 온 생명체가 있다면, 그들은 은하들 사이의 교신도 가능할 것이다. 안드로메다는 우리은하와 중력으로 묶여 있고, 우리를 향해 시속 30만 킬로미터의 속도로 다가오고 있다. 약 30억 년 후에는 이 2개 별들의 집단과 그 안에 있는 은하 '연합'은 서로 만나게 될 것이다. 두 은하가 합쳐진다고 해도, 별들 사이의 거리는 너무나 멀어서 별들이 충돌하는 일은 없을 것이기 때문에 어떤 종족도 해를 입지는 않을 것이다. 하지만 다른 은하가 접근하여 하늘을 가득 채운다면 먼 미래에 모든 이들의 대화 주제가 될 것이다.

원반으로 다가가면서 나는 위로 떨어지고 있다는 분명한 느낌이 들었다. 나선팔이 위에서 보이지 않는 실로 끌어당기고 있는 것 같다. 이건 이해가 되지 않는다. 우주 공간에서 모든 방향감각은 주변의 중력에 달려 있기 때문이다. 어쨌든 긴 여행을 끝내고 이제 집으로 가고 있다. 원반이 커지면서 시야를 가득 채우고, 팽대부는 거대한 노란 구름 껍질처럼 옆으로 움직인다. 나는 두 나선팔 사이로 미끄러져 들어간다. 그리고 방향을 잡기 위해서 오리온자리나 황소자리의 별이 태어나는 지역과 같은 익숙한 풍경을 찾았다. 그런데 익숙한 모습을 찾기도 전에 나는 별들이 좌우로 지나가는 원반 속에 있다.

바로 앞에 연한 노란 별과 그 옆에 뿌연 행성이 있다. 기대에 차서 보았지만, 아니다. 지구가 아니다. 여긴 어딜까?

나는 뒤로 돌아 내가 지나온 방향을 바라보았다. 나선은하 하나가 멀리, 아주 멀리 보인다. 우리은하다. 공황상태를 간신히 극복하고 정신을 차렸다. 멀리 보이는 것에는 신경 쓰지 않고 내가 실제로 있는 곳을 향해 정신을 집중하였다. 마음의 눈에는 이곳은 지구다. 익숙하고 변함도 없다. 하지만 구름 사이를 뚫고 내려가도 사람과 닮은 것은 아무것도 보이지 않는다. 이곳은 내가 있었으면 하는 곳에서 빛의 속도로 250만 년 걸리는 거리만큼 떨어진 곳이다. 초원에 있는 원숭이를 닮은 생명체들은 원시적인 석기를 사용하고 있었지만 뇌의 크기는 나보다 3배나 작다. 사람속 genus Homo 은 아직 나타나지 않았다.

나는 안드로메다를 향해 몸을 돌렸다. 이것은 우리은하의 거울에 비친 상이다. 하지만 닮았다는 것이 그렇게 편안하게 느껴지지는 않는다. 이것이 우리은하의 도플갱어라면 내 아래에 있는 행성도 지구의 도플갱어일까? 이곳에서는 어떤 생명체를 만나게 될까? 내가 그것을 마주할 용기는 있을까?

7장
우주의 구조

모든 별들이 이야기를 가지고 있다면 나는 어마어마한 수의 이야기를 마주하고 있다. 바로 앞에 있는 별의 집단은 수백 개의 은하들 모임의 중심에 있는 거대한 타원은하다. 대부분의 은하들은 부드럽고 특징이 없는 타원은하들이고, 나선은하들은 너무나 드물기 때문에 눈에 띈다. 그리고 수천 개의 작은 은하들도 있다. 이 은하들도 1억 개 이상의 별들로 이루어져 있지만 희미한 빛으로밖에 보이지 않는다. 여기에 있는 별들의 수는 1,000조 개는 넘을 것이다. 생각만 해도 엄청나다.

하지만 나는 이 공간에는 뭔가 다른 것도 있다는 것을 알고 있다. 여기 있는 모든 별들을 훨씬 능가하는 무언가. 어쩌면 그저 나의 상상일지도 모르지만 나는 이것이 나의 몸속으로 조용히 스며드는 것을 느낄 수 있다. 이것은 마치 공간 그 자체처럼 특별한 형체가 없다. 그저 존재할 뿐이다.

그리고 뭔가 신비한 것이 있다. 거대한 은하들이 나의 시선을 사로잡고 있었기 때문에 처음에는 알아차리지 못했다. 수백 개의 흐린 푸른색의 은하들에서 나오는 빛으로 장식된 은하의 집단이다. 이들은 별 생성 영역이 군데군데 보이고 길쭉하게 늘어져 있지만 방향은 불규칙적이지 않다. 푸른 은하들은 이웃 은하들과 나란한 방향으로 놓여 있고, 전체적인 모양은 중심에 있는 은하를 중심으로 철가루 무늬처럼 고리를 만들고 있다. 높은 곳에 있는 어떤 위대한 지적 존재가 이들을 동심원 모양으로 배열해놓았을까? 생각이 없는 중력에 의해 우연히 만들어진 결과라고 하기에 이것은 너무나 의도적이고 우아하게 보인다.

우주의 팽창

우리는 우주의 군데군데에 덩어리들이 모여 있다는 사실에 대해 매일매일 감사하며 살아야 한다. 모양을 만드는 중력의 힘이 없었다면 우리는 존재할 수 없었을 것이다. 우주가 부드러운 기체로만 이루어져 있었다면 단순하기는 하지만 재미없는 곳이 되었을 것이다. 우주가 어떻게 진화해왔는지 이해하려면 에드윈 허블에게로 돌아가야 한다.

지난번에 허블을 만났을 때, 그는 우리은하가 수천만 광년에 걸친 우주에 있는 수천 개 별들의 집단들 중 하나일 뿐이라는 사실을 밝힘으로써 우리의 지위를 새롭게 정의하고 있었다. 이것만으로도 그는 역사책에 기록될 만한 인물이 되었을 것이다. 하지만 그는 여기서 그치지 않았다. 그의 두 번째 위대한 발견이 현대 우주론의 무대에 등장할 준비를 하고 있었다.

허블은 우주의 팽창을 발견한 주인공 중 한 사람이긴 하지만 가장 중요한 역할을 한 사람은 아닐 수도 있다. 스포츠에 비유하자면—허블은 뛰어난 운동선수였기 때문에 적절한 비유가 될 것이다—사람들은 허블

이 3루에 있는 것을 보고 그냥 그가 3루타를 쳤다고 생각한 것이다."¹

1912년, 대학원을 졸업한 지 3년밖에 되지 않은 베스토 슬라이퍼Vesto Slipher라는 로웰천문대Lowell Observatory의 젊은 연구원이 나선성운들의 스펙트럼을 구하기 시작했다. 그는 안드로메다 성운의 빛이 청색편이를 일으킨다는 것을 발견했다. 이것은 우리를 향해 다가오고 있는 것이다. 하지만 다른 거의 모든 나선성운들은 후퇴하고 있었다. 그것도 아주 엄청난 속도로. 1915년까지 슬라이퍼는 15개의 나선성운들 중에서 11개에서 적색편이를 관측했다. 그 결과를 미국 천문학회에서 발표했을 때 그는 기립박수를 받았다.

2년 후 슬라이퍼는 17개 성운에서 적색편이를 관측했고, 평균 후퇴속도는 초속 700킬로미터라는 어마어마한 속도였다. 이 속도는 우리은하 내에 있는 어떤 별보다 훨씬 더 빠른 속도였기 때문에 성운들이 우리은하에 속해 있다고 생각하는 것은 불합리해 보였다. 그는 이렇게 썼다. "나선성운들이 먼 거리에 있는 별들의 집단이라는 주장은 오래전부터 제기되어왔다…. 내 의견을 말하자면 현재의 관측 결과는 이 이론에 힘을 보탠다."■² 슬라이퍼는 허블이 안드로메다에서 변광성들을 발견하기 8년 전에 이 글을 써서 섬 우주에 대한 의문을 이미 해결한 것이다.

슬라이퍼는 나중에 44개 나선성운들의 스펙트럼을 출판했고, 적색편이가 가지는 의미에 대해서는 1920년대 내내 광범위하게 논의되었다. 1924년, 칼 룬트마르크Karl Lundmark는 은하들을 표준적인 천체로 가정하고 그들의 크기와 밝기를 이용하여 거리를 구했다. 그는 거리와 적색편이가 어떤 관계가 있을 것이라고 생각하여 그래프로 그렸지만 그 관계는 뚜렷하게 나타나지 않았다.

허블이 중요한 다음 단계 일을 했다. 슬라이퍼의 적색편이를 이용하

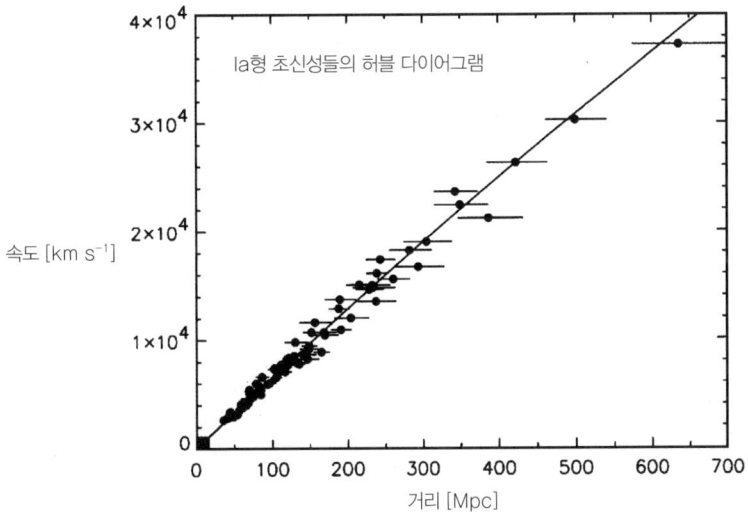

■ 적색편이로 측정되는 은하의 후퇴속도와 거리 사이의 직접적인 상관관계를 허블의 법칙이라고 한다. 이 현대판 그래프는 초신성으로 거리를 측정하여 그 범위가 20억 광년이 넘는다. 허블이 세페이드 변광성으로 거리를 구하여 만든 최초의 상관관계는 이 그래프의 왼쪽 아래에 있는 작은 상자 범위이다.

긴 했지만 은하에 있는 세페이드 변광성들을 이용하여 더 정확한 거리를 측정하였다. 그는 24개의 나선성운에서 거리와 시선속도 사이에 명확한 직선적인 상관관계가 있다는 사실을 발견했다.[3] 허블 다이어그램이라고 불리는 이 그래프는 현대 우주론의 상징과도 같은 그림 중 하나다. 이 직선적인 상관관계는 허블의 법칙이라고 불린다.

그러는 동안 주로 유럽에서 비슷한 수준의 발전이 일어나고 있었다. 이론물리학자들은 알버트 아인슈타인의 중력에 대한 새롭고 급진적인 이론이 내포하는 의미에 대해서 치열하게 논쟁하고 있었다. 일반상대성이론은 질량과 에너지의 밀도와 시공간의 곡률 사이에 서로 상관관계가 있다고 말하고 있었다. 이 이론은 1919년 일식 원정으로 확인되었다. 태양이 멀리서 오는 빛을 이론으로 예측한 만큼 휘어지게 만든 것이다. 아인슈타인을 비롯한 과학자들은 이 이론이 지역적인 중력뿐만 아니라 우주 전체의 중력을 묘사하는 데에도 사용될 수 있다는 사실을 금방 깨달았다. 블랙홀과 같이 밀도가 높은 별 주변에서 시공간이 휘어지는 것처럼 우주 전체도 그 안에 있는 물질들의 작용에 의해 휘어질 수 있는 것이다.

아인슈타인은 자신의 방정식을 우주 전체에 적용시켜 풀었다. 하지만 당시 천문학자들은 우주가 전체적으로는 움직임 없는 하나의 거대한 시스템이라고 생각하고 있었다. 그런데 일반상대성이론의 방정식은 본질적으로 역동적인 것이었다. 그 결과는 항상 팽창 아니면 수축이었다. 그래서 아인슈타인은 이 결과를 피하고 정적인 결과를 얻기 위해서 '우주상수cosmological constant'라 불리는 항을 추가했다. 이것 때문에 그는 우주 팽창을 예측할 수 있는 기회를 놓치고 말았다. 나중에 그는 이것을 자신의 일생에서 '최대의 실수'라고 불렀다.[4]

1920년대에 알렉산더 프리드먼Alexander Friedmann과 조르주 르메트르Georges Lemaitre는 상대성이론 방정식에서 팽창하는 결과를 발견했다. 1929년 허블의 논문 이전에 적색편이와 거리 사이의 직선적인 상관관계에 대한 분명한 이론적인 설명이 이미 존재했던 것이다. 우리는 팽창하는 우주에 살고 있다.

관측천문학자들이 그 이론을 완전히 이해하는 데에는 시간이 좀 걸렸다. 1931년 아인슈타인이 허블에게 우주론에 대한 관측적인 기반을 제공해준 데 대해 감사하기 위하여 윌슨산천문대를 방문한 다음에도 허블은 일반상대성이론의 의미를 받아들이는 데 인색했다. 그가 1936년에 쓴 글에는 다음과 같은 내용이 있었다. "팽창하는 우주 모형은 관측 결과를 설명하기 위해서 어쩔 수 없이 나온 것이다."[5] 허블을 비롯한 여러 사람들에게 은하들의 적색편이가 도플러 이동이 아니라는 사실을 이해하는 것은 어려운 일이었다.

길가에 서 있을 때 소방차나 경찰차가 지나가는 익숙한 경험에서 시작해보자. 다가올 때는 사이렌 소리가 높아지고 멀어질 때는 낮아진다. 소리의 높이는 진동수이기 때문에 진동수가 커졌다가 작아진 것이다. 그러니까 음원이 접근할 때에는 소리의 파장이 짧아지고 멀어질 때에는 파장이 길어지는 것이다. 이 현상은 1842년 크리스티안 도플러Christian Doppler가 처음 발견하고 설명하였다.[6] 이것은 빛에도 똑같이 적용된다. 광원이 접근하면 빛의 파장이 짧아져서 청색편이가 일어나고, 광원이 멀어지면 파장이 길어져서 적색편이가 일어난다.

이는 직관적으로 이렇게 작동된다. 어떤 파원이 당신에게 접근하면 이 파원은 자신이 만든 파동을 '따라잡아' 움직이는 방향으로 파동을 누르기 때문에 파장이 짧아진다. 파원이 멀어지면 파동에서 '달아나' 파동을 펴기 때문에 파장이 길어진다.[7]

천문학자들은 도플러 효과를 잘 알고 있었기 때문에 19세기 중반 이후부터 우리은하에 있는 별들의 움직임을 조사하는 데 이용해오고 있었다. 하지만 은하의 적색편이는 공간의 팽창에 의한 것이기 때문에 기본적으로 다른 것이다. 우리은하는 자체적인 중력에 의해 묶여 있기 때문에 우주론적인 적색편이는 은하들의 왕국으로 들어가야만 명확해진다. 일반상대성이론에 의하면 우주론적인 적색편이는 공간의 팽창 그 자체 때문에 생긴다. 이런 종류의 적색편이를 정의하기 위해서는 기준이 되는 물체나 특별한 지점이 필요하지 않다. 은하들은 모두 팽창에 의해 서로 멀어진다. 빛의 파동이 팽창하는 공간 속을 이동하면 그 파장은 팽창에 의해 길어진다. 더 멀리 이동할수록 적색편이가 더 크게

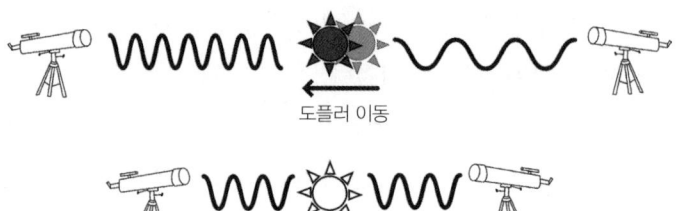

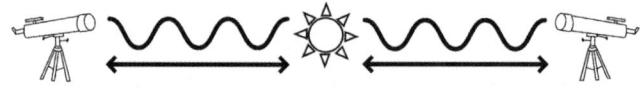

■우주론적인 적색편이는 도플러 효과와 다르다. 시공간의 팽창은 모든 은하들을 서로 멀어지게 만들고 우주 공간을 지나가는 빛의 파장을 길어지게 한다. 이 그림은 1차원으로 표현되었지만, 공간에서는 일반상대성이론에 따라 휘어질 수 있는 3차원에서 팽창이 일어난다.

일어난다.

직관적으로, 그리고 문자 그대로 늘어나는 것이다. 이렇게 이해하면 쉬울 것이다. 은하들을 풍선 표면에 붙어 있는 구슬이라고 생각하자. 풍선을 불면 모든 구슬들은 서로 멀어질 것이다. 팽창하는 속도를 측정해보면 허블이 얻었던 대로 거리와 팽창속도 사이에 직선적인 상관관계가 나올 것이다. 이번에는 풍선에 빛의 파동을 표현하는 구불구불한 선을 그려보자. 풍선을 불면 파동의 파장도 점점 늘어나서 길어질 것이다. 이것이 우주론적인 적색편이다.■8 은하들이 공간 사이로 움직인다고 생각해서는 안 된다. 은하들이 날아가는 것이 아니다. 공간이 팽창하면서 은하들을 함께 끌고 가는 것이다.

얼핏 보기에는 허블 다이어그램은 코페르니쿠스 시대 이후 천문학의 핵심 원리에 어긋나는 것처럼 보인다. 우주 공간에서 우리의 위치는 특별하지 않다는 원리 말이다. 모든 은하들이 우리에게서 멀어지고 있다면 우리가 우주의 중심이라는 뜻이 아닌가? 그렇지는 않다.

허블의 관측이 보여준 것은 은하들은 적색편이가 일어나고 멀리 있는 은하일수록 적색편이가 더 크게 일어난다는 사실뿐이다. 일반상대성이론이 이야기하는 것은 적색편이는 공간의 팽창 때문에 일어나는 것이고, 팽창은 지역적으로 일어나는 것이 아니라 전체적으로 일어난다는 것이다. 만일 우리가 먼 은하로 이동하여 우리은하를 포함한 여러 은하들의 거리와 적색편이를 측정한다면 허블이 구했던 똑같은 직선적인 상관관계가 있는 그래프를 구할 수 있을 것이다. 어쩌면 멀리 있는 어떤 외계인이 실제로 이 일을 하고 자랑스럽게 자신의 이름(아마도 발음하기 어려운)이 붙은 법칙을 발표했을지도 모른다.

우주는 대부분의 인류 문명에서 영원한 것으로 여겨졌고■9, 과학에서도 20세기까지 그렇게 생각하는 것이 전통이었다. 하지만 만일 모든 은하들이 서로 멀어지고 있다면 은하들이 모두 서로 더 가까이 있었던 시기가 있었다고 생각할 수 있다. 우리는 '시계를 뒤로 돌려' 우주가 더 작고 더 밀집했던 시기로 돌아가는 것을 상상해볼 수 있다. 현재의 팽창을 시간적으로 뒤로 돌려 모든 은하들이 한곳에 모여 있었던 시기를 계산해보면 우주의 나이를 대략적으로 측정할 수 있다. 이것은 약 140억 년으로 지구 나이의 약 3배 정도가 된다.

우주에 시작이 있다면 어떻게 시작되었는가 하는 것은 정당한 과학적인 질문이 될 수 있다. 조금만 참자. 시간여행이 우리를 거의 그곳으로 데려가줄 것이다.

우주 거대구조

우주의 시작에 대한 질문은 나중에 다시 하기로 하자. 하지만 허블의 업적은 은하 연구에 새롭게 박차를 가하게 해주었다. 천문학자들은 더 어두운 은하들을 관측하고, 그 움직임을 측정하고, 그들의 성질을 이해하려고 노력했다. 탐험의 시대 지도 제작자들은 처음으로 세계지도를 만들었다. 18세기 후반에 우리은하의 지도를 그렸던 윌리엄 허셜은 비슷한 수준의 모험심을 느꼈다.

1930년대부터 천문학자들은 엄청난 수의 새로운 은하들을 탐험했다. 이렇게 역동적인 우주를 연구하면서, 그들은 우리가 우주에서 어떤 특별한 위치를 차지하고 있지는 않을 것이기 때문에 우리가 보는 우리 주변은 '정당한 샘플'이고, 똑같은 물리 법칙이 우주 전체에 적용된다고 가정했다. 초기의 지도 제작자들도 같은 상황이었다. 그들은 자신들만 하얀 모래 해변이 있는 곳에서 살고 있고 다른 곳은 모두 정글이나 늪지는 아니라고 가정했다. 그들은 자신들이 살고 있는 곳이, 그들이 다른 곳에서 만나게 될 어떤 장소에 대한 좋은 샘플이 될 것이라고 가정했다. 그들은 또한 파도나 구름, 그리고 지질학적 과정도 모든 곳이 똑같다고 가정해야만 했다.

이러한 가정들은 우주론의 원리cosmological principle라고 한다. 공식적인 표현으로, 충분히 큰 스케일로 보면 우주는 모든 관측자에게 똑같이 보인다. 쉽게 표현하면, 우주는 당신이 누구든 어디에 있든 똑같다.

이는 조금 더 탐구해볼 가치가 있다. 우주론의 원리는 철학적인 의미도 내포하고 있기 때문이다. 기본적으로 우리는 우주가 인식할 수 있고 합리적인 물리 법칙을 따른다고 가정한다. 그렇지 않다면 과학은 작동되지 않는다.[10] 그리고 우리는 주변의 더 넓은 환경을 측정하고 관찰할 수 있는 지적인 존재인 '관찰자'라는 개념도 필요하다.

부엉이가 하늘을 보면 우리보다 더 많은 별을 볼 수 있다. 하지만 방향을 잡는 데 이용되는 것 이외에는 그저 빛들의 점에 불과하다. 돌고래는 좋은 감각을 가진 지적 포유류지만 물속에서 살기 때문에 절대 천문학자가 될 수는 없다. 우리는 큰 뇌와 기술을 가지고 있기 때문에 우주에서 우리의 위치를 이해할 수 있다. 우주의 어딘가에는 잠자는 중에도 일반상대성이론을 이용하여 별과 별 사이를 그저 정신 집중만으로도 이동할 수 있는 외계인 같은 초관찰자가 있을 수도 있다. 관찰자가 되기 위해서 '우주의 주인'이 될 필요까지는 없다. 그저 '충분히 똑똑한' 수준이면 된다.

또 적당한 장소에 있어야 할 필요도 있다. 아서 에딩턴은 우리가 만일 금성처럼 밀도가 높은 구름에 둘러싸인 행성에 살고 있었다면, 우리는 중력에 대한 지식으로 한 번도 보지 못한 별의 존재를 유추했을 것이라고 생각했다. 이것은 논쟁의 여지가 있지만, 설사 그랬다 하더라도 물리적 직관으로 우리가 엄청나게 넓은 팽창하는 우주에 살고 있다는 사실을 예측할 방법은 전혀 없다. 우리가 다른 은하들을 볼 수 없었을 다른 장소―은하의 중심, 구상성단 내부, 블랙홀의 사건의 지평선 근처―도 있다. 이건 순전히 우리의 운일까? 우주가 우리를 속이거나 잘못된 방향으로 이끌 수도 있다고 생각하지 않는 것은 너무 순진한 것일까?

하지만 우주론의 원리는 신념의 문제가 아니다. 이것은 테스트가 가능한 예측을 한다. 등방성isotropy과 균질성homogeneity이다. 이것도 역시 팽창하는 우주에 대한 일반상대성이론의 결과다.■[11] 등방성은 '모든 방향으로 똑같다'는 것을 의미하고, 균질성은 '모든 곳에서 똑같다'는 것을 의미한다.

집들이 모두 똑같은 2개의 계획된 동네를 생각해보자. 한쪽은 격자무늬로 지어져서 그 동네 어디를 가든 똑같은 모습으로 보이기 때문에 균질하다. 하지만 격자무늬가 특정한 방향을 가지고 있기 때문에 등방성은 없다. 다른 동네는 원형의 공원을 중심으로 동심원 모양의 거리 위에 지어져서 중앙에 있는 공원에서는 모든 방향이 똑같아 보이기 때문에 등방이다. 하지만 거리의 곡률은 중심에서의 거리에 따라 다르기 때문에 균질하지는 않다. 등방은 아니지만 균질할 수는 있고, 그 반대도 가능하다. 이제 세 번째 동네를 생각해보자. 불모지에 집들이 무작위로 흩어져 있는 판자촌에 가까운 곳이다. 당신은 어디에 있든 어느 방향을 보든 거의 똑같은 모습을 보게 될 것이다. 이 집들을 은하들로 생각한다면 이것이 (2차원에서) 우주와 가장 닮은 모습이다.

실제 우주는 거의, 하지만 완벽하지는 않게 균질하고 등방이다. 하늘에서 다른 방향을 보면 정확하게 똑같은 은하가 보이지는 않는다. 하지만 밝은 은하와 어두운 은하의 수, 그리고 전체적인 은하들의 종류는 평균적으로 거의 같다. 그리고 중간 크기의 나선은하 원반의 나선팔 근처인 우리의 위치는 특별하긴 하지만 비정상적인 것은 아니다. 우리가 M31 또는 다른 어떤 은하의 유사한 위치에 있다면 우주의 모습은 거의 똑같이 보일 것이다. 균질성은 등방성보다 더 확인하기 어렵다. 등방성은 망원경으로 여러 방향을 관측해보면 확인할 수 있다. 하지만 균질성을 확인하기 위해서는 멀리 있는 은하들로 직접 가서 우주의 모습과 움직임이 똑같이 보이는지 관측해보아야 한다. 비유하자면 큰 숲 속에 서서 '모든 방향으로 거의 똑같이 보인다'라고 말할 수도 있고, 혹은 실제로 똑같다는 것을 확인하기 위해서 숲 속 구석구석을 힘들게 돌아다닐 수도 있다.

우주론은 특이한 전제에 기반하고 있다. 눈에 보이지 않고 팽창하는 시공간은 은하들의 위치로 측정된다. 그런데 은하들은 집단을 이루고 있고 균질함을 깨뜨리기 때문에 우주론의 원리에 위배된다. 덩어리들을 무시한다면 국물은 균질하다!

1930년대에 허블과 섀플리는 150년 전 허셜이 우리은하의 별들이 분포되어 있는 지도를 만들었던 것처럼 은하들이 분포되어 있는 지도를 서로 독립적으로 만들었다. 그 둘은 모두 은하들이 다른 곳보다 은하들이 많이 모여 있는 '구름' 영역을 발견했다. 처녀자리Virgo 방향과 남쪽 하늘의 화로자리Fornax 근처에 크고 느슨하게 모여 있는 은하집단이 있고, 머리털자리Coma 방향으로 어둡지만 매우 밀집한 은하집단이 있다. 은하들은 우주론의 중심적인 전제와는 달리 균일하고 무작위로 분포되어 있지 않다.

이 사진 조사에서는 은하의 70퍼센트 정도가 나선은하와 불규칙은하였고, 30퍼센트는 부드럽고 불그스름한 원형이나 타원형 모양이었다. 허블과 그의 오랜 동료인 밀턴 휴메이슨은 밀도가 가장 높은 은하집단에는 타원은하들이 더 많고, 나선은하들은 가까운 이웃이 별로 없이 전체적으로 고르게 분포되어 있다는 놀라운 관측 결과를 얻었다.

휴메이슨은 특이하고 인상적인 개인사를 가지고 있다. 고등학교를 중퇴한 그는 산을 좋아해서 윌슨 산에 새로운 천문대를 건설하기 위한 물건들을 운반하는 기사로 취직했다. 그는 관리인이 되어 천문대에 계속 머물렀고, 금방 관측 기술을 배워서 야간 조수가 되었다. 천문대장이었던 조지 엘러리 헤일은 그의 재능을 알아보고 많은 직원들의 반대에도 불구하고 그를 천문대 직원으로 뽑았다. 허블을 유명하게 만든 대부분의 관측은 고등학교 졸업장이 없는 한 사람의 세심한 노력의 결과였다.

나는 허블과 휴메이슨이 일했던 패서디나의 카네기천문대에 있는 건판 보관소를 방문한 적이 있다. 우리는 1930년대와 1940년대의 건판 자료들을 조사했다. 건판은 수 밀리미터 두께에 음반 커버 정도의 크기였다. 사서가 재미있는 은하들을 짚어주었다. 투명한 건판에 은하들과 별들이 검은색으로 흩어져 있었다. 어떤 건판은 상이 길쭉하거나 뿌옇거나 별로 완벽해 보이지 않았다. "그것들은 허블의 작품이죠." 안내원이 묘한 미소를 띠며 말했다. "그는 휴메이슨이 망원경을 다룰 때 가장 좋은 결과를 냈어요."

1948년, 5미터 헤일망원경이 팔로마 산에서 처음으로 관측을 시작했다. 하늘의 넓은 영역을 관측하기 위해 설계된 1.2미터 망원경도 함께 만들어졌다. 1.2미터 망원경은 10년 동안 붉은빛과 푸른빛으로 북반구의 전 하늘을 관측하여 1,874장의 사진 건판을 만들어냈다. 피어리Peary를 북극점으로 보내고 비어드Byrd를 남극점으로 보낸 국립지질연구원National Geographic Institute에서 이 관측에 필요한 비용을 제공했다. 밤하늘의 지도를 그리는 것은 지도 제작 역사에서 또 하나의 중요한 이정표였다.■12 이 새롭고 강력한 자료를 이용하여 조지 아벨George Abell은 은하단 4,000개의 목록을 만들었다. 건판을 조사해본 사람은 누구나 은하들의 구조와 패턴을 충분히 알아볼 수 있었다. 하지만 그 조사는 불완전했다. 사진 자료는 3차원의 깊이에 대한 정보를 알려주지 못하기 때문이다.

당신은 거대한 숲 속에 있다. 나무들을 성기게 만들어서 멀리까지 볼 수 있게 되었다고 가정하자. 주위를 둘러보면 숲은 모든 방향으로 거의 같아 보이고 바로 옆에 있는 나무들과 멀리 있는 나무들이 크게 다르지 않은 우주론의 원리가 적용된다. 하지만 숲의 먼 곳을 보는 관점은 완

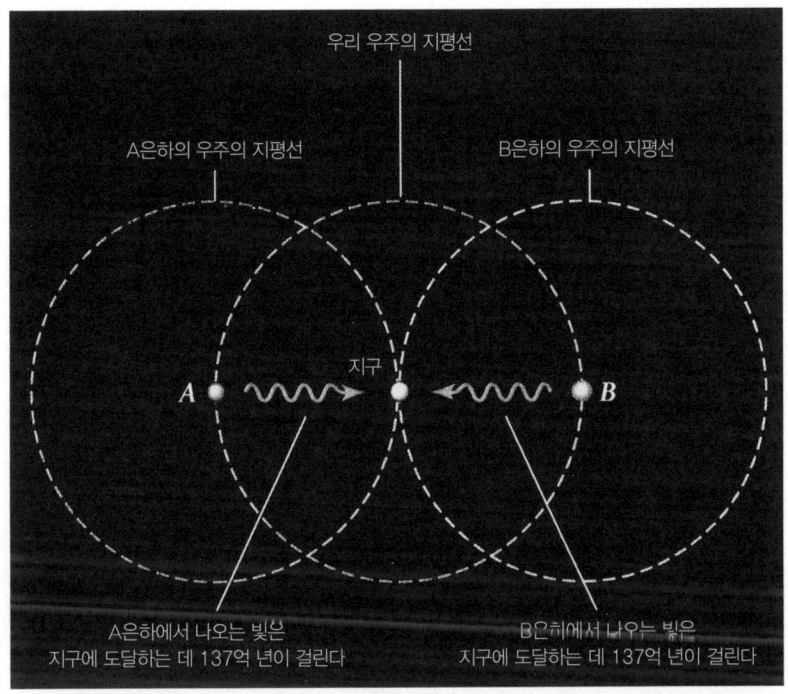

■ 우주를 보는 우리의 시야는 우주에서 우리의 위치에 의존하고, 우주의 나이인 137억 년 동안 빛이 이동할 수 있는 거리로 제한된다. 우리 시야의 한계를 우주의 지평선이라고 부른다. 은하 A와 B는 지구에서 서로 반대편 지평선 끝에 있다. 이 은하들에 있는 관측자는 우리은하를 그들의 지평선 끝에서 볼 것이다.

전하지 않다. 중요한 문제는 당신의 시야는 당신을 둘러싸고 있는 원형 지평선의 1차원으로 제한된다는 것이다.

이제 당신은 헬리콥터를 타고 같은 숲 위에 있다. 나무들의 모양과 크기, 밀도의 변화, 그리고 나무의 종류 등이 마치 지도처럼 펼쳐져 있다. 예를 들어 나무들이 숲 전체에 걸쳐서 작은 원들로 심어져 있다면 땅에서 그 사실을 알아내는 것은 불가능하지만 공중에서는 쉽게 볼 수 있다. 숲의 상세한 구조는 한 차원을 추가하면 명확하게 보인다.

우주도 마찬가지다. 깊이에 대한 감각이 없으면 모든 것이 천구 위에 붙어 있는 것으로 보일 뿐이다. 서로 이웃하여 있는 것처럼 보이는 은하들이 실제로는 매우 다른 거리에 있을 수 있다. 그리고 3차원에서는 한참 멀리 떨어져 있는 은하들이 겉으로 보기에는 서로 가까이에서 물리적인 연관성을 가지고 있는 것처럼 보이기도 한다(이것은 별자리에서도 마찬가지다. 같은 별자리에 있는 별들이 실제로는 서로 멀리 떨어져 있는 경우가 많다). 허블은 선구적으로 세페이드 변광성을 거리 측정에 사용했지만, 그 방법으로는 가장 가까이 있는 수십 개의 은하들밖에 측정할 수 없었다.

해결 방법은 적색편이를, 거리를 대신하는 값으로 사용하는 것이다. 우주의 팽창은 거리와 적색편이 사이에 직선적인 상관관계가 있다는 것을 의미한다. 그러므로 은하의 적색편이를 측정하면—스펙트럼으로 쉽게 구할 수 있다—거리를 추정할 수 있다. 1970년대에 천문학자들은 은하들의 적색편이를 모으기 시작하여 3차원에서 은하들의 위치를 결정했다.[13] 어떤 영역에 있는 모든 은하들의 적색편이를 구하기 위해서는 너무나 많은 일을 해야 하기 때문에 조사는 주로 지구의 회전에 따라 하늘에서 줄무늬 모양으로 이루어졌다. 그 결과는 '우주의 얇은 조각'이었다. 처음에 만들어진 지도는 수십 개의 은하들이 뼈다귀 같은 3차원 구조를 따라 분포하고 있는 누더기 같은 모습이었다. 하지만 망원경과 분광기, 그리고 관측 장비들의 발달로 대규모 조사가 가능해졌다. 최근의 슬론디지털스카이서베이Sloan Digital Sky Survey, SDSS는 약 100만 개 은하들의 적색편이를 구했다.[14]

천문학자들은 3차원 지도에서 본 모습을 묘사하기 위하여 비유를 사용하였다. 스케일이 너무나 크기 때문에 그들은 편안함과 익숙함을 찾아서 부엌으로 향했다. 은하의 분포를 적색편이 없이 하늘의 평면에서 보면 은하의 집단은 개별 은하들이 만든 국물 위에 떠 있는 고깃덩어리처럼 보인다. 적색편이라는 재료가 추가되면 연결된 구조가 드러난다. 어떤 연구자들은 직선 구조를 발견하였는데, 그들에게는 이 선들이 엉켜 있는 스파게티 면처럼 보였다. 부엌이 너무 복잡해지자 청소를 하고 싶어 하는 사람들이 나타났다. 그들은 마치 스펀지처럼 서로 연결되어 있는 구조와 빈 공간들을 지적했다. 빈 공간들 중 어떤 것은 아주 커서 은하들이 얇은 비눗방울 껍질에 갇혀 있는 비누거품처럼 보인다.

누가 맞을까? 어떤 부분까지는 모든 요리사들이 다 맞다.■15 거대구조의 모양은 너무나 복잡하여 간단하게 묘사할 수가 없다. 오늘날 연구자들에게 가장 많이 사용되고 있는 비유는 '우주의 거미줄'이다. 은하들이 필라멘트와 벽을 이루고 있고 그 사이에 빈 공간이 있다. 그리고 은하단들은 그 구조가 서로 마주치는 곳에서 발견된다. 완전히 고립되어 있는 은하들은 매우 드물다. 하나의 숫자—프랙탈fractal 차원—로 수백만 광년에서 수억 광년에 이르기까지의 구조를 정확하게 묘사할 수 있다. 그 수는 1.7로 프랙탈 차원이 1인 실 모양과 프랙탈 차원이 2인 평면 사이의 값이다.■16

적색편이 조사는 몇 개의 거대한 구조를 발견해냈다. 5억 5,000만 광년 크기의 초은하단과 10억 광년 크기의 거대한 빈 공간, 그리고 14억 광년 길이의 은하들의 벽이다.■17 조나단 스위프트가 쓴 것처럼, "벼룩에는 더 작은 벼룩이 붙어 있고, 그 벼룩을 물어뜯는 더 작은 벼룩들이 있다. 그렇게 무한히 이어진다." 천문학자들은 이 구조가 프랙탈처럼 끝없이 위로 올라가지 않을까 걱정했다. 하지만 가장 큰 규모의 조사는 3억 광년 이상의 스케일에서는 우주론의 원리가 유효하다는 사실을 재확인시켜주었다. 다시 말해서 우주의 3억 광년 규모의 '덩어리'들은 거의 같아 보이고 은하들의 수도 비슷하다는 것이다. 시력이 좋지 않아서

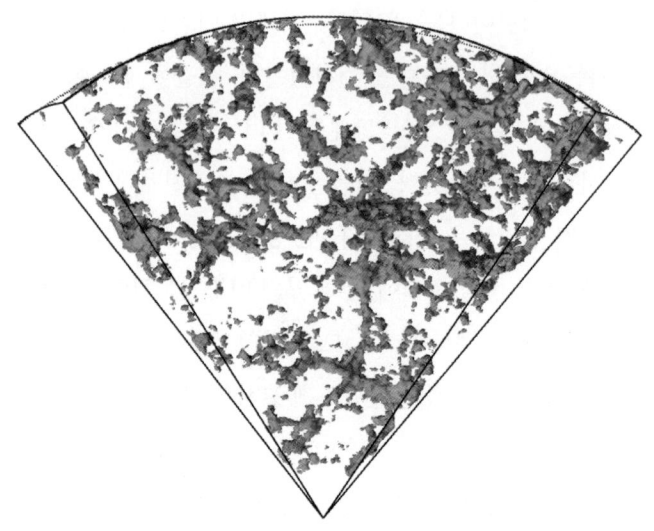

■ 하늘의 '얇은 조각'에서의 은하들의 3차원 분포를 그린 적색편이 지도. 이 그림에서 우리는 조각의 꼭짓점에 있고 바깥쪽으로 20억 광년이 펼쳐져 있다. 회색 지역은 은하들이 발견된 곳이다. 슬론 그레이트 월Sloan Great Wall이라고 하는 가장 큰 연결 구조는 조각의 거의 절반을 가로지르고 있으며 길이는 10억 광년이 넘는다(앵글로-오스트레일리안 2도 서베이|Anglo-Australian Two-Degree Survey와 슬론 적색편이 서베이).

3억 광년보다 작은 크기를 볼 수 없는 존재에게 우주는 매끈하고 균일하게 보일 것이다.

  은하들은 팽창하는 시공간의 잘못된 표지다. 중력은 은하들을 뭉치게 만든다. 은하를 발견하기 가장 좋은 곳은 다른 은하 근처다. 은하가 모이는 것은 은하들의 위치뿐만 아니라 은하들의 움직임으로도 알 수 있다. 은하들이 모일 때는 중력에 의해 움직임이 빨라지기 때문이다.

  적색편이를 이용하여 우주의 3차원 구조 지도를 그리던 천문학자들은 허블의 법칙에 어긋나는 현상을 발견했다. 허블이 발견한 거리와 시선속도(또는 적색편이) 사이의 선형적인 관계는 팽창하는 시공간을 설명해주는 것이다. 하지만 이웃 은하들에 묶여 있는 은하들은 중력이 지속적으로 작용하여 우주의 팽창에 의한 움직임과는 확연히 다른 움직임 성분을 가지게 된다. 천문학자들은 이것을 '특이운동' 속도'peculiar' velocity 라고 부른다. 우리는 이 은하들을 완벽한 허블의 법칙을 위배하는 콧대 높은 은하들이라고 상상할 수 있다.

공간의 어떤 영역의 중력이 충분히 강하다면 그 영역에 있는 물질들은 허블 팽창을 따르지 않는다. 은하들은(그리고 그 안에 있는 모든 것들은) 그들 자체의 중력에 묶여서 팽창하지 않는다. 우리은하는 안드로메다 은하의 품속으로 뛰어들고 있다. 중력이 아니었다면 서로를 멀어지게 만들었을 우주의 팽창을 무시하고 있는 것이다. 밀집한 은하단들도 역시 서로 간의 중력에 의해 은하들이 묶여 있는 곳으로 보인다. 만일 그렇다면 은하들의 속도 분포는 은하단의 '무게'를 재는 데 이용될 수 있다. 1933년 칼텍의 천문학자 프리츠 츠비키는 머리털자리 방향에 있는 가장 가까운 거대 은하단에 있는 은하들의 적색편이를 측정하여, 이 은하들이 마치 화가 난 곤충들의 무리처럼 놀라울 정도로 빠른 속도로 움직이고 있다는 사실을 발견했다.

커다란 검은 파리가 우주론 사이로 뛰어든 것이다.

암흑물질

암흑물질을 세상에 던진 사람은 명석하고, 오만하고, 통찰력 있고, 성미가 고약한 남자였다. 프리츠 츠비키는 불가리아에서 태어나 직장 생활 대부분을 남부 캘리포니아에 있는 칼텍에서 보냈다. 그는 당신이 한 번도 이름을 들어보지 못한 가장 유명한 천문학자다.

츠비키는 우주에서 오는 극도로 높은 에너지를 가진 의문의 입자—우주선cosmic ray이라고 불리는—에 대해서 고심하고 있었다. 그는 이것이 죽어가는 별이 폭발할 때 나온 것일 수밖에 없다고 결론 내렸다. 그는 초신성supernova이라는 말을 만들어내고 다른 어떤 천문학자들보다 더 많은 초신성을 발견했다. 그는 초신성은 극도로 밀도가 높은 순수한 중성자로 이루어진 핵을 남길 것이라고 생각했다. 이론천문학자들은 처음에는 그 아이디어를 조롱했지만 나중에는 그럴 수도 있다고 인정했고, 30년 후에 펄사가 발견되었다. 츠비키는 팔로마 산에 있는 1.2미터 망원경으로 이용하여 수백 개의 은하단을 포함한 수만 개의 은하들의 기념비적인 목록을 만들었고, 그의 판단에 오류가 없었던 것은 아니지만 큰 은하들보다 작은 은하들이 훨씬 더 많을 것이라고 정확하게 추정했다. 그는 중력과 우주의 나이 그리고 적색편이에 대해서 괴짜 같은 아이디어를 가지고 있었다.

   내가 칼텍에서 박사 후 과정을 했을 당시는 츠비키가 죽은 지 한참이 지난 뒤였지만 그는 여전히 전설이었다. 츠비키의 거침없는 말 때문에 고통을 받았을 것이 분명한 원로 천문학자들도 그를 아쉬워하는 이야기를 했다. 그는 바보 같은 행동에 관대하지 않았고 깊은 원한을 가지고 있었다. 그의 동료들 중 한 사람은 츠비키가 자신을 죽일 수도 있다고 두려워했다. 학과장은 그를 '자만심이 강하고 매우 자기중심적'이라고 말했다. 츠비키는 자신의 은하 목록 서문에서 동료들의 이름을 거론하며 자신의 아이디어를 훔치고 있다고 비난하면서 그들을 '아첨꾼들'이자 '도둑놈들'이라고 불렀다. 한번은 이렇게 말한 적도 있다. "천문학자들은 구형 나쁜 놈들이다. 어떤 방향에서 보든지 그들은 그저 나쁜 놈들일 뿐이다."■18

   츠비키는 코마 은하단에 있는 은하들의 시선속도를 이용하여 은하단의 질량을 구한 다음 이것을, 모든 은하들에서 나오는 빛을 더하여 구

■ 코마 은하단은 지구에서 3억 2,000만 광년 떨어져 있고, 수만 개의 은하들로 이루어져 있으며 그 대부분은 왜소은하들이다. 은하단의 가장 바깥쪽에 몇 개의 밝은 나선은하들이 있고, 중심 근처에 두 개의 큰 타원은하가 있다. 은하단 내의 속도 혹은 적색편이의 범위가 너무 커서 은하들이 눈에 보이지 않는 형태의 물질에 의해 붙잡혀 있어야만 한다.

한 별의 질량과 비교하였다. 그는 앞의 값이 뒤의 값보다 10배나 더 크다는 사실을 발견하고 깜짝 놀랐다. 그는 은하단의 질량이 예상보다 큰 이유에 대한 네 가지 설명을 제안했는데, 네 가지 모두 천문학자들에게는 받아들이기 힘든 설명이었다. 아마도 코마 은하단에서는 물리 법칙이 다르다. 아마도 코마 은하단은 특이한 별들로 이루어져 있다. 아마도 은하단이 아직 중력에 의해 최종적인 형태로 안정되지 않아서 은하들의 속도가 질량을 제대로 반영하지 못하는 것이다. 마지막으로, 은하단 질량의 90퍼센트는 그저 눈에 보이지 않을 뿐이다. 츠비키는 마지막 설명에 해당되는 것을 '암흑물질'이라고 불렀다.

이후 몇십 년이 지나면서 앞의 세 가지 설명은 사라져버렸다. 물리 법칙에 변화가 있다거나 특이한 별이 있다는 어떤 증거도 나오지 않았고, 코마 은하단은 부드러운 원형이었기 때문에 츠비키가 계산한 질량은 정확했다. 그리고 베라 루빈을 비롯한 과학자들이 눈에 보이는 물질에 의해 잡혀 있기에는 나선은하들의 회전속도가 너무 빠르다는 사실을 알아냈다. 츠비키의 원래 논문은 먼지더미에서 벗어나 다시 읽혔다. 암흑물질이라는 주제가 왜 40년 동안 무시를 당했는지는 이해하기 어렵지 않다. 천문학자들은 전해진 소식이 마음에 들지 않았고, 그중 많은 사람들은 소식을 전한 사람을 총으로 쏴버리고 싶었던 것이다(아마도 츠비키의 경우가 그랬을 것이다).

 1980년대에 이르러서는 암흑물질은 우주론의 기본 중 하나가 되었다. 비록 그것이 무엇인지는 아무도 몰랐지만. 나선은하들은 거대한 암흑 헤일로 속에 놓여 있고, 조금 더 어렵긴 했지만 타원은하들도 마찬가지라는 사실이 밝혀졌다. 시뮬레이션 전문가들은 암흑물질을 적당한 비율만큼 컴퓨터에 넣어야 했다. 그러지 않으면 우리가 보는 것과 비슷한 우주를 만들어낼 수가 없었다.

 츠비키의 대담한 아이디어에 대한 정당성은 그가 죽은 지 5년이 지난 1979년 중력렌즈가 발견되면서 마지막으로 입증되었다.■[19] 츠비키는 일반상대성이론의 핵심적인 예측에 따라 은하단들이 빛을 구부리기에 충분할 정도로 질량이 크다는 것을 깨달았다. 빛이 휘어지고 왜곡되고 심지어는 밝아지는 현상은 상대성이론에 대한 증명이 될 것이고 암흑물질을 연구하는 새로운 방법이 될 것이다.

 허블우주망원경에서 관측한 새로운 사진들에는 큰 은하단의 오래된 붉은 은하들이 동심원의 일부처럼 보이는 작은 푸른 원호 모양의 빛으로 둘러싸여 있는 모습이 보였다. 이 푸른 원호 모양의 빛들은 은하단 중심부를 둘러싸고 있는 형태를 가지고 있다. 각각의 푸른 원호들은 배경에 있는 은하의 상이 왜곡되고 밝아진 것이다. 멀리 있는 은하에서 오는 빛은 은하단의 주변을 지나거나 통과하는 여러 개의 경로를 취할 수 있다. 그래서 하나의 천체가 은하단에 걸쳐 있는, 모양이 다른 신기루를 만들어낼 수 있다.[20] 어떤 경우에는 수백 개의 배경 은하들이 중력의 신기한 거울에 의해 이런 방법으로 왜곡되기도 한다.

빛이 이 광학 실험을 수행하는 데에는 어마어마한 시간이 걸린다. 배경의 푸른 은하는 아마도 50에서 60억 광년 떨어져 있을 것이다. 이 은하의 빛은 지구가 만들어지기도 전에 출발했다. 이동 중에 중력이 광자의 방향을 살짝 바꾸거나 약간 흔들리게 만들기도 한다. 빛은 모든 방향으로 나가기 때문에 아주 작은 비율만이 내가 있게 될 방향을 향한다. 이 빛은 코마 은하단을 만날 때까지 50억 년 동안을 부드럽게 거의 직선으로 움직였다. 그리고 그 빛은 은하단의 암흑물질에 의해 휘어진 시공간을 따라 움직였다. 빛의 궤적 중 4개가 은하단 주변에서 휘어져 우연히 생명체가 막 바다에서 육지로 기어 나온 지구로 향하게 되었다. 다시 수억 년이 지나 그 광자들은 천문학자들이 때마침 만든 망원경에 도착하였다. 그리고 그것을 받은 천문학자들은 그 4개의 다른 이미지가 하나의 은하에서 나온 것이라는 사실을 알아차린다. 신기루에 놀란 천문학자들은 암흑물질 같은 말을 중얼거린다.

중력렌즈 현상은 수십 개 초은하단의 '무거운 정도'를 측정하는 데 사용되었는데, 모든 경우에서 질량은 눈에 보이지 않는 물질이 더 우세하였다. 암흑물질에 대한 이 모든 이야기가 의심스럽다면 당신 혼자만 그런 것은 아닐 것이다. 대부분의 물질이 눈에 보이지 않고 빛과 반응하지 않는 우주에서 살아가는 것은 좀 불편하다. 암흑물질은 중력을 통해서만 느낄 수 있을 뿐이다. 만일 당신이 손에 암흑물질 한 줌을 쥐었다면 이것은 당신의 손을 통과하여 부드럽게 지구의 중심으로 떨어질 것이다. 우주는 우리에게 비밀을 드러내지 않고 있다.

암흑물질은 보통물질과 함께 존재하면서 중력 계산에 의해서만 나타나기 때문에 이론가들은 뉴턴의 중력이론이 큰 규모에서는 맞지 않는 것이 아닐까 의심한다. 중력 법칙을 조금만 바꾸면 암흑물질을 생각할 필요가 없어진다. 하지만 다행히도 자연은 암흑물질의 존재를 확인해볼 수 있는 완벽한 장소(자연의 원래 모습은 아니지만)를 제공해주었다. 총알 은하단Bullet Cluster은 오래전에 충돌하여 서로를 뚫고 지나가고 있는 2개의 은하단으로 이루어져 있다.■[21] 대부분의 보통물질은 별이 아니라 뜨거운 기체다. 두 은하단이 만나면 기체는 던져진 두 통의 물이 서로 뭉치듯이 중심부에 쌓이는 반면, 은하들과 암흑물질은 마치 유령처럼 서로를 통과하여 지나간다. 중력렌즈 지도는 암흑물질이 보통물질의 양쪽 바깥으로 밀려나 있는 것을 보여준다. 뉴턴의 중력 법칙을 수정해서는 이 관측 결과를 설명하지 못한다. 중력의 방향이 보통물질의 방향과 다르기 때문이다. 암흑물질은 실제로 존재한다.

타원은하 만들기

나는 우주의 풍성함을 처음으로 목격한 순간을 절대 잊지 못할 것이다. 처음으로 혼자 작업할 수 있는 자격을 얻은 나는, 가로 세로 30센티미터의 건판을 조심스럽게 현상액 통에서 정착액 통으로 옮겼다. 3분 후에 마지막 세척을 위해서 건판을 물통으로 옮겼다. 수술용 장갑을 통해서 면도날처럼 날카로운 유리의 가장자리를 느낄 수 있었다. 암실은 희미한 붉은빛으로 가득 차 있었다. 보통 다음 순서는 몇 시간 잠을 잔 후 다시 돌아와 건판을 조사하여 목록에 추가하는 것이지만, 나는 나의 첫 번째 하늘 탐사 건판을 보고 싶어 견딜 수가 없어서 건판을 건조기에 넣고 기다렸다. 한없이 긴 10분이 지난 후 건판을 라이트테이블 위에 놓고 형광등을 켰다. 나는 간절한 마음으로 작은 렌즈를 통해 건판을 들여다보았다.

작은 방울들이 시야에 들어왔다. 건판은 멀리서 볼 때는 마치 흩어진 잉크로 덮여 있는 것 같지만, 가까이서 보면 둥근 성운 모양과 나선팔들이 드러났다. 건판을 살펴보자 우리은하에 있는 별들 사이에 많은 은하들이 흩어져 있는 것이 보였다. 나는 책장 속에 끼어 있는 파리 같은 은하들을 전에도 사진으로 본 적이 있었다. 하지만 여기 있는 1만 개는 불과 한 시간 전에 날아다니다가 잡혀서 사진 건판에 움직이지 못하게 고정된 것이었다.

나는 에든버러대학에서 막 박사과정을 시작한 스물한 살이었고, 멀리 뉴 사우스 웨일즈New South Wales의 워럼벙글 산Warrumbungle Mountains에 설치된 UK슈미트망원경UK Schmidt Telescope으로 파견 가 있었다. 나는 천체 사진 관측이 저물어가는 시기에 견습 직원으로 근무했다. 당시 CCD 카메라는 마세라티Maserati(이탈리아의 스포츠카—옮긴이)—성능은 좋지만 고장이 잘 나고 고철로 끝나는—였고, 사진 건판은 포드 트럭—튼튼하고, 다목적이고, 넓은 지역을 커버하는—이었다.

견습 직원 시스템은 아주 훌륭한 것이었다. 많은 것을 배울 수 있으면서도 실수는 용서가 되기 때문이다. 나는 망원경 초점을 제대로 맞추지 못해서 상이 별이 아니라 도넛으로 나온 적도 있었다. 하루는 망원경이 안내별을 놓쳐서 상이 심하게 찌그러진 적도 있었다. 또 하루는 붉은색 등 대신 흰색 등을 켜는 바람에 하룻밤 내내 관측한 건판을 망가뜨린 적도 있었다. 사진 건판을 의자에 놓고 바보같이 그 위에 앉았던 기억도 잊을 수 없다. 900제곱센티미터에 1밀리미터 두께의 유리가 깨어지는 소리를 상상해보라.

나는 바보 같고 저주받은 것 같은 느낌이 들었고, 성공에 목말라 있었다. 그래서 건판에 퍼져 있는 깨끗한 은하의 상을 기쁜 마음으로 바라보았다. UK슈미트망원경은 츠비키의 선구적인 탐사를 남쪽 하늘로 확장시킨 팔로마 산 2.5미터 망원경의 쌍둥이 망원경이다. 나는 나와 같은 암실에서 새롭게 발견된 은하단을 보면서 만족스럽게 고개를 끄덕이고 있는 명석하면서 괴팍한 사람을 상상했다. 내가 찍은 건판은 남쪽 하늘을 덮는 데 필요한 600개 중의 하나다. 천문학의 벽에 벽돌 한 장일 뿐이지만, 그것이 나의 성취감을 줄어들게 하지는 못했다.

나는 너무나 피곤했다. 나는 밤새 관측을 하고 건판을 현상했다. 숙소로 돌아갈 때는 해가 하늘 높이 떠 있었다. 사이딩스프링천문대Siding Spring Observatory는 오스트레일리아 아웃백의 가장자리에 있는 산악 지대에 위치해 있다. 바람에는 유칼립투스 향이 나고 캥거루들이 길가에서 지켜보고 있다. 쿠커버러kookaburra(사람 웃음소리같이 기이한 울음소리를 내는 오스트레일리아산 새 - 옮긴이)들이 유칼립투스 나무 위에서 웃고 있다. 하지만 너무 긴장을 풀어서는 안 된다. 이 산은 세계에서 가장 강한 독을 가진 뱀과 거미들이 살고 있는 곳이다. 천문학 초보자로서, 나는 지구의 절반을 가로질러 여행해서 우주의 절반을 가로지르는 거리에 있는 은하에서 온 빛을 관측하고 있다는 사실에 감탄했다.

우리의 인생은 은하들에 비하면 너무 짧아서 은하들은 마치 영원한 것처럼 보인다. 하지만 그들은 오래되긴 했지만 영원하지는 않다. 나선은하의 고고학은 그들이 더 작은 은하들이 모여서 만들어졌다는 사실을 보여준다. 은하는 지금도 만들어지고 있지만 그 속도는 많이 줄었다. 우주의 팽창 때문에 은하의 재료가 되는 기체와 작은 은하들을 사용하기 어려워졌기 때문이다.

허블과 휴메이슨, 그리고 츠비키는 1930년대에 형태가 다른 은하들이 우주 전체에서 비슷한 확률로 관측되지 않는다는 사실을 깨달았다. 나선은하들은 우리은하와 M31이 있는 곳처럼 밀도가 낮은 환경을 좋아하는 반면, 타원은하들은 은하단에서 밀도가 높은 환경을 좋아한다. 천문학자들은 이것이 원래 그랬던 것인지 아니면 만들어진 것인지 궁금해했다. 타원은하들에는 나이가 많은 별들이 많고 현재 별의 생성은 거의 일어나지 않는다. 어쩌면 이들은 은하들이 처음 만들어지던 시기의 유물일 수 있다. 하지만 이들은 격렬한 은하 충돌이 일어나는 지역에 있기도 하기 때문에 은하들 사이의 상호작용이나 병합에 의해 만들어졌을 수도 있다.

결론은 병합 쪽으로 기운다. 시뮬레이션에 의하면 타원은하의 모양과 느낌을 가진 은하들은 기체가 많은 작은 은하들이 연속적으로 병합하여 만들어졌거나 우리은하와 같은 큰 나선은하 2개가 충돌하여 만들어졌다. 이것은 마치 바닐라와 바닐라를 섞었는데 초콜릿이 나오는 것처럼 이상해 보인다. 하지만 병합 과정에서 두 은하의 원반에 있는 별들의 정돈된 원형 궤도가 뒤섞여 거의 원형인 구름 모양으로 흩어져버린다. 기체는 쓸려 나가거나 급격한 별 생성에 사용되어서 기체가 거의 없는 은하가 된다.[22]

대부분의 병합은 오래전 은하집단이 형성되고 우주의 밀도가 더 높았을 때 일어났기 때문에 지금 보이는 별들은 나이가 많고 붉은 별들이

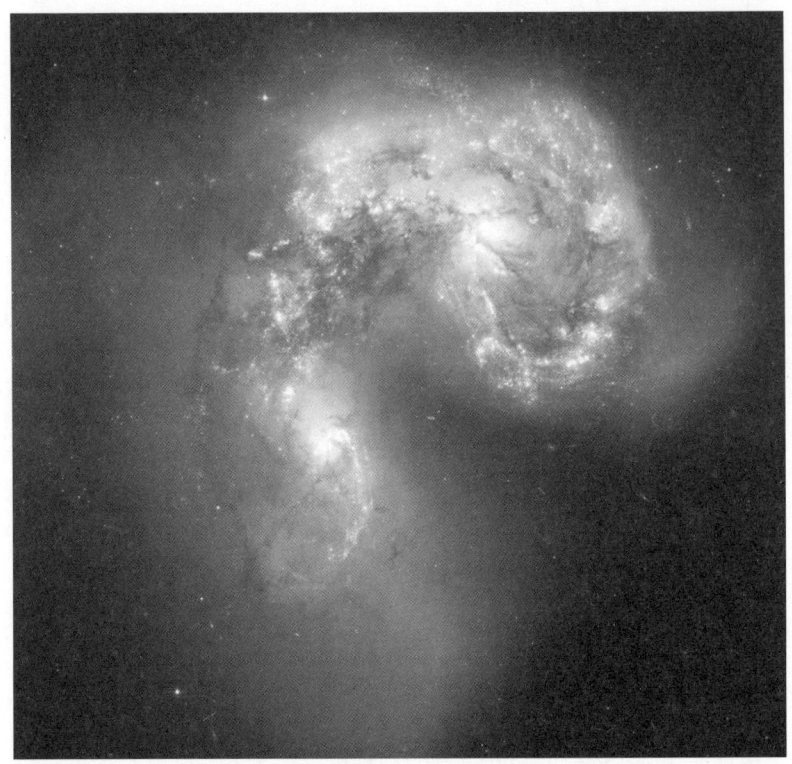

■ 안테나 은하Antenna galaxy는 몇억 년 전에 충돌을 시작했고 10억 년 이내에 완전히 병합될 것이다. 별 생성은 멈추고 대부분의 별들은 타원 궤도를 돌게 되고 은하는 타원 모양이 될 것이다. 어떤 타원은하들은 우주 초기에 만들어졌지만, 나머지는 이것처럼 나중에 병합에 의해 만들어졌다.

다. 그리고 몇몇 타원은하들은 어두운 외곽 껍질과 별로 이루어진 팔들과 같은 거친 역사의 유물들을 가지고 있다. 우리은하도 이미 병합과 획득의 결과다. 하지만 가장 큰 규모의 이벤트는 우리은하가 안드로메다 은하와 충돌하는 20억 년 후의 미래에 놓여 있다. 태양 근처의 우리 위치는 이 이벤트의 볼 수 있는 최적의 장소다. 나는 입장권과 팝콘을 준비해놓고 있다.

코마 은하단이 나를 안으로 끌어들인다. 내가 볼 수 있는 모든 은하들은 여기에 묶여 있는 것처럼 보인다. 하지만 나는 작은 물고기처럼 달아나려고 하기 때문에 은하단은 나를 1만 조 태양 질량으로 잡아당긴다. 이 은하들은 팽창하는 우주에게 등을 돌리고 은하단을 커다란 타원으로 둘러싸고 있다. 내가 은하단을 뚫고 지나가게 될지 아니면 X선으로 빛나는 1,000만 도 기체 속으로 뛰어들게 될지는 모르겠다.

뒤틀린 푸른 은하들에서 나오는 빛은 중력에 의해 찌그러지고 갈라지고 끌려다닌다. 이 상들 중 몇몇은 은하단의 반대편에 거울 이미지를 가질 것이다. 이것은 뛰어난 외계인 종족의 미친 어떤 과학자가 광학 실험을 하는 것처럼 보인다. 아인슈타인이 살아서 자신의 업적이 이렇게 생생하게 살아나는 것을 보지 못해서 안타깝다. 은하단 중심부를 향해서 조용히 미끄러져 들어가자 푸른색의 원호는 시야에서 사라지고 새로운 상들이 자라나서 자리를 차지한다. 유령의 집에 오신 것을 환영합니다.

나는 시간과 공간의 광대함을 느낀다. 어느 쪽이든, 나는 대양의 물방울 하나도 되지 못한다. 나의 뒤 어딘가—차마 볼 수도 없다—멀리 있는 은하에 작은 세계가 있다. 그곳을 보며 나의 주의를 모두 그곳에 기울인다. 기가 막힌 행운으로 그 은하의 상이 중간에 있는 암흑물질의 렌즈 현상으로 확대가 되어 이렇게 먼 곳에서도 자세히 볼 수 있다.

익숙하면서도 낯설다. 이제 더 이상 고향처럼 보이지 않는다. 커다란 양치식물과 관목들의 숲이 있다. 하나의 거대한 대륙 곤드와나Gondwanaland는 적도 근처의 무성한 습지로 둘러싸여 있다. 이 오래전의 빛은 생명체가 처음으로 육지를 점령했던 카본기에서 온 것이다. 나는 서서히 나를 가까이 끌어당기고 있는 수많은 은하들과 암흑물질과 운명을 같이할 것이다.

8장

핵의 위력

거대한 은하가 나의 발 아래쪽으로 흘러 들어온다. 은하의 중심에는 너무나 밝은 광원이 있어서 나는 눈을 가려야 했다. 서서히 적응이 되면서 가는 광선이 보이기 시작한다. 그것은 유령처럼 푸르게 빛나고 은하의 중심에서 정확하게 나를 지나서 깊은 우주 공간으로 사라진다. 이것은 3C273, 모든 퀘이사들의 어머니다.

나는 뭔가 어둡고 거대한 것이 당기는 느낌을 받지만 최대한 버티면서 거미줄처럼 가는 빛을 향해 움직인다. 멀리서 보기에는 작아 보이지만 가까이 다가가서 보니 이것은 빠르게 움직이는 빛나는 입자들의 두터운 묶음이다. 어느새 나는 그 속에 있다. 진동하는 빛이 나를 감싸고 나는 갑작스런 가속을 느낀다. 이것은 우주 공간의 어두운 계곡 사이를 흐르는 우윳빛으로 빛나는 강이다. 밖으로는 별들이 지나간다. 흐려진 별빛은 내가 어마어마하게 빠른 속도로 움직이고 있다는 사실을 말해준다. 두려움 때문에 입안이 바짝바짝 탈 정도지만 쾌감도 있다. 나는 등을 둥글게 구부리고, 팔을 넓게 펴고, 빛나는 플라스마 서핑을 한다.

난기류에 의한 진동이 점점 커져서 몸이 헝겊인형처럼 흔들린다. 그러다 갑자기 빛나는 광선의 보호막에서 튕겨 나와 다시 우주 공간의 진공으로 돌아갔다. 나는 은하의 먼 위쪽으로 밀려 올라갔다. 은하의 핵도 더 이상 바라보지 못할 정도는 아니다.

하늘을 훑어보면서 나는 방향을 찾아보겠다는 희망을 버렸다. 나는 벌써 고향에서 25억 광년 떨어진 곳에 있다. 우리은하는 그저 중간 정도 크기의 나선은하로 하늘에 보이는 수천 개의 점들 중 하나일 뿐이다. 하지만 나는 시간은 충분하기 때문에 계속 바라본다. 결국 나는 처녀자리 은하단과 그 주변에 있는 국부 은하군, 우리은하, 그리고 형제 은하인 안드로메다 은하를 찾았다. 나는 창백한 푸른 점Pale Blue Dot에 온 정신을 집중했다.

그 행성은 거의 알아볼 수가 없다. 바다에 둘러싸인 원시 대륙이 있다. 반복된 깊은 빙하작용의 흔적가 남아 있고, 얼음 벌판이 적도까지의 절반에 이르고 있다. 지구는 거의 전체가 얼음으로 뒤덮일 전 지구적인 기후변화의 정점에 있고 생명계는 멸종 직전에 있다. 드러난 암석들은 붉은색 띠를 포함한 지층 무늬를 가지고 있다. 붉은색 띠는 산소가 대기로 빠져나와 암석을 녹슬게 했던 시기에 만들어진 것이다. 띠들은 광합성 능력을 만들어낸 박테리아와 광합성에 의해 만들어진 산소가 치명적인 원시적인 생명체 사이의 장엄한 전투의 흔적이다. 나는 지구 역사상 가장 거대한 멸종 장면을 목격하고 있다. 하지만 이것은 감사해야 할 일이다. 이 사건이 없었다면 나는 숨을 쉴 수 없어, 지구가 나에게는 죽음의 장소가 되었을 것이기 때문이다. 이것은 나의 행성이지만 너무나 낯설어서 고향이라고 생각하기도 어렵다.

불만스러운 속삭임

햄릿이 절친한 친구 호라시오에게 말했듯이, "하늘과 지구에는 자네가 상상 속에서 꿈꾸었던 것보다 훨씬 더 많은 것이 있다."

20세기가 시작될 무렵, 천문학자들은 우주가 별들로 이루어져 있다고 생각했다. 별과 그들 사이의 공간은 새로운 별을 만드는 원료인 기체와 먼지들이 옅게 퍼져 있는 곳이었다. 은하들은 별과 기체와 먼지들이 다양하게 분포되어 있는 곳이다. 하지만 성운들의 정체가 밝혀지기도 전에 그들 중 몇몇의 중심에서 이상한 현상이 일어나고 있는 징후가 발견되었다. 1908년, 릭천문대에 에드워드 파스(Edward Fath)는 나선성운 M77의 스펙트럼을 관측하여 이것의 밝은 핵에서 나오는 수소와 질소, 그리고 산소의 강한 방출선을 발견했다. 20년 후 에드윈 허블이 2개의 다른 나선성운에서 비슷한 선들을 측정했다.

이것은 관심을 불러일으키기는 했지만 호들갑을 떨 만한 것은 아니었다. 대부분의 나선성운들은 수많은 별들의 스펙트럼이 겹쳐진 것으로 보이는 스펙트럼을 가지고 있었다. 날카로운 흡수선들은 있었지만 방출선은 없었다. 하지만 뜨거운 젊은 별들 근처의 기체는 별에서 나오는 강한 자외선 때문에 매우 높은 온도까지 올라갈 수 있어서 그 기체를 구성하는 원소들에 의해 좁은 스펙트럼선이 만들어진다.■1 허블은 당연히 방출선을 가지는 성운들은 방출선이 없는 성운들보다 뜨거운 푸른 별을 더 많이 가지고 있는 것이라고 생각했다.

1943년, 칼 시퍼트Carl Seyfert가 파스와 허블이 처음 발견한 3개의 은하를 포함하여 강한 방출선을 가지는 12개의 은하들에 대한 연구를 발표하자 의문은 더 커졌다.■2 시퍼트의 아름다운 자료들은 이 선들이 가장 좋은 사진에서도 그냥 별처럼 보일 정도로 밀집된 밝은 핵에서 나온다는 것을 보여주었다. 그는 그 방출선들이 젊은 별들의 집단 주변에 있는 기체에서 보이는 방출선보다 더 넓고, 더 큰 파장 범위에 걸쳐 있다는 사실도 발견했다. 기체를 이렇게 빠르게 움직이게 해서 그렇게 '뜨겁게' 만드는 새로운 메커니즘이 작동하고 있어야 했다.■3 시퍼트 은하라고 불리는 이 은하들은 모든 천문학자들에 의해 '우리가 아직 이해하지 못하는 천체'라는 목록에 분류되었다.

은하핵의 특이한 현상에 대한 두 번째 증거는 너무나 예상하지 못한 방향으로 다가와서 수십 년 동안 아무도 그 조각들을 서로 연결시키지 못했다.

그로트 리버Grote Reber는 10년 동안 세계에서 유일한 전파천문학자였다. 그는 1933년에 칼 잰스키가 우리은하에서 전파를 발견한 것에 대해서 읽고 더 배우기를 원했다. 그는 벨연구소에서 잰스키와 함께 일하고 싶었지만 대공황의 중심에서 일자리를 얻는 것은 불가능했다. 그래서 그는 자신의 집 마당에 전파망원경을 만들기로 결정했다. 그는 아마추어 무선통신 전문가였고, 그의 전파망원경은 90센티미터의 복잡하면서도

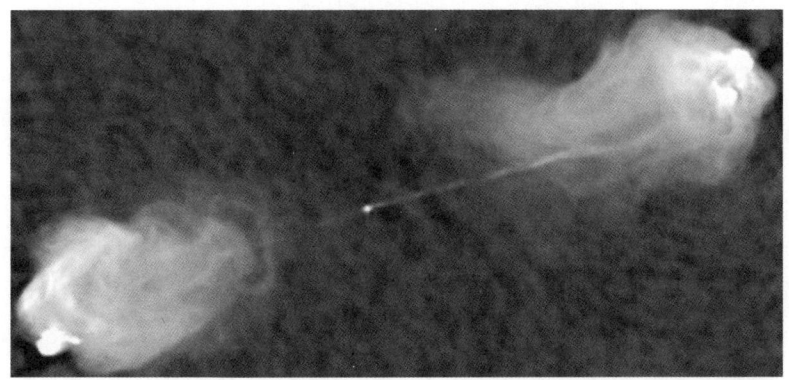

■ 백조자리 A는 백조자리 방향의 가장 밝은 전파원이다. 이것은 전자가 빛에 가까운 속도로 움직이면서 방출하는 전파의 지도이다. 중심의 밝은 점은 복잡해 보이는 타원은하 중심에 있는 밀집한 전파원이다. 서로 반대 방향으로 뻗은 제트는 은하 밖으로 멀리 나가서 희미한 전파를 방출하는 로브로 끝난다. 백조자리 A는 6억 광년 떨어진 곳에 있다.

잘 움직이는 접시안테나였다. 개인이 만든 것으로는 기술적으로 대단했고, 잰스키의 망원경보다 훨씬 더 발전된 것이었다.

1939년, 그는 백조자리에서 강한 전파원을 발견했다. 백조자리 A$_{Cygnus\ A}$라고 불리는 이 전파원의 위치는 광학관측으로 어떤 천체인지 확인하기 어려울 정도로 부정확했지만, 전파로 발견된 최초의 외부은하로 밝혀졌다. 분명 뭔가 특이한 일이 벌어지고 있었다. 백조자리 A에서 오는 전파는 우리은하의 중심에서 오는 전파보다 훨씬 더 강했다. 시퍼트 은하에서 방출되는 가시광선이 우리은하의 중심에서 오는 어떤 가시광선보다 훨씬 더 밝은 것과 마찬가지였다.

전파천문학은 제2차 세계대전이 끝난 후 군대의 레이더에서 일하던 많은 기술자들이 민간사회로 돌아와 시작되었다. 이로써 그로트 리버에게 갑자기 많은 동료들이 생겼다. 1946년, 마틴 라일Martin Ryle은 멀리 떨어져 있는 전파 수신기들이 결합되어 훨씬 더 높은 분해능을 가진 큰 망원경처럼 작동될 수 있다는 사실을 처음으로 발견하였다. 이 기술은 간섭계라고 불린다.■4 분해능이 높아지면 더 깨끗한 상과 더 정확한 전파원의 위치를 구할 수 있다. 하지만 더 정확해진 위치가 곧바로 전파 방출의 본질을 알려주지는 않았다. 1950년까지 하늘에서 72개의 전파원이 발견되었지만 대부분이 가시광선으로 관측되는 천체가 밝혀지지 않았다. 이론적으로 이들은 우리은하 내에서 우리에게 비교적 가까이 있는 '전파 별radio stars'로 여겨질 수밖에 없었다. 멀리 있는 은하가 그렇게 밝게 보이는 전파를 방출할 수 있는 메커니즘을 아무도 알 수 없었기 때문이다.

더 정확한 위치를 알게 된 광학관측 천문학자들은 몇몇 강한 전파원들을 다시 조사했다. 칼텍의 천문학자들은 월터 바데Walter Baade와 루돌프 민코프스키Rudolph Minkowski는 백조자리 A가 부서진 은하와 연관되어 있다는 것을 보여주고, 그 본질에 대해서 서로 논쟁을 벌였다. 가시광선의 스펙트럼이 높은 들뜬 상태와 아주 뜨거운 기체의 흔적을 보여줄 것이라는 데 걸었던 바데는 기쁜 마음으로 이렇게 기록했다. "지난주에 민코프스키와 논쟁했던 천체의 스펙트럼을 얻었다. 그는 곧바로 내기했던 스카치 한 병을 나에게 주었다."■5 그리고 그들은 처녀자리 은하단에서 가장 밝은 전파원인 처녀자리 AVirgo A가 중심에서 매우 특이한 가시광선 제트를 방출하고 있는 거대한 타원은하 M87과 나란하게 있다는 사실도 밝혀냈다. 몇몇 은하들의 중심에서 일어나는 특이한 현상의 증거들이 축적되고 있었다.

전파천문학은 빠르게 성장했지만 강한 전파원의 본질을 밝히는 진도는 느렸다. 1958년까지 2,000개가 넘는 전파원들이 발견되었지만, 백조자리에 있는 것처럼 특이한 은하로 밝혀진 것은 7개뿐이었다. 1960년대 초에는 강한 전파원의 새로운 목록이 만들어졌고, 간섭계는 월등히 정확해진 위치를 제공해주었다. 칼텍의 젊은 연구원 마르텐 슈미트 Maarten Schmidt는 팔로마 산의 5미터 망원경으로 케임브리지Cambridge 3번째 전파 목록의 273번째 천체인 3C 273의 스펙트럼을 구했다. 그가 구한 스펙트럼은 도저히 이해가 되지 않았다. 별처럼 생긴 천체에서 강하고 넓은 방출선이 나오고 있었지만 어떤 알려진 원소의 파장도 아니었던 것이다.■6

이 천체는 우주의 다른 모든 천체들과 완전히 다른 물질로 만들어졌다는 말인가? 그 생각은 누구도 마음에 들어 하지 않았다. 그러던 중 슈미트는 스펙트럼선의 패턴이 수소의 스펙트럼과 완전히 일치한다는 사실을 알아차렸다. 단지 그 천체는 24억 광년 떨어진 곳에서 빛의 6분의 1 속도로 달아나고 있을 뿐이었다!

슈미트는 첫 번째 준항성 전파원Quasi-Stellar Radio Source, 즉 퀘이사quasar를 발견한 것이었다.■7 이것은 멀리 있는 은하지만 은하처럼 보이지는 않는다. 우리은하보다 수천 배나 밝지만 너무나 단단하게 밀집되어 있어서 마치 점처럼 보인다. 그리고 우리은하보다 수백만 배나 강한 전파를 방출한다. 천문학자들은 이 적색편이가 우주의 팽창 때문이 아니라 우리은하에서 튕겨 나가면서 만들어진 것이 아닐까 의심했다.

3C 273의 적색편이는 전례가 없는 것이었다. 그래서 스펙트럼을 이해하는 데 그렇게 오랜 시간이 걸렸던 것이다. 실험실에서 특정한 파장을 가지는 스펙트럼선은 퀘이사에서는 긴(붉은) 파장으로 이동한다. 당시에 알려진 은하들은 훨씬 더 작은 적색편이를 가지고 있었다. 예를 들어 코마 은하단의 후퇴속도는 초속 7,000킬로미터로 빛의 속도의 2.3퍼센트이다. 그러므로 코마 은하단의 적색편이는 붉은색으로 2.3퍼센트 이동한다. 아주 작은 효과다. 3C 273의 적색편이는 이보다 5배 더

크고, 두 번째로 발견된 퀘이사 3C 48의 적색편이는 16배 더 크다.

이 적색편이들은 활동적인 은하들이 매우 빠르게 멀어지고 있다는 것을 의미한다. 그리고 허블의 법칙은 적색편이로 과거를 돌아보는 시간을 알 수 있게 해준다. 3C 273의 빛은 지구에 다세포 생명체가 아무것도 없을 때 출발한 것이다. 3C 48의 빛은 지구가 아직 원시행성일 때, 행성을 만들어내던 초기의 혼돈을 연상시키는 충돌이 빈번하게 일어나고 있던 시기에 출발한 것이다.

이후 10년 동안 퀘이사에 대한 보다 완벽한 그림이 만들어졌다. 깊은 하늘 사진은 점광원들이 적색편이를 통해 먼 거리에 있는 것으로 밝혀진 평범한 은하들 사이에 있다는 것을 보여준다. 더 나은 전파 지도는 전파원이 종종 분해되지 않는 점광원에 집중되어 있다는 것을 보여준다. 하지만 다른 전파은하들은 쌍둥이 제트와 전파를 방출하는 확장된 로브를 가지고 있다. 더 나은 분광관측은 퀘이사들이 시퍼트 은하들과 연관되어 있다는 것을 보여준다. 하지만 퀘이사는 적색편이가 더 크고 밝기는 더 밝다. 가장 놀라운 것은 강한 자외선을 방출하는 근원을 탐사하는 관측 결과, 전파가 약하거나 아예 전파를 방출하지 않는 퀘이사들이 관측되었다는 것이다. 전파 방출은 규칙이 아니라 예외였다. 활동은하active galaxies라는 말은 적색편이가 작고 적당히 밝은 시퍼트 은하들부터 적색편이가 크고 극도로 밝은 퀘이사까지 이 모든 현상을 포함하는 의미로 사용된다.

이제 모든 것은 단 하나의 의문에 달렸다. 활동은하들에서 나오는 강한 에너지의 근원은 무엇일까?

중력엔진

퀘이사를 시각화하기 위해서, 한밤중에 큰 도시 상공을 헬리콥터를 타고 날아가는 경우를 가정해보자. 다시 로스앤젤레스를 예로 들어보자. 1억 개의 불빛은 하나의 은하가 되고 불빛 하나는 1,000개의 별이 된다. 퀘이사에서 오는 빛의 변화는 그 에너지가 태양계보다 그렇게 크지 않은 영역에서 나오고 있다는 것을 보여준다.■8 로스앤젤레스를 모든 방향으로 80킬로미터 확장하고, 도시 전체의 불빛을 모두 합한 것보다 1,000배 더 밝은 빛이 2.5센티미터 공간의 다운타운에 모여 있다고 상상해보라!

비유를 계속하자면, 만일 중심의 불빛이 조금 약하고 거리가 그렇게 멀지 않다면 그 도시는 평범한 은하 안에 밝은 핵이 있는 시퍼트 은하가 된다. 하지만 우리가 높이 올라가서 도시의 개별 불빛들이 보이지 않을 정도가 되더라도 중심의 밝은 광원은 여전히 볼 수 있을 것이다. 이것이 퀘이사다.

1969년, 케임브리지대학의 이론가 도날드 린덴 벨Donald Lynden Bell은 퀘이사의 에너지원으로 '중력엔진gravity engines'이라는 아이디어를 내놓았다. 그는 초거대 블랙홀은 당연히 은하 중심에 깊은 중력 포텐셜을 만들 것이라고 생각했다. 블랙홀은 어떤 것도 사건의 지평선을 벗어날 수 없기 때문에 어둡다. 블랙홀 근처의 강한 중력은 기체를 빠르게 회전하는 원반으로 끌어들인다. 원반 안쪽 경계에 있는 기체는 사건의 지평선 안쪽으로 빨려 들어가고 블랙홀은 커진다. 중력과 마찰은 원반을 수만 도로 가열하여 강한 자외선으로 빛난다. 멀리서 보면 이 강력한 자외선은 주변 은하에서 나오는 별빛을 뒤덮어버린다.■9

이는 태양 질량의 블랙홀에서 이미 살펴본 내용이다. 블랙홀 자체는 어둡지만 블랙홀로 떨어지는 기체는 충분히 가열되고 가속되어 자외선과 X선을 방출한다. 린덴 벨의 가설은 대담한 것이었다. 블랙홀이라는 개념은 새로운 것이었고 별의 진화로 만들어지는 '평범한' 블랙홀의 증거도 아직 발견되지 않았다. 그런 상황에서 그는 수백만 배 혹은 심지어는 수십억 배 더 무거운 '괴물'을 제안한 것이었다.

린덴 벨은 왜 그런 아이디어를 제안하게 되었을까? 이유는 이랬다. 퀘이사를 별에서 일어나는 평범한 핵반응으로 설명하려고 시도해보자. 퀘이사는 10^{40}와트를 방출한다. 상상을 초월하는 숫자다(비교하자면, 지구 전체에서 사용하는 에너지는 10^{13}와트이므로 퀘이사 하나는 10억 곱하기 10억 곱하기 10억 개의 지구와 같은 행성에서 사용하는 에너지와 같다). $E=mc^2$에 따르면 그 에너지는 1,000만 태양 질량에 해당되는 양이다. 그런데 핵융합은 질량을 에너지로 바꾸는 효율이 0.7퍼센트밖에 되지 않기 때문에, 핵융합으로 퀘이사에 에너지를 공급하기 위해서 '버려지는' 질량은 10억 태양 질량이다. 만일 10억 개의 별을 태양계 크기의 부피에 집어넣는다면 중력 포텐셜에너지는 핵융합에너지보다 10배에서 20배 더 클 것이기 때문에 별에서 오는 핵융합에너지는 아무것도 아닌 것이 되어버린다. 항상 중력이 이기게 된다.

넓은 방출선은 중력엔진이 작동되고 있다는 또 하나의 증거다. 핵 근처의 뜨거운 기체의 속도 분포는 초속 수천 킬로미터다. 가장 질량이 큰 은하들에 있는 기체나 별들도 초속 300에서 400킬로미터보다 더 빠르게 움직이지 못한다. 극단적으로 질량이 크고 밀도가 높은 물체만이 이렇게 빠른 운동을 만들어낼 수 있다.

린덴 벨과 그의 동료 마틴 리스Martin Rees는 이론을 계속 발전시켜 곧 퀘이사와 전파은하들의 특이한 성질들을 더 많이 설명했다.■[10] 은하의 중심에 별들이 모이면 태양 질량의 수백만에서 심지어는 수십억 배나 되는 블랙홀이 만들어지는 것은 거의 필연적이다. 빠르게 회전하는 블랙홀은 적도면에 강착원반을 가지고 있고 양쪽 극에서는 마치 거대한 입자 가속기처럼 행동한다. 플라스마는 빛의 속도의 99.9퍼센트까지 가속되어 은하를 탈출하여 전파를 방출하는 제트와 로브를 만들 수 있다. 린덴 벨은 강착원반에서 방출되는 복사와, 활동하지 않는 블랙홀이 많은 은하들의 중심에 있어야 한다는 것, 그 블랙홀들이 주변에 있는 별들에 대한 중력 효과로 발견될 것이라는 사실을 예측했다. 이 모든 예측은 이후 30년 동안 사실로 확인되었다.

자연은 태양 질량의 몇 배 정도의 블랙홀만 만드는 것이 아니라 태양 질량의 수십억 배가 되는 괴물도 만들어낸다. 블랙홀의 질량을 측정하려면 사건의 지평선에서 수 광월 떨어져 있는 기체의 움직임 지도를 그릴 수 있는 기술이 필요하다.■[11] 그러면 케플러의 법칙으로 질량을 믿을 만할 정도로 측정할 수 있다. 처녀자리 은하단에 있는 적당히 활동적인 은하 M87은 가장 가까이 있는 큰 블랙홀로 질량은 태양 질량의 30억 배다. 여기에 비하면 우리은하 중심에 있는 블랙홀은 그저 아기일 뿐이다.

동물원 방문

유명한 인디언 우화 중에 장님들이 코끼리를 더 잘 알기 위해서 각자 코끼리의 다른 부분을 만지는 이야기가 있다. 코끼리의 다리를 만진 사람은 기둥 같다고 하고, 꼬리를 만진 사람은 밧줄 같다고 하고, 코를 만진 사람은 파이프 같다고 하고, 귀를 만진 사람은 부채 같다고 했다.

모두 맞지만 모두 틀리기도 했다. 코끼리 전체에 대한 정보를 가진 사람이 아무도 없기 때문이다. 과학자들은 불완전한 정보를 다루는 데 익숙하지만, 이 문제는 특히 천문학에서 중요하다. 우리는 우주의 특징을 전혀 기대하지 않았던 곳에서 종종 발견해왔기 때문이다. 자연은 우리를 놀래키는 것을 즐기는 것 같다. 그래서 천문학자가 되는 것이 즐거운 것이다.

우주에 대한 우리의 지식은 관측 기기에 의해 제한된다. 지난 세기에 천문학에서 가장 요긴한 것은 가시광선 스펙트럼을 넘어설 수 있는 관측 장비와 망원경 기술을 개발한 것이다. 전파천문학은 1950년대에 시작되었고, 이것은 1960년대의 적외선천문학, 1970년대의 X선천문학으로 이어진다. 1980년대에는 천문학자들은 미터 길이의 전파에서 원자핵 크기의 감마선까지 파장의 길이가 1조 배에 달하는 천체의 복사를 모아서 측정할 수 있었다. 파장의 대부분 영역은 지구의 대기를 뚫지 못하기 때문에 비가시광선 천문학은 로켓과 위성 기술의 발달에도 의존한 것이다. 전자기파의 스펙트럼을 탐색하는 것은 활동성 은하를 이해하는 데 매우 중요한 것이었다.■12

활동성 은하들은 여러 색을 방출하기 때문에 여러 색을 관측할 수 능력이 중요하다. 우주의 익숙한 천체들—별, 기체, 먼지—은 온도에 따라 측정한 파장의 복사를 방출한다. 이것을 열복사라고 한다. 태양 같은 별들은 가시광선 스펙트럼의 중간 부분이 최대가 되는 복사를 방출한다. 가장 온도가 높은 별들은 대부분의 복사를 자외선으로 방출하고, 갈색왜성과 같이 차가운 천체는 대부분의 복사를 적외선으로 방출하지만, 모두 어느 정도의 에너지는 가시광선으로 방출한다.

반면, 활동성 은하의 핵에서는 대부분 또는 모든 복사를 눈에 보이지 않는 빛으로 방출하는 일이 많이 있다. 입자들이 자기장에 의해 가속되

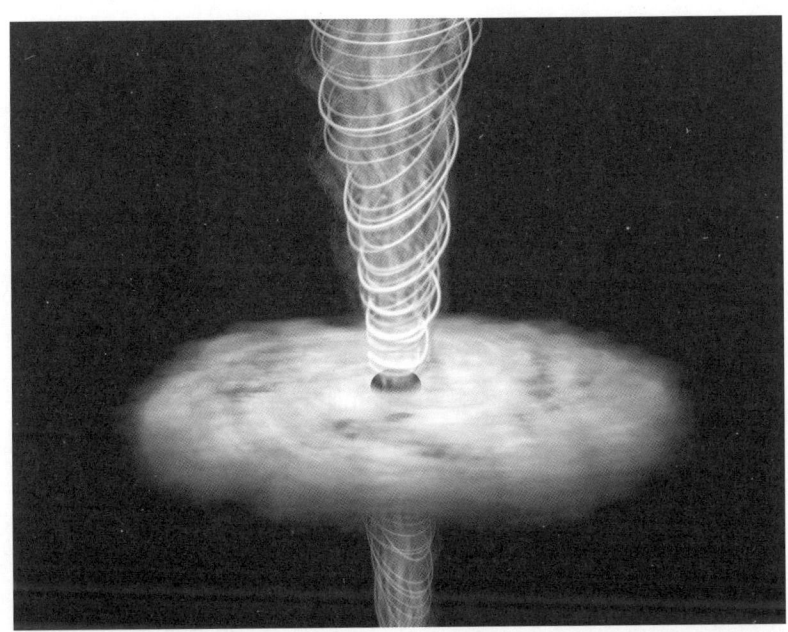

■ 많은 은하들의 중심에서 일어나고 있는 현상을 시각적으로 표현한 것이다. 초거대 블랙홀 형태의 중력엔진에 의해 만들어진 고에너지 복사가 방출된다. 블랙홀의 적도면에 있는 매우 뜨거운 기체로 된 원반에서 블랙홀로 물질이 공급된다. 기체는 블랙홀 근처에서 가속되어 플라스마 제트를 깊숙한 우주 공간으로 방출하는 블랙홀 회전축의 양극을 통해서 빠져나온다. 제트는 블랙홀로 연결되어 있는 자기장에 갇혀 있다.

면, 특정한 파장에서 최대가 되지 않는 매우 넓은 스펙트럼이 만들어진다. 예를 들어 밝은 퀘이사 3C 273은 전파에서 감마선까지 모든 전자기파에 퍼져 있는 비열복사를 방출한다.[13] 초거대 블랙홀의 주변에서는 전자가 빛의 속도의 99.999퍼센트까지 가속될 수 있다. 제네바에 있는 거대강입자충돌기 Large Hadron Collider 가 만들어내는 에너지보다 훨씬 더 높은 에너지다. 소용돌이치는 전자들은 엄청난 양의 복사를 방출한다.

1950년대의 물리학자들은 이 메커니즘이 우주 전파원에서 작동하는 것이라고 생각하였고, 그것은 전파은하의 제트와 M87과 3C 273의 가시광선 제트라고 생각했다.[14] 뜨거운 강착원반에서 나오는 자외선 복사도 포함하여, 블랙홀의 중력이 궁극적인 에너지원인 것이다.

어둠 속에서 벌어지는 게임을 보는 것은 더 쉽다. 천문학자들은 일찍부터 야간 투시 안경을 사용하는 것을 즐겼다. 이 경우에는 긴 전파에서 작동되는 것이다. 별과 평범한 은하들은 전파를 많이 방출하지 않기 때문에 전파로 본 하늘은 '조용하다.' 그래서 어떤 강한 전파원도 잠정적으로 흥미로운 것이었다.

전파의 동물우화집은 대단히 흥미롭다. 간섭계를 완성한 전파천문학자들은 광학천문학자들의 상보다 1,000배나 더 선명한 지도를 만들 수 있었다. 눈에 띄는 은하 외부의 전파원들은 핵, 제트, 그리고 로브였다. 전파핵은 은하의 중심과 일치했고, 그 은하는 거의 언제나 타원은하였다. 이것은 초거대 블랙홀이 만드는 자연스러운 환경으로 여겨진다. 블랙홀의 양극을 따라 방출되는 쌍둥이 제트는 자기력선으로 둘러싸인 상대론적인 속도로 움직이는 플라스마로 만들어진다. 빛에 가까운 속도로 움직이는 밀도가 낮은 뜨거운 기체가 은하에서 빠져나와서 은하들 사이의 거의 완벽한 진공으로 방출되는 것이다.

제트는 수십만에서 수백만 광년까지 추적이 된다. 제트는 호스를 단단히 잡지 못했을 때처럼 흔들리기도 한다. 때로는 블랙홀의 세차운동 때문에 하늘에 쌍둥이 소용돌이가 만들어지기도 한다. 때로는 얇은 은하 사이의 기체 사이를 지나가다가 바람에 날리는 머리카락처럼 휘어지기도 한다. 그리고 때로는 마치 죽음의 광선처럼 흔들리지 않고 똑바로 나아가기도 한다.

전파 제트의 플라스마는 종종 빛의 절반 속도 혹은 더 빠르게 움직인다. 플라스마가 은하들 사이의 우주 공간을 지나갈 때는 용접 불꽃이 철을 뚫을 때 생기는 것처럼 빛나는 '뜨거운 점'이 생긴다. 그러고는 몇백만 년 동안 희미한 전파를 방출하는 로브를 만든다. 로브가 2개인 전파은하는 아주 드문 괴물이다. 1,000개의 타원은하들 중 1개만이 이런 방식으로 작동한다. 가장 큰 전파은하들은 크기가 1,500만 광년 정도로 타원은하의 가시광선 크기의 100배나 된다.

전파은하들은 위치를 바꾸지는 못하지만 움직이긴 한다. 1980년대에 천문학자들은 다른 대륙에 있는 망원경에서 받은 전파를 결합하는 방법을 배워 수천 킬로미터 크기의 망원경의 분해능을 흉내 낼 수 있게 되었다. 그래서 제트가 블랙홀에서 빠져나오는 지점을 관측할 수 있게 되었다. 뜨거운 점들은 중심의 엔진에서 벗어나 움직였다. 그런데 놀랍게도 어떤 전파원의 뜨거운 점은 빛보다 더 빠르게 움직이는 것처럼 보였다. 이렇게 움직이는 전파원은 중심에서 방출이 강하고 이중 로브가 없다. 상대성이론에 벗어난 것이 아니다. 이것은 착시 효과일 뿐이다.

제트가 거의 정확하게 우리를 향해서 오고 있다면 제트와 함께 오는 빛의 속도에 가까운 덩어리는 가로 속도가 빛보다 빠르게 보인다. 비슷한 효과를 보기 위해서 먼 곳의 어떤 표면에서 강한 손전등을 비추는 경우를 생각해보자. 그 손전등을 빙글빙글 돌리면 그 점은 표면 위를 '워프warp' 속도로 움직인다. 하지만 실제 정보가 표면 위를 그렇게 빠르게 이동하지는 않는다.

가장 많이 사용되는 가시광선으로 활동성 은하들을 발견하는 것은 쉽지 않다. 위장을 너무 잘하기 때문이다. 그들의 흉포함은 양의 탈을 쓰고 있다. 첫 번째 퀘이사는 전파 방출을 이용하여 발견했다. 전파 방출이 없다면 이들은 우리은하에 있는 같은 밝기의 별과 구별이 되지 않는 점광원으로 보인다. 맨눈으로 볼 수 있는 퀘이사는 하나도 없다. 가장 밝은 것도 600배나 어둡고, 많은 수가 맨눈으로 볼 수 있는 밝기보다

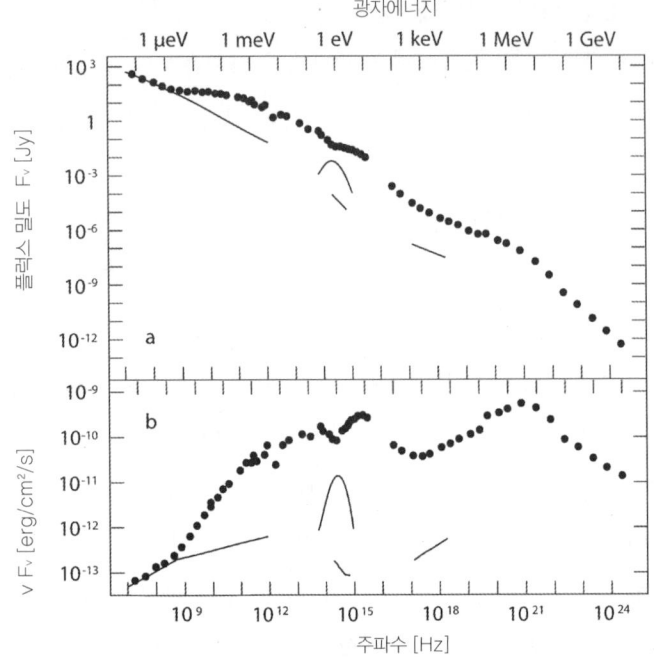

■ 퀘이사를 발견하는 가장 좋은 방법 중 하나는 별이나 평범함 은하들과는 달리 넓은 파장대에 퍼져 있는 비열복사를 찾는 것이다. 위의 그래프는 3C 273의 에너지 분포를 전파에서 감마선까지 파장의 길이가 10^{18}배 범위에서 보여주는 것이다. 위쪽 그림은 플럭스를 보여주는 것이고, 아래쪽 그림은 단위 주파수당 에너지를 보여주는 것이다. 3C 273의 에너지는 자외선과 연질 X선 방출이 대부분이라는 것을 보여준다. 휘어진 실선은 타원은하에서 나온 빛이다. 별들의 집단에서 나오는 전형적인 열복사의 모습이다. 편평한 선은 제트에 의한 것이다.

100만 배 더 어두운 것까지 보아도 발견되지 않는다. 그 정도까지 가더라도 먼 우주에 있는 퀘이사 한 개당 100개의 우리은하의 별이 있다.

　수백 마리의 양들 사이에 숨어 있는 늑대를 어떻게 찾을 수 있을까? 두 가지 방법이 성공적인 것으로 밝혀졌다. 첫 번째는 퀘이사의 에너지 분포를 다른 별들보다 편평하게 만드는 비열복사를 이용하는 것이다. 중심의 엔진은 극단적으로 뜨겁기 때문에, 핵심은 강한 자외선 복사를 찾는 것이다. 두 번째 방법은 모든 천체에서 오는 빛을 축소된 스펙트럼으로 보여주는 사진을 사용하는 것이다. 하나의 사진에서 수천 개의 스펙트럼을 얻을 수 있다.[15] 퀘이사는 강하고 넓은 방출선 때문에 금방 드러난다. 두 방법을 사용하면 성공률이 1퍼센트 미만에서 50퍼센트까지 급격히 올라간다. 수만 개의 퀘이사들이 수확되었다. 천문학자들은 트로피 가방을 채웠다. 그리고 곧 역사에서 잘못된 부분이 분명히 드러났다. 대부분의 퀘이사들은 강한 전파를 방출하지 않는다.

슬론디지털스카이서베이는 현재 가장 첨단의 퀘이사 가시광선 탐사이다. 2000년부터 2008년까지 보통 크기인 2.5미터 망원경으로 전체 하늘의 4분의 1 이상 영역에서 여러 색깔에 대한 깊은 CCD 상을 얻었다. 우선, 퀘이사의 색깔이 다른 별들과 다르다는 사실에 기반하여 약 100만 개의 퀘이사 후보들을 발견했다.[16] 다음으로, 후보들의 스펙트럼을 얻었다. 최종 수확 결과는 12만 개의 퀘이사였다. 단 하나의 전천 탐사로 이렇게 많은 퀘이사가 발견되었다는 것은 퀘이사가 굉장히 특이한 천체라고 생각하기 힘들다는 것을 의미한다.

빛으로 퀘이사를 사냥하는 것은 매우 성공적이었다. 하지만 장애물을 뚫고 보고 싶다면 X선 안경을 끼면 된다. X선 하늘은 전파 하늘만큼이나 '조용하기' 때문에 X선을 방출하는 것이라면 어떤 것이라도 높은 에너지 현상이 일어나고 있다는 것을 의미한다. 일반적인 퀘이사는 대부분의 에너지를 자외선과 X선으로 방출하기 때문에 X선 탐사는 퀘이사를 찾는 가장 효율적인 방법이다. 찬드라$_{Chandra}$X선망원경은 달 크기의 하늘에서 1,000개의 퀘이사를 찾을 수 있다.

X선 탐사로 새로운 종류의 괴물들이 드러났다. 전파 탐사는 가시광선 탐사로 발견된 퀘이사 중에서 90퍼센트를 찾지 못했고, 가지광선 탐사는 X선 탐사로 발견된 퀘이사 중에서 75퍼센트를 찾지 못했다. 고에

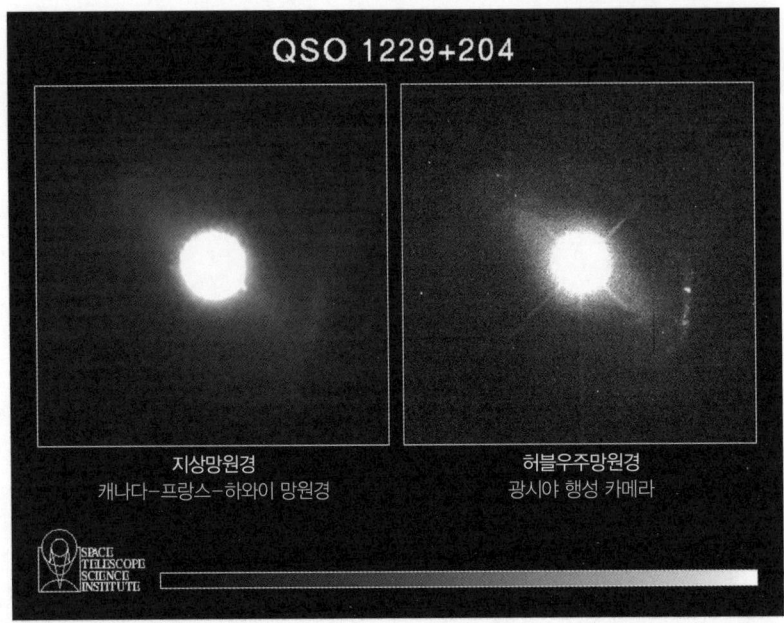

■ 허블우주망원경의 뛰어난 관측 기술로 촬영된 퀘이사를 가지고 있는 은하들. 강한 전파를 방출하는 퀘이사들은 타원은하나 부서진 은하들에 있는 경향이 있다. 반면 강한 전파를 방출하지 않는 퀘이사들은 모든 종류의 은하들에서 발견된다. 퀘이사를 밝게 빛나게 하는 연료는 얼마 되지 않는 양의 기체와 별들이다. 중심의 중력엔진은 그만큼 효율이 좋다.

너지 복사는 사건의 지평선 크기의 5배에서 10배 정도밖에 되지 않는 강착원반의 안쪽 끝에서 방출된다. 이것은 관측으로 볼 수 있는 어두운 엔진에서 가장 가까운 곳이다. 퀘이사는 100개 중 1개의 은하에만 존재하지만 너무나 강하게 빛나기 때문에 우주 전체 복사의 10에서 20퍼센트를 차지한다.

퀘이사의 은신처는 어디일까? 허블우주망원경으로 관측한 선명하고 깊은 사진을 보면 전파를 방출하는 퀘이사는 거대한 타원은하를 선호하고, 가시광선과 X선 방출을 주로 하는 퀘이사는 나선은하와 타원은하에 모두 거주한다. 많은 퀘이사들이 두 가지 방법으로 물질을 공급해주는 동반은하들을 가지고 있다. 동반은하의 중력은 기체를 '음식을 섞는 것'처럼 블랙홀에 연료를 공급하는 안쪽 영역까지 보낼 수 있다. 그리고 때로는 작은 동반은하가 통째로 먹혀서 굶주린 블랙홀의 만찬이 되기도 한다.

나는 내가 대단한 사냥꾼이라고 주장하지 않는다. 하지만 러시아 코카서스 지방으로 여행을 갔을 때 꽤 귀한 먹이를 잡으려고 시도한 적이 있다. 항상 나의 관심을 일으키는 블레이저blazer라고 불리는 활동성 은하의 한 종류가 있다. 블레이저는 다양한 복사를 방출하는 강하고 밀집된 전파원으로, 지구에서 상대론적인 속도의 제트가 바로 아래쪽 방향에서 보이는 것으로 여겨진다. 나는 하늘에서 다섯 번째로 밝은 활동성 은하인 OJ 287이라는 이름을 들어본 적이 있었다. 이것은 복사가 100배 정도 변하고, 그 변화하는 시간이 20분 정도밖에 되지 않을 정도로 빠르다는 소문이 있었다. 변화 속도가 그렇게 빠르다는 것은 그 복사가 어두운 괴물에서 아주 가까운 거리에 있는 제트의 밑바닥에서 나온다는 것을 의미할 가능성이 있었다. 그렇게 빠른 속도로 자료를 얻기 위해서는 큰 망원경과 특별한 기기가 필요했다. 나는 가방 3개 분량의 광전 측광기를 가지고 있는 칠레인 동료 산티아고에게 전화를 했다. 다행히 그는 즉시 동의했다. 그는 언제나 모험을 준비하고 있는 사람이었다. 우리는 세계에서 가장 큰 망원경 중 하나인 러시아의 6미터 망원경 관측 시간을 신청했다.

당시는 막 소련이 무너진 직후여서 러시아는 혼돈과 흥분으로 가득 찬 곳이었다. 우리는 상트 페테르부르크St. Petersburg로 날아갔고, 우리의 초청자는 보르시치borscht(러시아나 폴란드 사람들이 먹는, 비트로 만든 수프 - 옮긴이)와 보드카를 대접해주었다. 도시는 멋지고 웅장했지만 부패와 도둑도 어렵지 않게 볼 수 있었다. 초청자는 희망적인 미래를 이야기했지만, 우리를 설득하기에는 역부족이었다. 어두운 미래와 슬라브족의 절망이 사방을 감싸고 있었다. 아이가 있는 사람들은 아이들을 외국에서 교육시키기를 원했다. 과학자들 사이에서는 두뇌 유출이 급류를 타고 있었다.

산티아고는 관측 장비를 준비하고 나는 관측 전략을 짰다. 잠시 틈을 내서 풀코보천문대Pulkovo Observatory의 도서관을 방문했다. 코페르니쿠스, 케플러, 그리고 갈릴레오의 원본 원고를 가지고 있는, 아마도 세계에서 가장 좋은 도서관이었다(수집품들 중 절반은 내가 방문한 지 5년 후에 잃어난 방화로 소실되었다).

크리미아Crimea에 있는 천문대까지 러시아와 우크라이나의 거대한 곡창지대를 지나 남쪽으로 3일간 기차로 이동했다. 우리는 관측 장비를 옆에 두고 바위처럼 딱딱한 객실 의자에서 쪽잠을 잤다. 밤중에 기차를 누비고 다니는 도둑들 때문에 칼라슈니코프로 무장한 군인들이 기차를 순찰했다. 나는 오히려 군인들이 무서웠다. 군인들이 마치 겁먹은 10대들처럼 보였기 때문이었다.

망원경은 멀리 떨어진 아름다운 산의 1,800미터 고도에 위치해 있었다. 우리는 기반시설이 거의 없는 곳에서 유리한 튼튼하고 단순한 장비를 가지고 왔다. 빅토르가 공항으로 마중 나와 준비하는 것을 도와주었다. 그는 거친 옷을 입고, 건장한 어깨와 넓은 얼굴, 그리고 여기 저기 철 이빨을 가지고 있는 황소 같은 사람이었다.

때는 10월 초였고 밤에는 온도가 영하로 내려갔다. 6미터 망원경 관측은 전통적인 방식으로 이루어졌다. 우리 장비는 망원경에 들어온 빛이 모이는 주초점 상자에 설치되었다. 사람 정도 크기의 금속 실린더였다. 관측자는 거울에서 24미터 높이에 매달려 있으며 망원경이 다른 목표물을 찾아 움직일 때마다 이리저리 흔들리는 상자 안의 차가운 금속 의자에 밤새 앉아 있어야 했다. 관측 첫날 밤은 완전히 구름에 덮여 있었다. 나는 러시아의 느긋함을 받아들였다. 어쨌든 OJ 287에서 나오는 빛은 크리미아까지 30억 년이나 여행한 것이다. 하룻밤 더 기다리는 일쯤은 아무것도 아니었다.

다음 날, 천문대의 드라이아이스 기계가 고장 났다. 냉각제가 없으면 우리 장비는 작동하지 않는다. 근처에는 드라이아이스를 구할 수 있는 곳이 없었다. 그런데 빅토르가 80킬로미터 떨어진 그루지아 국경 바로 너머에 아이스크림 공장이 있다고 말했다. B급 영화의 한 장면처럼 나는 라다$_{Lada}$(러시아의 소형 승용차-옮긴이)의 뒷좌석에 앉고 총을 든 2명의 군인들이 양쪽에 앉았다. "군인들이 왜 필요하죠?" 내가 물었다. "아무 이유 없습니다." 빅토르가 씨익 웃었다. 우리 여행에는 특별한 일이 없었다. 우리는 커다란 이산화탄소 얼음 조각을 얻기 위해 협상했다.

드디어 우리에게 행운이 돌아왔다. 하늘은 맑고 장비는 잘 작동했다. OJ 287 관측을 준비하는 동안 얼어붙은 발에 대해서는 잊어버릴 수 있었다. 블레이저는 우리를 실망시키지 않았다. 플럭스는 분 단위로 달라졌고, 20퍼센트 편광되어 있었다. 이것은 플라스마가 블랙홀에 가까운 가속 지역에서 충격에 의해 가열되었다는 의미였다. 우리는 인상적인 괴물의 꼬리를 잡았고, 괴물을 꼬리를 최대한 세게 흔들었다.

긴 밤이 끝나갈 무렵, 나는 추위와 피로에 지쳐 있었다. 그런데 빅토르와 야간 근무자들은 러시아식 가지 요리와 보드카 한 잔을 원했다. 혼자 빠지는 것은 예의에 어긋날 것 같았다. 다음 날 점심 때는 만취 상태였다. 머리를 맑게 하기 위해서 높은 산허리 깊고 푸른 계곡을 따라 산책했다. 경치는 기가 막혔다. 그날 저녁 나는 내가 산책한 곳을 빅토르에게 이야기했다. 빅토르의 눈살이 찌푸려졌다. "조심해야 합니다. 그 계곡은 그루지아의 총기 밀수업자들이 이용하는 곳입니다. 낯선 사람에게 별로 친절하지 않아요."

천문학자들도 우화의 장님들이 코끼리를 만지는 것과 같은 것은 아닐까? 방금 묘사한 모든 괴물들이 사실은 같은 것이 아닐까? 그럴지도 모른다. 활동성 은하의 중심에는 회전하는 블랙홀과 강착원반이 있고, 이것은 보는 방향에 따라 다른 모습으로 보인다. 1970년대부터 '동일성' 가설이 제시되었다. 겉보기 성질이 다르게 보이는 것이 사실은 같은 것을 다른 방향에서 보는 것일 수 있다는 것이다.[17] 내가 관심을 가진 블레이저 OJ 287은 회전축 위에서 보는 것이다. 하지만 옆에서 보면 제트가 하늘로 뻗어나가 2개의 전파 로브가 보일 것이다. 시퍼트 은하들과 퀘이사들은 넓은 방출선을 가지고 있다. 하지만 이것은 좁은 방출선을 가진 많은 약한 활동성 은하들이 모여서 나타나는 것이다. 이 은하들의 넓은 방출선은 도넛 모양의 기체와 먼지 구름에 가려 보이지 않는다. 동일성 가설은 모든 활동성 은하에는 중심 엔진이 있지만 가리는 물질들에 의해 보이는 모습이 달라지거나 아예 보이지 않게 되는 것이라고 이야기한다.[18]

괴물 먹이기

가장 밝은 활동성 은하들은 비정상적으로 에너지가 넘친다. 만일 M31의 중심에 퀘이사가 있다면, 이 나선은하는 여전히 맨눈으로 겨우 보일 정도이겠지만 중심핵은 밤하늘의 어떤 별보다 밝게 보일 것이다. 만일 우리은하의 중심에 퀘이사가 있다면, 이것은 낮 하늘의 두 번째 태양으로 보일 것이다.[19] 퀘이사는 어떻게 만들어지고, 얼마나 오래 살며, 퀘이사가 되는 은하에는 특별한 뭔가가 있는 것일까?

당신이 낯선 학교에서 3학년을 대상으로 수업을 한 시간 해야 하는 임시교사라고 가정해보자. 교실 앞에는 커다란 막대사탕이 담긴 그릇이 있다. 아이들이 수업 중에 사탕을 먹어도 되는 것이 분명하다. 사탕은 충분히 많이 있는데도 불구하고 40명의 아이들 중 단지 4명만이 사탕을 먹고 있다.

당신은 호기심이 생겼다. 왜 4명의 아이들만 사탕을 먹고 있을까? 나머지 아이들은 사탕을 좋아하지 않는 것일까? 만일 당신이 하루 종일 그 반을 가르친다면 모든 아이들이 하루 중 언젠가는 사탕을 먹을까? 지금 사탕을 먹고 있는 아이들은 하루 종일 사탕을 먹을까, 아니면 하루 중 특정한 시간에만 먹을까? 하루에 몇 개의 사탕을 먹는지 세어보면 당신은 그 답을 알아낼 수 있을까?

이 비유는 아이들과 사탕은 은하와 퀘이사를 대신한 것이다. 우리는 일부 은하들이 퀘이사를 가지고 있다는 것을 알고 있다(대부분의 아이들은 사탕을 먹지 않고 있다). 하지만 우리는 그 은하들에게 뭔가 특별한 것이 있는지, 아니면 다른 모든 은하들도 언젠가는 퀘이사를 가지게 될지 알 수 없다. 전체 퀘이사의 수를 세는 것은 도움이 되지 않는다. 몇몇 은하들만이 어떤 시기에 활동적인지, 아니면 모든 은하들이 어떤 시기에 활동적인지 알 수가 없기 때문이다. 우리는 앞서 언급했던, 숲의 한 순간 모습으로 나무의 일생을 설명하려고 시도하는 숲 속에 사는 사람과 비슷한 상황이다. 우리가 확실하게 말할 수 있는 것은 1960년대에 발견된 퀘이사들은 여전히 '존재'하고 밝게 빛나고 있으므로 퀘이사가 50년 보다는 오래 산다는 것뿐이다.

그 괴물이 어떻게 먹고사는지 알면 더 많은 것을 알 수 있을 것이다. 질량-에너지를 10퍼센트의 효율로 사용하는 밝은 퀘이사는 1년에 3태양 질량만큼의 물질을 먹으면 힘을 얻을 수 있다. 만일 블랙홀이 정식보다는 간단한 음식을 좋아한다면 1년에 100만 개의 지구를 먹어치워 같은 영양분을 얻을 것이다. 실제로는 블랙홀은 별이나 행성을 통째로 먹는 경우는 거의 없다. 블랙홀의 일상적인 다이어트 식품은 강착원반 안쪽에서 흘러 들어오는 뜨거운 기체다.

태양 질량의 1억 배인 중간 크기의 블랙홀이 1년에 3태양 질량을 먹으면서 자랐다면 자라난 시간은 3,000만 년밖에 되지 않는다. 우주의 나이에 비하면 아주 짧은 시간이다. 이것은 블랙홀이 항상 우리가 지금 관측하는 비율로 먹었을 때의 이야기다. 하지만 식사시간 사이에는 긴 휴식이 있다. 블랙홀이 현재의 크기로 자라는 데에는 훨씬 더 긴 시간이 걸렸을 것이다.

또 다른 논쟁은 공급 가능한 연료에 대한 것이다. 나선은하들은 수십억 태양 질량의 기체를 원반에 가지고 있지만, 대부분은 중심에서 너무 먼 곳에 있다. 중심에서 10광년 이내에는 약 3,000만 태양 질량의 기체가 창고에 있다. 이것을 1년에 3태양 질량씩 먹는다면 약 1,000만 년을 버틸 수 있다. 퀘이사가 1,000만 년 후에 연료에 굶주리게 되면 퀘이사의 활동적인 기간은 우주 나이의 0.1퍼센트보다 짧다. 그러고는 은하 사이의 공간에서 새로운 연료가 흘러 들어올 때까지 훨씬 오랜 시간을 기다려야 한다.

지난 10년간의 연구는 은하들의 활동에 대해서 흥미로운 그림을 만들어냈다. 우리는 퀘이사를 '밝히는' 엔진으로 끌어들인 물질을 이야기했다. 하지만 퀘이사는 물질을 끌어들이기만 하는 것이 아니라 밀어내기도 한다. 밝은 퀘이사는 강착원반에서 나오는 뜨거운 바람을 가지고 있다. 핵 영역에서 기체를 밀어내어 연료 공급을 가로막는 것이다.[20] 퀘이사는 불이 꺼지고, 다시 밝아질 때까지 기체가 은하 중심에 모이기를 기다려야 한다. 그러므로 밝게 빛나는 1,000만 년 이후에는 훨씬 더 긴 어둠의 시간이 이어지게 된다. 또 다른 단서는 평범한 은하들에 있는 블랙홀들에서 왔다. 우리은하는 평범함 블랙홀을 가지고 있고 근처에 있는 다른 은하들도 블랙홀을 가지고 있지만 대부분 비활동적이다. 퀘이사가 만들어지기 위해서는 특별한 조건과 매우 큰 질량이 필요한 것으로 보인다.

은하 내에서의 활동은 민주적이다. 가장 큰 은하들이 가장 재미있지만 모든 은하들은 나름대로의 재미가 있다. 전 우주에서 언제나 퀘이사들은 불타올랐다가 어둠 속으로 사라진다. 모든 아이들이 사탕을 먹지만 하루 종일 사탕을 먹을 수는 없다. 더 앞의 비유를 이용한다면, 모든 양들은 어느 정도의 늑대를 그 안에 가지고 있다. 우리 모두가 어느 정도의 괴물을 우리 안에 가지고 있듯이.

나는 고대 지구와의 연결에 몰두하다가 주변을 파악하는 것을 잊어버렸다. 내가 제트와 함께 튀어나가면서 시야에서 사라졌던 거대한 은하가 다시 빛나고 있다. 1조 개의 별의 중력이 나를 안으로 끌어당기고 있다.

나는 중심의 성단을 향해 아치형 궤적을 따라 떨어진다. 앞에는 뜨거운 흰색의 기체원반이 있다. 나는 하수구로 흘러 들어가는 잔해처럼 소용돌이치며 다가간다. 어느새 나는 강착원반 안에 있고 눈부시게 밝은 빛과 열기에 둘러싸여 있다. 그러고는 원반에서 벗어나서 괴물을 향해 마지막 소용돌이를 타고 있다. 어두운 물체는 거대하다. 별이 죽으면서 남기는 블랙홀의 크기는 도시 하나만 하다. 그런데 이 블랙홀의 크기는 태양계만 하다.

원반의 따스한 빛과 블랙홀의 칠흑 같은 어둠 사이의 중간 지역은 아름답고 평온하다. 내 인생의 모든 사건들이 순간적으로 눈앞에 스쳐 지나간다. 하지만 앞에 있는 곳은 시간이 아무런 의미가 없는 곳이다. 사건의 지평선으로 다가가자 광원뿔은 수축되고 광선은 에너지를 얻어 전 우주가 푸른빛의 원으로 축소되었다.

나는 무섭지 않다. 이 10억 태양 질량 블랙홀의 사건의 지평선 안쪽은 밀도가 나의 거실(1,000조 킬로미터와 수십억 년 떨어져 있는 거실) 공기보다 작다. 블랙홀의 조석력은 크지 않다. 사건의 지평선으로 미끄러져 들어갈 때는 살짝 당기는 느낌밖에 들지 않았다. 여기에는 우주의 모든 미치광이들이 꿈꾸는 힘을 만들어낼 수 있는 충분한 중력이 있다.

9장

은하의 성장

이제 절정의 장면이다. 나는 거대한 3차원 건물들 속에 있다. 하지만 이 건물들은 집과 사무실들이 아니라 은하들과 초거대 블랙홀들이다. 앞서 들렀던 곳에서는 적막함과 텅 빈 느낌, 그리고 거대함이 나를 사로잡았다. 여기서는 실제로 움직임을 볼 수는 없지만 분명히 느낄 수 있다. 은하들은 작고 서로 가까이 있다. 그 느낌은 밀실공포증과 어지러움이다.

나무만 보고 숲을 파악하기는 힘들다. 하지만 주변의 은하들은 무작위로 위치하는 것처럼 보이지는 않는다. 주의 깊게 보면 작은 덩어리들은 큰 덩어리와 병합되고 있고, 젊은 은하들의 모임은 초기 은하단처럼 보인다. 나는 우리은하처럼 멋진 나선은하와 같은 익숙한 모습을 찾았지만 헛된 일이었다. 이 은하들은 찢겨지고 덩어리져 정리된 구조를 가지고 있지 않다. 몇몇 큰 은하들은 타원은하처럼 보이지만 나에게 익숙한 모습보다 더 뜨겁고 더 푸르다.

더 오래 바라보니 더 정교한 뭔가가 있다는 것을 알 수 있다. 빛나는 레이스처럼 은하들을 서로 연결하고 있는 뜨거운 기체 그물이다. 여기는 따뜻하다. 나는 젊은 별들과 블랙홀들을 둘러싸고 있는 강착원반에서 나오는 자외선 복사에 푹 빠져 있다. 많은 은하들의 중심에서는 블랙홀들이 충분한 기체를 먹으며 빠르게 자라나고 있다. 어떤 것은 먼지에 둘러싸여서 보이지 않는다. 어떤 것은 주변의 기체를 날려버리고 제트를 텅 빈 우주 공간으로 멋지게 쏘아 올리고 있다. 얽히고설킨 혼돈 속에서 유일한 직선으로 나타난다. 이 우주의 태닝살롱tanning salon에서 나는 환한 빛 속에 상상의 그늘을 드리웠다.

존재하는 가장 빠른 것

은하 생성에 대한 지금까지의 이야기를 하기 위해서 우리는 먼저 빛을 살펴보아야 한다. 빛이 팽창하는 우주에서 어떻게 움직이고 모이는지를.

빛이 느릿느릿 움직이면 얼마나 불편할지 한번 상상해보자. 빛의 속도가 현재 측정된 초속 30만 킬로미터가 아니라 초속 1미터로 움직인다고 가정해보자. 이 가상의 세계는 빛의 속도 이외에는 모든 것이 동일하다.

당신은 어두운 집에 들어가서 머리 위에 있는 전등의 스위치를 켠다. 빛을 보려면 몇 초를 참을성 있게 기다려야 한다. 그런 다음 가까이 있는 벽이, 그리고 잠시 후에는 멀리 있는 벽이 보인다. 소리의 속도는 여전히 초속 343미터로 빛보다 훨씬 빠르다. 이것은 몇 가지 재미있는 결과를 가져온다. 서로 마주보고 하는 대화는 보통 몇십 센티미터 떨어진 고정된 거리에서 이루어진다. 모든 사람들은 입술의 움직임이 소리보다 약간 뒤처지는 데 익숙해져 있다. 하지만 뒤처지는 것이 몇 초 이상 된다면 짜증스러울 것이다. TV 리모컨에는 늦춤 단추가 있어서 몇 초

동안 거실을 가로질러 오는 화면에 소리를 맞출 수 있도록 되어 있을 것이다.

슈퍼마켓으로 가다가 길 건너 이웃에게 손을 흔들면 그는 30초 후에 답례로 손을 흔들 것이다. 예의가 없어서가 아니라 그가 당신을 보고 손을 흔드는 모습이 도착하는 데 걸리는 시간이 그렇기 때문이다. 슈퍼마켓에서 당신은 오랜만에 보는 친구를 발견했다. 그는 복도 끝에서 뭔가를 찾고 있다. 당신이 그에게 다가갔을 때는 그는 이미 떠나서 찾을 수가 없다. 새로운 계산대가 열렸지만 가까이 서 있던 사람들이 먼저 보기 때문에 당신이 도착했을 때는 이미 줄이 길게 늘어서 있다.

운전은 너무나 위험하다. 당신 앞에 있는 길은 점점 더 과거의 상황을 보여준다. 10미터 앞 길가에 서 있는 사람은 당신이 보았을 때는 이미 그 자리에 없을 수도 있다. 당신은 10초 전의 모습을 보는 것이기 때문이다. 달려오는 차를 당신이 보았을 때는 이미 당신 앞에 와 있다. 100미터 앞의 교통 상황은 당신이 도착할 때쯤에는 완전히 달라져 있을 수도 있다. 당신의 정보는 거의 2분이나 낡은 것이기 때문이다. 이것은 낮의 상황이다. 밤에 운전하는 것은 생각도 하지 말아야 한다. 모든 지연 시간은 2배가 된다. 당신 차의 헤드라이트에서 출발한 빛이 앞에 있는 물체에 반사되어 다시 돌아와 당신 눈으로 들어와야 하기 때문이다. 만일 당신이 초속 1미터보다 빠르게 움직인다면 당신은 헤드라이트에서 나오는 빛을 앞지르기 때문에 그 빛은 아무 소용이 없어진다.[1] 사실 거리를 달리기만 하면 사건들이 거꾸로 진행되기 때문에 상당히 재미있을 것이다.

길고 힘든 하루를 지낸 후 당신은 아름다운 석양을 보면서 휴식을 취한다. 물론 언덕 지평선은 30킬로미터 떨어져 있기 때문에 태양은 10시간 전에 졌고, 거의 다시 떠오를 때가 되었다는 것을 알아야 한다.

그렇다. 그저 불편한 정도가 아니라는 데 동의한다. 이건 너무나 불안하다. '느린 빛'의 세상은 끔찍하다. 일상의 사건들이 알아볼 수 없을 정도로 바뀌기 때문이다. 빛은 우리의 주요 정보 전달 수단이다. 정보가 우리에게 도착하는 시간이, 사건이 일어나는 시간과 비슷하게 걸린다면 인과관계가 뒤섞여버리는 것처럼 보일 것이다. 빛의 속도가 느려지더라도 유일하게 달라지지 않는 것처럼 보이는 것은 아마도 태양일 것이다. 빛이 3억 배 느리게 움직인다면 태양빛이 우리에게 도착하는 데에는 4,500년이 걸릴 것이다. 이것은 아주 긴 시간처럼 보이지만 (다행히도) 태양이 방출하는 빛은 변화가 없기 때문에 몇천 년 정도 늦는 것은 우리 생활에는 아무런 문제가 되지 않는다.

실제로 빛은 느리지 않다. 말할 수 없을 정도로 빠르다. 그것을 어떻게 알 수 있을까? 고대 그리스의 과학자들도 이 문제를 다뤘다. 엠페도클레스는 태양에서 나온 빛이 우리에게 도착하는 데 어느 정도의 시간이 걸린다고 생각했다. 하지만 아리스토텔레스는 빛이 순간적으로 이동한다고 생각했다. 그리스인들은 이 문제를 해결하기 위해서 아무런 실험도 하지 않았다. 이 실험은 갈릴레오가 처음으로 시도했다. 갈릴레오는 등불을 들고 언덕 꼭대기에 서 있었고, 동료 한 명이 비슷한 등불을 들고 몇 킬로미터 떨어진 곳에 서 있었다. 갈릴레오가 등불의 셔터를 열면 동료가 그 빛을 보자마자 등불의 셔터를 열었다. 갈릴레오는 자신의 맥박으로 빛이 왕복하는 시간을 측정하려고 했다. 걸리는 시간은 측정할 수 없었다. 하지만 갈릴레오는 빛의 속도가 소리의 속도보다 적어도 10배는 빠르다고 주장할 수 있었다.

제대로 된 첫 번째 빛의 속도 측정은 1676년에 이루어졌다. 목성의 위성 이오가 목성에 의해 가려지는 식현상의 주기를 관측하고 있던 올레 뢰머Ole Römer는 시간이 지나면서 식현상이 일어나는 시간이 빨라졌다가 느려지는 것을 발견했다. 그는 이것이 지구와 목성 사이의 거리의 변화 때문이라고 생각했다. 지구와 목성 사이의 거리가 가장 멀 때는 목성에서 오는 빛이 더 먼 거리를 와야 한다. 그 거리는 지구의 공전 궤도 지름에 해당된다. 그래서 지구와 목성이 가까이 있을 때보다 더 늦게 식현상이 나타난다. 뢰머의 아름답지만 정교하지 못한 방법은 정확한 값의 4분의 3에 해당되는 초속 20만 킬로미터라는 결과를 얻었다.■2 현재는 빛의 속도를 초속 299,792,458미터로 매우 정확하게 측정하고 있다.■3

단순히 아주 빠르기만 한 것이 아니다. 빛의 속도는 절대적이고 또한 절대적인 한계다. 알버트 아인슈타인은 10대 때 '빛의 광선에 올라탄다면' 어떨까 궁금했다고 말했다.

아인슈타인은 빛이 지구가 태양의 주위를 돌면서 움직이는 방향과 관계없이 항상 일정한 속도로 움직인다는 것을 보여준 1887년의 한 유명한 실험에서 영감을 얻었다.■4 그의 '특수'상대성이론은 이 실패한 실험 결과를 물리학의 전환점이 된 사건으로 끌어올렸다. 상대성이론의 모든 즐거운 기묘함은 빛의 속도가 일정하다는 것에서 나온다. 빠르게 움직이는 물체의 시계는 느리게 간다. 물체는 움직이는 방향으로 수축된다. 물체는 빛의 속도에 가까워지면 질량을 얻는다.■5 이 마지막 효과는 빛이 존재하는 가장 빠른 것이라는 데 핵심이 되는 것이다. 어떤 입자나 물체도 빛의 속도로 가속하려 하면 무거워진다. 빛의 속도에 다가가는 물체는 더 빨라지지 못하고 결코 그 속도에 도달하지 못한다. 에너지는 $E=mc^2$의 공식에 따라 질량으로 바뀌어 더 무거워진다.

이는 당연한 것이다. 빛보다 빠르게 움직인다면 불가능한 상황이 만들어지기 때문이다. 우리가 상상했던 '느린 빛'의 세계에서는 빛보다 빠르게 움직여 시간을 거꾸로 돌릴 수 있었다. 물리학자들은 정보가 빛보다 빨리 움직인다면 상식이 파괴될 것이라고 보고 있다. 당신이 타키온 안티텔레폰이라고 하는 빛보다 2배 빠르게 통신할 수 있는 장치를 가지고 있다고 가정해보자.[6] 당신이 우주선을 타고 빛의 90퍼센트 속도로 지구에서 멀어지면서 당신 어머니와 이야기한다면 당신은 첫 번째 메시지를 보내기도 전에 어머니의 대답을 듣게 될 것이다.

일상세계에서의 빛의 속도에 대해서는 아리스토텔레스가 근본적으로 옳았다. 실용적으로 보면 빛은 순간적으로 이동한다. 전등의 스위치를 켜면 서서 기다릴 필요가 없다. 빛은 100억 분의 1초 만에 방을 환하게 밝힌다. 갈릴레오의 언덕 위 실험은 빛이 등불 사이를 10만 분의 1초 이내에 움직였기 때문에 실패했다. 아폴로호의 달 착륙을 지켜본 사람들은 전파가 달까지 갔다가 돌아오는 데 2초 이상 걸리는 것 때문에 대화가 부자연스럽게 지연되었던 것을 기억할 것이다. 먼 우주로 나갈수록 빛이 우리에게 도착하는 시간은 더 길어진다.

이 책 각 장의 앞뒤에 있는 짧은 글들은 고향의 현재 모습보다는 과거의 모습을 볼 수밖에 없는, 점점 먼 곳으로 여행하는 사람의 모습을 시각화한 것이다. 태양에서 빛이 우리에게 도착하는 데 8분이 걸리기 때문에 우리는 태양의 8분 전 모습을 보는 것이다. 해왕성에서 오는 빛은 4시간, 가장 가까운 별에서는 4년, M31에서는 250만 년이 걸린다.

천체들의 현재 모습이 어떤가라는 질문은 아무런 의미가 없다. 빛의 속도는 정보 수집에 한계를 부여한다. 빛의 속도가 무한한 경우를 상상해보자. 우리는 우주의 모든 것을 동시에 보게 될 것이다. 우주에서 일어나는 모든 일을 바로 지금 볼 수 있다. 우주의 전체 역사가 동시에 순간적으로 보일 것이다. 우주에 끝이 있다면 그 끝을 볼 수 있을 것이고, 끝이 없다면 모든 방향으로 무한한 거리를 보게 될 것이다.[7] 이것은 일종의 정보 홍수다! 초속 30만 킬로미터는 어마어마하게 빠른 것처럼 보이지만, 우주 공간은 너무나 넓기 때문에 빛이 흥미 있는 무언가에서 우리에게 오는 데는 충분히 긴 시간이 걸린다.

빛의 속도가 유한하다는 것의 부수적인 효과는 우리가 천체를 현재의 모습이 아니라 과거의 모습으로 본다는 사실이다. 멀리서 오는 빛은 오래된 빛이다. 과거를 보는 현상은 우주론에서 핵심적인 부분이다. 이것은 우주를 연구할 때 시간에다 차원을 더하는 것이기 때문이다. 지질학자들은 어떤 행성이 어떻게 행동하는지 알기 위해서 표면의 암석을 연구하고, 과거에 어떻게 행동했는지 알기 위해서 땅을 파고 암석층을 연구한다. 마찬가지로 천문학자들은 우주의 현재 모습을 알기 위해서 가까운 은하들을 연구하고 과거의 모습을 알기 위해서 멀리 있는 은하들을 연구한다.

허블 팽창은 모든 은하들 사이의 거리가 멀어지면서 우주가 점점 커지고 밀도가 낮아진다는 것을 의미한다. 결국 은하들은 늘어나는 고무에 붙어 있는 압정이나 팽창하는 풍선에 찍힌 점과 같은 것이다. 은하들 자체는 배경이 되는 시공간의 행동에 관계없이 독자적으로 존재하는 것처럼 보인다. 유일한 방법은 먼 거리에 있는 은하들을 관측하여 과거의 은하들이 지금의 은하들과 어떻게 다른지를 보는 것이다. 여기에서 중요한 것은 '지금'과 '과거'를 정의하는 것이다. 우주론의 원리는 우리가 3억 광년 이상 크기의 우주 공간을 볼 때 적용된다. 이것은 1억 개 정도의 은하들이 들어가는 공간이다. 이 우주의 표본에는 너무나 많은 은하들이 포함되어 있기 때문에 밝은 퀘이사와 같은 가장 드문 형태의 은하들도 포함될 것이다. 3억 광년 과거는 우주 나이의 2퍼센트밖에 되지 않기 때문에 이것은 지금, 혹은 적어도 최근으로 간주해야 한다. 만일 우주가 진화하지 않았다면 더 멀리 볼 필요가 없다. 똑같은 모습만 보게 될 것이기 때문이다.[8]

하지만 지난 세기 중반에 이미 천문학자들은 팽창하는 우주의 먼 과거는 지금과 상당히 다르지 않을까 생각하고 있었다. 과거의 우주는 그저 더 작고 밀도만 더 높을 뿐만 아니라 분명히 더 뜨거웠을 것이다. 그래서 천문학자들은 더 먼 과거를 볼 수 있는 더 어두운 은하를 찾으려고 열심히 노력했다. '세상은 어떻게 시작되었는가'라는 질문에 대답하기 위해서는 우리는 먼 우주를 보아야만 한다.

거대한 유리

현대 우주론에서 망원경은 타임머신이고 천문학자들은 우리의 기원을 찾아서 과거를 탐험하는 시간여행자들이다.

우주를 탐험하고 제시간에 다시 돌아오기 위해서는 더 많은 빛을 모으기만 하면 충분하지 않을까? 그렇게 간단하지는 않다. 모든 은하들이 다 똑같아서 기성품 전구처럼 균일한 밝기를 가진다면(조명 가게에서 10^{38}와트 전구를 한번 찾아보라), 서로 다른 거리에 있는 은하들을 찾는 것은 아주 단순하다. 우리은하와 같은 은하가 1억 광년 떨어진 곳에 있다면 1미터 망원경으로 한 시간 노출하면 겨우 관측될 수 있는 정도다.

숫자를 단순화시켜 더 쉽게 이야기해보자. 어떤 광원에서 나온 빛이든 거리의 제곱에 비례하여 약해진다는 것을 기억하자. 2배 더 먼 곳을 보기 위해서는 4배의 빛을 모아야 한다. 1미터 망원경으로 4시간 노출하거나 2미터 망원경으로 1시간 노출하면 된다. 은하를 떠난 빛은 모든 방향의 우주 공간으로 퍼지기 때문에 찾아내는 것은 거리의 제곱만큼 어려워진다.

이 그림이 크게 복잡해지는 이유는 은하들이 모두 똑같지는 않다는 사실이다. 큰 은하에는 별들뿐만 아니라 많은 작은 은하들도 함께 있다. 우리은하보다 훨씬 더 밝은 은하들은 매우 드물다. 하지만 우리은하와 유사한 모든 은하들은 우리은하 밝기의 10퍼센트인 은하 3개 정도와 1퍼센트 밝기의 아주 작은 은하 10개 정도를 거느리고 있다.■9 어떤 거리에 있는 우리은하와 유사한 은하를 관측한 모든 관측 자료에는 더 가까이 있는 작은 은하들도 포함되어 있다. 작은 은하들은 큰 은하들에 비해 작은 범위에 있는 것이지만 그 수는 훨씬 더 많다. 그래서 먼 우주를 관측한 자료에는 몇 개의 밝은 은하들이 있지만 훨씬 더 가까이 있는 많은 작은 은하들에 의해 '오염'되어 있다. 그들을 골라내려면 분광 관측으로 적색편이를 구해야 하고, 그래서 큰 망원경이 필요한 것이다.

팽창하는 우주는 우리에게 주는 것도 있고 빼앗는 것도 있다. 팽창은 우리에게 과거를 들여다보고 그 기원에 대해서 연구할 수 있는 거대한 우주를 주었다. 하지만 시공간의 팽창은 멀리 있는 천체의 빛을 역제곱 법칙에서 예측하는 것보다 더 약하게 만든다. 여기에는 두 가지 부수적인 효과가 있다.■10 각각의 광자는 우리에게 도착하기 위해서 자기 앞에 출발한 광자보다 더 먼 거리를 이동해야 하기 때문에 도착하는 비율이 낮아진다. 더구나 광자의 에너지는 적색편이의 늘어지는 효과 때문에 에너지가 감소한다.

이 효과가, 적색편이가 크고 먼 과거의 모습을 보여주는 은하들에 어떻게 적용되는지 한번 살펴보자. '가까운' 우주라고 할 수 있는, 3억 광년 떨어진 곳에 있는 우리은하와 유사한 은하에 비해서 우주 나이의 25퍼센트 과거에 있는 같은 은하는 2배 더 관측하기 어렵고, 50퍼센트 과거는 10배, 그리고 75퍼센트 과거에 있는 은하는 60배 더 관측하기 어렵다. 이 은하들을 관측하기 위해서는 이 비율만큼의 빛을 더 모아야 하는 어려움이 있다. 그래서 천문학자들이 보다 더 큰 망원경을 만들기 위해서 노력하는 것이다.

앞에서 보았던 망원경의 역사에서, 에드윈 허블과 밀턴 휴메이슨은 새롭게 건설된 팔로마 산의 5미터 망원경으로 우주의 구조를 조사했다. '큰 눈Big Eye'이라는 별명의 이 망원경은 초기에 고장 난 러시아의 6미터 망원경을 제외한다면 거의 반세기 동안 세계에서 가장 큰 망원경의 지위를 차지하고 있었다. 망원경 건설은 거울이 움직이는 가대에 설치되어야 하고 돔으로 보호해야 하기 때문에 비용의 '벽'에 부딪힌다. 허셜에서 헤일까지, 망원경의 비용은 거울 지름의 거의 세제곱에 비례하여 증가하였다. 이는 빛을 모을 수 있는 면적의 증가보다 더 큰 것이기 때문에 싼 값이 아니다!

이렇게 심각한 비용 증가를 막기 위해서는 기술의 혁신이 필요했다. 1993년, 10미터 켁망원경은 하와이의 마우나케아에서 첫 번째 빛을 받았고, 3년 후에는 근처에 똑같은 망원경이 하나 더 설치되었다. 1973년에 설치된 킷픽Kitt Peak의 4미터 망원경은 1,070만 달러의 비용이 들었다. 크기와 물가 상승을 고려하면 켁망원경은 4억 달러가 들어야 했다. 하지만 켁망원경의 비용은 1억 달러밖에 들지 않았다. 켁망원경은 가벼운 육각형의 조각들을 이어 붙여서 포물면을 만들었기 때문에 이전에 만들어진 큰 망원경들보다 오히려 몸집이 더 작고 가벼웠다. 각각의 켁망원경은 킷픽망원경보다 6배나 더 많은 빛을 모을 수 있지만 움직이

■ 현대의 망원경은 켁망원경처럼 조각들을 이어 붙여 각 조각에 들어오는 빛을 한곳으로 모으는 방법을 사용하든지, 이 그림에 있는 8.4미터 거대종단탐사망원경Large Synoptic Survey Telescope처럼 하나의 거울을 사용하는데 벌집 모양의 틈을 만들어 거울을 크기에 비해 아주 가볍게 만든다.

는 무게와 돔의 크기는 비슷했다. 캘리포니아대학의 제리 넬슨Jerry Nelson은 이어 붙이는 기술의 선구자였다.

로저 엔젤Roger Angel은 애리조나대학에서 대형 망원경을 만드는 길을 걸었다. 나는 이 학교의 교수로서, 미식축구 코치가 총장보다 2배, 그리고 교직원들보다는 몇 배 더 많은 월급을 받는다는 사실을 알고 눈살을 찌푸리지 않을 수 없었다. 나는 학생들에게 미식축구장에서 가장 멋진 일이 일어나고 있는 곳은 운동장 잔디 위가 아니라 동쪽 관중석 지하라고 이야기한다. 엔젤과 그의 팀이 세계에서 가장 크고 가장 정교한 거울들을 만드는 곳이다.

엔젤의 접근법은 하나의 큰 거울을 가볍고 곡률을 크게 하여 망원경의 크기를 크게 줄일 수 있도록 만드는 것이다. 그의 아이디어는 신기할 정도로 나이키의 설립자인 필 나이트Phil Knight와 비슷하다. 필 나이트는 오레곤대학의 중거리 육상선수였는데 당시의 투박한 러닝슈즈를 무척 싫어했다. 어머니의 와플 기계로 실험을 한 그는 (와플 기계를 망가뜨리면서) 가볍고 탄력 있는 신발을 대량으로 만들 수 있다는 사실을 깨달았다. 엔젤도 역시 플라스틱과 퍼스펙스Perspex(흔히 유리 대신에 쓰는 강력한 투명 아크릴 수지 - 옮긴이)와 와플 기계로 실험했다. 그리고 그는 벌집 모양 구조가 재료를 강하고, 단단하고, 가볍게 만들어준다는 사실을 발견했다. 그도 아마 와플 기계 몇 개를 망가뜨렸을 것이다. 하지만 적어도 어머니를 힘들게 하지는 않았다.

매년 미식축구장 아래에서는 기술자들이 조심스럽게 세라믹 섬유로 된 1,680개의 육각형의 틀을 탄화규소로 된 원통으로 만들었다. 이 틀들은 가장자리에 1센티미터의 틈을 가지고 있었다. 맨 위쪽의 틀들은 거울 표면의 포물선을 따라 배열되어 있고 같은 모양은 하나도 없었다. 그러고는 2만 3,500킬로그램의 유리를 모든 조사를 마친 틀들의 꼭대기에 있는 5킬로그램의 통에 얹었다. 유리는 일본 북부 홋카이도 섬에 있는 가족이 운영하는 유리공장에서 온 것이다. 비할 데 없이 깨끗하고 균질하며, 멀리 떨어진 추운 지방에서 소량으로 만들어지기 때문에 품질이 무척 좋았다. 오븐이 밀봉되고 주의 깊게 계획된 온도 변화가 시작되었다. 유리가 녹는점을 지나가면 틀 사이의 틈을 매우면서 틀의 꼭대기를 가로질러 2.5센티미터 두께의 층이 만들어진다. 오븐이 회전하면서 포물면을 만들어낸다. 오븐 안에 있는 방열 카메라가 모든 과정을 보여준다.

나는 거대종단탐사망원경이라는 국가적인 프로젝트에 사용될 8.4미터 거울을 주조하던 모습을 생생하게 기억한다. 오븐은 미식축구장 지하의 넓은 공간에서도 거대해 보였다. 지름 12미터에 높이 6미터의 오 븐은 전선과 도관으로 둘러싸여 있었다. 오븐은 이미 3일 동안 회전하고 있었고, 최고온도인 760도에 이르려고 하고 있었다. 10초마다 한 바퀴씩 도는 소음은 엄청났다. 번쩍이는 불빛과 뜨거운 열기까지 더해져 마치 지옥에서 온 회전목마 같았다. 열기를 막기 위한 고글을 쓰고 흰색 코트를 입은 엔젤과 그의 동료들은 정확하게 미친 과학자들의 모습 그대로였다.

다음 단계는 참을성이 필요했다. 제작팀이 오븐의 문을 열고 '케이크'가 어떻게 되고 있는지 들여다보려면 3개월이 지나야 한다. 큰 거울이 식어서 단단해지는 시간이다. 작은 공기방울 하나 없이 표면은 완벽하게 깨끗하기를 희망한다(첫 번째 주조 후의 거울은 예상보다 0.5톤 더 가벼웠지만 그 만큼의 액체 유리가 어디로 갔는지는 아무도 알아내지 못했다). 거울은 오븐에서 조심스럽게 들어 올려져 연마기 위에 놓여졌다. 어쩌다 한 번씩 단 한 번의 실수가 엄청난 결과를 가져오기도 한다. 거울 표면을 컴퓨터로 조정되는 기계와 보석용 연마제로 갈아내는 데는 6개월이 걸린다. 연마가 끝난 거울의 포물면은 100만 분의 1센티미터 수준으로 정밀하다. 이 거울로는 16킬로미터 떨어진 곳에 있는 신문을 읽을 수 있다. 거울의 크기를 북아메리카 전체 크기로 가정하면 가장 큰 흠집은 2센티미터 정도 높이의 언덕이다.

지상망원경은 르네상스 시대를 거쳐왔다. 지난 20년 동안 지름 6미터 이상의 망원경 18개가 만들어졌다. 이 망원경들은 모두 제리 넬슨이 개발한 레이저로 조정되는 이어 붙인 거울을 사용했거나 로저 엔젤이 개발한 하나의 얇은 거울을 사용한 것이다.■[11] 지금은 20에서 최대 40미터의 거대 망원경들이 계획되어 있다. 거대 망원경들의 약 40퍼센트 시간은 우리은하 밖의 우주를 연구하고자 하는 제안서들의 경쟁으로 주어질 것이다. '거대한 유리'는 은하의 이야기를 하는 데 핵심적인 역할을 해왔다.

80제곱미터의 빛을 모으는 면적으로도 충분하지 않을 때가 있다. 멀리 있는 은하들과 그 진화를 제대로 살펴보기 위해서 천문학자들은 우주에 망원경을 설치했다.

우주 공간에서의 천문학은 어렵고 비용도 매우 많이 든다. 지구 궤도에 놓을 수 있는 어떤 망원경보다 훨씬 더 큰 망원경을 멀리 있는 산 위에 설치할 수 있다. 지상망원경은 우주비행사들이 하는 것보다 훨씬 더 쉽게 테스트하고, 수리하고 업그레이드할 수 있다. 망원경의 구경이 같다면 우주망원경은 지상망원경보다 30에서 50배 더 비용이 많이 든다. 하지만 은하들에 대한 가장 깊은 관측은 망원경의 크기 순서로는 50위 안에도 들지 못하는 허블우주망원경으로 이루어졌다. 어떻게 이런 일이 가능할까?

우주 공간은 진공이기 때문에 지구 대기의 움직임에 의해 상이 퍼지는 현상이 생기지 않는다. 최근까지 25센티미터 이상의 모든 지상망원경들은 상이 퍼지는 현상 때문에 이론적으로 얻을 수 있는 상을 실제로는 얻을 수 없었다. 지상에서 천문학자가 할 수 있는 최선은 망원경을 대부분의 날씨변화가 나타나는 대류권 위, 도시의 불빛과 문명에서 멀리 떨어진 높은 산 위에 설치하는 것이다. 하지만 대부분의 상 퍼짐 현상은 높은 대기에서 일어난다. 수십억 광년을 날아온 은하의 빛이 겨우 마지막 10킬로미터를 남기고 방해를 받는다고 생각하면 너무나 안타깝다. 하지만 우주망원경은 이 문제에서 자유롭다.[12]

최근, '적응광학'이라고 하는 기술이 지상망원경과 우주망원경 사이

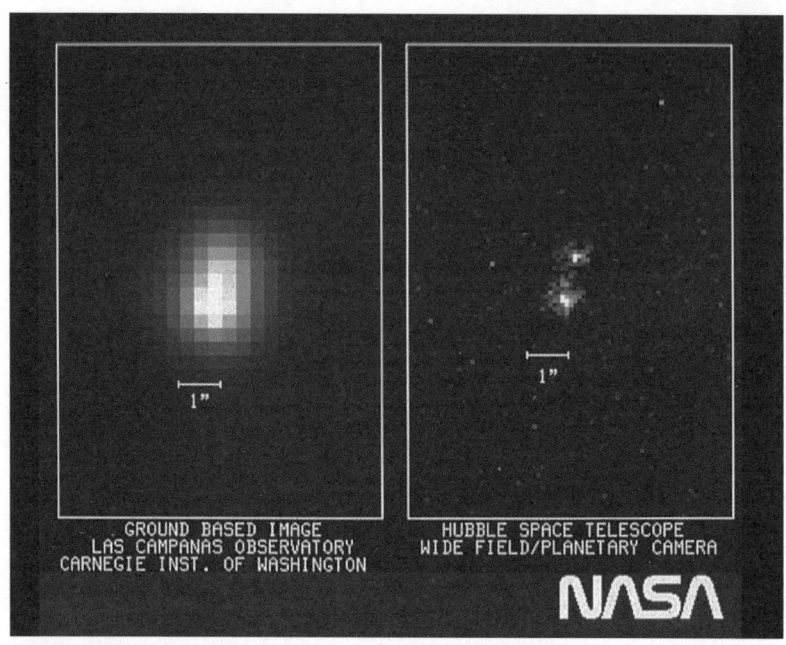

■ 허블우주망원경으로 관측한 구상성단(오른쪽)과, 같은 대상을 비슷한 크기의 지상망원경으로 관측한 모습(왼쪽). 상이 선명하면 더 어두운 대상까지 관측할 수 있다. 해상도에 있어서 우주망원경의 장점은 높은 산에 설치된 망원경에 적응광학을 적용하면 대부분 얻어낼 수 있다.

의 틈을 메우고 있다. 강한 나트륨 레이저가 망원경이 향하는 방향에서 빛나고 있다. 레이저빛은 상 퍼짐을 일으키는 상층 대기에서 반사되어 돌아오고, 레이저 파동의 변화는 1초에 50번씩 기록된다. 그 망원경은 뒤에 붙어 있는 작동장치에 의해 1초에 50번씩 수정이 될 수 있을 정도로 얇고 부드러운 특수한 부경을 가지고 있다. 수정되는 속도는 상 퍼짐이 일어나는 대부분의 상황에 맞춰질 수 있다. 이런 방법으로 망원경은 상층 대기에서 일어나는 현상을 수정하여 최대한 선명한 상을 만들어낼 수 있다. 이것은 복잡하고 빠르게 변하는 바다 표면에 '마법의' 유리를 놓아 마치 저수지처럼 고요하게 보이게 만드는 것과 비슷하다.

하지만 여전히 지상망원경을 이용한 관측으로는 도저히 우주망원경을 따라잡을 수 없는 것이 하나 있다. 바로 하늘의 밝기다. 별과 은하들에서 오는 빛은 완전히 검은 배경으로 관측되는 것이 아니다. 희미한 빛이 하늘을 채우고 있기 때문이다. 대부분의 '오염'은 집, 자동차, 가로등, 공장, 그리고 광고판 등에서 나오는 빛 때문에 일어난다. 대부분의 사람들은 도시에서 벗어나 불빛이 없는 시골로 가면 밤하늘의 별이 훨씬 더 잘 보인다는 사실을 알고 있다. 하지만 설사 당신이 지구에서 가장 어두운 곳에 있다 하더라도 하늘은 완전히 검지 않다. 공기는 상층 대기에서 일어나는 화학반응 때문에 희미하게 밝아진다.

우주에 있는 망원경은 이 '대기광$_{\text{air glow}}$'에서 탈출할 수 있다. 그래서 허블우주망원경은 산꼭대기에 있는 가장 어두운 천문대보다 6배나 더 어두운 하늘을 볼 수 있다. 이 장점은 은하들을 볼 때 훨씬 더 중요해진다. 은하의 빛은 같은 밝기의 별보다 더 넓은 하늘에 퍼져 있기 때문이다.

우주 공간은 더 어두운 하늘과, 더 선명한 상과, 더 안정적인 관측 환경을 제공해준다. 이런 이유들 때문에 별로 크지 않은 2.4미터 허블우주망원경이 지금까지 가장 어둡고 가장 멀리 있는 은하를 관측한 기록을 보유하고 있는 것이다.

은하 만들기

우주의 과거로 가기 위해서는 팽창하는 우주의 변화하는 특징을 추적할 수 있는 방법이 필요하다. 적색편이가 가장 중요한 관측값이다. 이것은 관측되는 빛의 파장이 가까이 있는 비슷한 광원에서 나오는 빛에 비해 얼마만큼 길어졌는지를 알려주는 비율로, 주로 간단한 숫자로 표

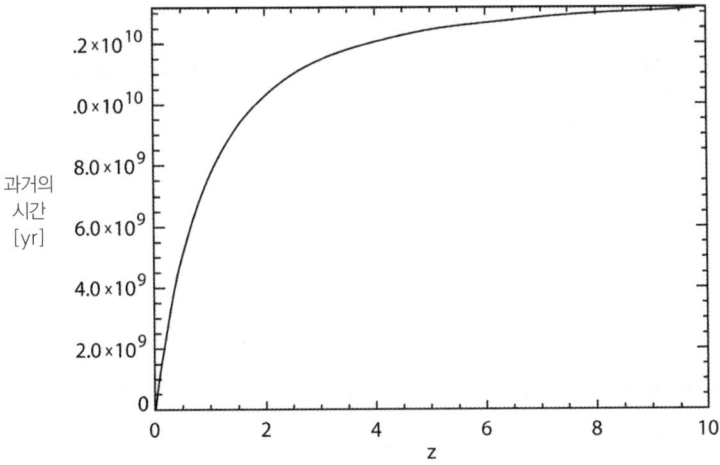

■ 적색편이와 과거의 시간 관계 그래프. 우주의 나이는 137억 년이고 적색편이가 0인 것은 우리은하다. 적색편이는 후퇴속도와 연관이 있다. 하지만 더 근본적으로는 이것은 복사가 우주의 팽창에 의해 늘어나는 비율에 1을 더한 것, 그리고 복사가 방출될 때의 우주의 크기가 더 작았던 비율에 1을 더한 것과 같다.

현된다. 코마 은하단의 적색편이는 0.023으로 빛의 파장이 2.3퍼센트 적색으로 이동했다는 것을 의미하고, 3C 273의 적색편이는 0.158로 빛이 15.8퍼센트 적색으로 이동했다는 것을 의미한다. 적색편이가 1보다 작은 것은(파장의 길이가 100퍼센트보다 작게 길어진 것은) 적색편이가 후퇴속도의 빛의 속도에 대한 비율과 거의 일치한다. 적색편이를 거리와 과거의 시간으로 환산하기 위해서는 우주의 팽창 모형이 필요하다. 우주론적인 적색편이는 아주 간단하게 설명된다. 이것은 빛이 방출될 때의 우주의 크기와 현재의 우주의 크기의 비율이다.■[13]

작은 도토리에서 큰 나무가 자란다. 은하의 생성과 진화에 대한 패러다임은 우주가 부드럽게 시작되었다가 중력에 의해 덩어리진 곳이 생겼다는 것으로, 아래에서 위로 만들어진 구조다. 보통물질보다 암흑물질이 더 많기 때문에 은하의 생성은 암흑물질의 성질에 크게 의존한다.

우리는 우주의 이 주요 성분의 본질에 대해서 아무것도 모르기 때문에 우주론은 불확실할 수밖에 없다! 하지만 암흑물질 후보로 적당하지 않을 것을 제외한 후 마지막으로 남은 것은 기본적인 원자 구성 입자다. 이것은 우주의 초기 역사에서 빛보다 느리게 움직였기 때문에 물리학적인 표현으로는 '차가운' 것으로 간주된다. 은하의 구조는 차가운 암흑물질에 의해 조각된 것이다.■14

보이지도 않고 어둠 속에 숨어서, 암흑물질은 부드러운 우주를 천천히 중력의 차이가 있는 곳으로 바꾸었다. 중력의 우물들은 시간이 지나면서 더 깊어지고 합쳐져 질량이 작은 '헤일로들'이 점점 질량이 큰 헤일로로 진화했다. 보통물질들은 암흑물질의 중력 우물로 끌려 들어와 모였다. 적당한 조건이 갖춰지면 이것은 은하로 만들어진다. 은하의 생성에 대한 우리의 지식은 아직 스케치 수준에 불과하다. 수십억 광년 떨어진 곳에 있는 별들은 고사하고, 오리온 대성운과 같이 가까이 있는 곳에서의 별의 생성에 대해서도 충분히 이해하고 있지 못하기 때문이다.

은하들을 보면 이들이 바로 이야기의 주인공이라고 생각하기 쉽지만 사실 그들은 얇은 검은 고무판 위에 박혀 있는 예쁜 구슬에 불과하다. 암흑물질 판의 모양 변화에 의해 은하, 별, 행성, 그리고 사람 들이 어디에 존재하게 될지 결정된다.■15

은하들의 구조가 아래에서 위로 만들어졌다는 이론은 간단한 예측을 가능하게 해준다. 우주 역사의 어느 시점에서는 작은 암흑물질의 헤일로들이 큰 헤일로들보다 훨씬 더 많았어야 한다. 작은 암흑물질의 헤일로들이 먼저 만들어진 다음 점점 서로 합쳐져서 큰 헤일로들이 만들어진 것이다. 보통물질들이 암흑물질 헤일로로 흘러 들어와 눈에 보이는 은하들을 만들기 때문에 이 이론은 큰 은하들보다는 작은 은하들이 훨

우주 웹 시뮬레이션

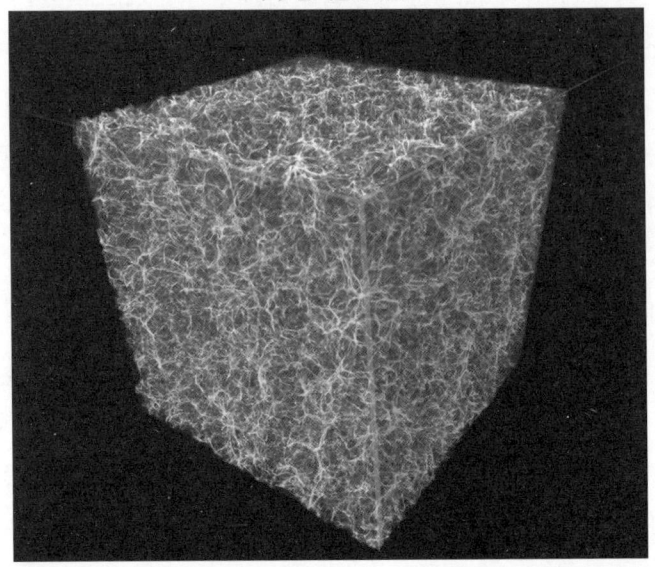

■컴퓨터 시뮬레이션은 초기 우주의 부드러운 기체 분포가 130억 년 후에 어떻게 은하와 같은 천체들로 진화했는지 보여준다. 위의 그림에서 흰색 부분은 기체밀도가 더 높은 곳이다. 한 변의 길이는 3억 광년이고, 암흑물질과 눈에 보이는 물질들은 이 영역에서 수백만 개의 은하들을 만들어낸다.

씬 더 많아야 하고, 작은 은하들이 먼저 만들어지고 큰 은하들은 나중에 만들어졌다는 예측을 할 수 있다.■16

이 이론이 얼마나 잘 맞을까? 거의 확인되었다. 우리는 이미 우리은하가 입 속에 음식물을 넣고 있는 모습을 보았다. 우리은하가 작은 은하들을 집어삼키며 자라왔고 지금도 자라고 있다는 사실을 보여주는 것이다. 하지만 맞지 않는 부분도 있어서 활발히 연구되고 있다.

가장 중요한 문제는 암흑물질이 너무 간단하다는 것이다. 오직 중력밖에 가지고 있지 않기 때문이다. 반면에 보통물질은 별과 초신성과 블랙홀을 만들고, 그들이 만들어내는 복사와 기체는 은하의 생성과 진화를 매우 복잡하게 만든다.

학교를 예로 들어보자. 암흑물질은 학교 건물과 직원들이다. 건물은 배움이 일어나는 틀과 장소를 제공해주고, 직원들은 계급에 갇혀 있다. 임시교사와 비서들은 선생님들에게 복종하고, 선생님들은 교감선생님에게 복종하고, 교감선생님은 교장선생님에게 복종한다. 여기에 한 무리의 학생을 추가하면 모든 것이 느슨해진다. 학생들은 학교에 가지 않기도 하고 규칙을 지키지 않기도 한다. 그리고 그들은 서로서로, 또 선생님들과 다른 모든 사람들과 재미있는 방법으로 소통한다. 이 비유에서 학생들은 은하들을 만드는 재료인 보통물질이다.

그런데 우주의 구조가 만들어지는 간단한 이론에 맞지 않는 현상들이 몇 가지 있다. 가까운 우주에 있는 작은 은하들의 수가 이론적으로 존재해야 할 수보다 훨씬 작은 것이다. 큰 암흑물질 헤일로들은 모두 은하들을 가지고 있지만 많은 작은 암흑물질 헤일로들은 비어 있다는 것을 의미한다. 가장 그럴듯한 설명은 이 작은 헤일로들이 초기에는 은하를 만들었지만 최초의 별들이 만들어지면서 약한 중력 포텐셜에 있던 모든 기체를 밀어내었고, 그 이후에는 새로운 기체가 모여서 별들이 만들어지기에는 우주의 밀도가 너무 낮아졌다는 것이다. 그러니까 대부분의 작은 은하들은 초기에 격렬한 파티를 한 다음 지금은 불을 끄고 자고 있는 것이다.

또 다른 문제는 모든 별들을 우주 역사의 초기에 만들어낸 무거운 은하들이 있다는 것과 작은 은하들이 아주 최근까지도 별을 만들었다는 사실이 발견된 것이다. 이것은 아래에서 위로 이론이 예측한 것과는 반대되는 현상이다.

이 문제의 해결책은 모든 은하들이 거대 블랙홀을 가지고 있지만 일부 시간 동안만 활동한다는 사실과 연관되어 있다. 지난 10년 동안 허블우주망원경이 수집한 자료는 블랙홀이 은하들의 중심에 흔하게 존재하고, 그 질량은 은하들이 가지고 있는 늙은 별들의 질량에 비례한다는 사실을 보여준다.[17] M87과 같은 무거운 타원은하는 태양 질량의 수십억 배인 블랙홀을 가지고 있고, 우리은하는 400만 태양 질량의 블랙홀을, 그리고 작은 은하들과 구상성단들은 수만 태양 질량 정도의 블랙홀을 가지고 있는 것이 발견되기도 한다. 자연은 질량이 수십억 배나 차이가 나는 블랙홀들을 만들어내는 것이다!

블랙홀들은 떨어지는 기체와 은하들을 자라게 하는 병합에 의해 자라고 물질을 공급받는다. 은하들과 블랙홀들의 이야기는 우주의 역사와 나란한 이야기 구조를 가지고 있어야 한다. 은하들이 활동을 시작하거나 퀘이사가 되면 기체가 빠져나와서 별 생성이 멈춘다. 초거대 블랙홀은 작은 은하에서 큰 은하까지 별이 만들어지는 간단한 과정을 방해한다. 초기 우주에서는 병합에 의해 무거운 은하들과 그 안의 거대한 블랙홀들이 빠르게 만들어졌고, 그 블랙홀들이 활동적으로 되면 퀘이사가 된다. 우리은하와 같은 은하들은 병합과 은하 사이의 공간에서 지속적으로 끌려 들어오는 기체에 의해 자란다. 중간 정도 질량의 은하들은 산발적으로 활동하는 블랙홀에서 흘러나오는 물질들에 의해 최근까지도 별이 만들어졌다.[18]

우리는 도토리에서 많은 나무들을 키웠다. 하지만 숲 안에 있는 모든 나무들을 살피는 것을 놓치기 쉽다. 그러니까 한 발 물러나서 은하의 진화를 넓은 관점에서 바라보기로 하자.

현재의 우주는 크고, 차갑고, 대체로 조용하다. 은하들은 서로 너무나 멀리 떨어져 있어서 만나거나 병합할 기회가 거의 없고, 은하 사이의 공간에서 별을 만들 수 있는 신선한 기체의 공급도 원활하게 이루어지지 않는다. 원반에서는 가끔씩 작은 은하를 끌어들여 어느 정도 수준의 별 생성이 꾸준히 일어난다. 블랙홀들은 자신이 포함되어 있는 은하들과 함께 자라지만 영광의 시간은 이미 지나갔다. 대부분이 연료에 굶주리고 있고 약간의 활동밖에 하지 못한다. 질량이 가장 큰 블랙홀들은 퀘이사가 될 수 있지만 아주 짧은 시간 동안만 가능하다. 이것이 우리의 따분하고 지루한 늙은 우주의 모습이다.

우주 나이가 지금의 절반일 때로 시간을 돌려보자. 당시 은하들에서 나오는 빛의 적색편이는 0.8이고, 우주의 크기는 지금의 절반이며 온도는 2배다. 모든 것은 상당히 활동적이어서 별의 생성과 핵의 활동에 공급되는 기체가 얼마든지 있었다. 둘 다 현재의 20배 정도 수준이었다. 가장 무거운 블랙홀들은 충분히 완성되어 있었지만 중간 질량의 블랙홀들은 열심히 활동하며 연료를 공급받고 있는 중이다. 이것은 우주의 전성기 모습이다.

이제 시간을 더 과거로 돌려 우주의 나이가 지금의 4분의 1일 때, 이 장 앞부분에 묘사된 이야기의 상황일 때로 가보자. 적색편이는 2고, 우주의 크기는 지금의 3분의 1, 온도는 3배다. 획득, 병합, 강탈이 최절정이다. 젊은 우주에서는 탐욕이 미덕이다. 대부분의 은하들은 아직 성숙하거나 충분히 만들어지지 않았지만 성장에는 최고의 시간이었다. 핵의 활동을 위한 연료들은 얼마든지 있었다. 별의 생성과 핵의 활동성은 현재의 1,000배 수준이다. 파티 시간이다! 이것은 우주의 과격한 사춘기 모습이다.

이보다 이전 시기에 대한 정보는 단편적이다. 거대 지상망원경들과 허블우주망원경은 더 먼 과거를 보기 위해 최선의 노력을 하고 있다. 관측 한계 지점에 있는 은하는 가까이 있는 비슷한 은하보다 100배 더 어둡고, 별빛의 에너지는 적외선 파장 쪽으로 길어져 있기 때문에 광학망원경으로는 지푸라기를 잡는 수준이다.

빛과 그림자

우주는 빛과 어둠으로 이루어져 있다. 이것은 중국 철학의 음과 양처럼 서로 돌고 돈다.■19 별은 어두운 기체와 먼지로 만들어져 빛을 내고, 일생의 마지막 순간에 일부 물질들은 어둠 속으로 방출되어 새로운 별의 일부가 되고 나머지는 어두운 핵이 된다. 천문학자들이 우주가 팽창한다는 사실을 처음으로 알았을 때, 그들은 빛과 어둠 사이의 긴장관계를 깨달았다. 우주의 팽창이 우리가 관측하는 것보다 훨씬 더 빠르게 일어났다면, 기체가 너무 빠르게 엷어져서 중력이 별과 은하를 만들 수 없었을 것이다. 반면 팽창이 훨씬 더 느리게 일어났다면, 기체는 하나의 거대한 천체로 굳어버렸거나, 우주가 너무나 빠르게 원래의 모습으로 다시 수축하여 별과 은하가 만들어질 시간이 없었을 것이다.

켁망원경에서 허블우주망원경까지 모든 세계 최고의 망원경들은 우주 공간의 과거를 들여다봄으로써 우주 팽창의 역사가 남긴 흔적을 찾고 있다.

은하는 여기에 적합하지 않다. 우리가 살펴본 바와 같이 은하들의 특징은 매우 다양하고, 은하의 크기나 밝기는 거리를 측정하는 데 이용될 수 없기 때문이다. 허블이 1920년대에 이용했던 세페이드 변광성은 어떨까? 세페이드 변광성은 좋은 표준 '전등'이기는 하지만, 가까운 우주라고 할 수 있는 1억 광년 정도의 은하에서도 찾기가 어려워진다.

1980년대에 우주 팽창의 역사를 관측하기 위해서 많이 사용된 방법은 쌍성계에 있는 초신성을 이용하는 것이다. 질량이 큰 진화한 별이 이웃에 있는 백색왜성에 기체를 공급하여 백색왜성이 초신성으로 폭발하게 되는 것이다. 질량이 백색왜성에 지속적으로 천천히 '더해지기' 때문에 초신성 폭발은 충분히 예측할 수 있는 방법으로 일어나 '표준폭탄'이 될 수 있다. 이것은 임계질량을 넘길 때까지 플루토늄을 조금씩 더하는 것과 비슷하다. 초신성은 은하 전체의 밝기와 맞먹을 정도이기 때문에 엄청나게 먼 거리에서도 관측될 수 있다. 초신성은 멀리 있는 오래전의 과거를 관측하는 데 최고의 도구다.

1990년대에 두 그룹이 이 프로젝트를 시작했다. 하늘의 넓은 영역을 관측하여 초신성을 발견한 다음, 최대밝기와 어두워지는 비율을 관측하여 절대밝기를 구했다. 빛이 거리의 제곱에 반비례하여 약해진다는 사실을 이용하면 절대밝기와 겉보기밝기를 결합하여 거리를 구할 수 있다. 천문학계는 작은 집단이다. 양 팀의 연구자들은 서로 잘 아는 사이였고, 선의의 경쟁이었지만 아주 치열했다. 두 팀 모두 어떤 것을 발견할지에 대해서는 명확한 희망과 기대를 가지고 있었다. 젊은 우주는 은하들이 서로 가까이 있었기 때문에, 더 강한 중력이 작용하여 우주의 팽창이 느려져야 한다. 허블의 선형적인 관계는 먼 과거에는 곡선이 될 것으로 기대되었다. 우주의 팽창속도가 느려졌다면, 멀리 있는 초신성이 팽창속도가 일정한 경우에 비해서 더 가까이 있어서 더 밝을 것이기 때문이었다.

그러나 정반대의 결과에 두 팀은 모두 엄청난 충격을 받았다. 초신성은 팽창속도가 일정한 경우에 비해서 오히려 더 어두웠다.[20] 먼 곳일수록 더 빠르게 팽창하고 있었다. 우주의 팽창속도는 느려지는 것이 아니라 빨라지고 있었다.

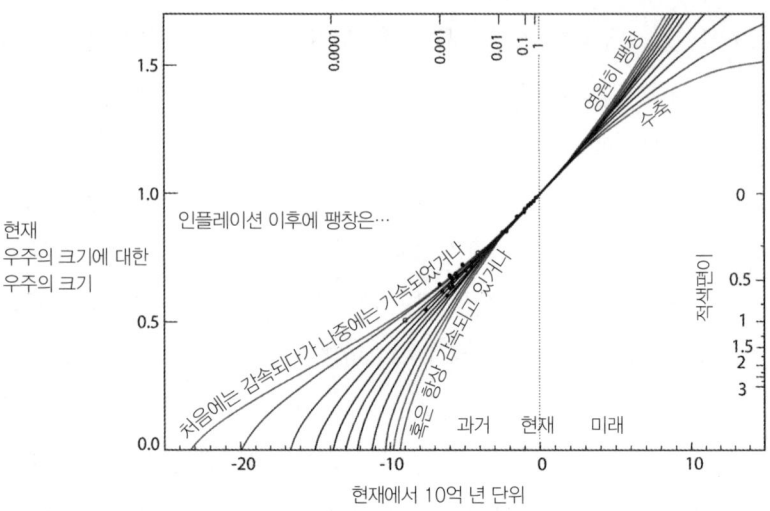

■ 초신성을 표준 전등 혹은 '폭탄'으로 이용하여 측정한 우주 팽창의 역사. 검은 점들은 멀리 있는 초신성이고, 우주가 현재의 절반 크기였던 70억 년 전까지 거슬러 올라간다. 관측 자료는 초기에는 감속되다가 지난 50억 년 동안은 가속된 모형으로 설명된다. 이 예상 밖의 결과로 암흑에너지의 존재가 언급되었으며, 우주는 영원히 팽창할 것으로 결론지어졌다. Reprinted with permission from Saul Perlmutter, Physics Today, Vol. 56, pp. 53~60(2003). Copyright © 2003, American Institute of Physics.

    이 놀라운 결과의 의미에 대해서는 아직도 충분히 이해되지 않고 있지만, 이것은 우주론 전체를 발칵 뒤집어놓았다. 처음에는 두 팀 모두 결과를 의심했다. 그들은 초신성에 문제가 있나 확인하고, 서로 자료를 바꾸어서도 확인했지만 결과는 바뀌지 않았다. 초신성은 예상했던 것보다 더 어두웠다. 그 이유는 초신성에서 빛이 떠난 후에 우주가 가속되어 초신성을 예상보다 먼 곳으로 가져다놓은 것으로 설명된다. 지난 10년 동안 두 팀은 두 배의 노력을 기울여 더 이전의 팽창을 추적하려고 노력했다. 그들은 4미터 망원경에서 8미터, 10미터 망원경으로 단계를 높였고, 허블우주망원경에도 많은 시간을 들였다. 이 발견은 2011년 노벨상 수상으로 이어졌다.

그들이 본 것은 이렇다. 적색편이가 0.5인 곳, 혹은 과거로 50억 년 돌아가면 가속팽창의 흔적이 있다. 하지만 적색편이가 0.5에서 1사이, 혹은 50억 년에서 80억 년 사이에는 초신성들이 예측보다 어둡지 않고 더 밝아지기 시작한다. 감속팽창의 흔적이다.[21]

무엇이 가속팽창을 일으키는 것일까? 이는 우주론에서 가장 큰 의문이다. 우주를 가속시키는 원인에 지어진 멋진 이름은 암흑에너지dark energy다. 하지만 이것은 물리학적인 표현이라기보다는 무지를 표현하는 임시방편에 가까운 말이다. 암흑에너지는 중력에 반대되는 것으로 시공간을 점점 빠른 속도로 팽창시킨다. 그 외에는 알려진 것이 거의 없다. 물리학자들은 의욕과 동시에 좌절을 느낀다. 이것은 새로운 물리학이며, 기본 입자들의 '표준 모형'의 일부가 아니기 때문이다.[22]

우주는 운전수를 가지고 있긴 하지만 그 운전수는 운전에 익숙하지 못하다. 아마도 이전에 한 번도 우주를 운전해보지 못했던 것 같다. 두 발은 브레이크와 가속페달에 동시에 올려져 있지만 브레이크에 올려져 있는 발이 더 약하고 지쳐 있다. 처음에는 우주의 속도가 브레이크에 가해진 강한 압력으로 줄어들었다. 브레이크가 약해지자 계속 눌려져 있던 가속페달이 주도권을 차지하기 시작했다. 우주는 브레이크에 가해지는 힘이 약해지기 때문에 가속된다. 우주 역사의 처음 80에서 90억 년 동안에는 암흑물질이 팽창을 감속시켰다. 약 50억 년 전부터 암흑에너지가 약해진 암흑물질의 끌어당기는 힘을 누르고 팽창을 가속시키고 있다. 우리가 이해하지 못하는 두 성분이 우주를 조종하고 있고, 우리를 포함한 보통물질은 그저 그 위에 올라타고 있을 뿐이다.

가속팽창은 우주 팽창에 대한 오랜 의문에 해답을 주었다. 우주는 영원히 팽창할 것인가 아니면 언젠가 다시 수축할 것인가? 우리가 아는 한, 암흑에너지는 공간을 점점 더 빠르게 팽창시키는 확고한 힘이다. 여기에 대응할 물질이 충분하지 않기 때문에 승자는 확실하다. 우주는 영원히 팽창할 것이다.

아 참, 내가 빛이 세상에서 가장 빠른 것이라고 이야기했던 것을 기억하는가? 거짓말이었다. 빛이 절대적인 한계가 되는 것은 특수상대성이론이다. 하지만 아인슈타인이 속도가 일정하지 않은 운동으로 이론을 확장시키자 이론 체계는 일반상대성이론으로 바뀌었다. 일반상대성이론은 우주의 팽창속도에 아무런 한계도 제시하지 않는다. 우주는 얼마든지 빠르게 팽창할 수 있는 것이다! 관측된 암흑물질과 암흑에너지의 양을 적용한 우주 팽창 모형은 재미있는 결론에 이른다. 우리가 더 멀리 있는 천체들을 관측할 수 있다면, 그 빛은 우주의 팽창속도가 지금보다 훨씬 더 빠를 때 방출된 것이다.[23] 적색편이가 1.5이면 100억 년 전이고, 우주는 지금보다 2.5배 더 작았을 때였다. 우리가 관측하는 이 시기의 은하나 퀘이사는 우리가 관측하는 빛이 방출될 때 빛의 속도로 우리에게 멀어지고 있었다. 100억 년보다 더 과거의 은하나 퀘이사는(이미 1,000개 이상이 거대 망원경들에 의해 발견되었다) 빛이 방출될 때 빛보다 더 빠른 속도로 우리에게 멀어지고 있었다.

어떻게 이런 일이 가능할까? 그 정도로 멀리 있는 은하에서 나온 빛은 우리에게서 멀어지면서 출발한 것이다. 초속 30만 킬로미터의 속도로도 시공간의 빠른 팽창을 따라잡을 수가 없다. 하지만 암흑물질이 팽창속도를 늦추자 광자들이 이끌려서 수십억 년 후에 우리은하가 있게 되는 위치로 접근하기 시작했다. 빛은 특수상대성이론에서 제한한 대로 초속 30만 킬로미터의 속도로 도착한다. 하지만 여기에 도착하기 위해서는 엄청난 여행을 거쳤다.

암흑물질의 '음'과 암흑에너지의 '양'은 우주 역사의 대부분의 기간 동안 거의 균형을 이루어왔다. 하지만 암흑에너지가 점점 더 강해지면서 균형은 깨졌다. 암흑에너지는 가까이 있는 이웃 은하인 M31을 제외한 모든 은하들을 점점 빠른 속도로 우리에게서 멀어지게 만들 것이다. 아주 먼 미래에는 팽창하는 공간이 은하들을 빛보다 빠른 속도로 멀어지게 할 것이기 때문에 모든 은하들이 망원경이 볼 수 있는 범위에서 사라질 것이다. 볼 수 있을 때 많이 보아두는 것이 좋을 것이다.

나는 은하들이 소용돌이치고 서로 합쳐지는 모습을 계속 지켜볼 수도 있었다. 하지만 나의 마음은 집을 그리워하고 있었다. 마음속에서 나를 그곳으로 가져다놓고 싶었지만, 이번에는 너무 멀리 왔다는 느낌이 들었다. 거칠고 풀이 제멋대로 자란 오솔길을 지나 길이 없는 황야로 들어선 것 같다.

나는 집에 대한 생각에 정신을 집중했다. 나는 실제로 떠난 것이 아니다. 주위의 멋진 모습은 나의 상상이 만들어낸 것일 뿐이다. 나는 집에 있지만 그곳은 집이 아니다. 내가 가장 두려워하던 일이 현실이 되었다. 내가 언젠가 존재하게 될 곳이지만 100억 년이나 빨리 왔다. 나는 작은 타원은하의 가장자리에 있다. 모든 것이 생소해 보인다. 왜 그럴까? 이 평범한 은하는 수십 개의 작은 은하들을 집어삼키고 다른 은하들과 두 번의 큰 병합을 거친 다음 안정되면서 원반이 만들어질 것이다. 수십억 년이 지나면서 중심의 블랙홀은 자라서 그 위력이 수백 배 커질 것이다. 그리고 원반은 평범한 별과 그 주변에 작지만 비옥한 행성이 회전하는 기체에서 만들어지기 전에 수십 바퀴를 회전할 것이다.

그곳에 있으면서 기다리는 대신, 나는 지금 내가 있는 곳에서 빛을 타고 이동할 수 있다. 아인슈타인은 빛에 올라타는 것을 상상했는데 나도 그렇게 할 것이다. 하지만 여행은 아주 힘들다. 내가 출발하자마자 나의 집은 빛보다 빠른 속도로 나에게서 멀어진다. 발아래에서는 공간이 팽창하고 있다. 나는 앞으로 나가려고 하지만 계속 뒤로만 간다. 최대한 열심히 달려서 겨우 제자리에 머물러 있는 것과 같다. 하지만 공간의 팽창이 느려지면서 나는 공간을 지나 익숙한 모습의 은하를 향해 다가가기 시작한다. 나는 여행을 무사히 마치고, 올바른 시간과 장소에 도착할 수 있기를 바란다. 그래서 나의 행성과 집을 찾아 지금 여기의 나로 돌아갈 수 있기를 바란다. 하지만 그렇게 되지 않을 수도 있다. 아직 가야 할 길이 멀다.

10장

빛과 생명

나는 엷고 창백한 빛 속에 있다. 나이 든 우주의 텅 빈 공간과 비교하면 이 공간은 마치 자궁과 같다. 나는 움직임을 느낄 수 있다. 공간은 팽창하고 중력은 끌어당긴다. 하지만 격렬한 움직임은 없다. 마치 따뜻한 욕조 안에 있는 것처럼 편안하다.
　주변은 온통 반짝이는 별이다. 별들은 마구잡이로 흩어져 있지 않고 느슨하게 무리를 이루면서 더 밀집한 기체와 먼지에 둘러싸여 있다. 하지만 자세히 보니 밤하늘에서 보던 반짝이는 별의 모습과는 다르다. 반짝이는 빛은 처음으로 불을 밝히는 별이나 초신성 폭발로 죽어가는 별에서 나오는 빛이다. 이 무거운 별들에서 나오는 자외선은 빛나는 기체 구를 만들어낸다. 이 구들은 빛나는 비눗방울처럼 서로 겹치고 부딪힌다. 소리는 전혀 없다. 내가 온 오래된 우주 공간보다 20배나 밀도가 높지만 여전히 거의 완벽한 진공이다.
　은하들의 윤곽을 그려낼 수는 있을 것 같지만 대부분은 별들이 만드는 광경이다. 질풍노도. 소리는 없이 특수 조명을 이용한 쇼. 중력은 때를 기다리고 있다. 거대한 건설 프로젝트는 아직 미래의 일이다. 이 별들은 아주 무겁다. 이들은 조용히 잠들지 않는다. 대부분은 폭발로 생을 마감하며 어두운 핵을 남긴다. 멀리서 보면 안개 속에서 빛나는 빛처럼 보인다.
　나는 입을 벌리고 숨을 들이마신다. 먼지는 없다. 가벼운 수소와 헬륨뿐이다. 이 최초의 별들은 원시적이고 불완전한 재료로 만들어졌다. 탄소도 없고 행성들도 없다. 생명체는 먼 미래의 일이다. 나는 완전히 혼자다.

최초의 빛

은하들이 어떻게 만들어졌는지 알아내기 위해서 천문학자들은 최고의 시설을 한계까지 밀어붙인다. 그 결과는 역사상 가장 깊은 우주를 관측한 사진이다.

허블 울트라 딥 필드Hubble Ultra Deep Field는 바로 그 앞에 있었던 허블 딥 필드Hubble Deep Field를 이어받은 것으로, 우주망원경연구소Space Telescope Science Institute의 두 번째 소장 밥 윌리엄스Bob Williams의 과감한 결정으로 진행된 프로젝트였다. 1995년, 윌리엄스는 소장에게 주어진 관측 시간의 10퍼센트를 하늘의 작은 단 하나의 영역을 여러 색깔로 아주 깊이 관측한 사진을 얻는 데 사용했다. 이것이 왜 과감한 결정인지 이해하기 위해서는 천문학계의 연구 문화를 이해해야 한다.

천문학자들에게 허블우주망원경은 최고의 장비다.[1] 허블우주망원경은 어떤 연구시설보다 더 많은 발견을 하고 더 많은 연구논문을 만들어냈다. 그리고 일반 대중들에게 최고의 시설로 가장 잘 알려진 것이기도 했다. 멋진 사진들은 수백만 명이 다운로드 받았다.

이렇게 높은 성과는 거저 얻어진 것이 아니었다. 20여 년 동안 허블우주망원경에는 70억 달러의 비용이 들었다. 천문학자들이 허블우주망원경의 관측 시간을 얻기 위해서 내는 제안서의 경쟁률은 6 대 1에서 7 대 1 정도다. 나는 제안서 평가위원으로 참여한 적이 몇 번 있는데 빈약한 제안서는 거의 없었다. 너무나 훌륭한 과학적 제안들이 거절되고 있었다. 나는 나쁜 소식을 전하기도 했고, 나쁜 소식을 받는 입장이기도 했다. 이런 어려운 경쟁에서는 위험을 최소화하고 좀 더 많은 사람들을 행복하게 하기 위해서 작은 제안들에게도 시간을 조금씩 나누어 주는 경향이 자연스럽게 생기게 된다. 소장에게 주어진 시간도 마찬가지로 주로 넘치는 제안서들을 해결하기 위해서 작은 제안들에 시간을 나누어 주는 데 사용된다.

그런데 밥 윌리엄스는 망원경이 150회나 궤도를 도는 엄청난 시간을 단 한 장의 깊은 사진을 얻는 데 사용하기로 결정했다. 모든 달걀을 한 바구니에 담은 것이다. 윌리엄스는 몇 년 전에도 자신의 경력에서 비슷하게 과감한 결정을 했던 전력이 있다. 그는 나와 같은 과의 종신교수로 있으면서 대학생활을 힘들게 하는 정치와 엄청난 관료주의에 염증을 느끼고 글을 쓰면서 다른 일을 찾아보겠다며 새로운 직업을 구하지 않은 상태에서 종신직을 그만두었다. 1년 동안의 실업 상태 끝에 그는 칠레의 체로토로로천문대Cerro Tololo Observatory 대장 자리를 얻었고, 얼마 후 천문학에서 최고의 위치 중 하나인 우주망원경연구소의 소장으로 임명되었다.

허블우주망원경의 시간을 단 한 장의 깊은 사진을 얻는 데 투자한 윌리엄스의 결정은 천문학 문화를 바꾸었다. 그는 140시간의 관측 시간 동안 망원경으로 어디를 관측하고 어떤 필터를 사용할지에 대해서 연구자들이 결정할 수 있도록 했다. 하지만 그 처리된 자료들은 곧바로 모든 사람들에게 공개해서 어떤 천문학자라도 사용할 수 있도록 해야 한다고 주장했다. 큰곰자리의 작은 영역(하늘의 2,800만 분의 1 영역)에는 3,000개가 넘는 은하들이 있고, 허블 딥 필드를 발표한 논문은 천문학에서 가장 자주 인용되는 논문들 중 하나가 되었다.[2] 귀한 자원을 하나의 목표에 대량 투자하는 방법은 적외선, 전파, 그리고 X선 천문학자들을 자극했다. 다른 망원경들도 광학 사진을 보완하여 전체 전자기파의 스펙트럼을 구하는 데 많은 시간을 사용하였고, 대체로 그 자료들도 금방 모든 사람들에게 공개되었다. 경쟁과 이타주의의 오묘한 결합은 연구에 강한 동력을 부여했다.

하지만 이렇게 선택한 한 영역이 어떤 이유로 일반적인 곳이 아니라면 어떻게 될까? 우주론의 원리는 등방성에 기초를 두고 있다. 우주의 한 방향이 다른 어떤 방향과 특별히 다르다는 어떤 증거도 없다. 하지만 천문학자들은 마음이 편하지 않았다. 그래서 2000년, 윌리엄스는 허블망원경을 이번에는 남쪽 하늘로 향하게 했다. 그때부터 깊은 관측 자료는 우후죽순처럼 튀어나왔다. 2002년, 네 번째 수리 임무로 고성능 카메라를 설치한 후, 당시 우주망원경연구소 소장이었던 스티브 백위드Steve Backwith는 400회의 궤도 시간을 모두 모아, 100만 초의 관측 시간을 4개의 색깔로 나누어 화로자리Fornax 방향의 작은 하늘을 관측했다.[3] 이것이 바로 허블 울트라 딥 필드다.

이 놀라운 사진을 한번 체감해보자. 핀을 잡고 팔을 뻗어보자. 그 핀의 머리 부분이 허블우주망원경의 CCD 카메라의 사진이 하늘에서 차지하는 영역과 비슷하다. 천문학자들은 하늘의 이렇게 좁은 영역에서 1만 개의 은하들을 수확했다. 가장 어두운 것은 눈으로 볼 수 있는 것보

■지금까지 관측된 가장 깊은 사진인 허블 울트라 딥 필드. 화로자리의 작은 영역에 1만 개의 은하들이 있다. 대부분은 50에서 100억 광년 떨어져 있다. 허블우주망원경은 4개의 필터를 사용하여 사진을 찍어서 은하들의 색깔에 대한 정보를 얻어 적색편이를 구하는 데 이용했다.

다 50억 배 더 어둡다. 허블우주망원경은 이 은하에서 1분에 1개의 광자를 받는다. 달에 있는 반딧불을 본다고 생각하면 된다. 이 깊이로 하늘 전체를 관측하려면 쉬지 않고 관측해도 100만 년은 걸릴 것이다.

이 숫자들은 아주 정확하지는 않지만 우주를 구성하는 성분들에 대해서 중요한 정보를 뽑아내는 데 이용할 수 있다. 허블 울트라 딥 필드는 하늘의 1,300만 분의 1을 차지하기 때문에 모든 방향에 있는 은하의 총 수는 1,300억 개라고 할 수 있다. 각각의 은하들은 평균 1,000억 개의 별이 있으므로 눈에 보이는 우주에는 약 10^{22}개의 별이 있다. 핵융합을 일으키는 한계로 내려가 적색왜성까지 포함시킨다면 그 수는 10^{23}개로 늘어난다.

 이 수는 엄청난 숫자이고, 생명체의 존재를 생각하면 더 흥분되는 숫자다. 우리는 태양과 유사한 별들에는 행성들이 흔하게 존재한다는 사실을 배웠고, 생명체가 살 가능성이 있고 지구와 유사한 행성들도 조만간 발견할 것이라고 기대하고 있다. 우주에서 생물학 실험이 일어난 수는 우주에 있는 별의 수와 비슷하다. 우주에 우리가 유일한 존재라면 얼마나 이상한 일이겠는가?

 허블 울트라 딥 필드에는 어두운 은하들이 어지럽게 흩어져 있다. 하지만 단지 숫자만 세는 것을 넘어서려면 이 은하들을 3차원 공간에 놓아야 한다. 이렇게 어두운 은하들에서는 초신성과 같은 거리를 측정할 수 있는 도구를 찾을 수가 없다. 그래서 우주론 모형을 가정하고 적색편이를 이용하여 나이, 거리, 크기, 그리고 밝기를 구해야 한다. 하지만 대부분의 이런 은하들은 너무나 어두워서 발견하기도 어려울 정도이기 때문에 그 빛을 스펙트럼으로 분해하여 적색편이를 구할 수 있는 방법이 없다. 하지만 다행히도 천문학자들은 에너지 분포를 이용하여 적색편이를 구하는 '빠르고 지저분한' 방법을 가지고 있다. 은하에 있는 별의 종족들은 색을 가지는데, 에너지 분포에 적색편이가 일어나면 그 색이 어떻게 변하는지 예측 가능하다. 그래서 색을 이용하여 은하들 대부분의 대략적인 적색편이를 구할 수 있다.[4]

 적색편이를 알면 은하까지의 거리를 알 수 있다. 이렇게 만들어진 3차원 공간의 모습은 밝은 은하들이 만들어낸 우주의 조각보다 훨씬 더 길고 얇았다. 이것은 300미터 길이의 빨대처럼 길이방향으로 더 깊다. 길이방향은 거리뿐만 아니라 시간으로도 더 과거를 의미한다. 은하의 진화를 그려내는 영웅적인 프로젝트는 거의 완성되어가고 있는 것으로 보인다. 먼저, 울트라 딥 필드는 딥 필드보다 3배나 더 민감했지만 은하의 수는 단위 면적당 30퍼센트밖에 늘어나지 않았다. 다음으로, 거리에 따른 은하의 수는 적색편이 2에서 최대가 되었다가 급격히 떨어져 4를 넘어가면서 작은 꼬리를 만든다. 마지막으로, 가장 어두운 은하들은 적색편이가 크고 무거운 은하들이 아니라 우리은하 밝기의 5에서 10퍼센트 정도 밝기의 가까이 있는 은하들이다.

우리는 우주의 거의 모든 부분을 살펴보았다. 은하의 수는 1,300억 개보다 많을 것 같지는 않다.

어쨌든 흔하지 않은 높은 적색편이 은하들은 이 분야 연구자들에게는 황금먼지와 같은 것이다. 그들이 원하는 것은 최초의 은하들이 뜨거운 기체에서 만들어진 시기에 나온 '최초의 빛'을 발견하는 것이다. 울트라 딥 필드로 얼마나 먼 과거까지 이를 수 있는지 살펴보자. 우선 훈련으로, 적색편이가 2면 100억 년 전 우주가 지금보다 3배 더 작을 때이고, 적색편이가 4면 120억 년 전 5배 더 작을 때, 그리고 적색편이가 8이면 130억 년 전 9배 더 작을 때다.

원래의 울트라 딥 필드 사진은 2003년과 2004년에 얻어졌다. 하지만 가장 멋진 사진은 2009년 다섯 번째 수리 임무로 깊은 적외선 사진을 찍을 수 있는 카메라가 설치된 후에 나왔다. 가장 멀리 있는 은하는 에너지가 적외선 파장으로 10배 늘어났기 때문에 가시광선을 거의 방출하지 않는다. 이 연구 분야는 경쟁이 아주 심하다. 2009년에는 5개의 서로 다른 연구 그룹이 높은 적색편이 은하에 대한 논문을 몇 개월 간격으로 제출했다.■5

최초의 은하들은 어떻게 생겼을까? 그들은 작고, 형태도 뚜렷하지 않고 불규칙하게 생겼다. 아주 밝은 은하나, 우리은하와 같은 나선은하나

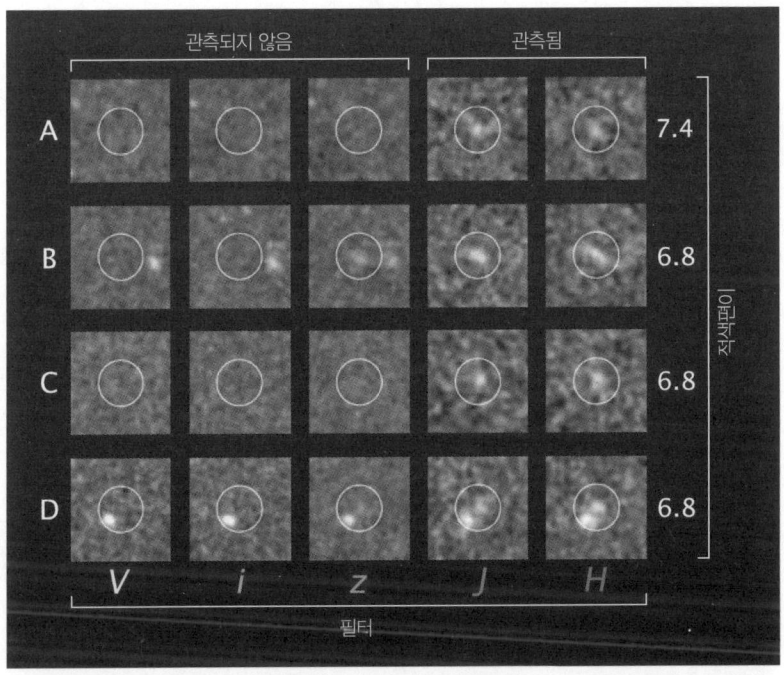

■ 허블우주망원경의 고성능 카메라로 관측한 4개의 아주 멀리 있는 은하들의 사진. 적색편이에 의하면 이 빛은 130억 년 전의 빛으로 우주의 나이 전체 5퍼센트 이내일 때의 빛이다. 사용한 필터는 맨 왼쪽의 녹색부터(V) 맨 오른쪽의 눈으로 볼 수 있는 것보다 긴 파장의 근적외선(H)까지다. 이 은하들은 눈에 보이는 짧은 파장에서는 관측되지 않는다. 적외선이 강하게 나타나는 것은 강하게 적색편이 된 빛의 특징이다.

타원은하는 거의 없다. 이 불완전한 은하들은 엄청난 속도로 별들을 만들고 있다. 우리는 첫 번째 세대의 은하들이 만들어지는 것을 보고 있는 것이기 때문에 이 결과는 아래에서 위로 은하 형성 모형과 잘 일치한다. 적색편이 7에서 8사이에는 100개 이상의 은하들이 있고, 9에서 10사이에는 수십 개 이상이 있을 것으로 보인다.[6] 이것이 현재로서는 최전방이다. 우리는 우주 나이의 95퍼센트 과거 시간의 여명을 본 것이다. 우주가 지금보다 10배 더 작고 뜨거우며 1,000배 더 밀도가 높았을 때다.

그렇다면 이것이 최초의 빛일까? 아마도 그렇지 않을 것이다. 이 높은 적색편이 은하들 중 일부는 나이가 수억 년인 별들을 가지고 있다. 불쌍한 허블우주망원경. 천문학자들은 최후의 한계까지 밀어붙였지만, 아무리 그래도 이것은 2.4미터 망원경일 뿐이다. 지상에 있는 10미터짜리 괴물들에 비하면 아무것도 아니다. 더 나아가려면 허블우주망원경의 후계자인 제임스웹우주망원경James Webb Space Telescope, JWST이 나올 때까지 기다려야 한다. 이것은 2018년에 발사가 예정된 엄청나게 야심찬 프로젝트다. JWST는 지름 6.5미터 크기이며, 우주비행사들의 손이 닿을 수 없는 100만 킬로미터 상공에서 육각형의 거울들이 꽃잎처럼 펼쳐질 것이다. JWST은 적외선 파장을 관측하도록 설계되었으며, 가장 큰 목적은 허블우주망원경이 완성하지 못했던 일을 하고, 진정한 최초의 빛을 찾는 것이다.

지평선 너머

간혹 아주 간단한 질문이 심오한 대답을 필요로 하는 경우가 있다. 밤하늘은 왜 어두울까? 이것은 어쩌면 밤하늘을 바라보며 궁금해하는 아이들이 던질 만한 질문이다. 모든 별들이 영원히 빛난다면 밤하늘은 별빛으로 환하게 빛나고 있어야 하는 것이 아닐까?

영국의 귀족이자 의회의원이었던 토머스 딕스Thomas Digges는 코페르니쿠스의 책을 처음 영어로 번역하여 지동설이 인기를 얻게 만든 사람이다. 그는 밤하늘이 어두운 이유에 대해서도 고민했다. 토머스 딕스는 그의 책에서 코페르니쿠스보다 한 단계 더 나아가 별들이 천구에 갇혀 있는 것이 아니라 무한한 공간에 흩어져 있을 것이라고 생각했다. 시간적,

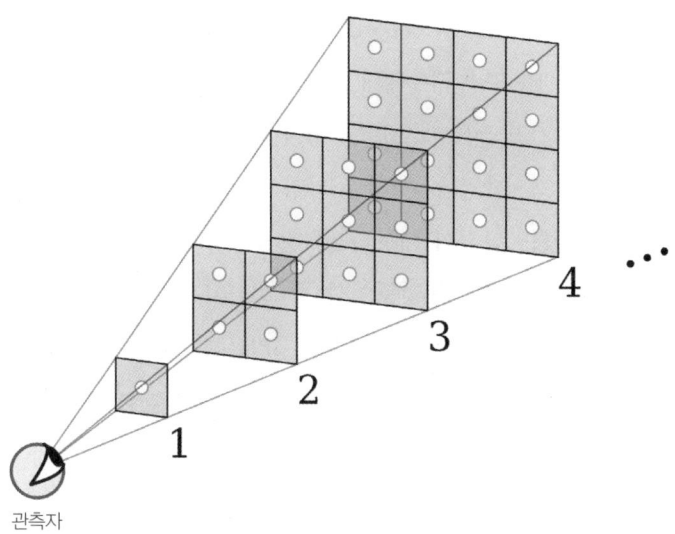

■ 올버스의 역설을 표현한 그림. 지구에서 멀어질수록 '껍질'에 있는 별의 수는 껍질의 표면적, 즉 거리의 제곱에 비례하여 많아진다. 하지만 각 별에서 오는 빛은 거리의 제곱에 비례하여 약해진다. 따라서 각각의 껍질에서 나오는 빛의 양은 같고, 껍질의 수가 무한히 많으면 빛의 양도 무한히 많아진다.

공간적으로 무한한 우주는 밤하늘이 밝아야 한다는 결론을 끌어내는 데 두 가지 방법이 있다. 첫 번째로, 우주 어느 방향을 보든 결국에는 별을 보게 되기 때문에 하늘의 모든 방향은 별의 표면만큼 밝아야 한다는 것이다. 또 다른 하나는 지구에서 멀어지는 공 모양의 껍질들을 생각하면 된다. 별에서 오는 빛은 거리의 제곱만큼 약해진다. 하지만 껍질에 있는 별의 수는 껍질의 표면적에 비례하므로 거리의 제곱만큼 많아진다. 결국 각각의 껍질에 있는 별들은 같은 양의 빛을 내게 되고, 껍질의 수가 무한하면 빛의 양도 무한하게 된다.

케플러도 이 문제를 고민했고 핼리도 그랬다. 그리고 결국 이것은 18세기 독일의 아마추어 천문학자의 이름을 따라 '올버스의 역설Olbers' paradox'이라고 불리게 되었다.■7 켈빈은 이 역설에 대해 가능한 해결책을 제시했고, 재미있게도 작가인 에드가 앨런 포Edgar Allen Poe 역시 해결책을 내놓았다. 그는 1848년에 이렇게 썼다. "별이 무한히 많다면 하늘은 언제나 똑같은 밝기가 되어야 한다…. 무수히 많은 방향에서 우리의 망원경이 아무것도 보지 못하는 상황을 설명해줄 수 있는 유일한 해결책은, 우리가 볼 수 없는 공간이 너무나 넓어서 여기에서 오는 빛이 아직 우리에게 도착하지 못했다는 것뿐이다."■8

이 모든 사람들이 활동하던 시기는 우리은하가 우주의 전부라고 여겨지던 때였다. 하지만 시야를 다른 은하들까지 확대해도 상황은 달라지지 않는다. 여전히 지구에서 보는 모든 방향의 끝에는 은하가 있어야 한다. 허블 울트라 딥 필드에는 1만 개의 은하들이 있지만, 이들은 벨벳 위의 다이아몬드처럼 보인다. 그들 사이에는 충분히 넓은 검은 하늘이 있다.

밤하늘은 밝지 않기 때문에 하나의 가정은 틀렸다. 유한한 우주의 나이가 어두운 밤하늘을 설명해준다. 빛은 우리가 보는 영역을 137억 년 밖에 여행하지 못했기 때문에 우주를 빛으로 채울 시간이 부족했다. 우주의 나이가 유한하다는 것은 우리가 볼 수 있는 별이나 은하의 빛도 유한하다는 것을 의미한다. 좀 더 작은 역할을 하는 것은 우주의 팽창이다. 멀리 있는 천체의 빛이 적색편이로 눈에 보이지 않는 파장으로 이동하기 때문이다. 하나의 가정은 틀렸다. 그렇다면 다른 하나는 어떨까? 우주가 무한한지 아닌지 우리가 알 수 있을까?

우리가 볼 수 있는 곳과 볼 수 없는 곳 사이의 경계를 지평선이라고 한다. 우리는 지평선에 대해 익숙하다. 휘어진 지구의 표면에서 지평선은 우리가 볼 수 있는 끝을 표시한다. 하지만 그것이 존재하는 모든 것의 끝은 아니다. 우주의 크기를 이야기하거나(우리가 볼 수 있는 부분과 볼 수 없는 부분), 우주의 유한함 혹은 우주의 끝을 이야기할 때는 용어를 주의 깊게 선택해야 하나, 일상생활에서 익숙한 비유들은 아무 소용이 없다. 기둥 같은 것은 없다. 벽이나 바닥, 천장과 같은 개념은 버려야 한다. 현기증을 조심하기 바란다.

여기 우리가 여행을 시작하기 위해 붙잡을 수 있는 밧줄이 있다. 우주는 팽창하고 있다. 즉, 공간 자체가 팽창하고 있고, 은하들은 팽창하는 공간에 실려서 가는 것이지 은하들이 공간 사이를 움직이는 것이 아니라는 뜻이다. 빛의 속도는 유한하고 우주의 크기는 엄청나기 때문에 우리는 멀리 있는 천체들의 현재의 모습이 아니라 과거의 모습을 보는 것이다. 팽창의 속도에는 한계가 없다. 우주는 빛보다 빠르게 팽창할 수 있고, 그렇게 팽창해오고 있기도 하다. 멀리 있는 천체에서 유일하게 관측할 수 있는 성질은 겉보기밝기와 적색편이뿐이다. 거리, 나이, 크기, 광도는 일반상대성이론에 기반한 우주 팽창 모형으로 구해야 한다. 그리고 우주 팽창의 4분의 3은 암흑에너지에 의해, 그리고 4분의 1은 암흑물질에 의해 결정된다.

가까운 우주에는 인도와 손잡이가 있다. 우리는 모든 방향으로 선형적이고 균일한 팽창을 관측한다. 허블이 관측한 것처럼 멀리 있는 은하는 더 빨리 멀어진다. 허블 다이어그램의 기울기는 가까운 우주의 팽창 속도다. 후퇴속도는 빛의 속도보다 훨씬 느리다. 이곳은 빛이 이동한 시간이 우주 나이의 작은 부분밖에 되지 않기 때문에 시간적으로도 '가까운' 영역이다.

이제 편안한 곳에서 벗어나보자. 허블의 법칙을 연장하여 후퇴속도가 빛과 같은 속도가 되는 거리가 되면 이 공간을 허블 공간이라고 한다. 현재의 팽창속도를 이용하면, 허블 공간의 끝까지의 거리는 140억 광년이다.[9] 허블 공간 밖에 있는 은하들은 빛보다 빠른 속도로 멀어지고 있다. 혹은 그랬었다. 우리는 멀리 있는 은하들의 과거 모습만 볼 수 있지만, 140억 광년 떨어져 있는 은하들은 '빛이 방출 될 때' 빛의 속도로 움직이고 있었다. 허블 공간 끝의 적색편이는 1.5이다. 공간의 팽창에 의해 빛의 파장이 2.5배 더 길어진 것을 의미한다. 하지만 허블 공간의 끝이 지평선은 아니다. 우리는 더 멀리 있는 은하나 퀘이사들도 흔하게 관측하고 있기 때문이다.

이런 일이 어떻게 가능할까? 허블 공간의 크기가 우주의 나이에 따라 변해왔기 때문이다. 대부분의 시간 동안 우주의 팽창속도는 느려졌다. 그래서 허블 공간은 점점 커졌고, 우리는 점점 더 먼 공간을 볼 수 있게 되었다.

허블 공간 바깥에 있는 은하를 생각해보자. 이 은하를 떠난 광자는 처음에는 빛보다 빠른 속도로 팽창하는 영역에 있었기 때문에 멀어지고 있었다. 하지만 광자가 여행을 하는 동안 우주의 팽창속도가 느려져 빛보다 느리게 움직이는 영역으로 들어가게 된다. 그 광자들은 결국 우리에게 도착하여 우리는 은하에서 나온 먼 과거의 빛을 볼 수 있게 된다. 하지만 그 은하는 과거나 지금이나 빛보다 빠른 속도로 멀어지고 있다.

그 은하에서 나온 광자 위에 타고 있다고 가정해보자. 당신은 아주 먼 과거에 출발하여 빠르게 팽창하는 공간에 이끌려 우리은하에서 멀어지고 있다. 하지만 팽창속도는 줄어들어 당신은 시간을 레드 퀸 게임의 엘리스처럼 표시할 수 있는 공간으로 들어간다. 그러고는 점점 우리 은하로 접근하여 결국 도착하게 된다. 움직이는 속도는 항상 초속 30만 킬로미터였다. 타마라 데이비스Tamara Davis와 찰스 라인웨버Charles Lineweaver는 너무나 까다로워서 천문학자들조차도 혼란스러워하는 넓게 퍼져 있는 잘못된 개념과 참을성 있게 싸워오고 있다.■10

그렇다면 우리가 관측 가능한 우주의 크기는 얼마나 될까? 눈에 보이는 우주의 끝은 우주가 시작된 이후 빛이 여행한 거리와 같다. 이것은 137억 년이 아니다. 그것은 우주가 정지해 있을 때의 값이다. 그 계산에는 감속되다가 가속된 우주 팽창의 역사가 포함된다. 우주는 지난 137억 년 동안 풍만하고 관능적으로 모습을 드러내왔다. 그 결과 지금 우리가 볼 수 있는 경계까지의 거리는 약 460억 광년으로 허블 공간까지의 거리보다 3배나 더 멀다. 우주론에서는 이것을 입자의 지평선이라고 부른다. 우리가 얻을 수 있는 정보의 한계 지점이다.

훌륭한 결과들은 모두 기다리고 있던 것들에서 왔다. 우주 가속팽창을 발견하기 전까지는 암흑물질이 우주의 팽창속도를 지속적으로 늦추고 있을 것이라 여겨졌다. 그랬다면 훨씬 더 멀리 있는 영역에서 나온 빛이 우리에게 도착했을 것이다. 빛을 방출한 물체는 계속 빛보다 빠른 속도로 멀어지고 있겠지만. 엄청나게 오래된 빛이지만(어제 트위터에 올라온 소식이 아니라 수십억 년 전에 나온 누런 신문지라) 참을성만 있으면 더 많은 것을 볼 수 있을 것이다. 관측 가능한 우주는 매일 조금씩 커지기 때문이다.

하지만 우주는 50억 년 동안 가속팽창을 하고 있고, 암흑물질의 중력이 약해지고 있으므로 아마도 영원히 가속팽창할 것이다. 가속팽창은 천체를 너무나 빠른 속도로 우리에게서 멀어지게 만들어 시야에서 사라지게 하기 때문에 어떤 광자도 우리에게 도착할 수가 없다, 이것은 우리가 절대로 볼 수 없는 사건들의 경계, 즉 사건의 지평선을 만든다. 블랙홀의 사건의 지평선처럼 이것도 정보의 벽처럼 행동한다.

현재 우주의 사건의 지평선까지의 거리는 160억 광년으로 우리가 충분히 관측할 수 있는 범위에 있다. 우리는 지금 사건의 지평선을 지나가고 있는 은하들을 볼 수 있다. 이 은하들은 지금 어떤 일이 일어나고 있는지 언젠가는 알 수 있는 가장 멀리 있는 천체들이다. 우주가 계속 가속팽창하면 더 많은 은하들이 시야에서 사라지면서 관측 가능한 우주는 작아질 것이다. 사건의 지평선은 카메라 조리개처럼 닫혀 결국 우리은하밖에 볼 수 없게 될 것이다. 우주는 우리의 한가운데를 바라보면서 우리와 함께 끝난다.

팽창하는 우주의 이런 이상한 성질이 우리가 일상생활에서 느끼는 물리학에 위배되지는 않는다. 빛은 초속 30만 킬로미터로 달리고 광자를 따라잡을 수 있는 것은 아무것도 없다. 원한다면 (팽창하지 않는) 거실에 편안하게 앉아서 방금 읽은 것을 모두 무시해버려도 된다.

최초의 생명

메두셀라Methuselah 행성은 존재할 수 있는 권한이 없었다. 약 127억 년 전, 전갈자리 방향으로 7,200광년 떨어진 곳에 있는 구상성단 M4의 바깥쪽의 태양과 비슷한 별 주변에서 목성형 행성 하나가 만들어졌다. 약 100억 년 동안 이 행성계에는 특별한 일이 일어나지 않았다. 그러다가 이 행성계는 성단의 중심부로 들어가 무거운 별이 죽으면서 남긴 잔해인 중성자별과 만나게 되었다. 이 중성자별은 이미 백색왜성과 쌍성계를 이루고 있었다. 하지만 중력 사이의 전쟁에 변화가 생겨 중성자별은 백색왜성을 밀어내버리고 태양과 유사한 별과 거기에 딸린 행성을 새로운 짝으로 받아들였다.[11] 태양과 유사한 별은 중성자별에 단단하게 묶이게 되었고 거대한 행성은 안전한 거리에서 지켜보고 있었다.

평범한 별은 나이를 먹어 언젠가 우리 태양에게 일어날 일과 마찬가지로 적색거성이 되었다. 적색거성은 중성자별에 기체를 공급하여 중성자별을 1초에 100바퀴를 회전하는 강력한 펄사로 만들었다. 이것은 벌새의 날갯짓보다 10배나 빠른 것이다. 그러는 동안 적색거성의 연료는 모두 떨어져 어두운 백색왜성이 된다. 지금 거대한 행성은 서로 단단하게 묶여 회전하는 별들의 시체 주변을 떠돌고 있다.

목성 질량의 약 2.5배인 이 거대한 행성은 곧바로 '메두셀라' 행성이라는 이름이 붙여졌다. 이 행성이 아주 놀라운 몇 가지 이유가 있다. 이 행성은 험난한 역사를 가지고 있다.■12 젊은 시절과 중년을 무사히 보낸 다음에는 높은 밀도의 구상성단 내부를 지나면서 살아남았다. 별이 쌍성이 되는 과정에서 튕겨져 나갈 수도 있었지만, 연속되는 행운으로 짝이 바뀌는 과정에서 구상성단 M4의 좀 더 조용한 바깥쪽으로 나가게 되었다. 이 행성은 엄마별이 죽을 때도 살아남았다. 짝이 바뀌는 과정을 통해 이 행성이 펄사의 주변을 돌게 되지 않았다면 우리는 이 행성의 존재조차도 알지 못했을 것이다!

하지만 천문학자들을 가장 놀라게 한 것은 이 행성의 나이였다. 진주가 자라기 위해서는 상처가 필요하다. 일반적으로 거대 행성을 만들기 위해서는 지구 질량의 5배에서 10배 정도의 단단한 핵이 필요하다. 그 핵은 기체행성의 껍질을 충분히 빨리 만들어낸다. 수소와 헬륨을 제외한 모든 원소들은 여러 세대의 별들을 통해서 만들어졌다. 우주의 시간이 흐르면서 별들은 핵에서 무거운 원소들을 만들어내어 그 일부를 우주 공간으로 방출한다. 그래서 우주는 시간이 지나면서 점점 더 행성이 만들어지기 쉽고, 점점 더 생명체에게 유리한 곳이 된다. '최초의 빛'과 최초의 별들이 만들어지기 전에는 행성이나 생명체가 존재할 수 없었다.

이런 과정에서 127억 살인 행성의 존재는 놀라운 것이다. M4에 있는 무거운 원소는 태양계의 5퍼센트밖에 되지 않는다. 하지만 이 정도도 거대 행성이라는 '진주'가 만들어지기에 충분한 '상처'로 보인다.[13] 슈퍼 지구를 만들기에 충분한 양의 단단한 물질들이 있다면 서식하기에 더 좋은 위치에 지구와 유사한 행성을 만들기에도 충분한 양의 물질들이 있었을 것이다. 이 거대 행성은 지구-태양 거리의 2배에서 8배 거리에서 거의 원형 궤도상에 만들어졌기 때문에 서식 가능 지역에 지구형 행성이 만들어질 공간이 있다. 이 가상의 행성은 성단 중심을 지나가고 엄마별이 바뀌는 혼란을 겪기 전에 100억 년 동안 특별한 일이 없었기 때문에 생명을 진화시키기에는 충분한 시간이 있었다.

생각해보자. 지구보다 3배나 오래된 지구와 비슷한 행성을. 만일 그런 행성에서 생명체가 지구에서와 비슷한 정도의 시간에 나타났다면, 우리보다 80억 년 이상 먼저 시작된 것이다. 이는 많은 일이 일어날 수 있는 시간이다. 지구의 바다에서 생명체가 일단 나타난 후에 큰 뇌를 발달시키고 우주여행과 컴퓨터를 만들어내는 데에는 4억 년밖에 걸리지 않았다.

매력적이긴 하지만, 하나의 대상에 기반하여 과학적인 결론에 이를 수는 없다. 그러니까 좀 더 범위를 넓혀서 우주 최초의 생명은 언제 어떻게 시작되었을까라는 질문을 해보자.

이 질문에 대답하기 위해서는 최초의 빛이 언제였는지를 알아야 한다. 별이 없었다면 수소와 헬륨 이외의 어떤 원소도 존재하지 않았을 것이기 때문이다. 우주의 시작은 모든 은하들이 한 점에 있었던 137억 년 전이었다. 초기의 시간은 적색편이로 추적할 수 있다. 이 시기의 적

■ 최초의 빛. 오른쪽 사진에서 '앞에 있는' 천체들은 가시광선에서 보이는 별과 은하들이다. 이들은 원쪽의 적외선 사진에서는 제거되었고, 흐릿하게 남아 있는 복사는 아마도 첫 번째 세대의 별에서 나온 것으로 보인다.

색편이는 우주가 지금보다 작았던 크기의 비율과 일치한다. 은하들의 수는 빠르게 줄어들지만 적색편이 6까지는 충분한 수의 은하들이 있다. 이것은 우주가 시작된 지 10억 년이 지난 후이다(메두셀라 행성은 이때 만들어졌다). 은하들은 우주의 나이가 7억 년인 적색편이 8에서는 그런대로 관측이 되고, 우주의 나이가 5억 년인 적색편이 10에서는 더 드물게 관측된다. 최초의 빛은 스피처우주망원경을 통해 모습을 드러냈다.

아래에서 위로 만들어졌다는 시나리오에서는 별들이 은하보다 먼저 만들어졌다. 그러므로 최초의 빛을 찾는 탐험에는 개별적인 별이나 그 잔해를 찾는 과정이 포함된다. 놀랍게도 몇 개의 개별적인 별들이 적색편이 8에서 발견되었다.■14 이것은 무거운 별이 죽으면서 거대한 폭발을 일으키는 감마선 폭발로, 몇 초 동안 은하 전체에서 나오는 것보다 더 많은 감마선이 방출되고, 광학천문학자들이 연구할 수 있는 잔광을 남긴다.[15]

이들은 지금까지 알려진 가장 멀리 있는 천체들이다. 자연의 성질이 이들을 발견할 수 있도록 도와준다. 먼 거리 때문에 어두워지는 현상이 시간 지연에 의해 폭발 시간이 길어져 더 쉽게 발견할 수 있게 되어 어느 정도 상쇄되기 때문이다. 현재의 기술로는 적색편이 20, 즉 우주 탄생 2억 년 후의 폭발을 볼 수 있고, 제임스웹우주망원경은 우주탄생 1억 년 후인 적색편이 30에서의 폭발을 볼 수 있을 것이다. 우주론 연구자들은 이 정도면 최초의 빛을 관측하기에 충분히 먼 거리일 것이라 자신하고 있다.

최초의 별이 정확하게 언제 탄생하였는지를 걱정하는 것은 지나치게 사소한 것에 집착하는 것이다. 더 재미있는 것은 우주 나이 최초 5퍼센트 이내의 시간 중 어디에서 최초의 생명이 탄생하였을까 하는 것이다.

탄소, 질소, 산소, 그리고 다른 유기물들은 천천히 꾸준히 만들어지기 때문에 초기 우주는 생명체가 탄생하기에 적합한 환경이 아니었다. 외계행성 연구자들은 별 속에 포함된 무거운 원소들의 양과 목성과 유사한 행성들의 존재 사이에는 강력한 상관관계가 있다는 사실을 알아냈다. 태양보다 무거운 원소를 3배 더 많이 가지고 있는 별들 중에서는 30퍼센트가 거대 행성들을 가지고 있다. 하지만 이 비율은 태양과 비슷한 별들에서는 5퍼센트로 떨어지고, 무거운 원소가 태양의 3분의 1인 별에서는 1에서 2퍼센트로 떨어진다.[16] 이 계산에 의하면 메두셀라 행성은 존재해서는 안 된다!

다른 아이디어로는 은하 차원에서의 서식가능 지역이 존재하거나,

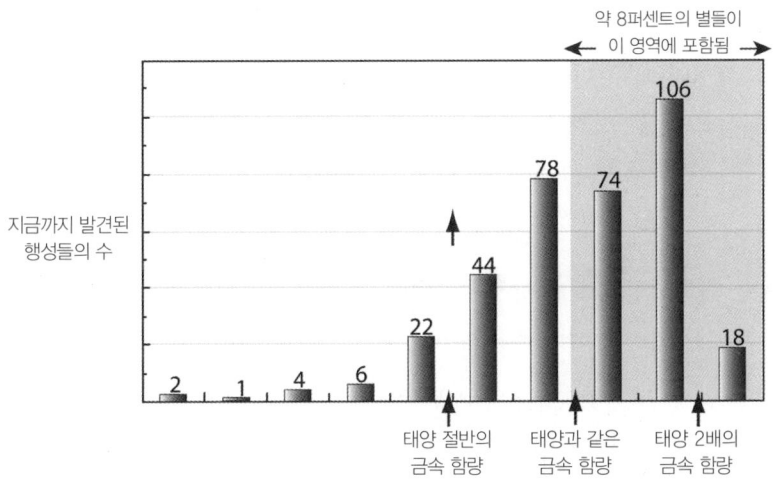

■무거운 원소가 적은 별들은 거대 행성의 존재 비율이 낮은 경향이 강하다. 하지만 시뮬레이션에 의하면 지구형 행성들은 무거운 원소가 적은 별 근처에서 더 흔하게 존재할 수 있다.

복잡한 생명체가 나타나기에 적합한 원반의 고리 모양 지역이 존재한다는 것이다. 이 영역 안쪽은 너무나 많은 초신성과 별들의 충돌에 의해 파괴되고, 바깥쪽은 행성을 만들 수 있을 정도로 원료가 충분하지 않다. 지구형 행성의 나이는 80억 년보다 작아야 한다.■17

그런데 우리은하 팽대부에 있는 수십억 개의 별들과 나선팔에 있는 모든 별들의 나이는 80억에서 120억 년이고, 무거운 원소의 양은 태양의 10퍼센트에서 200퍼센트까지 된다. 그러므로 생성 비율이 아무리 낮더라도 수조 개의 오래된 행성들을 만들기에는 충분하다. 시뮬레이션에 의하면, 거대 행성들은 무거운 원소의 양이 많으면 잘 만들어지지 않지만 항성계의 안쪽에는 충분한 양의 원료가 있기 때문에 지구형 행성은 얼마든지 만들어질 수 있다.■18

만일 나에게 생명체의 탄생이 어디에서 처음 시작되었을지 내기를 하라고 한다면, 나는 높은 적색편이의 퀘이사나 최초의 초거대 블랙홀들 중 하나의 주변에서 만들어진 은하에 걸 것이다. 블랙홀을 만들고 연료를 공급하는 격렬한 별들의 활동은 충분한 양의 탄소와 무거운 원소들을 만들어낸다. 멀리 있는 퀘이사 주변의 기체의 양은 태양의 10배가 넘을 수도 있다. 최초가 되는 것은 좋은 일이다. 퀘이사 주변의 생명체는 밤하늘을 충분히 즐겼을 것이다.

우리와 비슷한 지적 수준에 이른 다음 수백만 년이나 수십억 년 동안 발전을 계속한 생명체는 어떤 모습일까? 전혀 알 수 없다. 시간과 공간을 고려한 생물학적인 가능성을 살펴보면 우리가 우주에서 유일하거나 최초일 확률은 거의 없다. 하지만 그에 대한 확실한 증거도 없다. 더 살펴볼 필요가 있다. 생명체의 증거를 발견할 가능성이 가장 높은 것은 가까운 외계행성에서 미생물에 의한 대기상태의 변화를 찾아내거나 먼 곳에서 지적 생명체가 보낸 신호를 찾아내는 것이다. 그러는 동안에도 '우리'는 존재한다. '우리'는 우리 주변의 광대한 우주를 이해하기 위해서 머리를 이용한다. 어떤 사람들은 이것만으로도 충분히 놀라운 일이라고 생각한다.

우리는 왜 여기에 있을까?

논증을 해보자. 당신의 존재만으로도 놀랍다고 하는 것은 옳지 않다. 당신이 존재하지 않았다면 놀라고 있을 당신이 없기 때문이다. 당신이 존재하도록 만든, 혹은 지구에서 인간이 존재하도록 만든 수많은 사건들과 우연에 대해서 놀라워하는 것도 적절하지 않다. 6,500만 년 전의 거대한 충돌에서 포유류들이 살아남지 않았다면, 혹은 인류가 7만 년 전 초대형 화산이 꺼진 후 종족 병목현상population bottleneck을 견뎌내지 못했다면, 혹은 당신 부모님들이 만나지 못했다면, 이 사건들의 의미를 생각할 당신은 존재하지 못했을 것이다.

이 논증을 좀 더 확대해볼 수 있다. 너무 부정적으로만 얘기하는 것 같기도 하지만, 당신의 존재에 적합하지 않은 우주의 모습을 보고 있지 않는 것에 놀라는 것도 적절하지 않다. 다시 말해서 지구가 살을 파먹는 박테리아에게 점령되지 않은 것, 혹은 태양의 나이가 20억 년보다 적지 않은 것, 혹은 우주에 같은 양의 물질과 반물질이 존재하지 않는 것에 대해서 놀라워할 필요가 없다. 이런 환경이었다면 당신은 존재하지 않았을 것이다. 나는 이런 가상세계에 살고 있지 않는 것에 대해서 다행으로 여기고 감사한다. 하지만 그래서 어쨌단 말인가?

이제 좀 더 재미있으면서도 미묘해진다. 생물학에서 우주론까지, 지금과 조금만 달랐다면 우리가 존재할 수 없었던 자연의 모습을 목록으로 만들어볼 수 있다. 예를 들면, 탄소가 희귀한 원소였다면, DNA가 복제를 완벽하게 하거나 아예 복제를 하지 못했다면, 지구가 큰 달을 가지고 있지 않았다면, 태양에너지가 2배 더 강했다면, 빛의 속도가 2배 더 느렸다면, 암흑물질과 암흑에너지의 양이 크게 달랐다면, 중력의 크기가 훨씬 더 약했다면 이런 것들이다. 많은 가능성들 중에서 탄소를 기반으로 한 생명체는 아주 좁은 영역에서만 존재가 가능하다. 우주가 우리의 존재에 필요한 성질과 적합하지 않아 보이는 성질을 동시에 가지고 있다는 사실은 놀랍다고 할 수 있다.

이런 주장들은 '미세조정fine-tuning' 혹은 '인류원리anthropic principle'와 같은 이름으로 가장하고 있지만 사실은 창조자의 존재를 주장하는 데 사용되어 왔던 설계라는 개념에서 나온 것이다. 1927년 버트런드 러셀Bertrand Russell

이 말했듯이, "세상에 있는 모든 것은 정확하게 우리가 살아갈 수 있도록 만들어졌다. 만일 세상이 조금만 달랐다면 우리는 살 수 없었을 것이다. 이것이 설계에서 나온 주장이다."■19

'필요한' 것과 '적합하지 않아 보이는' 것의 의미를 설명하기는 쉽지 않다. 물리학, 천문학, 그리고 철학 분야에서 몇몇 대사상가들이 이런 생각에 매력을 느꼈다. 하지만 이것은 지나치게 목적론적이고 현재 진행되고 있는 과학과 종교 사이의 '문화 전쟁'에 너무 가까이 있기 때문에 논란의 여지가 있다.

"네가 여기에 있는 것은 엘 란초 그란데El Rancho Grande(멕시칸 레스토랑 - 옮긴이)의 치미창가chimichanga(쇠고기, 닭고기, 치즈, 콩 등을 토르티야에 싸서 기름에 튀긴 멕시코 요리 - 옮긴이) 때문이란다." 나는 스무 살 아들 벤의 눈을 똑바로 쳐다보며 너는 캘리포니아 패서디나에 있는 멕시코 식당의 잘 튀긴 브리토 덕분에 태어났다고 이야기하고 있다. 벤은 나를 쳐다보며 이해가 안 된다는 표정으로 눈을 끔뻑인다.

내가 설명한다. 내가 칼텍의 박사 후 연구원으로 있을 때, 인도에서 컨퍼런스가 있었다. 나는 컨퍼런스가 끝난 후 약간의 모험적인 여행을 하고 싶었지만 함께할 만한 다른 천문학자를 찾지 못했다. 그때 몇 킬로미터 떨어진 연구소에 있는 덕Doug이라는 박사 후 연구원이 트레킹과 등산의 전문가라는 이야기를 들었다. 나는 그에게 전화했지만 그는 매우 바빴다. 그래서 나는 엘 란초 그란데와 그곳 최고의 요리인 치미창가에 대해 말했고, 이것은 그를 유혹하기에 충분했다.

나는 그가 장기간 네팔 여행을 준비하고 있다가 같이 갈 사람이 발목이 부러지는 바람에 취소했다는 사실을 알게 되었다. 기가 막힌 타이밍이었다. 그는 대신할 사람을 고르고 있었는데 나는 바로 나를 데려가 달라고 말했다. 물론, 나의 등산 경력과 고지대에서의 경험에 대해서는 선의의 거짓말이 포함되어 있었다. 벤의 입가에 가벼운 미소가 번졌다.

나는 이야기를 계속했다. 우리는 함께 갔고, 그것은 대단했다. 덕과 나는 9일 동안 트레킹을 하여 에베레스트의 반대편에 있는 해발 5,700미터인 칼라 파타르Kala Patar에 도착했다. 우리는 육체적인 도전과 세계의 지붕에서 경험한 놀라운 아름다움을 통해 친해졌다. "돌아온 지 얼마 되지 않아서 그가 너의 엄마를 소개시켜줬단다." 이제 벤은 웃고 있다. 나는 벤에게 그래서 그가 네 살 때 자기가 태어날 수 있게 해줘서 고맙다는 뜻으로 덕에게 그림을 그려서 선물한 적이 있었다는 것을 상기시켜주었다. 인생에 많은 사건과 변화가 있었고, 기회를 잡기도 하고 놓치기도 하지만 결국 모든 것은 치미창가로 귀결된다.

우리는 인류 탄생에 대한 논의의 물에 발가락만 살짝 담갔다. 이 주세로는 나중에 다시 돌아올 것이다. 그 물이 너무 뜨겁다고 느꼈을 수도 있고, 어쩌면 너무 차갑다고 느꼈을 수도 있고, 마치 당신에게 맞춘 것처럼 적당한 온도라고 느꼈을 수도 있다. 우리는 먼 시간과 공간을 통해 여행의 두 번째 부분을 마쳤다. 우리는 은하도 별도 행성도 사람도 없는 시간과 장소에까지 도착했다. 이제 전혀 새로운 곳을 탐험할 것이다. 우리가 맞이하고 있는 불투명하고 신비로운 물의 이름은 '왜?'이다.

최초의 빛. 나는 최초의 가장 무거운 별을 찾고 있다. 이 별이 가장 먼저 죽음을 맞이할 것이기 때문이다. 가까이 있는 저 별이 최초는 아닐 수도 있겠지만 적당해 보인다. 이 별은 소리 없이 죽음을 맞이했고, 폭풍파가 다가오고 있다. 폭풍파가 도착하자 나는 마치 헝겊인형처럼 흔들린다. 입을 벌려 맛을 보니…, 그을음 맛이다. 그렇다! 나는 몸도 없고 집도 없지만 이야기가 필요하다. 나는 몸을 돌려 폭풍파에 올라탄다. 나는 우주 속의 소우주, 탄소다.

얼마 동안 떠다녔는지 모르겠다. 시간에 대한 감각을 잃었다. 주변은 거미줄에 걸린 이슬 같은 구조로 둘러싸여 있다. 나는 오랜 시간 동안 홀로 있다가 이제 새롭게 만들어지는 별 속으로 들어간다. 뜨거운 용광로 속에서 나는 다른 원소들의 공격을 받았지만 아무도 나에게 닿지 못하고, 나는 홀로 떠돌다가 부드러운 항성풍을 타고 밖으로 빠져나간다. 롤러코스터 타기는 다른 별에 끌려 들어갈 때까지 계속된다. 이번에는 완전히 붙잡혔다. 여기서 빠져나가는 방법은 운밖에 없다. 나의 이웃들은 단단한 백색왜성의 핵으로 끌려들어간다. 하지만 별은 마지막 에너지를 짜내어 연기 고리를 공간으로 내뿜는다. 다시 떠돌며 오랜 시간이 지나갔다.

나는 또 다른 젊은 별의 차가운 주변에서 암석 조각의 일부가 되었다. 우아한 춤을 추며 조각은 덩어리가 되고 다시 큰 바위가 되었다. 여러 번의 충돌 후에 나는 어두운 어딘가에 있다. 이곳은 저주파의 울림 외에는 완벽하게 고요하다. 그리고 더 무거운 이웃들에게서 나오는 약간의 온기밖에 없이 차갑다. 아마도 이곳이 나의 안식처인 것 같다.

그러고는 끈적거리는 마그마를 따라 바위틈으로 올라간다. 정말 오랜만에 밤하늘을 보았다. 나는 물에 녹아서 바다로 간다. 산소와 결합하여 바람을 따라, 해류를 따라 순환한다.

마술 같은 일이 일어났다. 나는 나뭇잎에 내려앉아 빛에 의해 고정되었다. 생명의 세계로 들어간 것이다. 다른 원소들과 결합하면서 나는 부지런해졌고, 목적이 생겼다. 이것이 내가 원하던 것이다. 나는 생태계 속을 여러 번 순환한다. 모든 모험은 조금씩 달랐고, 나는 하나 하나에 완전히 몰두했다. 현실로 돌아오기 직전에 나는 지배적인 종족에게 먹혔다.

아무것도 아니다. 결국 나는 하나의 원자일 뿐이다. 나는 세포 안에서 할 일이 있고 그것을 열심히 하고 있다. 그런데 이상하게도 아무것도 움직이지 않는다. 이해할 수가 없다. 그럴 시간이 아니다. 나는 어떤 느낌에 사로잡혔다. 슬픔은 아니다. 나는 슬픔을 느낄 수 없다. 상실감과 허탈함이다. 그리고 열기, 강한 열기가 느껴진다. 나는 다시 바람에 올라탄다. 자유는 탄소의 숙명이다.

3부
우주 생명체를 찾아서

11장

빅뱅

나를 둘러싼 안개는 흐릿한 주황색으로 빛난다. 철을 녹일 정도로 뜨겁지만 플라스마를 차갑게 보이도록 만드는 색이다. 안과 밖 혹은 위와 아래의 차이조차 말할 수 없을 정도로 방향감각을 혼란스럽게 만들기도 한다. 나는 안개가 점점 엷어지고 있다는 것을 어렴풋이 느꼈지만, 그곳에 어떠한 움직임이 있더라도 느끼지 못했을 것이다.

뭔가 놀라운 일이 일어나고 있다. 내 주변의 빛이 마치 마른 핏빛 같은 더 깊고 풍부한 색으로 변하고 있다. 그동안 빛의 질감도 변하고 있다. 불투명도가 줄어들어 반투명에서 투명으로 변하는 것을 느낀다. 효과는 미묘하다. 안개를 뚫고 나타나는 물체는 없다. 그곳에는 나타날 물체가 없기 때문이다. 빛은 사기꾼이다. 거리가 아주 먼 것처럼 보인다. 나는 더 이상 누에고치 안에 있지 않다. 나는 마치 끝없는 루비의 보이지 않는 격자 안에 떠 있는 것같이 보인다.

이것은 아기 우주다. 주변을 떠돌던 전자들은 양성자들과 짝을 지었고 희미하게 빛나는 플라스마는 평범한 기체로 바뀌었다. 빛은 더 이상 물질에게 묶여 있지 않다. 공간을 통과하는 데 어떤 방해도 없이 공간 팽창의 영향만을 받는다. 파장은 내가 감지하고 이해하기 어려운 수준으로 늘어나고 있다. 나는 조금 슬퍼졌다. 우주는 점점 어두워지고 있다. 색이 무지개색 끝으로 점점 이동하여 사라지기 전에 누군가에게 말해주고 싶지만 아무도 없다.

나는 궁금했다. 만약 그것을 볼 수 있는 사람은 아무도 없다면, 이 적색화의 놀라운 특징이 어떤 의미를 갖는가? 그리고 내 주변의 이런 장면이 꿈이라면, 이 꿈을 다른 누군가와 공유할 수 있을까?

파이어볼

이 시작에 대한 이야기는 여행할 수 있는 가장 가까운 우주에서 출발했다. 현재 우리는 우리의 로봇을 다른 행성으로 보내는 것이 고작이다. 언젠가 우리는 더 멀리 나아가 별에 닿을 수도 있을 것이다. 다음으로 우리는 역사의 왕국인 멀리 떨어진 우주를 탐색했다. 전달자는 빛이고 우리는 어둠을 만날 때까지 시간과 광자를 모으고 있다. 최종적으로 우리는 이야기라고 부르기에 어려울 정도로 먼 시간에 도착한다. 결국, 이야기에는 말하는 사람과 듣는 사람이 필요한데, 초기 우주에는 사람도 없고, 사람이 설명할 대상도 없고, 어떤 물체도 없다. 하지만 아무것도 없는 것은 아니다.

너무나 이상한 우주에서는 이런 비유를 떠올리게 된다. 로버트 프로스트Robert Frost는 '모든 비유는 불완전하다 그래서 아름다운 것이다'라고 말했다. 비유는 감각이다. 인간이 아닌 것을 인간처럼 다루기 위해서, 우리는 초기 우주가 감각적으로 경험될 수 있다고 상상할 것이다. '빅뱅'이라는 단어는 소리부터 시작해야 한다는 생각이 들게 한다.

오스트레일리아의 원주민들에게 우주 이전의 상태인 꿈의 시간은 시간 이전의 시간이라고 한다. 창조는 '꿈꾸는 것'이라고 부르고 모든 사람들은 각자의 삶에서 끝없는 삶 사이의 잠깐의 공백만 있을 뿐이지 꿈속에서 영원하다고 한다.[1] 오스트레일리아 원주민들의 항해 기술인 송라인songlines은 꿈꾸는 동안의 창조자들의 여행길이라고 한다. 예를 들면, 북쪽 지역의 요릉우 부족은 창조자는 금성과 연관되어 있고 그들이 오스트레일리아에 제일 처음 정착하였으며, 이름 붙여지고 만들어진 동식물 그리고 섬의 모습이 동쪽에서 서쪽으로 전해졌다고 말한다. 현대에 들어서 섬을 여행할 때, 원주민들은 창조에 대해서 '노래하며' 그들은 신앙적 조상들에게 경의를 표한다.[2] 이제 보게 되겠지만, 현대의 우주론도 우주의 창조에 대한 노래를 이야기한다.

말할 수 없는 뜨거움에서 시작되었고 상상할 수 없는 차가움으로 끝날 우주 안에서 우리가 지금 살고 있는 장소는 거의 완벽하다. 다음에 맑은 날 야외에 앉아 있을 때에는 당신이 너무나 좋은 장소에 있다는 사실에 감사해야 한다. 가끔 날씨에 대해서 투덜댈 때도 있겠지만, 아무리 심해도 옷을 더 입거나 벗는 것으로 조절이 가능하다. 하지만 80킬로미터 아래에서는 열이 너무 강렬해서 몇 분 안에 질식해버릴 것이고, 80킬로미터 위에서는 공기가 없어서 숨을 쉴 수가 없을 것이다. 간단하게 말하면 우주는 별과 별 사이의 공간으로 만들어졌다. 우리는 생명체가 살 수 있는 태양 근처의 가느다란 골디락스 지역에 옹기종기 모여 있다. 그러나 불은 드문드문 흩어져 있고 대부분의 공간은 너무나 추워서 공기조차도 얼어붙어 있다.

우주가 항상 차갑고 비어 있지는 않았다. 허블은 자신의 발견의 의미를 조사하는 것에 대해서는 이상할 정도로 말이 없었다. 그는 팽창하는 우주에 대한 아이디어는 천천히 받아들였지만 일반상대성이론에 대해서는 대체로 언급하지 않았다. 그는 팽창의 역사에 대한 연구에는 전혀 관심을 보이지 않았다.

조르주 르메트르는 그런 거리낌이 없었다. 르메트르는 일반상대성이론을 이용하여 팽창하는 우주의 실질적인 모형을 구현한 최초의 과학자이다. 그의 표현에 따르면, "우리는 진화의 불꽃에 대한 이론을 반드시 가지고 있어야 한다. 불꽃은 이미 사라지고 연기만이 남아 있다. 우주론은 반드시 화려한 불꽃의 모습을 보여주어야 한다."■3 르메트르는 '시간을 뒤로 돌리면' 과거의 우주는 작고, 밀도도 높고, 뜨겁다는 사실을 알고 있었다. 그리고 그는 '태고의 원자', '어제가 없는 오늘'이라고 부르는 최초의 상태에 대해 생각했다.

르메트르는 사제였다. 벨기에에서 태어난 그는 대학에서 도시공학을 공부하다가 제1차 세계대전으로 중단하였다. 그는 군대에서 포병상사로 일했고 무공십자훈장을 받았다. 전쟁 이후에는 전공을 바꾸어 물리와 수학을 공부하다가 아인슈타인의 새로운 중력이론 연구에 흥분하게 되었다. 그는 수학 박사학위를 받은 뒤, 가톨릭교회의 사제로 임명받았다. 그는 두 번째 과학 박사학위를 받고 전문가인 캐임브리지의 에딩턴과 하버드의 섀플리로부터 천문학을 배웠다.

1927년, 팽창하는 우주에 대한 새로운 아이디어가 적힌 그의 논문은 벨기에의 작은 학술지에 실렸다. 그해 그는 브뤼셀에서 아인슈타인과 이야기를 나누었다. 하지만 그 위대한 인물은 크게 감명받지 않은 것 같았고, 르메트르는 그에게 '당신의 수학은 옳다, 하지만 당신의 물리학은 끔찍하다'고 말했다.■4

2년 후, 허블이 우주가 팽창한다는 것을 보여주었다. 에딩턴은 르메트르의 업적을 지지하여 1930년에 그의 논문을 영어로 번역하는 것을 도와주었다.[5] 런던에서 있었던 물리적 우주와 종교의 관계에 대한 모임에서 르메트르는 모든 물질과 에너지를 포함하는 한 점을 시간과 공간의 기원으로 제안하였다. 많은 과학자들이 이 아이디어에 대해서 불편해했지만 에딩턴은 우주론의 문제에 대한 그의 '놀라운 해결'을 칭찬하였다. 그러나 그는 우주의 시작이라는 아이디어가 '대단히 불쾌하다'고 생각하였다.

아인슈타인은 마침내 생각을 바꾸었다. 1933년 캘리포니아에서 두 사람이 함께 강연할 때, 그는 르메트르의 강연이 끝난 뒤에 일어서서 박수갈채를 보냈다. 그리고 '내가 들은 가장 아름답고 만족스러운 창조에 대한 설명이었다'고 말했다.[6]

빅뱅. 이것은 모든 시간과 공간, 1,000억 개의 은하들을 만들 수 있는 충분한 질량과 에너지, 그리고 이들을 어마어마한 공간으로 퍼트린 창조가 순간적으로 일어난 것으로 우주의 탄생을 이야기하는 우주론 연구자들이 조금은 무신경하게 사용하는 용어다. 스스로 이해하기 위한 방법으로 천문학자들은 빅뱅이라는 용어를 크게 취급하지 않는다. 대단한 일이 아니니까 너무 집착하지 말자.

사실 '빅뱅'이라는 용어는 1489년, 그 전해에 동료인 토마스 골드Thomas Gold, 헤르만 본디Hermann Bondi와 함께 '정상상태이론'이라는 라이벌 이론을 발표한 프레드 호일Fred Hoyle이 라디오 인터뷰를 하면서 쓴 말이다. 이후 호일은 이 용어를 절대로 경멸적인 의미로 사용한 것이 아니고, 단지 두 이론 사이의 뚜렷한 차이를 보여주기 위해서 사용한 것일 뿐이라고 주장했다. 세 사람은 대비되는 연구를 하였다. 호일은 직관적이고 다재다능한 그러나 예의 없는 요크셔 출신이었다. 본디는 정확하고 수학적

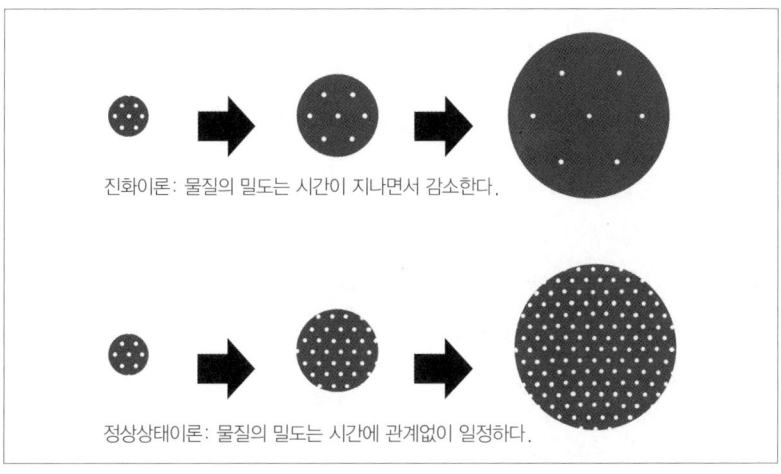

■ 빅뱅이론은 진화이론이다. 우주의 평균밀도는 시간에 따라 우주가 팽창하면서 변한다. 반대로 정상상태이론에서는 새로운 물질이 창조되어서 팽창하는 우주 사이를 메운다. 그러므로 우주의 평균밀도는 변하지 않는다.

이었다. 골드는 대담한 물리학적 상상력을 재능으로 가지고 있었다.

그들은 제2차 세계대전 당시 레이더 연구를 하였고, 1947년 모두 '죽음의 밤'이라는 유명한 영국의 공포영화를 보았다. 그 영화는 많은 변화와 반전을 가지고 있었지만 시작과 같은 방법으로 끝났고, 이 영화를 본 세 사람은 변하지는 않으면서도 역동적인 우주를 상상하게 되었다. 호일은 이렇게 썼다. "사람들은 변하지 않는 상황을 정적이라고 생각한다. 그 유령 이야기는 우리 세 사람이 이런 개념을 지울 수 있도록 해주었다. 부드럽게 흘러가는 강물처럼 변화하지 않으면서도 역동적 상황이 있을 수 있다."■7

정상상태이론은 팽창하고 있는 우주를 가지고 있다. 하지만 여기에 은하들 사이의 공간에서 약간의 비율로 물질들이 생성된다는 내용이 더해진다. 이렇게 스스로 창조된 물질은—1세제곱미터에 10억 년 동안 1개의 수소 원자—은하를 형성하고 어떤 시간과 공간에서든 같은 모습으로 우주를 유지하기에 충분하다. 이론가들은 이것을 '완벽한 우주론의 원리'라고 부른다. 호일, 본디, 그리고 골드는 시간과 공간 전체에 우주론의 원리를 적용시키는 것이 더 멋지다고 생각했고, 진공에서 소량의 물질이 생성되는 것은 사소한 것으로 보았다. 오래된 별과 은하들이 멀어져서 생긴 공간은 새로운 별과 은하들이 채울 수 있는 것이었다. 호일은 아무것도 없는 곳에서 1,000억 개의 은하가 갑자기 만들어진 것보다는 진공의 공간에서 꾸준히 물질이 생성되는 것이 더 그럴듯하다고 확신했다. 빅뱅은 모자에서 토끼를 끄집어내는 마술 같은 극단적인 설명으로 보였다.

1950년대에는 두 이론 사이에 결정적으로 구별하는 관측 결과가 없었다. 얼마 동안은 정상상태이론이 앞서나갔다. 빅뱅에 의해 요구되는 특이성을 의미 있게 말하는 것은 불가능해 보였다. 그리고 물리 법칙이 초기 우주와 같은 아주 다른 조건에서 다를 것이라는 생각은 우주론 연구자들을 불편하게 했다. 더구나 허블은 우주의 나이를 태양계보다 적게 측정하였다! 이 문제는 기원이 없는 정상상태우주론에서는 바로 해결되었다.[8] 더욱이 빅뱅 모형은 시간적으로 과거와 높은 적색편이를 보이는 오래된 은하들에서 팽창속도가 증가하는 것으로 예측한 반면, 정상상태우주론에서는 그렇지 않았다. 당시의 자료들은 이 두 예측을 검증하기에 충분하지 못했다.

르메트르는 1950년 영국에서 출판된 《원시 원자 가설 The Primeval Atom Hypothesis》이라는 유명한 책에서 빅뱅에 대한 그의 이론을 내놓았다. 많은 비과학자들은 예수회 사제가 우주론에 중요한 기여를 했다는 것이 적절하지 않다고 생각했다. 하지만 르메트르는 흔들리지 않았다. 그는 대체로 침착했다. 그가 가난, 순결, 복종을 서약한 것이 모든 세속적인 쾌락의 부정을 의미한 것은 아니었다. 친구들은 그를 사교성 있고 쾌활하게 보았다. 그는 피아노 치기를 좋아했고, 주변 사람들은 그것을 소음이라고 생각하지 않고 계속하기를 권했다. 또 그는 아파트에서 인근의 패스트리 가게까지 산책하곤 했다. 그가 가장 좋아하는 술은 얼음을 넣은 위스키였다. 르메트르의 전기작가들 중 한 명은 이렇게 썼다. "그는 신이 우리에게 베풀어 준 것을 좋아했다. 그는 모든 합리적 한계를 벗어나지 않는 범위에서 맛있는 저녁, 좋은 케이크, 좋은 술 등을 거절하지 않았다."■9

과학과 종교, 그리고 쾌락주의 사이에서 유사성에 대한 나의 통찰력은 투산Tucson의 키노하우스Kino House의 수영장에 떠 있는 동안 찾아왔다. 키노하우스는 바티칸천문대에서 일하고 있는 여섯 명의 과학자-사제들이 잠시 머무는 곳이다. 그들은 로마를 벗어난 카스텔간돌포Castelgondolfo에 있는 교황의 여름 궁전과 그들이 일하는 우리 대학교와 피날레노Pinaleno 산의 망원경을 조정하는 남애리조나 사이에서 시간을 나누어 보냈다. 1981년 처음으로 투산에 방문했을 때, 나는 예수회의 키노하우스에 머물면서 그곳의 잘 갖춰진 냉장고와 술 창고에 감탄했다. 어느 일요일, 관측을 마치고 욕조에 몸을 담구고 휴식을 취하고 있을 때 야외 오두막에서 미사가 시작되었다. 손에는 마가리타를 들고 나는 이 상황에서 예의는 무엇일까 곰곰이 생각했다. 마시던 것을 다 마시고 바깥의 미사가 끝날 때까지 기다려야 하는 것인가 아니면 실례를 구하고 젖은 수영복 차림으로 신자들 사이를 걸어 나갈 것인가?

시간이 지나면서 나는 많은 사제들을 알게 되었고 그들을 가치 있는 친구이자 동료로 확신했다. 교황의 별장에서 그들의 여름학교 때 여러 번 강의했다. 쉬는 시간에는 커피도 미사고 화산구에서 형성된 호수근처의 탁 트인 시야의 교황청 성벽에 있는 높은 테라스에서 점심도 먹었다. 교황의 정원에서 재배되는 포도로 만든 와인이 항상 제공되었고, 분위기는 편안하고 경쾌했다. 그 경쾌함 때문에 나의 무신앙도 조금 약해졌다. 하지만 믿음을 가지거나 특히 금욕을 서약하는 데 동의할 정도는 아니었다.

바티칸천문대의 직원들은 르메트르의 진정한 계승자들이다. 그들은 모두 천문학 박사학위를 갖고 있고, 활동하고 있는 사제들이다. 한 사람은 세련된 팀 컬러의 옷을 입고 자전거를 타고 라찌오$_{Lazio}$의 좁은 길을 통과하는 것을 좋아했다. 또 한 사람은 학생들에게 즐거움을 주기 위해 가짜 천사 날개를 걸치고 나타나곤 했다. 세 번째는 가끔씩 BBC 라디오쇼를 진행했다. 그들은 무심하고 색깔이 없는 성직자들이 아니었다. 나는 일반상대성이론을 전공하는 다른 한 사람에게 우주론을 가르쳤다. 나는 그가 4개 힘의 통합에 대한 구식 물리학이론을 믿는다고 놀렸다. 그의 '신의 간격'은 빅뱅 직후의 극히 짧은 시간 안에 찌그러져 있다고 했다. 나의 놀림에 그는 부드럽게 웃었다.

창조의 순간에서 온 초단파

구름은 재미는 없지만 신기한 것이다. 가끔은 밖으로 나가 잔디밭에 누워서 하늘을 가로질러 움직이며 모양이 변하는 구름을 신기한 동물들로 상상하며 즐거워했던 어린 시절을 생각해보라. 이슬비를 내리는 편평한 층운, 새하얀 솜털 같은 뭉게구름, 이런 구름들이 당신의 기분을 대변하거나 영향을 미쳤는지 기억해보라. 구름이 뜨거나 지는 태양빛을 반사하거나 굴절시켜 만들어내는 따뜻한 색깔들을 아무 생각 없이 바라보던 때를 생각해보라. 그리고 비행기가 구름의 경계를 아무런 충격 없이 지나가고, 구름이 요리되지 않은 머랭meringue(설탕을 넣고 휘저어서 거품을 낸 달걀흰자 - 옮긴이)보다도 더 단단하지 않다는 사실을 알았을 때 놀라지 않은 사람이 있었을까?

안과 밖의 차이는 조금 있을지 몰라도 빛은 구름 안으로 멀리 들어가지 못한다. 구름은 아주 작은 물방울의 밀도가 평균밀도보다 높아서 광자가 물방울에 의해서 아주 빈번하게 산란될 수 있는 지역이다. 그 결과로 구름은 어둡고 불투명하다. 가장자리에는 물방울이 적고 광자가 바깥쪽으로 나올 때는 평균적으로 물방울에 부딪히지 않기 때문에 우리는 매끈한 경계를 볼 수 있다. 구름이 단단해 보이는 것은 환상에 지나지 않는다.

태양도 마찬가지다. 한 번도 경험한 적은 없지만, 우주비행사들이 높은 온도를 견뎌내는 가상의 우주선을 타고 태양으로 늘어간다면 충격을 느끼지 못할 것이다.■10 우리에게 태양의 '경계'로 보이는 지역을 통과하면 온도와 밀도가 부드럽게 증가하는 것을 관찰하게 될 것이다. 어디에도 불연속적인 곳은 없다. 그들은 명확하게 구별되는 밝고 어두운 무늬의 표면을 향하고 있었지만, 다음 순간 구분이 잘 되지 않는 안개 속으로 들어가고 있을 것이다. 눈에 보이는 태양 혹은 별의 표면을 광구라고 부른다. 그것은 별의 불투명한 지역과 투명한 지역 사이의 경계가 된다. 태양의 표면은 구름의 경계만큼이나 실체가 없는 환상이다.

초기 우주는 구름의 부드러움이나 태양의 따뜻함과는 완전히 다른 것처럼 보이겠지만 적용되는 물리학은 똑같다. 만약에 우리가 팽창하고 있는 우주의 시간을 되돌릴 수 있다면 빅뱅 모형은 지금보다 더 뜨겁고 작은 우주로 만들 것이다. 적색편이는 빛과 공간이 팽창에 의해 얼마나 늘어나고 있는지를 보여준다. 그리고 더 먼 시간을 되돌아볼 때는 적색편이는 빛이 방출될 때 우주가 얼마나 더 작고 뜨거웠는지를 알려주는 중요한 요소이다.[11] 적색편이가 10이면 우주가 현재 나이의 5퍼센트였을 때고, 이것은 지금보다 10배 더 작고 뜨겁다는 뜻이다. 최초의 별이 태어났을 때인 136억 년 전은 적색편이 값이 30이다. 이것은 우주가 지금보다 30배 더 작고 뜨거웠다는 뜻이다. 이 시간 이전에는—빅뱅 이후 1억 년—우주는 빈자리가 없을 정도로 질량과 에너지가 많이 있었지만, '물질'은 가지고 있지 않았다. 유아기의 우주는 우리 주변에서 보는 고대 우주보다 여러 가지 방법으로 더 이해하기가 쉽다.

이것은 직관에 어긋나는 것인데 그 이유를 찾아보자. 우주는 사람, 행성, 별, 그리고 은하들을 포함하고 있기 때문에 흥미롭다. 우주의 구조는 커다란 범위의 거리 규모에 걸쳐 있고, 이것이 잘 이해되고 있는 힘인 중력과 전자기력에 의한 결과라고 할지라도 세세한 것까지는 예측할 수 없다. 어떤 시뮬레이션도 팽창하고 있는 우주에서 질량과 에너지 분포가 완벽하게 부드러우면서 우리 은하 혹은 우리 별 혹은 우리 행성을 만들어낼 수 없고, 절대 우리를 예측할 수 없다. 이론과 컴퓨터 시뮬레이션으로 할 수 있는 것은 구조의 일반적인 본질과 통계적 성질뿐이다.

복잡한 구조는 다행이긴 하지만 이해해야 한다는 대가를 치러야 한다. 은하가 형성될 때, 그리고 별과 행성들이 밀도 높은 기체에서 굳어질 때, 그 과정은 매우 혼란스럽고 복잡하며 아주 비선형적이다.[12] 당신은 당신을 만들어낸 우주보다 훨씬 더 밀도가 높다는 것을 기억하라. 그렇게 밀도의 차이가 큰 과정의 진화를 그럴듯하게 예측하는 것은 매우 어렵다. 천문학자들은 오직 은하와, 별, 그리고 행성들의 가장 기본적인 형성 과정을 이해하고 있을 뿐이고, 인간의 형성에 대해서는 당연히 생물학자들에게 남겨둔다.

하지만 완전히 초기 역사에서는 우주는 기체처럼 행동한다. 그리고 기체는 온도와 밀도, 그리고 압력의 간단한 관계로 설명된다. 우주는 중력에 의해 어떤 것들이 생성되기 이전에 하나로 여겨질 수 있었다. 만약 초기 우주가 기체였다면, 반드시 그 온도에 해당되는 파장의 복사를 방출했을 것이다. 빅뱅으로부터 '남겨진' 복사의 존재는 영리하고 괴팍한 물리학자인 조지 가모프George Gamow에 의해 예측되었다.

가모프는 당시 소련의 일부였던 오데사Odessa에서 태어났다. 그는 일찍부터 과학에 관심을 갖고 있었다. 그는 부모님께서 주신 망원경으로 별을 관측했다. 그리고 아버지가 현미경을 주자, 그것으로 교회 성찬식 빵이 평범한 빵과 차이가 있는지 살펴보았다(차이는 없었고, 가모프는 마법과 같은 성질이 없다는 데 실망했다). 가모프는 방사능에 대한 이론에서 중요한 기여를 했고, 러시아 과학 아카데미의 가장 젊은 사람들 중 하나로 선출되었다. 그는 정기적으로 물리학의 최전선 이슈를 토론하는 3명의 동료와 만났다. 재치있는 유머감각을 가진 가모프는 그 사람들을 삼총사라고 불렀다. 그러나 그의 명석함은 스탈린 정권의 탄압이 증가하면서 빛을 바랬고, 삼총사 중 한 명이 집단 학살로 처형당하고 말았다. 가모프와 그의 아내는 위험을 느끼고 탈출을 시도했다. 그들은 두 번이나 카약으로 터키의 흑해를 건너 탈출을 시도했으나, 매번 기상악화로 발걸음을 되돌려야 했다. 마침내 그들은 브뤼셀에서의 물리학 컨퍼런스 참석 도중에 망명을 할 수 있었다.

1940년대 후반, 가모프는 그의 제자 랄프 알퍼Ralph Alpher와 함께 빅뱅이론을 경쟁 이론인 정상상태이론과 구별시켜줄 수 있는 예측을 연구하기 시작했다. 그들은 관측되는 풍부한 헬륨과 가벼운 원소들이 우주가 별의 중심만큼 뜨거울 때 어떻게 생성될 수 있었는지 보여주는 논문을 썼다. 가모프는 비록 코넬대학의 물리학자인 한스 베테가 연구에 참여하지 않았지만 그의 이름을 논문에 포함시켜 논문의 저자를 그리스 알파벳의 처음 세 글자를 연상시키는 알퍼, 베테, 가모프로 만들었다. 또 다른 논문은 빅뱅의 잔광이 수억 년 후에 절대온도 5도까지 식었을 것이라는 예측을 포함하고 있었다.[13]

가모프는 다양하고 풍부한 경력을 갖고 있었다. 그는 물리학에 관련된 기발한 어린이 책 시리즈를 직접 그림을 그려넣어서 집필하였다. 그는 분자생물학에서도 중요한 역할을 하였다. 그는 4개의 DNA 염기의 삼중결합이 아미노산을 만든다고 제안한 첫 번째 사람이었다. 하지만 불행하게도 그는 물리를 사랑한 것만큼이나 술을 사랑했고, 예순넷의 나이로 알코올 중독과 관련된 합병증으로 사망하였다.

빅뱅으로부터 온 잔류복사의 예측은 수십 년간 진전이 없었다. 절대영도보다 약간 높은 온도의 열복사는 몇 밀리미터의 파장을 갖는데, 누군가가 복사를 보고 싶어 했더라도 그것을 관측할 수 있는 기술이 존재하지 않았다.

안개가 걷히다

우주의 커튼이 걷힌 것은 빅뱅 38만 년 후였다. 이것은 전자가 양성자와 결합하여 안정된 원자를 만들 수 있을 정도로 팽창한 기체가 충분히 식었을 때였다. 원자가 점령하고 있는 곳에서는 빛은 격하게 움직이는 전자들의 방해를 받지 않고 이동할 수 있었다. 우주는 불투명한 것에서

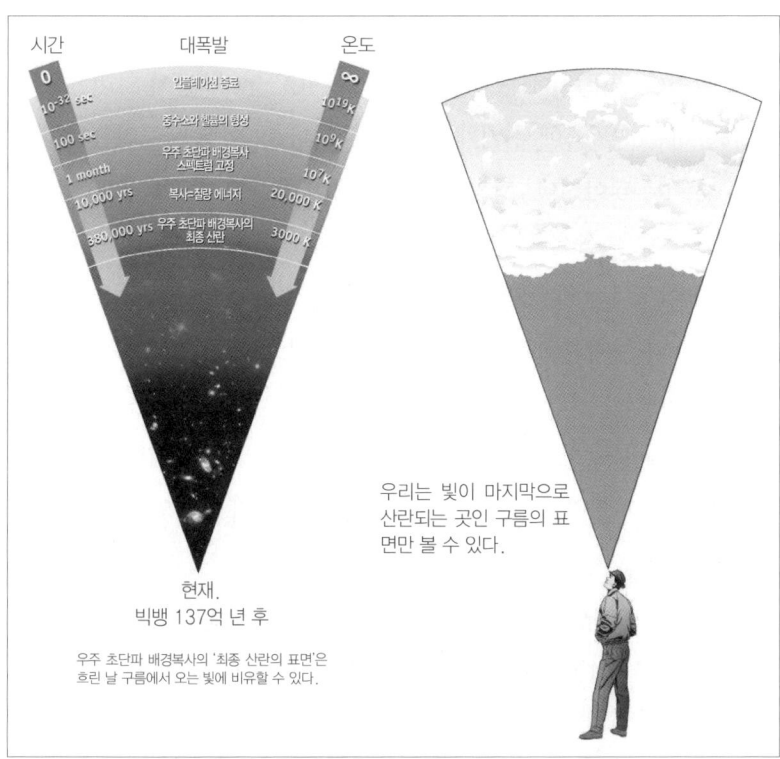

■ 우주에서 우리가 볼 수 있는 한계는 빅뱅 이후 38만 년 이후인 밀도가 광자가 자유롭게 움직일 수 있을 만큼 충분히 낮아졌을 때에 해당한다. 이전의 사건은 우리가 볼 수 없다. 그 시간부터 광자는 팽창하는 공간에 의해 적색편이가 되어 우리 주변을 모두 둘러싸고 있다. 마찬가지로, 구름의 가장자리는 광자가 자유롭게 움직일 수 있는 공간이다. 구름 안쪽에서는 빛이 산란되어 구름은 불투명하다.

투명한 것으로 바뀌었다. 안개가 걷혔을 때, 우주는 지금보다 1,000배 뜨겁고 작았다.

  우리는 우주 나이의 처음 몇천 분의 1퍼센트에 해당하는 시간에 도달하고 있다. 현재의 우주가 한창때인 40세라고 한다면, 당시의 우주는 막 태어나 가냘프게 우는 갓난아기와 같을 것이다.

  우주는 경계가 공간이라기보다 시간이라는 것을 제외하고는 차가운 붉은 별과 같다. 표면 온도가 약 3,000켈빈인 별은 경계가 있는 것처럼 보이지만 그 성질에는 어떤 명확한 구별도 없다. 눈에 보이는 표면에 대응하는 반지름에서 기체 밀도는 광자와 더 이상 상호작용하지 않는 수준으로 낮아진다. 광자가 자유롭게 이동하면 반지름을 표면으로 간주한다. 그 안쪽은 불투명하다. 팽창하고 있는 우주에서 빅뱅 이후 38만 년 이전에는 밀도와 온도가 너무 높아서 원자가 존재하지 않았다. 모든 전자와 양자는 서로 떨어져서 날아다니고 빛은 멀리 나가지 못하고 반사된다. 이 시간 이전의 우주는 불투명했다. 이 시간 이후에는 전자가 원자에 붙어서 중성인 물질이 형성되었고 빛은 좀처럼 원자와 부딪히지 않게 되었다. 커튼은 걷히고 우주는 투명하게 되었다.■14

그때 우주를 가득 채웠던 복사의 파장은 눈으로 볼 수 있는 영역을 살짝 벗어난 전자기파 스펙트럼의 적외선 지역인 2마이크로미터였다. 그 이후 우주는 1,000배는 더 커져서 모든 파장이 1,000배 더 늘어나, 파장은 전자기파 스펙트럼에서 초단파 영역인 2밀리미터가 되었다. 온도는 같은 비율로 줄어들었고 뜨거웠던 3,000켈빈은 차가운 3켈빈으로 식었다. 빅뱅 모형에서는 창조에서 나온 초단파는 우주의 모든 공간을 채우고 있어야 한다. 다음에 일어난 일은 과학의 역사에서 가장 대단하면서도 우연한 발견들 중 하나다.

현대 우주론의 탄생은 두 개의 전혀 달갑지 않은 요소에 의존하고 있다. 바로 잡음과 똥이다. 1964년, 전파천문학자인 아르노 펜지아스Arno Penzias와 로버트 윌슨Robert Wilson은 뉴저지의 벨연구소에서 일하고 있었다. 당시 이 전화기 회사는 기초과학에 대한 연구를 장려했다. 그것이 상업적 가치를 갖는 기술로 이어질 수 있기 때문이었다. 그들은 초기의 위성 통신 시스템을 테스트하는 데 사용되던 커다란 나팔형 보청기를 닮

■ 1965년 빅뱅으로부터의 잔류전파신호를 발견한 6미터 혼안테나 앞에 선 아르노 펜지아스와 로버트 윌슨. 그들은 벨연구소에서 일했고, 하늘에서인지 지구에서인지 근원을 알 수 없는 아주 낮은 온도에서 오는 약한 전파 신호를 발견했다.

은 약 6미터의 혼안테나를 다루면서, 약한 전파원을 주의 깊게 관측하고 있었다. 전파천문학자들은 모든 종류의 간섭을 다루어야 했기에, 펜지아스와 윌슨은 힘들게 레이더와 라디오 방송의 효과를 억제하거나 제거하고, 배경 잡음을 줄이기 위해서 액체 헬륨으로 온도를 낮추는 작업을 하고 있다. 그래서 두 사람은 그들의 자료에서 지속적인 잡음이 검출되었을 때 놀라고 실망했다. 이 알 수 없는 잡음은 세기가 변하지도 않고, 온 하늘에 골고루 퍼져 있었으며, 밤낮으로 지속되고 있었다.

펜지아스와 윌슨은 체계적이고 빈틈없는 실험 연구자들이었다. 그들은 비둘기들이 혼안테나를 추운 뉴저지의 겨울 동안 보금자리로 사용했다는 사실을 알아차렸다. 그들은 이 상황을 벨연구소의 기술 보고서에 자세하게 묘사했다. '얇고 하얀 유전체 막'이 잡음의 원인일 수 있다. 그러나 비둘기의 똥을 청소한 후에도 잡음은 여전히 존재했다. 전파나 초단파의 출처는 알 수 없었지만, 그들은 이것이 우리은하 너머에서 오는 신호라고 결론지었다. 펜지아스와 윌슨은 빅뱅의 '명백한' 증거를 우연히 발견한 것이다.

그러는 동안 불과 60킬로미터 떨어진 곳에 있는 프린스턴의 연구 그룹이 초기의 뜨거운 우주에서 나오는 초단파를 찾고 있었지만 한발 늦고 말았다. 로버트 디키Robert Dicke는 1940년대 제2차 세계대전 중 전투기에 레이더를 장착하는 노력의 일환으로 초단파를 찾고 있었다. 더 나은 장비가 있었다면 그는 1946년에 초단파를 발견할 수도 있었을 것이다. 가모프의 작업은 연구논문에 머물러 있었고, 디키와 그의 그룹은 이를 알지 못하고 있었다. 그러던 1964년, 2명의 러시아 이론가들이 뜨거운 빅뱅에서 나오는 복사의 예측에 대한 새로운 관심을 이끌어내었고, 이것이 관측될 수 있다고 하였다. 이 논문에 자극받은 디키는 프린스턴대학의 물리학과 지붕에 작은 안테나를 설치하려고 했다. 하지만 그가 자료를 얻기도 전에 펜지아스와 윌슨이 이를 발견을 했고 그 발견의 중요성이 이야기되고 있었다. 디키는 그의 팀을 모아서 이렇게 이야기했다 "여러분 우리가 한발 늦었습니다."

프린스턴 그룹과 벨연구소 팀은 빅뱅이 남긴 초단파의 관측과 해석에 대한 연작 논문을 발표했다. 하지만 공적은 주로 발견에 주어지기 때문에 1978년의 노벨 물리학상은 펜지아스와 윌슨에게만 돌아갔다.[15] 이들의 상사인 벨연구소의 이반 카미노프Ivan Kaminow는 웃으면서 젊은 연구자들의 행운을 이렇게 요약했다. "그들은 똥을 찾다가 금을 발견했다. 우리들 대부분은 경험과는 정반대다."

빅뱅은 어디 있는가? 빅뱅은 우리의 주변 어디에든 있다. 당신이 숨을 쉴 때마다 창조에서 나온 초단파는 가득하다. 이것은 위험하게 들릴 수도 있지만 그 에너지는 아주 미약하다. 이 빅뱅 잔해의 복사강도는 10^{-5}와트로 백열전구의 1,000만 분의 1의 전파출력이다. 이 관측은 정상상태이론에게는 종말의 종소리였고, 르메트르의 '원시 원자'를 확인한 것이었다.

정밀한 우주론

천문학자들은 초단파 하늘의 더 나은 사진을 얻기 위해서 거의 40년을 보냈다. 우리가 보았듯이, 광학망원경으로는 오랜 과거의 은하들을 찾을 수 있었다. 하지만 빅뱅 이후의 몇억 년에 대한 조사는 불가능했다. 빛의 근원이 없는 황무지였기 때문이다. 초단파는 천문학자들에게 현재 나이의 단지 0.003퍼센트 나이일 때의 우주의 모습을 보여주었다. 우리는 우주론적인 그 어떤 증거보다도 이 아기 사진으로부터 더 많은 것을 알 수 있었다.

우주 배경복사라고 부리는 이것은 팽창하는 우주의 이상한 나라로 우리를 더 깊게 밀어넣었다. 태양빛은 간단하다. 태양은 저기 있다. 우리는 여기 있다. 그리고 태양빛은 저기에서 여기로 이동한다. 빅뱅이 남긴 초단파는 우리 주변 어디에나 있고 모든 방향으로 이동한다. 전파망원경은 우리가 우리의 주변의 공기로부터 먼지 티끌을 뽑아내는 것처럼 이들을 모은다. 하지만 이들은 태양빛처럼 A에서 B로 명쾌하게 이동하지 않는다. 이들은 물러버린 사탕처럼 파장이 1,000배나 더 길어질 정도로 늘어나면서 수백억 광년의 우주 공간을 여러 방향으로 이동해왔다. 전파망원경은 초단파를 모으고 복사와 물질이 마지막으로 상호작용하던 모습을 만든다. 그 결과는 모든 방향의 하늘 '지도'지만 우리는 이 고대 복사의 중심도 아니고 목적지도 아니다. 멀리 있는 은하에서 하늘을 보는 가상의 천문학자도 비슷한 초단파 하늘을 볼 것이다.

모든 광자가 130억 년 이상 동안 방해를 받지 않고 모든 방향에서 온 낮은 수준의 복사에 우리가 묻혀 있다고 생각하는 것은 아주 이상하다. 하지만 이 상황은 우리가 물리적 상태가 아주 다른 빅뱅 직후의 아주 초기의 우주 전체의 모습을 그릴 수 있도록 해준다.

펜지아스와 윌슨은 그들이 발견한 관측에서 초단파 복사의 기본 특징 확립하였다. 복사가 어디서나 관측이 가능하다는 것은 빅뱅이 남긴 광자가 아주 많다는 것을 의미한다. 정확하게 말하면 각설탕의 크기만 한 공간에 1,000개의 광자가 있다. 우주에는 얼마나 많은 광자가 있을까? 좋다. 계산해보자. 먼저 끝내면 소리를 질러라. 우주의 부피는 10^{31} 세제곱광년이다. 그리고 1세제곱광년에는 10^{55}개의 각설탕이 들어간다. 달콤한 우주다. 여기에 다시 100을 곱한다. 이제 살짝 땀이 난다. 답은, 우주에는 10^{89}개의 광자가 있다. 이것은 과학에서 가장 큰 숫자이고 무신경하게 수십억이나 수천억 같은 수를 남발하는 천문학자들에게도 인상적인 숫자다.

펜지아스와 윌슨은 초단파 신호가 평범하지 않다는 것을 알았다. 하늘이든 땅에서든 어떤 특정한 근원에서 오는 것이 아니었기 때문이다. 복사의 평탄함은 가장 중요한 현상 중의 하나였다. 얼마나 평탄한가? 1965년의 실험으로는 수 퍼센트 이내로는 변화가 없다고 충분히 말할 수 있었다. 이것은 변화가 없어 보였다. 더 나은 결과를 위해, 천문학자들은 누구든 감지할 수 있는 지상에서 오는 초단파인 TV전파와 레이더, 그리고 라디오 잡음에서 탈출할 수 있는 위성이 필요했다. 1975년,

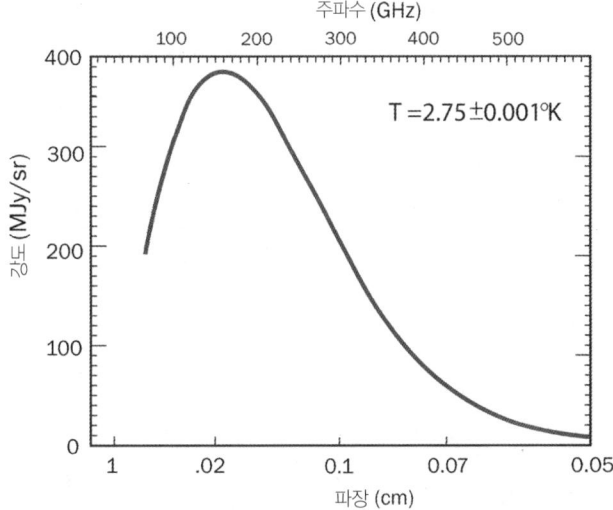

우주 배경복사의 스펙트럼

■ NASA의 COBE는 빅뱅이 남긴 잔류복사의 스펙트럼을 측정했다. 그리고 이것이 단 하나의 아주 낮은 온도에 해당한다는 것을 보여주었다. 우주는 이 복사가 물질과의 상호작용을 멈춘 이후 1,000배 팽창하고 냉각되었다. 열복사의 최대파장은 전자기파 스펙트럼의 초단파 영역인 2밀리미터이다. COBE는 4년간 관측을 수행했다.

NASA는 높은 정밀도의 초단파 측정에 최적화된 위성을 만들기 위한 과학 팀을 구성했다. 그리고 1989년 11월 우주배경복사탐사위성Cosmic Background Explorer satellite, COBE이 발사되었다.

COBE는 대단한 성공을 거두었다. 모든 목표를 이루었다. COBE의 세 가지 기기 중 하나는 복사의 스펙트럼을 처음으로 측정하였고, 그것이 완벽한 열복사이고 우주 전체에서 단 하나의 온도에 해당한다는 것을 보여주었다.■16 이것은 이 복사가 별처럼 여러 개의 분리된 천체의 스펙트럼이 결합된 것일 가능성을 완전히 배제시켰다. 별들은 완벽한 열복사 스펙트럼을 가지지 않고 온도도 모두 다르기 때문이다. COBE는 그 온도를 2.725켈빈으로 측정하였고 오차는 1,000분의 1밖에 되지 않았다. 우주에서 가장 차가운 것은 바로 우주다!

COBE의 또 다른 기기들은 더 나은 감도로 다른 방향에서 오는 초단파 세기의 변화를 찾았다. 그 지도는 하늘 전체에서 약간의 부드러운 기울기를 보여주었다. 사자자리 방향에서 온도가 0.0034켈빈 더 높고, 물병자리 방향에서 0.0034켈빈 더 낮았다.[17]

잠깐만. 어떻게 우주의 한 방향이 다른 방향보다 더 뜨거울 수 있는가? 이것은 지구가 우주 전체에 대해서 정지해 있지 않다는 것으로 설명할 수 있다. 우리는 태양의 주위를 돈다. 태양은 우리은하 안에서 돌고 있다. 우리은하는 처녀자리 은하단으로 끌려가는 국부 은하군 안에서 움직이고 있다. 그리고 우리은하와 모든 처녀자리 은하단의 은하들은 1억 광년 떨어져 있는 훨씬 더 무거운 물질들에게 묶여 끌려가고 있다. 이런 '마트료시카' 같은 움직임의 결과는 초속 370킬로미터이다. 이 움직임에 의한 도플러 이동은 초단파를 움직이는 방향에서는 짧은 파장으로(조금 뜨겁게), 그리고 반대 방향에서는 긴 파장으로(조금 차갑게) 이동시킨다. 여기서 우리는 우주 자체는 움직이지 않는다고 가정했다 (우주가 어디로 움직이겠는가?).

COBE 과학자들은 위성의 액체 헬륨 냉각수가 없어질 때까지 4년 동안 자료를 모았다. 그들이 방금 설명한 전체적인 움직임에 의한 변화와, 우리은하 평면의 차가운 먼지에서 나오는 방출에 의한 효과를 제거하자 낮은 수준의 '작은 반점'이 남았다. 이 미세한 차이는 특별한 경향성이 없었고 평균 2.725켈빈 온도에서 아래위로 0.00003켈빈의 변화를 보였다. 초단파 하늘을 지름 100미터 정도의 연못으로 가정하면 가장 큰 파문은 1센티미터 높이가 된다.

아기 우주의 사진은 이제 변화를 갖게 되었다. 아주 자세하지는 않지

■ 이 전체 하늘 지도는 1980년대 후반 초단파 배경복사를 처음으로 정확하게 관측한 NASA의 위성 COBE의 주 결과물이다. 맨 위의 그림은 우주 전체에 대한 우리은하의 움직임에 의해 나타난 낮은 수준의 온도의 기울기를 보여준다. 중간 그림은 우리은하 중심을 가로지르는 기체에서 나오는 방출을 보여준다. 이것을 제거한 맨 아래 그림은 나중에 은하 형성의 씨앗이 된 아주 낮은 수준의 온도 변화를 보여준다.

만, 머리, 손, 발, 그리고 피부의 큰 반점을 구별해내기에는 충분하다. 천문학자들은 흥분했다. 이 작은 반점들이 은하 형성의 씨앗들임이 분명하다는 것을 알고 있었기 때문이다. 기체의 밀도가 올라가면 온도도 올라간다. 우주에 있는 기체도 같은 방식으로 행동한다. 밀도가 높았던 초기에는 더 뜨거웠다. 공간적인 변화에도 똑같다. 조금 더 뜨거운 곳은 조금 더 밀도가 높다. 커다란 참나무는 작은 도토리에서 자라난다. 아주 조금 밀도가 더 높은 곳과 아주 조금 밀도가 더 낮은 곳 사이 중력의 차이는 빅뱅 38만 년 후에는 아주 작았지만 수천만 년이 지나면서 밀도의 변화는 점점 자라났다. 그러다가 약 1억 년이 지난 후에 중력에 의한 수축 과정은 최초의 별과 은하들을 만들어냈다.■18

유명 언론에서는 열광적으로 이 이야기를 다루며 '신의 지문'을 발견한 사건을 숨 가쁘게 전했다. 여러 포상들이 뒤따랐고, 하늘의 지도 제작과 분광학 실험을 이끈 조지 스무트George Smoot와 존 매더John Mather는 1996년 노벨 물리학상을 수상했다(스무트는 〈당신은 5학년생보다 똑똑합니까?〉라는 상금 100만 달러의 폭스 TV쇼에서 우승하며 또 다른 능력을 보여주었다). 노벨상위원회는 이 두 과학자들이 '정확한 과학으로서의 우주론' 시대를 열었다고 말했다.■19

COBE는 멋지게 성공하였다. 1억 달러로 이룬 업적이라고 하기에는 거의 훔친 것이나 다름없을 정도다. 하지만 반점들은 감도의 한계에 있었고, 지도의 각분해능은 10도로 달 지름의 20배나 되어서 초기 구조의 대략적인 모습밖에 볼 수 없었다. 1990년대에 풍선을 이용하여 초단파 배경복사를 검출하는 몇몇 성공적인 미션들이 있었는데, 모두 남극에서 발사된 것이었다. 하지만 천문학자들은 COBE의 후계자를 바라보고 있었다. 윌킨슨초단파비등방성탐사선Wilkinson Microwave Anisotropy Probe, WMAP에 대한 준비는 1995년에 시작되어 2001년에 지구에서 150만 킬로미터 떨어진 곳을 목표로 발사되었다. WMAP의 임무는 2년 동안 활동하는 것이었지만, 자료들이 너무나 훌륭하고 위성은 완벽하게 작동하였기 때문에 NASA는 임무 기간을 몇 번 연장하여 2010년 8월에 마지

■ WMAP는 COBE보다 50배 좋은 각분해능으로 초단파 하늘의 사진을 만들었다. 각분해능이 COBE보다 50배 정교한 마이크로파 하늘의 이미지를 만들었다. 7년간 모은 자료의 결과인 이 전체 하늘 사진은 하늘을 가로질러 은하 형성의 씨앗이 된 10만 분의 1의 작은 온도 변화를 보여준다. 약간 밀도가 높은 곳이 은하로 만들어지는 데에는 1억 년 이상이 걸린다.

막 자료를 얻었다. WMAP은 COBE가 그 이전 것에 비해 향상된 만큼 COBE보다 향상된 것이었다.

WMAP은 COBE보다 50배나 넓은 각분해능으로 하늘의 초단파 지도를 만들었다. 갓 태어난 우주의 그림에서 우리는 손가락과 발가락 그리고 입과 귀의 모양이 어떻게 생겼는지 볼 수 있게 되었다. WMAP은 우주의 모양을 자세히 살펴볼 수 있게 해준 것이다!

빅뱅이 남긴 잔류전파가 어떻게 우주의 모양을 드러낼까? 이는 다음과 같다. 초단파에서 작은 반점들은 약 1도의 각크기를 가지는 특징이 있다. 이 성질은 좀 더 가까운 우주에서 관측되는 암흑물질이나 암흑에너지의 양과 같다. 이 1도의 모양은 수십억 광년의 팽창하는 공간을 가로질러 나타난다. 우주는 거대한 광학 실험실과 같다. 일반상대성이론에서 공간의 모양은 질량과 에너지의 밀도와 관계가 있다. 만약 우주가 닫혀 있다면, 마치 풍선의 표면과 같은(2차원이 아닌 3차원의) 양의 곡률을 갖는다. 이 경우 평행하게 진행하는 빛의 경로는 수렴하고, 우주는 돌보기렌즈처럼 행동한다. 그리고 초단파 하늘에서의 특징은 1도보다 크다. 반면에 우주가 열려 있다면, 말안장의 표면과 같은 음의 곡률을 보일 것이다. 이후 평행하게 진행하는 빛의 경로는 발산하고, 우주는 축소시킨다. 그리고 초단파 하늘에서 특징은 1도보다 작다.

WMAP은 공간이 1퍼센트 이내로 편평하고 유클리드기하학을 따른다는 것을 보여준다. 어떤 면에서는 약간 실망스러운 사실이다. 일반상대성이론은 원한다면 기복을 이루거나 휘어지고, 안과 밖이 뒤집히는 공간을 다루는 방법을 제공해준다. 그런데 우리는 '똑바른' 평범한 우주에 살고 있다. 선택할 수 있는 여러 매력적인 맛 중에서 바닐라를 고른 것이다. 하지만 우리가 관측할 수 있는 것보다 바깥쪽에 더 많은 시공간이 있기 때문에 그 문은 아직 더 이상한 가능성에 대해 열려 있다. 그러므로 우리의 지평선 너머 우주의 위상학은 복잡하고 흥미로울 수도 있다.

고대 우주의 아주 선명한 영상은 빅뱅이론의 많은 변수들을 전례가 없는 정확도로 결정했다. 우주의 나이는 1퍼센트의 정확도로 137억 3,000만 년이고, 이것은 세계 기록 기네스북에 등재되었다. WMAP 또한 보통물질과 암흑물질, 그리고 암흑에너지의 비율을 1퍼센트 정확도로 측정하였다. 이보다 더 나은 것을 얻는 것은 지나친 것이라고 볼 수도 있을 정도다. 암흑에너지와 암흑물질의 경우에는 거의 이해하고 있는 것이 없기 때문에 더 정확한 비율을 구하는 것이 크게 도움이 될 것 같지 않아 보인다.

초단파의 눈으로 우리는 빅뱅을 볼 수 있다. 다음 장에서 보게 되겠지만, 우리가 좋은 귀를 가지고 있다면 그것을 들을 수도 있을 것이다. 우주는 초감각의 잔치다. 이러한 모든 정보는 우주의 역사에서 아주 작은 초기 부분에서 온다. 내가 지금 지긋한 나이라면 이것은 마치 내가 태어난 날을 이야기해주는 사진과 같다.

우주는 조용하고 확고하기 때문에 좋은 날이나 나쁜 날이 없다. 지각 있는 생명체가 그 안에 살고 있을 운은 없다. 우리와 우리와 같은 존재들은 감정의 롤러코스터를 타고 있다. 나의 직업은 우주가 어떻게 움직이는지 알아내는 것이다.

그리 멀지 않은 과거에 내게 '나쁜 우주론'의 날이 있었다. 내가 학교에서 일을 하고 있을 때 나는 국립과학재단National Science Foundation, NSF 으로부터 나의 연구비 제안서가 거절되었다는 무심한 이메일을 받았다. 6 대 1의 경쟁률에서 그렇게 창피한 것은 아니었지만 수 주 동안 한 일이 허사가 된 것이었다. 늦은 아침에는 내가 쓴 논문에 대한 부정적인 심사위원의 보고서를 받았다. 그 심사위원은 익명의 막 뒤에 숨어서 나를 비난하고 있었다. 그는 분명히 다음에 어떤 모임에서 나를 만나면 아무렇지도 않게 나에게 미소를 지을 것이라고 확신했다. 나는 반쯤 식은 커피를 들고 행정 문서를 정리하는 일로 피했다.

오후에는 나의 대학원생 중 한 명이 주간 모임에 와서 최근에 칠레에서 관측한 자료 테이프 중 하나가 훼손되었다고 조심스럽게 이야기했다. 3일 동안 관측한 자료의 기준 자료가 없어진 것이다. 수십 개의 높은 적색이동 퀘이사들의 스펙트럼이 해독할 수 없게 되어버렸다. 그 빛들은 100억 년을 날아와서 망원경에 잡혔다. 그런데 우리는 그 공을 떨어뜨려버린 것이다. 나는 한숨을 쉬며 학생을 위로했다. "원래 실수하면서 배우는 거야. 나도 실수 많이 했어."

오후가 지나가고 있었다. 나는 천문학 개론 수업 학생들의 퀴즈 성적을 매기고 있었다. 학생들은 1학년으로 대부분 이 수업이 교양 필수 과

목이었다. 그들은 미국의 전형적인 젊은이들이었다. 힙합 음악이나 인터넷 상식 등 유행에는 능숙했지만 과학은 어려워했다. 나의 실수는 단답형 문제를 낸 것이었다. 객관식 문제는 개괄적이고 통계적이다. 하지만 단답형 문제에서는 실수와 무지가 적나라하게 드러난다. 나는 내 설명에 귀 기울이지 않고, 은하는 별보다 작거나 우주의 나이가 몇백만 년이라고 생각하고 있는 학생들의 수에 당혹스러웠다. 우주가 자신의 비밀을 너무 열심히 숨길 필요가 없다는 사실을 깨달은 날이었다. 이만하면 충분했다.

나는 70킬로그램이 넘는 나의 몸무게보다 더 큰 무게를 느끼며 건물을 벗어났다. 나는 나무 그늘 아래 좋은 주차 공간을 차지해서 좋아했었다. 하지만 한 무리의 찌르레기들이 쓸고 간 것이 분명했다. 그들은 차 앞에 흔적을 남겨두었다. 나는 차 앞 유리의 하얀 분비물 사이를 들여다보며 집으로 운전했다. 주방 식탁 위에는 미납된 청구서들이 나를 노려보고 있었지만 무시하고, 편안한 음식을 준비해서 아무 생각 없이 케이블 TV나 보려고 의자에 앉았다. 하지만 그럴 운도 없었다. 케이블은 끊어졌고 TV 화면에는 작은 반점들이 지직거리고 있었다.

살다 보면 기쁜 일도 있고 슬픈 일도 있다. 나는 우리 주변의 모든 것, 내가 가진 모든 것이 한때는 창조의 가마솥의 일부였다는 사실을 배웠던 행복했던 순간을 떠올렸다. 전화회사에서 일하던 두 젊은이가 그 환상적인 사건에서 나온 희미한 신호를 우연히 발견하던 순간으로 돌아갔다. 아이러니하게도 내 차에 있는 새똥이 그 발견을 상기시켰다. 앞에 있는 반점들의 몇 퍼센트는 우주 초단파 배경복사의 광자들이 화면의 형광물질과 상호작용하여 만들어진 것이다. 나는 차가운 맥주를 따고 그날 밤의 빅뱅을 지켜보았다. 이것이 내가 평범한 저녁에 본 어떤 TV보다도 더 재미있다는 확신을 가지고.

쇼는 끝났다. 나는 불꽃놀이를 놓쳤다. 기체는 사방으로 흩어지고 붉은빛은 희미해진다. 나는 우울했다. 야외 축제에 너무 늦게 도착하여 모든 사람들은 흩어지고 어둠만이 남아 있는 것 같은 느낌이다. 알아볼 수 없는 황무지다. 내가 어디에 있는지 모르겠다.

참자. 이 낯선 공간의 유령. 나는 나의 숨결, 나의 몸, 나의 집, 나의 세상의 익숙함을 갈망한다. 기다리는 것 외에는 아무것도 할 수가 없다. 그래서 나는 우주 그 자체로부터 나의 신호를 받았다. 우주는 시간을 염두에 두지 않는 것 같았기 때문이다. 원자들의 어우러짐에 패턴이 있어도 나는 구별할 수가 없다. 플라스마의 분출에 어떤 목적이 있어도 명확하지가 않다. 이 엄중한 상황에서 나의 유일한 희망은 방정식의 일부가 되는 것이다.

나는 가만히 앞으로 썰쳐질 사건을 기다린다. 내가 조금이라도 왼쪽이나 오른쪽으로 혹은 앞이나 뒤로 혹은 위나 아래로 움직인다면, 물질의 밀도가 미세하게 낮아질 것이고 중력의 힘이 모여 모양이 만들어질 것이다. 살짝만 비껴나도 나는 영원한 어둠 속으로 던져질 것이다.

나의 선택은 옳았다.

더 추워졌다. 광자들은 고무줄처럼 늘어나 적외선으로 이동한다. 원자들은 얇어져서 더 완벽한 진공이 된다. 하지만 나의 출발점의 작은 변화는 전혀 다른 방향으로 이어진다. 초과된 중력은 낮은 이율과 같다. 하지만 시간이 축적되면서 주위의 기체는 점점 두꺼워진다. 마치 시간의 화살이 거꾸로 가는 것 같다.

갑자기 빛이 가까운 곳에서, 다음은 다른 곳에서, 그리고 또 다른 곳에서 나와 나는 빛의 그물의 일부가 된다. 이 최초의 별들은 오래가지 않는다. 하지만 이들은 기체들이 모이는 음침한 암흑물질 구름이 있는 표시가 된다. 수백만 년이 순식간에 지나가는 것을 지켜본다. 주변의 작고 초라한 은하들에서 별들의 무리들이 빛나기 시작한다. 나는 서로 가까이 붙어 있다가 병합하는 더 큰 2개의 은하들 가까이로 끌려간다. 나선 모양의 무늬가 만들어지는 모습을 지켜보다가 원반으로 부드럽게 떨어진다. 나는 깊은 우주 공간에서 부드럽게 떨어지는 기체의 일부였다. 팽창과 중력에 따르는 것 이외에는 아무것도 하지 않고 나는 나선은하의 느린 회전목마에 올라탄다. 80억 년과 30번의 회전 동안 약간의 흥미만 가지고 지켜보았다. 그러고는 가까운 곳에서 중간 정도의 별이 빛나기 시작했고 암석의 재가 나의 눈을 사로잡았다.

지구다.

12장

백열

눈부신 빛. 타는 듯한 열. 격렬한 팽창. 주위에서 일어나고 있는 일을 이해하는 데 도움이 될 만한 참고자료도 경험도 없다. 다행히 나는 그 안에 있지 않다. 그렇지 않았다면 방사선이 나를 요리하고, 열이 나를 증발시키고 분출하는 기체가 나를 순식간에 갈기갈기 찢어버렸을 것이다.

나는 내가 왜 여기 있는지, 혹은 심지어 '여기'라는 것이 무엇인지 이해하려고 노력하는 것을 포기했다. 우주는 구별되지 않는 입자들의 가마솥과 같고 모든 방향이 똑같이 보이기 때문이다. 납보다 훨씬 더 밀도가 높지만, 팽창의 중심도 경계도 없이 모든 방향으로 급격히 팽창하는 기체다. 복사와 입자는 빛의 속도로 움직이지만 공간은 더 빠르게 팽창한다. 가까운 영역은 불가능한 속도로 멀어진다. 이것은 앞으로 나를 포함하여 그 누구도 다시는 볼 수 없을 것임을 깨달았다. 훨씬 빠르게 풀리고 있다. 근처 지역은 말도 안 되는 속도로 털어내고 있고 나는 그것들을 나 혹은 그 누구도 한 번도 본 적이 없었던 것을 깨달았다. 나의 공간은 1,000조 킬로미터의 크기다. 이것이 결국에는 별과 은하들이 수놓은 수십억 광년으로 펼쳐질 것이라고 생각하면 놀랍다.

재미있는 일이다. 입자와 광자들의 불꽃 폭풍 속에서 마치 고무공같이 서로서로 튕기는 것처럼 보인다. 하지만 이제 그것이 진실이 아니라는 것을 알 수 있다. 거대한 입자들의 일부는 서로 달라붙으며 플라스마 주변으로 계속 튀어나온다. 그 일부는 원래 질량의 4배로 커진다. 이 작은 양성자와 중성자의 덩어리들은 거대한 구조 프로젝트의 첫 번째 힌트이다.

알 수 없는 어떤 사건이 바로 전에 일어났다. 그렇게 거대한 힘을 만들어낼 수 있는 것이 무엇인지, 혹은 어떻게 이곳이—어떤 곳 혹은 어떤 곳도 아닌 곳이 '이곳'이라고 불릴 수 있다면—지금보다 더 뜨겁고 더 밀도가 높을 수 있는지 이해할 수가 없다.

동틀 무렵의 피리 연주자

우주론이라는 단어의 어원은 고대 그리스의 '코스모스cosmos'라는 개념에서 온 것이다. 이것은 정돈되고 조화된 체계라는 의미다. 그리스인들의 관점에서 정반대적인 의미의 '혼돈chaos'이라는 개념은 어둠과 심연의 우주의 원시적인 상태를 말하는 것이다. 그러니까 우주가 태어날 때 무질서에서 질서가 나온 것이다.

  우주cosmos라는 용어는 기원전 6세기 에게 해의 바위투성이 사모스Samos 섬에서 태어난 철학자이자 수학자인 피타고라스Pythagoras에 의해서 처음 사용되었다.

  피타고라스는 또한 우주가 수학과 숫자에 기반하고 있다는 개념을 처음 떠올린 사람으로 여겨지고 있다. 하지만 피타고라스와 그의 추종자들에 대해서는 알려진 것이 너무나 적기 때문에 이 아이디어를 확인하는 것은 불가능하다.[1] 인류는 수천 년 전부터 셈을 해왔지만, 숫자가 물리적 대상의 기저를 이루고 있으며 또 이를 설명할 수 있다는 관념을 만들어낸 것은 피타고라스가 처음이었다. 피타고라스는 간단한 수의 관계나 조화가 음악에서의 화음과 같이 천체들에서도 나타난다는 신비하고 수학적인 아이디어인 '구면체의 조화'도 처음으로 주장했다. 피타고라스는 현악기의 줄을 모든 숫자들의 비율로 나누어 실험하여 음악 화음의 규칙을 만들어냈다. 그와 그의 추종자들이 구면체의 음악을 실제로 들을 수 있을 것이라고 생각하지는 않았다. 하지만 이것은 수학을 통한 조화라는 그들의 믿음의 한 예가 된다.

2000년 후,■2 케플러는 피타고라스의 아이디어를 태양계의 궤도운동에 적용하였다. 케플러의 삶은 매우 어렵고 혼란스러웠기 때문에, 우리는 왜 그가 하늘의 왕국에서 조화를 찾으려 했는지 상상할 수 있다. 그는 병약하고 시력도 나빴으며 몸에는 종기가 뒤덮여 있었다. 그의 아버지는 그가 10대 때 가족을 버렸다. 그의 어머니는 주술에 관여하다가 훗날 마녀로 재판을 받았다.

한편 그리스의 기하학자들은 5개의 입방체만이 규칙적인 기하학적 모양을 구성할 수 있다는 발견하였다. 이 완벽한 '플라톤' 입방체는 4, 6, 8, 12, 20개의 면을 갖는다. 케플러는 이 입방체들이 당시에 알려져 있는 6개의 행성들 사이의 상대적인 공간 사이에 자리 잡고 있다는 것을 깨달았다.■3 그는 행성들의 최대와 최소 각속도의 비율이 음악적 간격과 일치한다는 사실을 깨달았을 때 더욱더 흥분하였다. 행성들의 짝을 결합하여 그는 완벽한 스케일의 간격들을 유도할 수 있었다. 케플러는 하늘 왕국의 음악은 인간이 염원밖에 할 수 없는 정신세계의 완벽함이 나타난 것이라고 생각하였다. 수학과 음악 사이 공명의 아인슈타인에 의해 다시 등장한 것이다. 그는 이렇게 말했다고 한다. "모차르트의 음악은 너무나 순수하고 아름다워 나에게는 우주의 내면적인 아름다움이 반영된 것으로 보인다."■4

뛰어나고 열정적인 바이올리니스트인 아인슈타인은 물리학 문제를 고민하는 동안 늦은 밤에 즉흥적으로 연주하는 것을 좋아했다. 우리는 피타고라스의 현악기 줄부터, 플라톤, 프톨레미, 그리고 케플러를 지나 아인슈타인의 바이올린까지 끊어지지 않고 연결된 시공간을 상상할 수 있다.

여기서 우리는 노래를 통해 우주가 존재하게 되었다는 오스트레일리아 원주민의 창조 이야기인 꿈의 시대의 울림을 들을 수 있다. 현대 우주론의 전통에서도 일련의 조화로운 일들이 별과 은하들이 자라나는 씨앗을 제공해주는 물질세계를 만들어냈다. 동틀 무렵의 피리 연주자가 있었던 것이다.

우주 초단파 배경복사는 빅뱅이론의 결정적 증거다. 하지만 최근의 지도는 너무나 자세하여 초기 우주에 대해서 많은 것들을 알아낼 수도 있다. 우리는 몇몇 가능성들을 쉽게 배제할 수 있다. 예를 들어, 은하를 형성한 모든 씨앗들이 같은 물리적 규모를 가졌다면 복사 지도의 반점들은 모두 비슷한 크기이고 벽지나 옷감처럼 같은 무늬가 반복될 것이다. 혹은 우주가 같은 수의 작은, 중간, 그리고 큰 반점들이 나타나는 프랙탈처럼 행동할 수도 있다. 그리고 또 다른 아주 흥미로운 가능성은 우주가 '거울의 방'처럼 전체적으로 휘어진 공간 시간space time에 들어 편평한 일부 지역이어서 빛이 주위를 둘러싸고 관측 가능한 우주를 여러 번 통과할 수도 있다는 것이다.

WMAP의 자료에는 이런 흔적들이 전혀 보이지 않는다. 하지만 맨눈으로 보기에도 규칙적인 무늬와 무작위 사이의 중간적인 상황인 것으로 보이는 전형적인 크기의 반점들이 있다. 천문학자들은 WMAP 자료를 파워 스펙트럼 분석이라고 부르는 분석의 주제로 삼는다. 서로 다른 각크기 규모의 변화 비율을 측정하는 것이다. 간단한 항으로 l은 각 주파수의 변화다. 예를 들어 l이 2이면 하늘에 걸쳐서 2번의 주기 혹은 100도의 변화에 해당되는데, 더 멀리 있는 은하들에 대해서 우리은하의 움직임을 보여주는 경우가 이렇다. COBE의 7도의 각 분해능은 l이 30에 해당되고, WMAP의 더 좋은 0.3도 각 분해능은 l이 거의 1,000에 이른다. 각 파워 스펙트럼의 모양은 빅뱅 모형에서 예측되는 것과 비교될 수 있다. 음악으로 비유하면 각각의 l의 값은 복사 변화의 각기 다른 '배음'이다.■5

초기 우주의 물리학은 분명 소수만 이해할 것이다. 하지만 너무 지나치지만 않으면 소리로 비유할 수 있다. 빅뱅 이후 38만 년 이전에 복사는 물질과 결합되어 있고 전자와 광자는 기체에서 입자처럼 행동하면서 광자가 전자에 튀어 총알처럼 날아다니고 있다. 기체 속에서처럼 밀도 요동은 파동처럼 혹은 일련의 압축과 희박함으로 소리의 속도로 움직였다. 압축은 기체를 가열했고 희박함은 냉각시켜 음파는 일련의 온도 요동을 이동시키는 것으로 나타난다. 38만 년이 지난 후에는 전자는 광자와 결합하여 중성원자가 되고, 약간 뜨거운 지역과 차가운 지역에서 나온 빛은 방해받지 않고 130억 년 이상을 이동하였다. 우리가 지금 보는 온도의 변화는 이 시기의 요동이 '얼어붙은' 것이다.

동틀 무렵의 피리 연주자가 연주한 노래는 무엇일까? 파워 스펙트럼, 혹은 다른 각 규모에서의 온도 변화의 분포는 초단파 지도에 대한 우리의 시각적인 인상이 옳다는 것을 보여준다. 보름달의 지금에 2배에 해당하는, 각크기 1도에서 큰 증가가 있다. 3분의 1도에서 두 번째 피크, 그리고 4분의 1도에 세 번째 피크가 있다. WMAP으로는 그 외 더 나은 구조를 볼 수 없다.■6

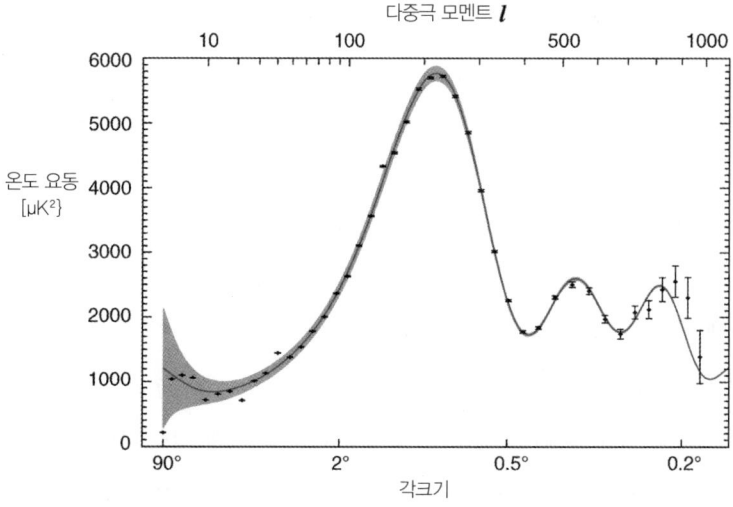

■ 초단파 배경복사의 각 스펙트럼의 변화는 입자들과 빛의 파동이 원시 플라스마에 진동하면서 생긴 빅뱅 38만 년 후의 우주에서의 공명과 배음에 대한 정보를 포착하고 있다. 각크기에서의 가장 강한 피크는 기본음이고 2개의 배음은 더 작은 각 규모에서 보인다.

당신이 플루트를 불고 있다고 생각해보자. 기본음은 당신의 입이 있는 곳에서 최대로 압축되고 열린 끝에서 최소로 압축되는 파동이다. 하지만 플루트는 적절하게 위치한 구멍에서 증폭되고 기본음의 정수 비율의 파장을 가지는 일련의 배음들을 가지고 있다. 첫 번째, 두 번째, 그리고 세 번째 배음의 파장은 각각 기본음의 2분의 1, 3분의 1, 4분의 1이다. 배음은 소리에 풍부함을 더한다. 그래서 보통 바이올린보다 스트라디바리우스가 더 좋은 것이다.

이제 우주가 악기인 우주의 피리 연주자로 돌아가자. 초기 우주에서 소리의 파동들은 고정된 공간에서 진동하는 것이 아니라 시간에 따라 팽창하는 공간에서 진동하고 있다는 중요한 차이만 제외하고는 비슷하다. 또한 소리는 이런 특이한 조건에서는 믿을 수 없을 정도로 빠르다.

지구에서보다 100만 배 빠르고 빛의 속도의 절반이 넘는다! 파동들은 빅뱅 때 만들어졌고 약 38만 년 후 기체가 투명해질 때 끝난다고 가정한다. 기본음은 빅뱅 때 최대로 압축되고(온도도 함께 변하기 때문에 최대온도가 되고) 기체가 투명해질 때 최소로 압축된다(최소온도가 된다). 배음들은 2배, 3배, 4배 혹은 더 빠르게 진동하여 38만 년 후에 가장 먼 위치에 이르는 연속적인 작은 공간의 영역들을 만들어낸다.

이제 우리는 WMAP에서 측정된 온도 변화와 각주파수 사이의 해석하기 위해 필요한 모든 것을 갖추었다. 가장 강한 피크는 처음 38만 년 동안 플라스마를 최대의 범위로 수축하고 희박하게 만든 기본음이다. 적색편이 1,000에서 1도에 해당되는 영역의 크기는 약 100만 광년이다. 그래서 얼어붙은 은하 형성의 씨앗들은 그 당시의 은하 크기다. 하지만 공간은 이후 130억 년 동안 1,000배로 팽창했기 때문에 우리가 지금 관측하는 초단파 요동은 10억 광년의 크기를 가진다. 예측했던 대로, 첫 번째와 두 번째 배음들은 기본음의 2분의 1과 3분의 1의 각 규모를 가지고 세 번째 배음은 WMAP이 측정하기에는 너무 작은 규모다(앞의 그림을 다시 보라).

작은 각 규모들에서의 약한 요동을 설명하는 또 다른 미묘한 것이 있다. 소리는 입자들 사이의 충돌로 전달되고 입자들이 충돌하기 전에 이동하는 일반적인 거리보다 파장이 짧으면 파동은 약해진다. 공기에서 이 거리는 단 10^{-5}센티미터다. 그러나 투명하게 되기 이전의 우주와 같이 거의 완벽한 진공 상태에서 광자는 충돌하기 전에 약 1만 광년을 이동할 수 있다. 그래서 높은 배음들은 약해지거나 사라져버린다. 1,000배로 팽창한 이후, 그 규모는 현재 1,000만 광년 정도이다. 그래서 우리는 이것의 10배보다 훨씬 더 큰 규모의 국부 우주에서 중요한 구조를 보는 것을 기대하기 어렵다. 실제로 1억 광년보다 큰 규모에서는 은하들이 모이는 경향이 약하다. 이것은 빅뱅 모형의 또 다른 성공이다.

초단파의 배음들은 또 다른 중요한 정보를 제공한다. 소리의 파동들이 빅뱅 때부터 38만 년 후 투명의 시대까지에 걸쳐서 만들어졌다면 요동은 조화가 되지 않아서 배음들은 묻혀서 사라질 것이다. 불규칙적이고 무작위로 많은 구멍이 나 있는 플루트에서 나오는 엉망인 소리를 생각하면 된다. 우주의 기원에 가까운 곳에서 나온 소리만이 음악처럼 파동이 조화가 될 수 있다.

그렇다면 빅뱅의 소리는 어땠을까? 음악과 같았을까 아니면 원초적인 굉음과 같았을까? 버지니아대학의 마크 위틀Mark Whittle은 이를 연구했다.■7 누군가 그 소리를 들었다면 아마도 시끄러운 록콘서트와 같은 110데시벨의 크기였을 것이다. 아기 우주는 플루트나 파이프 오르간보다 크기 때문에 소리의 주파수는 피아노의 중간 도보다 50옥타브 낮아서 엄청나게 느리고 들리지도 않는다. 속도가 1조 배 빨라지고 주파수가 50옥타브 이동된다면, 이것은 어느 정도 비틀즈의 고전 'A Day in the life' 마지막 부분의 충돌화음과 이어지는 울림처럼 들릴 것이다.

우리는 동틀 무렵의 초단파의 피리 연주자의 연주를 듣는다.■8 하지만 지금도 그 음악의 일부라도 들을 수 있을까? 그렇다. 전통적인 방법은 아니지만 우리는 공기 중으로 이동하는 소리의 파동을 들을 것이다. 초단파 배경복사의 파장에서 선호되는 규모의 변화는 1도이다. 우리는 이렇게 약간 뜨겁고 밀도가 높은 부분이 젊은 우주로 이동해 나오는 소리의 중심이라고 생각할 수 있다. 각 부분들은 언젠가 은하가 만들어질 씨앗이다. 하지만 137억 년이 지난 후, 이 파동들은 5억 광년을 이동해 왔다. 그래서 모든 은하에서 5억 광년 거리에 아주 약간의 밀도 증가가 있고, 현재 우주의 은하들이 이 간격을 가질 가능성이 약간 더 크다.

파동의 비유를 더 확장하면, 각각의 은하는 밖으로 퍼지는 물결을 가진 연못 안의 조약돌이고, 우주는 연못으로 던져진 아주 많은 수의 조약돌들이다. 그리고 물결들은 밖으로 퍼지면서 다른 물질과 겹쳐지면서 복잡한 무늬를 만든다. 기본음의 울림은 은하들 묶음의 수를 세고 5억 광년 간격으로 약간의 증가를 찾으면 발견할 수 있다. 4억 광년이나 6억 광년 혹은 다른 간격으로는 안 된다. 이 신호는 아주 미세하기 때문에 하늘에 있는 은하들의 지도를 아무리 살펴보아도 알아낼 수 없다.

이는 2005년에 통계적인 기술로 발견되었다.[9] 이 '최대 소리'의 물리적 규모를 가늠자로 이용하여 천문학자들은 빅뱅 이후 이것의 시간에 대한 지도를 그리려는 시도 중이다. 이것의 진화는 암흑물질과 암흑에너지 사이의 전쟁에 의해 결정되기 때문에 이 방법은 이 둘을 조금이나마 다룰 수 있는 얼마 되지 않는 방법들 중 하나다.

피리 연주자는 빅뱅 직후에 연주를 하였다. 하지만 우리는 지금도 고대 천구 음악의 울림을 들을 수 있다.

빅뱅이론의 검증

천문학자들은 빅뱅이 실제로 일어났다는 것을 얼마나 확신할까? 이것은 137억 년 전에 일어난 가상의 사건을 묘사하는 것처럼 보인다. 팽창을 0의 시간으로 되돌리는 것은 무한한 온도와 밀도를 암시하는데, 이는 물리적으로 불가능하다. 우리는 이 이론이 말하는 것과 말하지 않는 것이 무엇인지 조심해서 구별해야 하고 흔한 잘못된 개념을 피해야 한다. '빅뱅'이 하나의 폭발이나 모든 물질이 한 점에 집중되어 있던 시간으로 흔히 설명되고 있는 것은 불행한 일이다. 이 이론은 우주의 기원을 설명하는 것이 아니라 더 뜨겁고 더 밀집된 조건에서부터의 우주의 진화를 묘사하는 것이다. 빅뱅이론을 검증하는 것은 이 이론을 최대한 많은 자료와 최대한 초기의 우주 앞에 데려다놓는 것이다.

빅뱅이론은 단지 증명할 수 없는 기발한 아이디어일 뿐일까? 이론들이 절대 증명될 수 없다는 면에서는 그렇다. 하지만 과학에서 어떤 가설은 너무나 철저하게 확인되고 검증되어서 합리적인 의심을 넘어 증명된 것으로 간주될 수 있다. 좋은 이론은 특별하고 구체적이고 검증 가능한 예측을 한다. 당신은 새들이 자신들의 둥지에서 무한히 탄력적이고 눈에 보이지 않는 실로 연결되어 방향을 찾는다고 제안할 수 있다(이것은 실제로 18세기에 제안된 것이다). 이것은 검증하기 매우 어려운 아이디어다. 현대의 관점은 새들은 시야와 자기장, 그리고 태양과 별들의 방향을 결합해서 방향을 찾는다는 것이다. 각각의 설명은 검증 가능하고 검증되어온 예측을 한다. 그렇다고 이것이 논쟁이 없다는 것을 의미하지는 않는다. 새가 방향을 찾는 것에 대한 연구 문서는 아주 풍부하다. 하지만 가설은 검증 가능하기 때문에 발전이 있다.

빅뱅이론 혹은 가설은 많은 증거들로 뒷받침되고 라이벌이었던 정상상태이론은 그 증거를 설명할 수 없었기 때문에 더 이상 인정받지 못한다. 왜 최정상에서 사진 세례를 받는 새로운 도전이 나오지 않는 것일까? 새로운 이론에게는 벽이 너무 높기 때문이다. 빅뱅이론의 대안은 빅뱅이론과 같은 증거를 자연스럽게 설명해야 하고, 빅뱅이 실패한 곳에서 더 나아야 한다.■10 그런데 지난 35년 동안 그런 일은 일어나지 않았다.

그렇다면 내가 빅뱅이론이 옳다는 데 목숨을 걸 수 있을까? 그렇지 않다. 우리 개의 목숨은 걸 수 있을까? 역시 그렇지 않다. 그리고 우리 개(있다고 했을 때)가 나보다 덜 소중하다고 가정하는 것은 옳지 않다. 그렇다면 신체의 일부를 걸 수는 있을까? 가능할 수도 있다. 중요한 부분은 안 되겠지만 새끼손가락 끝마디같이 상징적이지만 중요하지 않은 것이라면. 내가 틀렸다는 것이 밝혀진다면 나는 내가 정말로 진지한 과학자라는 사실을 보여주는 명예로운 표시로 손가락을 흔들 것이다.

빅뱅이론은 4개의 다리를 가진 튼튼한 의자 위에 앉아 있다. 첫 번째 다리는 허블 팽창이다. 은하의 거리와 적색편이 사이의 선형적 관계는 우주 팽창이 모든 은하들이 0의 거리에 있을 때인 약 140억 년 전의 시간을 투영하고 있다는 것을 보여준다. 우리가 우주의 중심에 있는 것이 아니라면—그리고 어떤 관측도 우리가 그런 특별한 위치에 있다고 알려주지 않는다—어디에서든지 일정한 팽창이 있어야 한다. 자료들이 꼭 이렇게 나올 필요는 없었다. 예를 들어 적색편이와 청색편이가 섞여 있다면, 어떤 지역은 팽창하고 어떤 지역은 수축하거나 팽창과 수축이 교차하는 상황일 수 있다. 모든 방향으로 팽창의 패턴이 유사하다는 것은 은하들의 기원이 동일하다는 것을 가리킨다.

두 번째 다리는 9장에서 이야기했던 은하와 퀘이사의 진화이다. 적색편이가 거리와 과거의 시간을 나타낸다고 가정한다면, 빅뱅이론은 높은 적색편이 은하가 낮은 적색편이 은하보다 젊은 것이라고 예측한다. 허블우주망원경 관측은 이것을 뒷받침한다. 왜냐하면 높은 적색편이 은하는 작고, 푸르고 낮은 적색편이 은하보다 덜 형성되어 있기 때문이다. 이들은 또한 가까이 있는 무겁고 붉은 은하보다 젊은 별을 더 많이 가지고 있다. 이 모든 속성은 팽창하고 있는 우주에서 병합에 의한 진화와 일치한다. 거의 매끄러운 기체로부터 최초의 은하들이 형성되던 시대는 어느 정도 관측되고 있다. 이 관측이 오직 빅뱅이론만을 지지하지는 않지만 정상상태이론과는 맞지 않다.

다음 다리, 그리고 가장 결정적인 것은 초단파 우주 배경복사이다. 이 증거는 주목하지 않을 수가 없다. 차가운 복사가 균일하게 퍼져 있는 것은 정상상태이론이나 그 어떤 그럴듯한 빅뱅이론의 라이벌로도 자연스럽게 설명되지 않기 때문이다.[11]

네 번째 다리는 우주 가벼운 원소들, 특히 헬륨의 양이다. 아이의 생일파티 풍선을 채우기 위해 헬륨을 찾아다닌 적이 있다면 이해하기 어렵겠지만, 우주에는 곤혹스러울 정도로 많은 양의 헬륨이 있다. 전체적으로 모든 원자들 중에서 대략 90퍼센트가 수소 원자이고 10퍼센트가 헬륨 원자이며, 헬륨 원자가 수소 원자보다 더 무겁기 때문에 헬륨의 질량에서 우주의 4분의 1을 차지한다.

태양과 같이 헬륨을 만들어내는 별들이 얼마든지 있기 때문에 문제될 것이 없다고 생각할지도 모르겠다. 맞다. 하지만 충분하지는 않다. 태양과 같은 별들이 수소핵융합으로 헬륨을 만들 때 그 빛은 $E=mc^2$에 따라 공간으로 '빠져나가는' 에너지다. 만약 별들이 10개의 원자 중 1개를 헬륨으로 바꾸었다면 밤하늘은 눈부시게 환할 것이다. 별들이 우리가 아이들의 풍선에 넣은 헬륨을 만들지 않았다는 또 다른 표시는 가장 오래된 은하들이 가장 젊은 은하들과 거의 같은 양의 헬륨을 가지고 있다는 사실이다. 만약 은하 안의 별들이 헬륨을 대량 생산한다면 젊은 은하들에서 헬륨의 양이 늘어나는 것을 보게 될 테지만 그렇지 않다. 분명 대부분의 헬륨은 최초의 은하가 형성될 때 이미 거기에 있었다.

빅뱅 이후 약 100초일 때로 팽창을 되돌려보자. 크기, 밀도, 그리고 온도 사이의 단순한 관계로부터 온도를 10억 도 정도로 추론할 수 있다. 곧, 우주는 태양처럼 이용할 수 있는 양성자와 중성자를 중성수소, 삼중수소, 그리로 헬륨으로 융합하였다. 빅뱅 5분 후에—달걀이 익는 것 보다 짧은 시간에—많은 수소가 헬륨으로 '요리'된다.[12] 그리고 온도는 더 이상 융합이 일어나지 않을 정도로 낮아졌다. 밀도는 겨우 물의 100배 정도로 낮아졌다.

이 핵융합 폭풍은 약해졌다. 베릴륨은 방사성 원소이기 때문에 핵이 다른 중성자나 양성자가 더해지기 전에 분리되는데 방사능을 방출하면서 약해졌다. 그리고 이것의 핵원자는 떨어진 또 다른 핵원자나 광자가 더해지기 이전에 떨어진다. 별에서는 베릴륨 붕괴로 인한 이 '병목' 현상이 탄소를 형성하는 헬륨핵의 삼중충돌로 극복되지만, 이 과정은 빅뱅에서 탄소가 만들어지기에는 너무 느리다. 또한 훨씬 더 무거운 원소들이 만들어지려면 핵의 전기적 반발력을 극복하기 위해 높은 온도가 필요하지만 팽창 때문에 온도가 떨어지고 있었다. 그러므로 우주의 화학 성분은 그 시간에 고정되었고 약 1억 년 후의 '최초의 빛'까지는 변하지 않았다.

우주를 범죄 현장이라고 상상해보자. 이 사건을 조사할 때 형사는 다음을 염두에 두고 있다. 헬륨은 발자국이다. 중성수소는 떨어져 있는 머리카락이다. 리튬은 은행계좌의 잔액이다. 발자국 크기를 측정하는 것은 쉽다. 그리고 이것의 빅뱅과 정확하게 들어맞는다. 범죄 현장에서 떨어져 있는 머리카락은 매우 드물게 찾을 수 있다. 하지만 그것의 구성 성분도 빅뱅과 잘 들어맞고 다른 방법으로는 이 증거를 만들어내기는 어렵다. 은행계좌 잔액의 증거는 더욱 미묘하다. 모든 사람의 은행 잔액은 변화한다. 하지만 피해자의 잔액이 용의자의 잔액 증가 바로 직전에 같은 양만큼 감소했다면, 셜록 홈즈가 아니라도 유죄를 입증하는 증거라고 볼 수 있을 것이다.

우리는 별들에 의해 만들어졌다고 보기에는 우주에 헬륨이 너무 많다는 것을 알았다. 그리고 그 양은 최초의 은하들이 형성될 때 벌써 10개의 원자들 중 1개 수준이었다. 중수소는 하나의 양성자와 2개의 중성자를 가지고 있는 수소의 동위원소이고, 양은 수소 104개 중 1개다. 일치하는 머리카락이 일치하는 발자국보다 더 많은 것을 말해주는 것처럼 빅뱅이론에서 중수소의 양은 헬륨보다 물리적 조건에 훨씬 더 민감하다. 중수소는 별에서는 수소가 헬륨으로 융합되는 과정에 있는 징검다리 돌이다. 하지만 우주의 중수소 측정은 별에서의 과정이 미칠 수 없는 은하들 사이의 희박한 공간에서 이루어진다. 리튬은 더욱 드물어서 수소 109개 중 1개꼴이다. 리튬은 별에서 생성되고 파괴되기 때문에 증거로 사용하기 까다롭다. 그래서 천문학자들은 리튬 양의 패턴을 살펴본다. 그리고 숨길 수 없는 은행계좌의 잔액처럼 그 패턴은 빅뱅이론과 잘 일치하고 별의 진화에서 한 예측과는 맞지 않는다.

이 우주의 범죄현장에서 증거 조각들의 조합은 설득력이 있다. 헬륨, 중수소, 그리고 리튬은 양이 완전히 다르고, 다른 방법으로 측정되고, 우주에서 상당히 다른 규칙으로 존재하고 있다.■[13] 그런데도 세 가지 측정은 양성자와 중성자에 대한 광자의 비율이라는 단 하나의 변수만 가진 빅뱅이론과 잘 일치한다. 이는 대단한 성공이다. 꼭 이렇게 밝혀져야만 했던 것은 아니었다. 형사로서 당신이 발자국, 머리카락, 그리고 은행계좌 잔액의 패턴이 모두 한 사람의 용의자와 연결되어 있다는 것을 발견했다고 하자. 그렇다면 자백은 필요도 없다. 당신이 할 일은 끝났다. 편안하게 책상에 다리를 올리고 승진과 임금인상을 기다리면 된다.

아까의 내기는 너무 소심했던 것 같다. 나는 빅뱅이론의 초기 우주

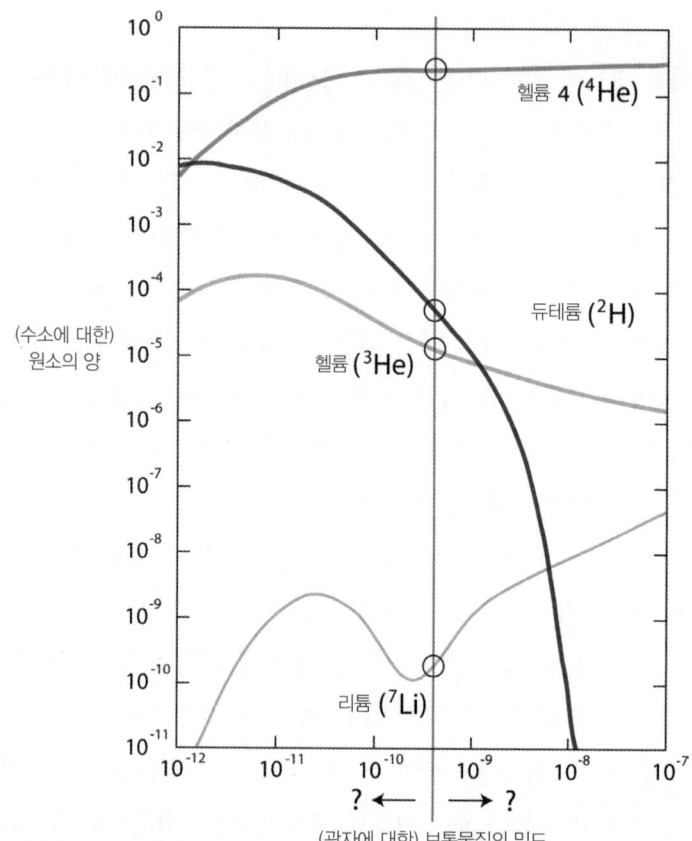

■ 수소에 대한 가벼운 원소들의 양을 광자에 대한 입자들의 수라는 하나의 자유 변수를 가진 빅뱅 모형에 대한 함수로 표시한 것. 매우 다른 천체물리학적 상황에서 측정된 가벼운 원소들의 양은 광자에 대한 입자의 수 중 하나의 값(O 표시 부분)에서 잘 일치한다. 이것은 빅뱅 모형의 강력한 증거다.

묘사가 옳다는 데에 새끼손가락 전부를 걸겠다. 하지만 내가 틀린다면 진짜 같은 라텍스 피부를 가진 늘어나는 로봇 새끼손가락을 붙여서 높은 선반에 있는 물건을 내리거나 손이 닿기 힘든 곳을 긁는 데 사용하고 싶다.

튼튼한 증거의 의자는 우주의 무게를 견딜 수 있지만 이게 다가 아니다. 이 4개와 결합하여 증거의 그물을 만드는 또 다른 요소들이 있다. 이 요소들도 몇 개만 일치하지 않는다면 전체를 받아들이기 어렵게 만드는 것들이다. 이런 면에서 빅뱅이론은 반박하기 어려운 서로 전혀 다른 관찰 결과들에 의해 뒷받침되는 다윈의 진화이론과 비슷하다.■14

빅뱅이론과 대조하여 검토할 수 있는 중요한 것으로는 별들의 나이가 있다. 우주의 나이가 137억 년이라면, 이보다 더 나이가 많은 별이 있어서는 안 된다. 별의 나이를 계산하는 물리학은 초기 우주의 물리학과는 완전히 독립적이다. 천문학자들은 별 모형을 우리은하의 헤일로에 있는 늙은 구상성단 관측에 적용시키고, 방사성 원소의 붕괴 속도를 이용하여 우리은하의 나이를 구했다. 그 결과는 130에서 140억 년으로 자료와 모형의 불확실성 범위 내에서 잘 맞다.

높은 적색편이는 과거의 우주가 더 작았다는 것을 의미하므로 빅뱅이론의 기반이 되는 팽창하는 시공간을 검증하는 기발한 방법들노 있다. 은하와 같이 넓은 광원에서는 특정한 영역의 표면밝기, 혹은 세기는 적색편이의 4제곱으로 떨어진다. 이것을 확인하는 것은 어렵다. 은하들은 시간에 따라 진화하고 뚜렷한 경계를 가지고 있지 않기 때문이다. 하지만 그 결과들은 팽창에 의한 적색편이와는 일치하고, '지친 빛' 이론에 의한 적색편이와는 맞지 않다. 또 다른 멋진 방법은 우주 팽창의 추적자로 이용되는 멀리 있는 초신성에서 오는 빛의 밝기 변화를 보는 것이다. 적색편이가 공간의 팽창 때문에 일어난다면 파장이 길어지면서 빛의 변동 빈도는 줄어들기 때문에 초신성의 밝기 변화가 느려져야 한다. 팽창하는 우주는 이 검증도 멋지게 통과했다.

또 다른 검증 방법으로는 초단파 배경복사에서 나오는 광자들의 행동을 보는 것이다. 천문학자들은 은하단들의 방향에서 오는 복사 스펙트럼에서 왜곡현상을 관측했다. 광자들이 은하단 내부의 뜨거운 기체와 상호작용했기 때문에 생기는 현상이다(단지 1퍼센트만이 상호작용을 하기 때문에 아주 미묘한 효과다. 텅 빈 TV 화면과 상호작용하는 것과 같은 비율이다). 천문학자들은 광자들의 지구를 향해 오는 도중에 거대 규모 구조의 중력 우물들에 '빠졌다'가 '빠져나오'면서 생긴 작은 온도 변화도 관측했다. 이 흔적들은 초단파 복사가 가까운 우주에서 나오는 지역적인 복사가 아니라는 것을 증명한다.■15

우주의 재료들

TV쇼 〈코스모스〉에서 칼 세이건은 이렇게 말했다. "아무런 준비 없이 사과파이를 만들려면 반드시 우주를 먼저 만들어야 한다."■16

사과와 파이 껍질은 많은 탄소와 산소 원자를 포함하고 있다. 그러므로 여러 세대의 별들이 태어나고 죽으면서 무거운 원소들을 행성들이 모을 수 있는 영역에 뿌려놓기 전에는 어떤 사과파이도 만들 수 없다. 그것으로 사과파이를 만들 사과와 사람이 형성되기까지는 수십억 년이 걸렸고, 잠시 동안은 덮어둘 복잡한 스토리가 있다. 별은 사과파이로 가는 징검다리 돌이다.■17

하지만 사과파이 안의 수소는 원래 우주 팽창의 첫 순간부터 존재했다. 우주가 아기 엉덩이처럼 부드럽고 순수했던 빅뱅 1분 후에, 우주의 행동은 감마선 광자의 격렬한 에너지에 의해 지배되었다. 입자 하나에 약 10억 개의 광자가 있었으므로, 우주는 광자로 이루어져 있었다고 가정할 수 있다. 초기 팽창에서는 광자의 수가 우세하여 입자들을 무자비하게 지배했기 때문에 우주는 '복사 주도' 상태였다. 어떤 구조도 만들어질 수 없었다. 광자와 입자들은 같은 비율로 엷어졌기 때문에 팽창하는 우주의 그 상황이 바뀔 수 있을 것처럼 보이지 않았다. 하지만 광자에는 추가적인 효과가 작용했다. 적색편이였다. 적색편이는 광자들의 에너지를 낮추어 1만 년이 지난 후에는 '물질 주도'가 될 정도로 약해졌다. 그래서 중력이 서서히 물질들을 모아 구조를 형성하여 우주를 좀 더 재미있는 것으로 만드는 것이 가능했다.

  수십억 년의 적색이동 후, 빅뱅이 남긴 복사는 이제 약한 초단파 신호가 되었다. 걱정하는 사람들이 있을지 모르겠는데, 전자렌지에서 나오는 초단파가 초단파 배경복사보다 당신을 불임으로 만들 가능성이 훨씬 더 크다. 우주는 복사 외에 또 무엇으로 이루어졌을까?

  빅뱅 38만 년 후, 복사와 물질이 각자의 길을 갔을 때의 우주의 '파이 차트'(이 그래프 형태는 단지 도구일 뿐이고 사과나 다른 과일이 포함된 것은 아니다)를 보면, 우리는 12퍼센트의 산소와 헬륨 원사, 10퍼센트의 중성미자, 15퍼센트의 광자, 그리고 63퍼센트의 암흑물질을 볼 수 있다. 지금은 상황이 꽤 달라졌다. 볼 수 있는 물질과 암흑물질의 상대적인 비율은 여전히 대략 6 대 1 정도이지만, 중성미자는 다른 물질 형태들과의 약한 상호작용에 의해 중요성이 줄어든 반면 암흑에너지의 중요성이 늘어났다. 이것은 진공이 지속적으로 기여를 하고 심지어는 진공이 팽창하기 때문인 것으로 보인다! 현재의 우주파이는 약 5퍼센트의 보통 물질, 23퍼센트의 암흑물질, 그리고 72퍼센트의 암흑에너지로 쪼개진다. 중성미자는 0.03퍼센트이고, 만약 없다면 사람이나 사과파이가 만들어질 수 없는 무거운 원소들은 겨우 0.03퍼센트, 우주파이의 1만 분의 3밖에 되지 않는다.

  당신에게 20명의 아이가 있다고 가정해보자. 요즘에는 믿기 어려운

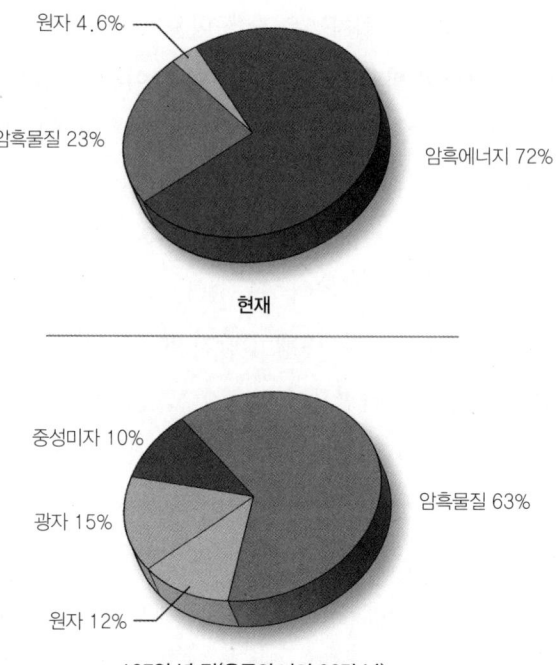

■ 현재와 우주가 투명해진 빅뱅 38만 년 후의 우주의 재료들. 현재의 우주는 일반물질이 작은 부분을 차지하고 있고 암흑에너지와 암흑물질에 의해 지배되고 있다. 빅뱅 가까이에서는 암흑에너지의 상대적인 중요성이 약했고, 적색편이 되지 않은 광자들의 에너지와 영향력이 더 컸다.

일이지만 수백 년 전에는 상상도 못할 일은 아니었다. 만약 이 중 단 한 아이만이 어디에 있는지 알고 있다면 당신은 나쁜 부모다. 그런데 천문학자들은 비슷한 상황에 처해 있다. 우리는 우리가 살고 있는 우주가 대부분 암흑에너지와 암흑물질로 이루어져 있다고 믿고 있다. 하지만 우리는 오직 전 우주의 20분의 1에 불과한 보통물질만 분리하고 이해할 수 있다. 수수께끼 같은 암흑에너지와 암흑물질의 쌍둥이는 어디에나 있으면서도 붙잡기 힘든 존재로 우리를 놀리고 있다.

상황은 점점 나빠지고 있다. 우주의 5퍼센트를 이루고 있는 보통물질은 대부분 별과 은하 형성의 불협화음에서 떨어진 곳에 남아 있다. 그러므로 보통물질의 90퍼센트는 매우 뜨겁고 퍼져 있으며 은하들 사이의 거의 완벽한 진공에 흩어져 있다. 그 기체 중 10분의 1만이 별 생성에 사용된다. 다시 말하면 우주의 0.5퍼센트만이 별이 된다는 것이다. 그런데도 이것은 지구 상 모든 해변의 모래알갱이 숫자보다 더 많은 10^{23}개의 별을 만들기에는 충분하다.

대머리인 남자가 빗을 놓고 싸우거나 이가 없는 여자가 땅콩캔디를 두고 싸우는 일이 있을 수 있을까?

그런데 이것이 우리가 살고 있는 우주에서 일어나고 있는 일이다. 천문학자들은 암흑물질과 암흑에너지의 본질에 대해 머리를 긁적거리면서도 우주의 성분 측정이 잘못되었을 것이라고 생각하지는 않는다. 그 비율은 우주 초단파 배경복사 관측에 기반을 두고 있다. 우리는 반점들의 크기의 성질은 시공간이 편평하다는 것을 의미한다고 보았다. 스펙트럼에서 피크의 높이는 우주에서 측정된 보통물질의 양이다. 질량이 크면 진동의 강도를 증가시킨다. 이 모든 양들은 낮은 적색편이, 혹은 '가까운' 우주에서의 관측으로도 진단받는다. 그러므로 우주의 속성은 초단파 배경복사 측정에만 의존하는 것은 아니다. 서로 다른 방법들의 결과가 너무나 잘 일치하기 때문에 암흑에너지와 암흑물질이 주도하고 있는 우주는 넓게 받아들여지고 있으며 아직 어떤 그럴듯한 대안도 존재하지 않는다.

우주의 재창조

시몬 화이트Simon White는 견습 마법사 같지 않았다. 그가 어떤 실험을 망친다는 것은 상상하기 어렵다. 그는 신중하고 듣기 좋은 표현으로 말을 하고, 생각이 깊고 사색적이었다. 키가 크고 날씬하며, 머리카락은 크고 활동적인 뇌에서 빠져나온 것처럼 보였다.

하지만 가까이서 보면 눈은 짓궂게 빛나고 있고, 쉽게 미소를 짓거나 웃음을 터뜨렸다. 그는 조금도 미키 마우스처럼 보이지 않았다. 사실 마법사 제자의 원조는 디즈니가 아니라 괴테였다. 같은 이름의 괴테의 시는 1797년에 쓰여졌다. 화이트는 뮌헨 근처 가칭Garching에 있는 막스플랑크천체물리학연구소Max Planck Institute for Astrophysics의 소장이다. 이 독일의 과학 신전에서 그 위치는 거의 신에 가깝다. 막스플랑크의 소장은 종신직이며 상관은 오직 과학부 장관뿐이다. 베를린의 중심부에서 그의 사무실로 이어지는 2개의 튼튼한 황동관을 상상하면 된다. 하나로는 독일 마르크가 꾸준히 흘러 들어오고 있고, 다른 하나는 1516년 독일의 순수법을 따르는 맥주를 운반하고 있다.

시몬 화이트와 나는 1980년대에 5년간 함께한 동료였다. 그가 나를 '몇몇 친구들이 포크 음악을 연주하는' 모임에 초대했던 적이 있다. 나는 발목과 무릎에 방울을 달고 형형색색의 반바지를 입은 어른들이 방에 가득 찬 것을 보고 움찔했다. 그들은 원을 그리며 춤을 추며 손수건을 흔들고 막대기로 머리 위를 다함께 두드렸다. 그것은 독일의 순수법보다 더 오래된 유럽 민속전통인 모리스 댄스였다.

화이트는 암흑물질과 어둠에서 빛과 구조를 다루는 검은 예술의 마법사이다. 그는 대학원을 막 졸업했을 때 주로 은하형성이론에 중대한 기여를 한 이론가로 알려져 있었다. 이론가들은 자신들의 방정식을 적용시키기 위해서 우주를 최대한 단순화한다. 그리고 화이트 정도 능력의 사람들은 큰 진전을 만들 수 있지만, 복잡한 우주는 그들의 가정에

세금을 부과한다. 은하들은 구형이 아니며 그 주변의 암흑물질 헤일로도 마찬가지다. 이들을 암흑물질의 중력에 의해 모인 미트볼로 생각하는 것은 그럴듯해 보인다. 하지만 거대 규모 구조를 더 잘 묘사하는 것은 수프에 떨어진 달걀흰자의 혼돈이다.

1980년대, 화이트를 비롯한 사람들은 우주 시뮬레이션을 할 때 증가하는 컴퓨터 파워를 사용할 수 있음을 깨달았다. 아이디어는 간단하다. 컴퓨터에 알려진 우주를 구성하는 재료를 넣고서 그것을 팽창시키고 중력이 작동하게 하여 무엇이 만들어지는지 보는 것이다. 모든 것은 가상이다. 실제 공간도 실제 재료도 없고, 실제로 커지는 것도 없다. 오직 중력만이 컴퓨터가 날아가지 않도록 잡고 있다. 이곳은 시험관이나 오실로스코프, 흰 가운을 입은 사람이 없는 실험실이다. 모든 것은 전기와 엄청난 속도의 전자 신호로 이루어진다.

괴테의 시에서 견습 마법사는 마법 빗자루를 소중할 수 없다. 그때시 그는 빗자루를 도끼로 둘로 잘랐다. 그러자 각각의 조각들은 2배의 속도로 물을 가져오기 시작한다. 우주를 시뮬레이션하기 원하는 천문학자들에게 무어의 법칙으로 컴퓨터 속도가 2배 빠르게 되는 것은 저주가 아니라 축복이다. 시뮬레이션 능력과 속도는 1970년 이후 10억 배로 늘어났다.

막스플랑크연구소 소장으로서 화이트는 컴퓨터 성능을 강화할 것을 명했다.■18 가칭의 라이프니츠Leibniz컴퓨터센터의 지하실에서는 1,000개의 병렬 처리장치가 진화하는 우주의 중력을 추적하고 있다. 이 곳은 너무나 춥게 유지되고 있어서 몇 분 이상 머물기 위해서는 겨울 외투가 필요할 정도다. 그들은 초당 거의 100조 개의 처리하고 4만 기가바이트의 메모리를 사용하며 100만 기가바이트의 하드디스크에 자료를 저장한다. 컴퓨터가 있는 건물은 가칭의 웬만한 동네보다 더 많은 전력을 사용한다.

하드웨어는 그렇고, 소프트웨어는 어떨까? 시뮬레이션의 소프트웨어는 많은 '입자들' 사이의 뉴턴 중력을 효율적으로 계산하고, 그 입자들을 모두 힘을 따라 시뮬레이션 '공간' 안에서 움직이게 하고, 다음 시간 단위에서 다시 계산을 하도록 설계되어 있다.[19] 뉴턴의 법칙은 단순하지만 문제가 있다. 시뮬레이션의 성능 지수는 입자의 수이다. 각각의 입자들이 다른 모든 입자에 미치는 중력이 계산되어야 하기 때문에 매 시간 단위에서의 계산의 수는 입자 수의 제곱으로 증가한다. 그래서 1,000개의 입자는 100만 번의 계산이 필요하고 100만 개의 입자는 1조 번의 계산이 필요하다. 이 엄청난 규모를 완화시키기 위해서 많은 천재적인 알고리즘이 적용되었다. 지난 수십 년 동안의 성과는 빠른 처리능력뿐만 아니라 기발한 알고리즘의 결과이기도 하다.[20]

최신 시뮬레이션에는 얼마나 많은 입자들이 포함될까? 화이트와 그의 그룹이 만든 밀레니엄 시뮬레이션은 100억 개의 입자를 가지고 있고, 한 변의 길이가 20억 광년인 육면체 우주의 진화를 추적하며, 처리 시간으로 35만 시간을 사용한다. 병렬 처리장치가 있으면 결과를 기다리다 늙어갈 필요가 없다. 137억 년의 우주의 역사는 1개월로 압축된다.[21] 시뮬레이션에서 모형 우주의 크기와 각 입자가 가지는 질량 사이에는 근본적인 손익관계가 있다. 밀레니엄 시뮬레이션에서는 '입자들'의 질량은 태양 질량의 10억 배 정도다. 입자 하나가 작은 은하 하나를 대표하고, 우리은하 크기의 은하는 몇백 개의 입자로 만들어진다. 극단적으로 입자 하나에 큰 은하 하나를 배분하고 우주 전체의 10퍼센트를 시뮬레이션할 수 있다. 혹은 상자를 우리은하만 담을 정도로 충분히 작게 만들면 입자 하나가 약 10개의 별을 대표하게 된다. 시뮬레이션을 하는 사람은 두 전략을 다 이용하지만 동시에 이용하지는 못한다.

또 다른 한계들이 있다. 시뮬레이션의 대부분의 입자들은 실제 우주에서와 마찬가지로 암흑물질로 이루어져 있다. 암흑물질은 중력을 가지지만 보통물질과 상호작용은 하지 않기 때문에 단순하다. 보통물질들도 꽤 단순하지만, 우리가 보았듯이 모여서 별이나 은하를 만들면 물리학은 복잡하고 어려워진다. 시뮬레이션을 하는 사람들은 아직도 실제와 같은 은하를 만드는 데 어려움을 가지고 있다. 서툰 제빵사처럼 그들의 빵은 찌그러졌거나 작고 딱딱하거나 먹기에 너무 달다. 또한 빵은 안에 들어가는 재료보다 나을 수 없는 것처럼 시뮬레이션도 기반이 되는 물리학 가정만큼 좋은 결과가 나온다. 암흑물질과 암흑에너지에 대한 우리의 부족한 이해는 '컴퓨터 속의 우주'를 만드는 데 떠 있는 어두운 구름이다.

시뮬레이션을 하는 사람들은 인상적인 성공 사례들을 축적해왔다. 가장 좋은 시뮬레이션들은 거대 규모 구조의 미세한 선들과 은하들의 기본적인 성질들을 아름답게 재현한다. 초기 조건을 변화시켜 재료들에 대한 가정이 결과에 어떻게 영향을 미치는지 보는 것이 가능하다. 시뮬레이션을 '관측하는' 작은 분야도 생겨났다. 이 연구자들은 시뮬레이션 결과에서 은하들을 모아 그 성질들을 연구한다.

이것은 망원경 앞에서 밤새 자료를 모으는 것보다 확실히 더 쉽다. 하지만 컴퓨터 코드에서 은하들을 뽑아내는 것은 특정한 매력이 부족하다. 나는 젊고 똑똑한 시뮬레이션 연구자와 대화를 나눈 적이 있다. 그는 나의 지저분한 스펙트럼 자료를 안됐다는 듯이 바라보면서 이렇게 말했다. "문제는 말이에요, 크리스. 당신의 자료가 우리 것보다 더

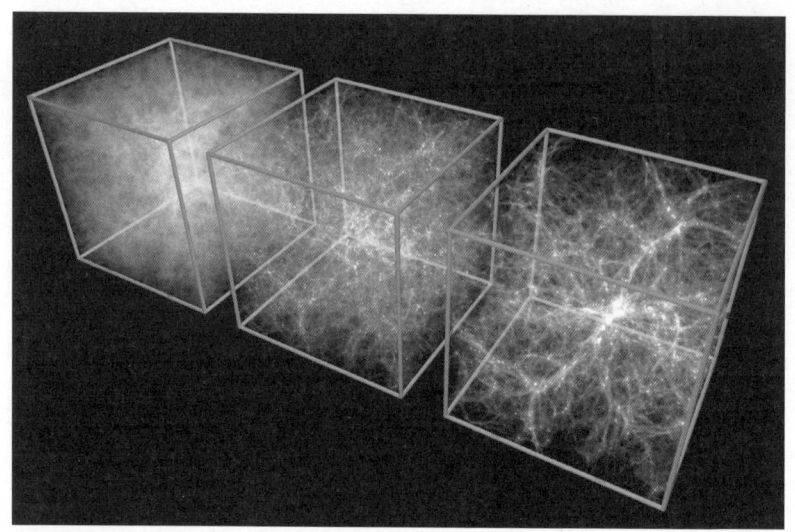

■ 초단파 배경복사가 만들어지던 시기의 거의 평탄한 조건에서 우주의 구조가 형성되는 시뮬레이션. 시뮬레이션 상자 한 변의 길이는 3억 2,000만 광년이고, 이 그림에서는 표시하지 않았지만 팽창으로 적색편이가 되었다. 왼쪽부터 순서대로, 빅뱅 후 10억 년의 우주(최초의 은하들이 형성될 때), 50억 년 후, 그리고 137억 년 후인 현재.

지저분하다는 거예요." 나는 깜짝 놀라 그를 바라보며 그의 컴퓨터 시뮬레이션은 상상 속의 연애가 실제와 다른 것처럼 실제 자료가 아니라는 것을 상기시켜주었다. 사실은 그렇게 말하려고 생각을 했는데 실제로는 이렇게 말해버렸다. "넌 진실의 신에게 심판 받을 거야!"

시뮬레이션은 관측과 이론에 이어 우주론을 연구하는 '세 번째 방법'이고, 지난 10년 동안 중요성이 점점 커지고 있다. 화이트는 오래전에 견습생을 벗어나 스승이 되었다. 그의 최신 밀레니엄 시뮬레이션은 300억 개의 입자를 가지고 있고 상자의 크기는 관측 가능한 전체 우주로 늘어났다. '마법사의 왕'이 조심하지 않는다면 가칭의 마법사가 그 자리를 차지하게 될 것이다.

시뮬레이션을 '뒤로 돌려' 아주 초기 우주를 연구하는 것은 가능할까? 불행히도 그렇지 않다. 시뮬레이션은 보통 빅뱅 40만 년 후 우주가 투명해졌을 때의 관측된 조건에서 시작한다. 온도를 수백만 도나 심지어 수십억 도로 돌리는 것은 가능하다. 하지만 한계는 더 이상 컴퓨터가 아니라 아주 초기 우주에서 작동하는 불확실한 물리학이다. 빅뱅 가까이를 탐험하는 것은 우리에게 물질의 기본적인 본질을 고려하도록 강요한다.

원자는 원자이고 원자이다. 모두 서로 똑같고, 빛의 속도에 가깝게 달리는 것을 따라갈 방법은 없다. 나는 육체에서 벗어나 있기 때문에 물질을 따라가기 위해서는 상상력을 이용해야 할 것이다. 나는 2개의 핵에 집중한다. 하나는 수소이고 다른 하나는 더 드문 헬륨이다. 순식간에 그들은 나에게 다가와 서로 가까워지더니 팽창하는 플라스마 속으로 뛰어든다.

나는 내가 어릴 적 기억했던 숲에서 갈라지는 2개의 길에 대한 시를 연상한다. 유명한 시인의 시였다. 나는 그가 비유를 사랑했다고 생각한다. 주위가 온통 비현실적이고 딱딱한 물리학뿐일 때는 이 운율을 떠올리면 편안해진다. 집에 있는 느낌이다. 로버트 프로스트도 불과 얼음에 대해서 고민했던 것으로 기억한다. 아마도 이름의 영향frost(서리)이 있었을 것이다. 어쨌든 그는 옳았다. 내 주위의 용광로는 결국 얼어붙은 황량함으로 끝날 것이다.

나는 시인보다 행운아다. 나는 두 가지 길을 갈 수 있다.

헬륨은 냉담하다. 다른 원자들과 묶이는 것을 싫어하여 어떤 상호작용에도 참여하지 않으며 공간을 떠돈다. 수소는 재빨리 쌍둥이와 결합하여 분자를 형성한다. 분자 구름 속에서 부드러운 화학순환을 거쳐 소용돌이로 빨려 들어간다. 우연히 다시 혼자가 된 수소 원자가 같은 소용돌이로 들어간다. 그들은 공간에서 같은 암석의 일부가 된다. 언젠가 나의 고향이 될 곳이다.

다음에 일어나는 일은 솔직히 믿을 수가 없다. 그 불리함은 너무 커서 계산할 가치도 없다. 내가 언젠가 될 '나'는 스트레스가 최고조다. 시내를 운전해 다니며 어린 아들의 생일 파티를 준비하고 있다. 천문학자인 나는 헬륨 한 통을 찾는 것이 이렇게 어려운 일이라는 현실이 얼마나 답답한 상황인지 충분히 잘 알고 있다. 결국 원자 10개 중 1개는 헬륨이 아닌가. 하지만 어쨌든 나는 성공해서 광대가 떠난 시끄러운 방 뒤편에 두통을 참으며 앉아 있다. 나의 아들은 마치 자기의 생명이 거기에 달린 것처럼 풍선의 줄을 단단하게 잡고 있다.

하지만 케이크가 들어오고 초가 켜지고 부드러운 냄새가 퍼지자 관심사가 달라졌다. 그의 손가락 힘이 약해지자 풍선은 천장을 향해 올라갔다. 나는 한 치의 의심도 없이 알고 있다. 시간의 여명에서 온 수소 원자가 그의 손의 분홍빛 피부 표면 근처의 큰 분자에 묶여 있다. 그리고 한때 그것의 가까운 이웃이었던 헬륨 원자가 풍선을 깊은 우주의 기원을 향해서 떠오르게 하는 데 작지만 제한된 역할을 하고 있다.

13장

아무것도 없기보다는 무언가 있는 것

나는 더 이상 나눌 수 없는 단위들의 왕국에 있다. 물질을 구성하는 단위들이 주위를 둘러싼 폭풍 속에서 거의 빛의 속도로 움직이고 있다. 데모크리토스는 색, 맛, 냄새는 2차적인 성질이라고 생각했다. 그는 기본적인 입자들은 우리가 느낄 수 없는 것이라고 추측했다. 나는 질량, 전하량, 그리고 스핀을 느낄 수 없다. 나는 일반적인 척도 훨씬 너머에 있다. 익숙한 길이, 온도, 밀도 단위는 적용할 수 없다. 시야는 너무나 강한 복사로 가득 차서 아무것도 볼 수 없다. 자외선보다 강하고 감마선보다 높은 영역을 차지하고 있다.

나는 눈을 깜빡였다. 막 태어난 우주의 짧은 순간의 모습이 눈에 새겨졌다. 어떤 곳에서는 순수한 복사에서 입자들이 쌍으로 나타나고, 어떤 곳에서는 입자들이 사라지면서 복사로 바뀌는 모습이 보인다. 혼돈은 절대적이지 않다. 이 축소된 창조와 파괴의 행동은 시야에 가지와 같은 정교한 무늬를 남긴다. 어떤 가지들은 다시 모여 순수한 에너지에서 순간적으로 물질로 만들어지는 드문 현상을 만든다. 다시 눈을 뜨니 무늬가 너무나 빠르게 변해서 알아볼 수가 없다. 물질은 순간적으로만 존재할 뿐이다.

내가 좀 더 날카로운 감각을 가지고 있었다면 나타났다가 사라지는 무수한 입자들 사이에도 차이가 존재한다는 사실을 알아차렸을 것이다. 만들어지기 위해 넘어야 할 벽이 높은 무거운 입자와 벽이 낮은 가벼운 입자가 있다. 어떤 입자들은 전하를 띠고 있어서 방향이 바뀌고, 어떤 입자들은 전기적으로 중성이라 직선으로 움직인다. 그리고 어떤 입자들은 복사에게 보이지 않는 것처럼 행동한다.

모양도 색도 냄새도 맛도 없는 이 입자들은 신기한 이름들을 가지고 있다. 전자, 중성미자, 메존, 쿼크. 어떻게 이런 혼란 상태에서 별, 초은하단, 행성, 그리고 사람과 같은 질서가 나타날 수 있었는지 상상하기 어렵다.

물질이란 무엇인가?

왜 아무것도 없기보다는 무언가가 있을까? 독일의 철학자 고트프리트 라이프니츠Gottfried Leibniz는 300년 전 이 문제와 씨름했다. 당신이 무슨 생각을 하고 있는지 알고 있다. 존재에 대한 고민을 이 정도 수준으로 할 사람은 철학자 한 명뿐이라는 것이다.[1] 대부분의 사람들은 간단하게 응수할 것이다. 그게 뭐가 문제야?

라이프니츠는 아무것도 없는 것이 무언가가 있는 것보다 더 자연스럽다고 주장했다. 아무것도 없는 것이 더 단순하기 때문이다. 어쨌든 무언가를 만들기 위해서는 일이나 노력이 필요하기 때문이다. 하지만 그는 더 멀리 나갔다. 우리는 모든 가능한 세계 중에서 가장 좋은 곳에 살고 있기 때문에, 이 세계는 무언가를 가지고 있어야 한다. 무언가가 있는 것이 아무것도 없는 것보다 더 낫기 때문이다. 그러고는 그는 자애로운 창조자의 필요성을 주장한다. 무언가 있는 것이 아무것도 없는 것보다 낫다는 것에 대한 가치 판단과 그에 따른 이신론(신을 세계의 창조자로 인정하지만, 세상일에 관여하거나 계시하는 인격적인 존재로는 인정하지 않고,

기적 또는 계시의 존재를 부정하는 이성적인 종교관 - 옮긴이)적인 문제를 제쳐두면, 라이프니츠는 이것이 아주 심오한 질문이라는 것을 보여주는 데 성공한 것으로 보인다. 역설적이게도 이신론자와 무신론자는 무에서의 창조를 설명해야 한다는 데에서는 일치한다.

우리가 관측 가능한 우주라고 부르는 '무언가'를 좀 더 자세히 살펴보자. 이것은 10^{34}세제곱 광년의 팽창하는 공간으로 각설탕 10^{85}개 크기에 해당된다. 이것은 우주를 그릇으로 보는 것이다. 상대성이론에서의 공간은 추상적이고 수학적인 구조다. 공간은 대체 가능한 것이기도 하다. 우리가 아무런 비용 없이 공간이 거대한 비율로 자라난 역사를 서술했기 때문이다. 천문학자들은 이 공간은 (정체를 알 수 없는 암흑물질과 암흑에너지는 제외하고) 10^{89}개의 광자와 10^{80}개의 입자를 가지고 있다고 보고 있다. 이것은 정말 엄청난 무언가이다!

이 무언가에는 두 가지 성격이 있다. 물질과 복사다. 물리학에서는 이것은 그들의 통계적인 성질을 설명한 두 과학자의 이름을 따서 페르미온-fermion과 보손-boson으로 불린다. 물질과 복사의 상호작용 혹은 대화는 자연의 많은 현상들을 이끌어낸다.

페르미온은 냉정하고 이기적이다. 이 단어는 '입자' 이상의 의미를 가진다. 이것은 입자들 모임의 통계적인 성질을 설명하는 단어이기도 하다. 어떤 두 입자도 동일한 미시적인 성질을 가지지는 않는다. 이것은 페르미온이 초기 우주의 플라스마 속에 있든지, 같은 방의 서로 반대편 의자에 있든지 마찬가지다. 페르미온은 1920년대에 이 입자들의 성질을 설명한 이탈리아의 물리학자 엔리코 페르미 Enrico Fermi의 이름을 딴 것이다.

페르미는 1938년에 미국으로 갔다. 그리고 곧 시카고대학의 스쿼시

코트에 지어진 원자로를 이용하여 최초로 핵분열 현상을 설명했다. 페르미는 이론과 관측에 모두 능했다. 물리학에서 그의 판단은 절대 틀리는 경우가 없었기 때문에 동료들은 그를 '교황'이라고 불렀다. 그는 문제에 대한 답을 얻기 위해서 단순한 수학과 논리적 추론을 이용했는데, 이 방법은 현재까지도 물리학과 학생들에게 가르친다.[2] 또한 페르미는 최초의 원자폭탄 실험인 트리니티를 목격한 사람이다. 폭발파가 도착했을 때, 그는 종이를 찢어 떨어뜨린 후 종이 조각이 날리는 속도를 이용하여 폭탄의 위력을 계산하였다.

보손은 활동적이고 사교적이다. 이 단어는 '복사' 이상의 의미를 가진다. 이것은 자연의 모든 힘들의 매개체들을 포함하고 있기 때문이다. 광자는 보손이며, 같은 에너지를 가지고 같은 공간을 차지할 수 있다. 원칙적으로는 복사의 에너지 밀도에는 한계가 없다. 보손은 페르미보다 훨씬 어렵게 성공한 인도의 수학자이자 물리학자인 사티엔드라 보스Satyendra Bose의 이름을 딴 것이다. 그는 광자들의 통계학에 대한 기념비적인 논문을 여러 학술지들로부터 거절당했다. 논문은 1924년 아인슈타인이 보장한 뒤에야 출판되어 물리학계에서 인정을 받았다. 보스는 아인슈타인과 함께 일하기 위해서 베를린으로 갔고, 결국 박사학위가 없음에도 불구하고 교수가 되었다.

우주에는 입자보다 광자가 훨씬 더 많고, 페르미온보다 보손이 더 많고, 안정된 것보다 불안정한 것이 더 많은데 이것은 설명이 필요하다. 아주 작은 비율의 물질만으로도 1,000억 개의 은하와 무수히 많은 별과 행성들을 만들기에 충분하다는 것은 가볍게 볼 사실이 아니다. 그리고 주목할 만한 사실이 또 있다. 반물질이 거의 존재하지 않는다는 것이다. 왜 반물질에 주목해야 하는지 이해하기 위해서 1920년대 물리학에 있었던 또 다른 중요한 에피소드를 살펴보자. 폴 디랙Paul Dirac은 양자역학이라는 새로운 이론에서 중요한 역할을 했던 영국의 물리학자였다. 양자역학은 원자들과 원자 구성 입자들의 이상하고 때로는 직관에 어긋나는 세계를 설명하는 이론이다. 이 세계에서 원자들은 파동과 같은 성질을 가지고 있고 명확한 경계가 없이 퍼져 있다. 이 세계에서의 행동은 확률로 설명되고, 지식은 아무리 어떤 기발한 방법으로 어떻게 측정하더라도 피해갈 수 없는 불확정성에 의해 제한된다.

디랙은 전자의 행동을 설명하는 기본적인 방정식을 풀어서 2개의 해를 찾았다. 하나는 숫자의 제곱근을 포함하고 있고, 다른 하나는 같은 숫자의 음수 제곱근을 포함하고 있었다. 허수를 포함하는 해는 무의미한 것으로 간주될 수도 있었다. 마치 음의 에너지를 가지고 있는 것처럼 보이기 때문이다. 하지만 디랙은 이 해도 수학적으로 똑같은 가치를 가진다고 인정하여 논문에 포함시켰다.

디랙은 20세기 물리학의 거장 중 한 명이다. 겸손하기로 유명했고, 사회생활에는 소질이 없었다. 그는 일요일에 오래 산책할 때와 정장을 입고 나무에 오를 때를 제외하고는 항상 일을 했다.[3] 그는 우아한 논문을 통해 말했고, 동료들과는 거의 말을 하지 않았다. 그래서 케임브리지에서는 '디랙'은 시간당 말하는 단어의 수로 정의된다는 말이 있었다. 그레이엄 파멜로Graham Farmelo가 쓴 디랙의 전기에는 그의 동료였던 프리먼 다이슨Freeman Dyson의 말이 인용되어 있다. "그의 발견들은 하늘에서 정교하게 조각된 돌멩이들이 떨어지는 것과 같았다. 그는 순전히 생각만으로 자연의 법칙들을 알아내는 것처럼 보였다." 디랙과 그의 아버지는 아마도 약간의 자폐증 증세가 있었던 것 같다. 과학의 역사에는 몇몇 엉뚱한 천재들이 있다.

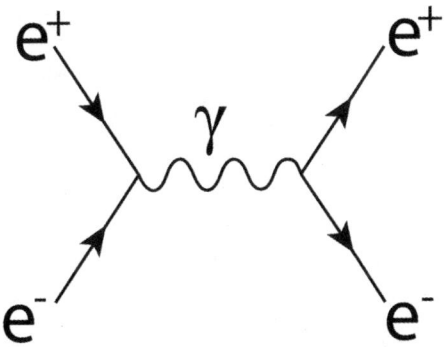

■ 모든 입자는 짝으로 반입자를 가진다. 반대 전하를 가지고 공간에 거울같이 존재하는 '그림자' 물질이다. 전자의 반입자는 양전자다. 전자-양전자 쌍은 순수한 에너지에서 만들어질 수 있고, 서로 만나면 순수한 에너지로 소멸된다.

    4년 후, 칼 앤더슨Carl Anderson은 안개상자에서 우주선cosmic ray들이 상호작용하는 모습을 관찰하다가 특이한 현상을 발견했다. 안개상자에서는 물이나 알코올처럼 과포화된 액체가 강한 에너지 입자의 경로를 수증기 자국으로 표시한다. 여기에 자기장을 가하면 대전된 입자들은 경로가 휘어진다. 앤더슨은 전자들이 만드는 경로에 익숙했는데, 몇 개의 경로가 반대 방향으로 휘어진 것을 발견했다. 마치 전자와 질량은 같고 전하는 반대인 입자들이 있는 것처럼 보였다. 앤더슨은 이것을 양전자라고 불렀다. 반면 디랙의 문맥에서 이것은 반전자이다.■4 반물질이 발견된 것이다.

    1950년대까지 과학자들은 반양성자와 반중성자를 만들어내는 데 성공했다. 그러므로 모든 보통물질들은 이런 '그림자' 형태로 존재할 수 있다. 반물질은 양자적인 성질에서도 대칭적인 것만 제외하고는 보통물질과 구별되지 않는다. 어떤 입자가 그 반입자와 충돌을 하면 그들은 복사 혹은 에너지로 바뀌면서 사라진다. 마찬가지로 순수한 복사도 입자-반입자 쌍을 만들 수 있다. 하나만 만들어질 수는 없다. 안개상자에

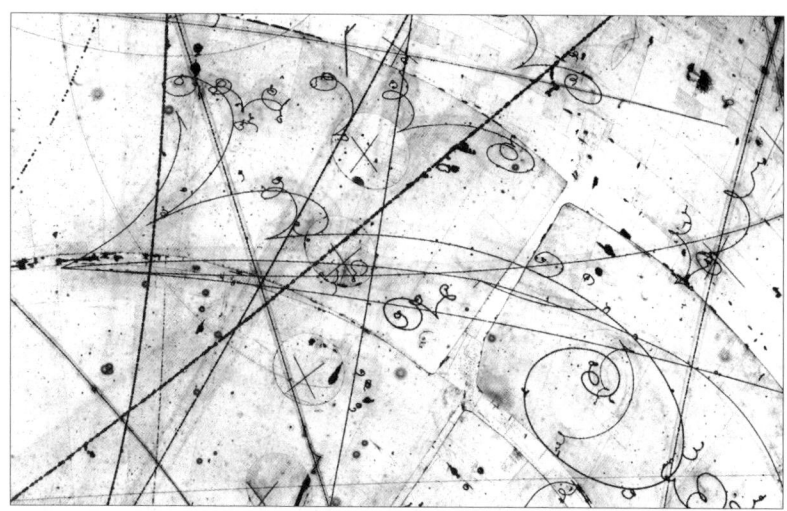

■ 반물질은 입자가 과포화된 수증기와 상호작용하여 에너지가 입자-반입자 쌍으로 바뀌는 안개상자에서 처음으로 만들어졌다. 자기장이 가해지면 입자와 반입자는 반대의 전하를 가지고 있기 때문에 서로 반대 방향으로 휘어진다. 이 사진은 거품상자라고 하는 좀 더 현대적인 기기에서 촬영된 것이다. 여기에서는 입자들의 자국이 압축된 액체에서 작은 거품의 궤적으로 표시된다.

서는 입자와 반입자 쌍은 만들어진 지점에서 마치 뿔처럼 반대 방향으로 휘어져 나가는 수증기 경로로 나타난다.

우리 우주에 반물질이 부족하다는 사실을 어떻게 알 수 있을까? 물질이 반물질과 만나면 격렬하게 순간적으로 사라진다는 것은 강력한 제한 사항이 된다. 반복숭아로 만들어진 반캔이 슈퍼마켓의 진열대에 놓여 있는 경우는 없고, 하늘에 반구름이 떠다니지도 않으며, 정원에 반벌이 날아다니지도 않는다. 반물질로 이루어진 당신의 쌍둥이 나쁜 외계인이 있다 하더라도 그와 악수를 하다가 사라질 것을 걱정할 필요는 없다. 그들은 지구에 도착하자마자 발이 땅에 닿는 순간 감마선으로 사라져버릴 것이다.

지구에서 반물질은 거대한 가속기에서 만들어지고 관측된다. 이것을 인지할 수 있는 영역으로 가지고 오는 것은 가능할 것이다. 미세한 반물질 알갱이가 당신의 혀에 떨어지는 경우를 가정해보자. 이것의 반원자는 당신의 미각세포에 있는 원자와 만나 순식간에 감마선을 방출하면서 소멸한다. 이 작은 폭발은 반물질의 '맛'이 될 것이다. 수조 원짜리 기계가 필요한 것이 아니다!

조금 더 나아가서, 아폴로호의 우주비행사들이 달에 발을 디뎠을 때 대단한 충격은 없었다. 달은 치즈도 아니었고 반물질도 아니었다. 화성, 금성, 그리고 타이탄에 착륙한 탐사선들도 소멸되지 않았다. 태양은 태양풍이라고 하는 고에너지 입자들을 끊임없이 우리에게 보내고 있다. 이 입자들이 지구의 대기와 충돌할 때 우리는 이 입자들의 거의 대부분이 반입자가 아니라 그냥 입자라는 것을 확인할 수 있다.[5] 원칙적으로 반물질은 거의 완벽한 진공 상태에서 물질과 잘 분리되어 있으면 발견되지 않은 채로 남아 있을 수 있다.

하지만 별들 사이의 공간은 완전히 비어 있지 않으며, 별들은 진화하고 죽을 때 주변의 물질들과 상호작용을 한다. 그러므로 우리은하에 반별이 존재하기는 무척 어렵다. 우리은하 밖에서도 같은 논리가 적용될 수 있다. 은하들 사이의 공간도 완전한 진공이 아니고, 은하들은 서로 상호작용을 하거나 심지어 충돌하기도 한다. 천문학자들은 은하가 반은하와 만나서 감마선을 방출한 흔적을 전혀 찾지 못했다.

우주의 가장 큰 구조는 수억 광년 크기의 초은하단이다. 물질과 반물질이 이 정도 규모의 거리로 떨어져 있다 하더라도, 경계 부분에서 쌍소멸에 의해 만들어지는 감마선의 세기는 현재의 위성으로 발견하기에 충분한 정도일 것이다. 그러므로 물질과 반물질 사이의 대칭성은 관측 가능한 우주의 범위에서는 존재하지 않는다.[6] 물질은 엄청나게 많지만 반물질은 거의 없다. 반물질이 우리 우주의 지평선 바깥에 존재할지 그 여부에 대한 의문은 아주 재미있는 것이다. 이 주제에 대해서는 나중에 다시 다루도록 하겠다.

반물질이 극히 드문 것은 다행스러운 일이다. 순수한 에너지로 소멸되기를 원하는 사람은 없을 것이기 때문이다. 하지만 기본물리학에서 물질과 반물질이 서로 구별되지 않는다는 것은 놀라운 사실이다. 왜 그런지 알아보기 위해서 입자물리학의 세계로 들어가보자.

표준 모형

입자물리학의 표준 모형을 이해하기 위해서는 먼저 상대론적 양자장이론에서 라그랑지안 Lagrangian이 어떻게 구성되는지 살펴보아야 한다. 푸앵카레 대칭과….

농담이다. 입자물리학은 웬만한 사람들은 떨어져 나가버리는 과학 영역이다. 대학 수학에서 최고점을 받은 사람도 눈물을 흘리게 만든다. 물질의 기본적인 성질을 이해하기 위한 탐험이 소수의 엘리트 이론물리학자들을 제외한 모든 사람들에게는 접근할 수 없는 영역에 있다는 것은 불행한 일이다. 그들에게 입자물리학은 놀랍도록 아름답고 우아한 수학으로 이루어진 이론이다. 다른 사람들에게 그것은 불가해한 것이며 그 일에 종사하는 사람들은 방언으로 말하는 이상한 종교의 성직자들처럼 보인다.

어린아이도 할 수 있는 간단한 질문에서 시작해보자. 물질은 무엇으로 이루어졌는가? 20세기가 되기 전까지 그 답은 원자였을 것이다. 당시 원자는 단단하고 눈에 보이지 않으며, 모든 물질들을 구성하는 기본 단위로 여겨졌다. 하지만 어니스트 러더퍼드를 비롯한 여러 과학자들의 멋진 실험으로 원자의 대부분은 빈 공간이며, 뿌연 전자 구름이 단단한 양성자와 중성자 핵을 돌고 있다는 사실이 밝혀졌다. 1960년대 입자충돌기는 양성자와 중성자도 기본 입자가 아니라는 사실을 보여주었다. 이들은 쿼크라고 하는 약하게 대전된 이상한 입자들로 이루어져 있었다. 그리고 수천 킬로미터의 단단한 철을 아무런 반응 없이 뚫고 지나갈 수 있는 중성미자라고 하는 질량이 없는 입자도 있었다. 하지만 어린아이의 질문에 대한 대답은 여전히 간단하다. 두 종류의 쿼크,■7 전자, 그리고 중성미자다. 쿼크는 놀라울 정도로 작다. 원자가 지구 정도의 크기라면, 양성자는 축구장 정도의 크기이고, 양성자 안에 있는 쿼크의 크기는 테니스공 정도다.

60년대와 70년대를 거치면서 입자가속기를 통해서 미시세계는 훨씬 더 복잡하다는 사실이 밝혀졌다. 빛에 가까운 속도로 서로 충돌하는 원자들은 주기율표에 있는 원소의 수보다 더 많은 수의 새로운 입자들을 만들어낸다. 하지만 이 모든 입자들은 12개의 입자들, 혹은 페르미온으로 단순화할 수 있는 것으로 보이고, 질량에 따라 3개의 레벨로 분류할 수 있다.

가장 낮은 레벨은 전통적인 물질로, '업up'쿼크와 '다운down'쿼크, 전자, 중성미자로 구성되어 있다. 두 번째 레벨은 '스트레인지strange'쿼크, '참charm'쿼크, 뮤온, 그리고 이것과 연관된 중성미자로 구성되어 있다. 세 번째 레벨은 '톱top'쿼크, '보톰bottom'쿼크,■8 타우입자, 그리고 이것과 연관된 중성미자로 구성되어 있다. 좀 더 무거운 두 번째와 세 번째 레벨의 입자들은 불안정하여 입자가속기 안에서 짧은 시간 동안에만 만들어진다. 12개의 모든 입자들은 각자 해당되는 반입자들을 가지고 있

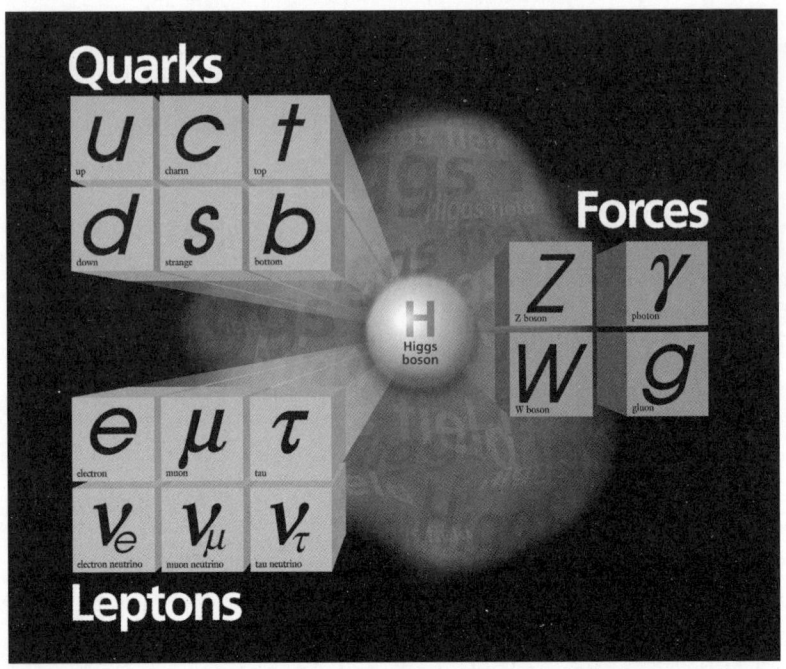

■ 입자물리학의 표준 모형은 물질을 이루는 12가지 기본 재료와 4개의 기본 힘으로 구성되어 있다. 보통의 물질에는 업쿼크, 다운쿼크, 그리고 전자 3종류의 입자들밖에 없다. 두 번째와 세 번째 세대의 입자들은 훨씬 더 높은 에너지를 가지고 있으면서 더 불안정하다. 그리고 중력부터 원자핵을 서로 묶어주는 강한 핵력까지 일상생활에서의 다양한 크기의 힘들을 전달하는 4종류의 힘 전달입자들이 있다.

다. 이 반입자들은 충분한 에너지를 가진 충돌을 통해 만들어지고 입자와 만나면 빠르게 사라진다.

12개의 페르미온에 대응하여 우주에서의 모든 상호작용을 설명해주는 4개의 기본적인 힘이 있다. 각각의 힘은 전달입자 혹은 보손을 가지고 있다. 익숙한 것으로는 전자기력을 전달하는 광자가 있다. 좀 덜 익숙한 것으로 방사능의 원인이 되는 약한 핵력을 전달하는 W와 Z 보손, 그리고 쿼크들을 양성자와 중성자 안에 가두어두는 강한 핵력을 전달하는 글루온이 있다.[9] 전체 그림은 중력을 전달하는 가상의 입자인 중력자로 완성된다. 중력자는 한 번도 관측된 적이 없다. 12개의 페르미온과 4개의 보손을 설명하는 이론 체계를 표준 모형이라고 한다.■10

표준 모형은 절반은 차고 절반은 빈 유리잔과 같다. 한편으로 이것은 지난 30년 동안 인상적인 성공을 거두어왔다. 가장 무거운 4종류의 쿼크들은 예측된 대로 발견되었고, 입자가속기에서 보이는 무수히 많은 상호작용들은 이론적으로 아름답게 설명된다. 그리고 충분히 높은 에너지에서는 세기가 완전히 다른 기본적인 힘들이 하나로 통합될 것이라고 예측된다. 그 통합의 첫 번째 단계는 전자기력과 약한 핵력이 합쳐진 1970년대에 이루어졌다.

다른 한편으로 표준 모형은 수십 년 전에 전성기가 지나고 예전에는 커 보이지 않던 단점이 지금은 너무 커 보이는 나이 든 유명 영화배우와 비슷하다. 이것은 왜 3가지 레벨의 쿼크와 가벼운 입자들이 존재하는지 전혀 설명하지 못한다. 이것은 더 깊은 레벨의 구조가 있을 수 있다는 가능성을 열어두고 있다. 이것은 모든 입자들의 질량을 예측하지 못한다. 이 문제는 너무 커서 물리학자들은 모든 다른 입자들에게 질량을 부여해주는 힉스 보손Higgs boson이라는 입자를 가정하지 않을 수 없었다. 현재 CERN의 거대강입자충돌기와 페르미실험실Fermilab의 테바트론Tevatron이 이것을 찾고 있다.■11 하지만 지금까지 200억 달러의 기기가 우주의 모든 것에 무게를 제공해준 이 작은 입자를 찾지 못하고 있다. 만일 힉스 입자가 적정한 에너지 범위에서 발견되지 않는다면 표준 모형은 심각한 실패에 직면하게 되는 것이다. 단역은 소용없다. 표준 모형은 더 이상 이 분야에서 일을 할 수 없게 될 것이다.

표준 모형은 기본적인 4개의 힘 중에서 가장 약한 중력을 포함하고 있지 않기 때문이 불완전하다. 표준 모형은 중성미자는 질량을 가질 수 없다고 예측했지만, 최근에 중성미자가 질량을 가진다는 사실이 발견되어 당혹스럽게 되었다.■12 그리고 표준 모형은 우주의 95퍼센트 이상을 차지하고 있는 암흑물질과 암흑에너지를 예측은커녕 설명도 하지 못하는 심각한 결함을 가지고 있다. 그리고 결정적으로, 표준 모형은 우주가 왜 보통물질은 많이 가지고 있으면서 반물질은 사실상 전혀 가지고 있지 않은지 설명하지 못한다.

미시적인 수준에서 물질과 반물질은 같은 지위를 가진다. 입자와 반입자는 에너지로부터 정확하게 같은 비율로 만들어진다. 양자이론은 모든 입자는 대응하는 반입자를 가지고 있을 곳이라고 예측하고 있고, 실제 이 반입자들은 물리학 실험에서 관측되었다.■13 2002년 CERN의 물리학자들은 반양성자와 반전자를 결합하여 반수소를 만들어냈다. 이것은 어마어마하게 어려운 기술이다. 반입자들은 거의 빛의 속도로 만들어지고, 보통의 원자들과 만나지 않는 상태에서 냉각되고 보관되어야 하기 때문이다. 반물질을 만드는 것은 매우 비효율적이고 비싼 과정이다.■14 반원자들은 1초에 약 100개 정도가 만들어지고 살아남는 시간은 1분이 되지 않는다.

댄 브라운Dan Brown의 소설 《천사와 악마Angels and Demons》의 서두는—어떤 악당이 CERN에서 0.5그램의 반물질을 훔쳐서 폭탄을 만들기 위해 로마로 가져가는 설정—너무 비현실적이다. 현재의 속도로는 1그램의 반물질을 만들기 위해서는 1,000만 년이 걸릴 것이고, 10억분의 1그램의 반물질을 만드는 데는 10억 달러가 든다. 반물질은 현재 세계에서 가장 비싼 물건(혹은 반물건)이다.

표준 모형에서 물질과 반물질 사이의 대칭성은 기본적인 원리다. 더 넓게는 모든 성공적인 물리 이론들은 시간과 공간, 그리고 전하를 결합한 대칭성을 포함하고 있다. 대칭성은 성질이 뒤집히거나 반사되는 '거울'로 생각할 수 있다. 공간에서는 이것은 실제 거울에서 반사되는 것과 같다. 오른손 장갑은 왼손 장갑이 되고 왼쪽으로 회전하는 입자는 오른쪽으로 회전한다(실제로 뒤집히는 것은 반드시 3차원에서 이루어져야 한다). 시간에서는 과거와 미래를 연결하는 화살이 뒤집히는 것이다. 전하에서는 전하의 부호가 바뀌는 것이다. 모든 입자들이 반입자로 바뀌는 것과 같다.

대칭성의 원리가 의미하는 것은 무엇일까? 실험실에서 관측되는 입자들의 모든 상호작용은 그 입자들이 모두 대응되는 반입자들로 바뀌어도 똑같이 관측되어야 한다는 것을 의미한다. 공간은 뒤집히고 시간은 반대로 흐른다. 상호작용의 재료와 결과물이 서로 뒤바뀌는 것이다. 이는 증명되었다. 익숙한 보통물질의 상호작용들은 반물질과 반대 방향의 시간을 통해서 재현될 수 있다. 미시세계에서 자연은 시간에 특징한 방향성이 있다는 것을 '알지 못한다.'

이론적으로는, 반물질로 이루어졌으며 시간은 반대로 흐르지만 우리 우주와 똑같은 물리 법칙을 따르는 거울 우주가 존재할 수 있는 것이다!

지금까지 시간과 공간, 그리고 전하가 결합된 대칭성은 완벽하게 증명되었다. 하지만 개개의 거울에는 흠집이 있다. 1957년, 왼쪽과 오른쪽에서 일어난 결과가 서로 다른 방사성 붕괴 형태가 발견되었다. 이것은 어떤 물체와 그 거울상을 서로 구별한 첫 번째 물리 실험이었다.

물리학자 리처드 파인만Richard Feynman은 이 발견을 이렇게 설명했다. 당신이 외계인들과 통신할 수 있는 쌍방향 통신기기를 만들었다고 가정해보자. 당신은 빛을 이용하여 정보를 전달한다. 당신의 키는 빛의 파장을 이용하여 전달할 수 있고, 나이는 주파수를 이용하여 전달할 수 있다. 하지만 오른손을 내밀어 다른 사람과 인사하는 과정을 설명한다고 해보자. "잠깐만." 외계인이 묻는다. "'오른손'이 뭐지?" 1957년부터 우리는 이 질문에 대답할 수 있었다. 우리는 그들에게 오른쪽과 왼쪽을 구별할 수 있는 물리 실험 방법을 설명할 수 있다. 파인만은 이 이야기에 장난스러운 결말을 추가시켰다. 당신은 드디어 우주를 여행하여 그 외계인을 만났다. 그런데 외계인이 왼손을 내밀었다. 조심하라! 이는 그 외계인이 반물질로 만들어졌다는 것을 의미한다. 반물질을 이용한 똑같은 실험은 정반대의 결과를 만들어내기 때문이다.

거울의 두 번째 흠집은 1964년에 나타났다. K 메손K meson이라는 입자는 붕괴하면서 반물질보다 물질을 더 많이 만들어낸다는 사실이 발견된 것이다.■15 이것이 현재 우주에 물질이 더 많은 사실을 설명해주는 열쇠가 될 수 있을까? 그렇지 않다. 그 효과는 너무나 미미하여, 더 많이 만들어낼 수 있는 물질의 양은 은하 하나를 만들 수 있을 정도밖에 되지 않는다. 우리가 관측하는 1,000억 개의 은하를 만들기에는 크게 부족하다. 표준 모형은 왜 아무것도 없지 않고 무언가가 있는지에 대한 답을 주지 못한다.

물질 만들기

그림을 그려보자. 빅뱅이 일어난 지 마이크로초가 지났다. 관측 가능한 우주의 크기는 태양계보다 많이 크지 않고, 밀도는 우리가 숨 쉬는 공기보다 크게 낮지 않다. 편안하고 익숙한 곳처럼 들리겠지만, 이곳은 태양 핵보다 10만 배 더 뜨겁고 감마선의 폭풍으로 가득 차 있다. 입자와 반입자들은 엄청난 속도로, 항상 쌍으로 나타나고 사라진다.

빅뱅이 일어난 지 10마이크로초가 지난 시간으로 나가보자. 팽창은 우주를 충분히 냉각시켜 쿼크와 반쿼크는 더 이상 복사에서 만들어질 수 없다. 그 순간에 남아 있는 쿼크와 반쿼크들은 '고정'되어 함께 쌍소멸한다. 약간의 시간이 지난 후에 유사한 과정이 가벼운 입자들에게도 일어난다. 전자와 양전자는 더 이상 복사에서 만들어질 수 없고, 남아 있던 것들은 쌍소멸한다. 온도는 1,000만 도 정도로 무난하다. 100마이크로초가 지나면—꿀벌이 날갯짓하는 시간의 20분의 1배—모든 것이 끝난다. 입자와 반입자들은 춤추는 남녀처럼 쌍을 이루고 아무도 홀로 남아 있지 않다. 우주에는 복사밖에 없다. 우주는 팽창을 계속하고, 광자들은 지루한 공간 속으로 지루하게 늘어지고 있다. 물질이 없다면 구조도 없을 것이고 우리가 있을 가능성도 없어진다.

이것은 실제 역사와 한 가지 중요한 차이가 있는 역사다. 물질과 반물질 사이의 대칭은 완벽하지 않았다. 자연은 살짝 어긋나서 물질이 빈물질보다 더 많이 있었다. 10억 개의 반쿼크에 대해서 10억 1개의 쿼크가 있었고, 10억 개의 반전자에 대해서 10억 1개의 전자가 있었다. 물질과 반물질이 마지막으로 쌍소멸했을 때, 결과적으로 1개의 물질에 대해서 10억 개의 광자가 있고, 반물질은 남아 있지 않게 되었다.[16] 광자들은 우주의 팽창과 함께 계속 늘어나서 초단파 배경복사로 관측되는 약한 복사가 되었고, 입자들은 중력에 의해 모여서 1,000억 개의 은하가 되었다. 그리고 그중 하나에 중간 나이의 별이 있고 그 별 옆에는 우리가 아주 좋아하는 행성이 하나 있다.

우리를 있게 만든 비대칭성은 10억 분의 1로 아주 작다. 시각적으로 비유해보기 위해서, 사막에 만들어진 지름 1,000킬로미터의 금속 고리를 가정해보자. 헬리콥터로 그 위를 날면서 살펴보아서는 그 원이 완벽하지 않다는 사실을 알아낼 수 없다. 그 원은 겨우 1밀리미터밖에 오차가 없기 때문이다. 혹은 길이가 5킬로미터인 광장에 동전을 펼쳐놓았는데 그중 단 하나만이 뒷면이 나온 경우를 가정하면 된다. 혹은 인도에서 특정한 셔츠를 입은 한 사람을 찾아내는 경우를 생각하면 된다. 나는 이런 작은 결함이 생긴 것에 대해서 감사한다. 그 결함이 없었다면 아무도 여기에 존재하지 못했을 것이기 때문에 당신이 이 책을 읽고 있지도 못할 것이다.

아무것도 없는 상태에서 물질이 만들어지는 과정은 1967년에 발표된 안드레이 사하로프Andrei Sakharov의 3쪽짜리 논문에 명료하게 요약되어 있다. 이 논문은 10년 이상 동안 별로 중요하게 여겨지지 않았으며 다른 논문에 한 번도 인용이 되지 않았다. 하지만 지금은 1,000개가 넘는 논문에 인용되었으며 매우 중요한 논문으로 인정받고 있다. 사하로프는 우주론과 고에너지물리학을 서로 연결시킨 최초의 사람 중 한 명이다.

사하로프의 인생은 전쟁 기술자가 평화 지지자가 되는 놀라운 여정을 보여준다. 제2차 세계대전 후 젊은 사하로프는 러시아의 비밀 도시 사로프Sarov에서 수소폭탄을 연구하였다. 그는 당시까지 폭발된 가장 큰 핵무기인 짜르 봄바Tsar Bomba에서 최고조를 이룬, 일련의 강력한 무기들을 만들어낸 수석디자이너였다. 짜르 봄바는 1953년 시베리아 상공에서 폭발되었는데, 제2차 세계대전 중에 사용된 모든 무기보다 10배 더 강한 파괴력을 가지고 있었다. 사하로프는 스탈린상과 세 개의 사회주의 노동자상, 그리고 모스크바 외곽에 호화로운 별장을 받았다.

그는 소비에트의 핵심에 있었지만 자신의 연구 결과가 가지는 도덕적, 정치적 의미에 대해서 점점 관심을 가지게 되었다. 1950년대에 그는 핵융합에너지의 평화로운 사용에 대한 아이디어를 떠올렸고, 그의 토카막tokomak 설계는 지금도 사용되고 있다. 1963년, 그는 부분적핵실험금지조약Partial Teat Ban Treaty에서 중요한 역할을 했다. 5년 후, 그의 유명한 에세이 〈발전에 대한 생각, 평화적인 공존과 지적 자유〉는 지하 반체제운동의 고전이 되었다. 그는 1972년에 인권운동가인 옐레나 보네르Yelena Binner와 결혼하고, 1975년에 노벨 평화상 수상자가 되었지만 소련의 방해로 시상식에 참석할 수 없었다. 그는 1980년대의 대부분을 고르키Gorky에서 가택연금 상태로 지냈으며, 미하일 고르바초프의 개방정책 때까지 '복권'되지 못했다. 1989년 사하로프의 죽음 이후, 그의 이름을 딴 몇 개의 중요한 인권상들이 제정되었다.

물질의 기원은 물리학과 우주론에서 최전선에 있는 주제다. 우리는 이것이 어떻게 일어났는지 아직 모르며, 유일한 아이디어는 검증되지 않은 확장된 표준 모형에 있다. 하지만 우리는 이것이 우주 역사에서 매우 초기에 일어난 것이 분명하다는 사실은 알고 있다. 물질을 만드는 과정이 무엇이든, 그것은 뒤에 남은 복사에 어떤 영향을 미쳤을 것이 분명하기 때문이다. 빅뱅 이후 38만 년으로 거슬러 올라가는 초단파 복사는 완벽하게 하나의 온도로 나타난다. 이것은 물질이 만들어지는 과정이 1초보다 훨씬 짧은 시간에 이루어졌다는 것을 의미한다.

물질이 우세하게 된 불균형이 처음부터 만들어져 있었다고 보는 것도 가능하다. 하지만 이것은 논리적으로 불합리하다. 우주는 모든 것을 가지고 있기 때문에 그 바깥이나 그보다 전이라는 것은 존재할 수가 없기 때문이다. 다음 장에서 보겠지만, 사실 우주의 아주 초기에 그 전에 있었던 어떤 비대칭성도 없애버린 과정이 있었던 것으로 보인다. 이것은 빅뱅 직후의 아주 짧은 시간 동안의 물리학에 대해서 고민하게 한다.

사하로프는 우주에 복사 이외에 아무것도 없기보다는 무언가가 있게 하기 위해서 3가지 조건을 제시했다. 첫 번째로, 상호작용 과정에서 입자의 수가 보존된다는 일반적인 규칙이 파괴되어야 한다. 다음으로, 거울 대칭 공간과 모든 입자를 반입자로 대치할 수 있는 완벽한 대칭성이 깨져야 한다. 마지막으로, 우주는 너무나 빠르게 혹은 격렬하게 변화하여 물질이 초과된 상황이 지워지거나 씻겨지지 않아야 한다. 이론과학자들은 초기 우주에서 물질이 만들어지는 방법을 상상해내기 위해서 대단한 천재성을 발휘해왔다. 모든 아이디어가 다 훌륭하지만 검증된 것은 아무것도 없다.

초기 우주에 무슨 일이 일어났는지 실험을 통해 알아내는 것이 가능할까? 그렇다. 물론 팽창하는 초기 우주의 특수한 조건을 지구에서 재현할 수 있는 방법은 없다. 하지만 입자들을 빛의 속도에 가깝게 가속시킨 다음 충돌시키는 방법으로 입자가속기는 빅뱅 직후 이후로 볼 수 없었던 온도를 잠깐 동안 만들어낼 수 있다.

롱아일랜드Long Island의 브룩헤이븐국립연구소Brookhaven National Lab에 있는 상대론적중이온충돌기Relativistic Heavy Ion Collider가 그 일을 처음으로 한 기계다. 현재의 챔피언은 제네바 근처의 프랑스와 스위스 국경에 걸쳐 있는 CERN의 거대강입자충돌기다. 두 기계 모두 1초보다 훨씬 짧은 시간 동안 수조 도의 온도와 우리가 숨 쉬는 공기보다 10^{30}배 높은 압력의 불덩어리를 만들어낸다. 이런 조건에서는 쿼크들은 자유롭게 서로 상호작용을 하고, 평소에는 쿼크들을 원자핵 속에 묶어두는 역할을 하는 글루온과도 자유롭게 상호작용을 한다. 그런 조건이 존재했던 곳은 빅뱅 후 1나노초가 되지 않은 우주밖에 없다. 이 실험에서 물질과 반물질 사이의 비대칭성에 대한 열쇠는 아직 나오지 않았다. 하지만 앞으로 몇 년 이내에 거대강입자충돌기는 많은 가능성들을 시험할 것이다.

■ ATLAS는 스위스 제네바의 CERN에 있는 거대강입자충돌기에 위치해 있다. ATLAS는 빅뱅 직후에 마지막으로 나타났던 에너지를 재현하는 충돌에서 만들어지는 결과물들을 관측하는 6개의 관측기기들 중 하나다. 거대강입자충돌기는 표준 모형에서 모든 입자들에게 질량을 부여해주는 역할을 하는 것으로 가정된 힉스 보손을 관측하기 위해서 설계되었다.

이제 전통적인 스토리텔링의 한계에 이르렀다. 우주론에서 망원경은 빅뱅을 향해 먼 과거를 들여다볼 수 있게 해주는 타임머신이다. 증거의 실마리는 우주의 불덩어리 속에서 가벼운 원소들이 만들어지던 탄생 이후의 몇 분까지 끊어지지 않고 이어진다. 1초보다 짧은 최초의 역사를 이해하기 위한 단서는 천문학적인 관측과 물리학에서 얻는다.

이 장엄한 세계는 우리가 비유와 상상력을 충분히 사용한다면 감각들의 왕국이다. 초감각적인 청력으로 우리는 빅뱅이 일어난 지 38만 년 후에 복사와 물질이 서로 분리되던 마지막 상호작용을 들을 수 있다. 초감각적인 시각으로 우리는 1만 년 후에 가시광선 스펙트럼을 통과하여 편이되는 불덩어리를 관측할 수 있다. 후각은 우리 코의 세포들에 적합한 특정 모양을 가진 분자들에 기반하고 있다. 어쩌면 초감각적인 후각으로 처음 3분 동안 융합된 핵들의 모양을 감지할 수도 있을 것이다. 빅뱅 후 1마이크로초에 미세한 반물질 덩어리의 맛을 즐기기 위해서는 초감각적인 맛봉오리가 필요할 것이다. 살짝 뜨겁긴 하겠지만 아주 초기 우주의 맛은 아마도 우주적일 것이다.

정교한 조정의 흔적들

아무것도 없는 것이 아니라 무언가가 존재한다는 것은 만족스럽기는 하지만 놀라운 일은 아니다. 물질과 반물질이 완벽하게 대칭이었다면 우주는 초은하단도, 별도, 행성도, 사람들도 없이 뜨겁고 흰빛에서 차갑고 검게 흐려져가는 거대한 전구처럼 진화했을 것이다. 앞에서 우리는 우주가 우리가 존재하기에 적합한 특징들을 가지고 있고 우리가 존재하기에 부적합한 특징들을 가지고 있지 않는 것에 대해서 놀랄 필요가 없다는 것을 배웠다.■[17]

하지만 '만약에?'라는 질문을 해보는 것은 재미있다. 우리가 가능한 세계들 중에서 가장 적합한 곳에서 살고 있다고 가정하지 않고, 우주의 핵심적인 조건들이 달라진다면 어떻게 되었을까 질문을 해볼 수 있다.

10^9분의 1의 비대칭성이 우리와 은하들을 만들어냈다. 만일 비대칭성이 훨씬 더 작았다면—10^{11}분의 1보다 더—은하들이 만들어질 만큼 충분한 물질이 존재하지 못했을 것이다. 만일 비대칭성이 훨씬 더 컸다면 엄청난 양의 물질들이 별과 은하를 만들지 못하고 응결되어 있었을 것이다. 우주론에서 또 다른 차원 없는 숫자는 초단파 배경복사의 변화 수준이다. 이것은 10^5분의 1로 초기 우주의 씨앗이 되었다. 만일 이것이 더 작았다면—10^6분의 1보다 더—별들이 만들어지지 못했을 것이

다. 이것이 10^3분의 1보다 더 컸다면 중력은 평범한 별이 아니라 거대한 블랙홀들을 만들었을 것이다. 우주 초기의 씨앗은 평범한 별을 만들기에 '적합'했던 것으로 보인다.

우주의 팽창은 또 다른 퍼즐들을 만들어낸다. 우주 공간의 구조는 거의 완벽하게 편평하다. 빅뱅의 흔적인 초단파 복사를 논의할 때 보았던 것처럼 '얼룩들'의 특징은 우주 공간을 통한 긴 여행 중에 커지거나 작아지지 않았는데 이것은 우주 공간이 1퍼센트 이내로 편평하다는 것을 의미한다. 편평성은 암흑물질의 밀도가 현재의 팽창속도를 끝없는 팽창과 미래 수축의 경계에서 3배 이내이기 때문에 만들어진다.

빅뱅 직후, 우주가 휘어져 있고 엄청나게 빠른 속도로 팽창할 때 현재의 상황을 만들기 위한 절묘한 조정이 있어야 했다. 암흑물질이 훨씬 더 적었다면 팽창이 너무나 빨라서 구조들이 형성되지 못했을 것이고, 훨씬 더 많았다면 우주는 별의 진화가 시작되기도 전에 다시 수축해버렸을 것이다. 암흑에너지도 이 정교한 균형에서 자신의 역할을 했다. 암흑에너지는 지난 50억 년 동안 팽창에 주된 역할을 했다. 만일 암흑에너지가 훨씬 더 강했다면 팽창가속이 너무 빨라 구조들이 만들어지지 못했을 것이다.

미시세계에서의 가정도 거시세계에서 만큼이나 재미있다. 예를 들어, 쿼크들을 원자핵 속에 묶어두는 강한 핵력이 몇 퍼센트만 더 강했다면 쿼크들이 양성자를 만들지 못했을 것이고, 5퍼센트만 더 약했다면 별들은 수소보다 더 무거운 원소들을 만들어내지 못했을 것이다. 만일 약한 핵력이 훨씬 더 강했다면 빅뱅은 원자들을 철까지 요리했을 것이고, 더 약했다면 별들은 모든 질량을 헬륨으로 바꾸었을 것이다. 중력이 더 강했다면 별들은 모두 적색왜성처럼 작았을 것이고, 더 약했다면 별들은 빠르게 불타는 청색거성이 되었을 것이다. 어느 쪽이었든 태양과 같은 평범한 주계열성은 매우 드물거나 존재하지 않았을 것이다.

그리고 어떤 값이나 비율이 달랐다면 물질이 불안정해졌을 기본 입자들 사이의 질량 관계들도 존재한다.[18] 로저 펜로즈는 모든 물리 상수들이 측정된 값을 가질 종합적인 가능성을 10의 10승에서 10의 123승분의 1로 계산했다. 사실상 절대 불가능한 결과다.[19]

이런 가상의 우주들은 설사 다른 물리 법칙 하에 있다 하더라도 물리적으로 이해하기가 쉽다. 하지만 거의 모든 경우에서 물질이 붕괴하거나, 무거운 원소들이 만들어지지 않거나, 별이 제대로 기능하지 못하거나, 우주의 수명이 너무 짧거나 길다. 많은 과학자들과 철학자들이 이런 상황을 우주가 어떤 형태로든 '정교하게 조정'되었거나, 자연적으로는 설명이 불가능한 우연의 연속인 것으로 간주한다. 그러고는 한 걸음 더 나아가서 만일 우주가 조금만 달랐다면 우주는 생명체가 존재할 수 없는 불모지가 되었을 것이라고 이야기한다. 스티븐 호킹은 이렇게 말한다. "이 숫자들은 생명체가 나타나는 것이 가능하도록 만들기 위해서 정교하게 조정된 것으로 보인다."[20] 또 다른 철학자들과 신학자들은 정교한 조정은 '우주의 설계자'를 가리킨다고 주장한다.

물리학과 우주론이 희한하게도 종교적인 주제를 지지하는 역할을 할 수도 있게 된 것이다. 이 주제를 이해하기 위해서 총살형 집행대를 이용한 재치 있는 비유가 사용되어왔다. 당신은 사형 선고를 받고 100명의 잘 훈련된 저격수들 앞에 서 있다. 귀청이 터질 듯한 일제 사격이 있었고 연기가 구름처럼 피어올랐다.[21] 그런데 놀랍게도 당신은 살아남았다. 이 결과를 어떻게 받아들일 것인가?

만일 당신이 죽었다면 이야기는 거기서 끝나버렸을 것이기 때문에 당신이 살아 있다는 것에 대해서 놀랄 필요는 없다. 하지만 당신은 너무나 신기하게도 살아남았다. 당신은 순전한 우연이나 행운이 아닌 어떤 이유가 있었기 때문에 살아남았다고 생각하기가 더 쉬울 것이다. 당신이 살아남을 가능성이 무척 낮다는 것은 우주의 정교한 조정과 조건이 조금만 달랐다면 생명체의 등장이 불가능했을 것이라는 데 대한 비유가 된다. 설계론의 주장에 따르면 당신이 살아 있다는 것 자체가 신의 존재 증거가 된다.

당신은 이 주장에 유혹될 것인가 아니면 굳건하고 건강한 회의주의를 유지할 것인가? 회의주의자가 되어보자. 히포크라테스의 말처럼, "사람들은 간질병을 자신들이 이해할 수 없다는 이유만으로 성스러운 것이라고 생각한다. 하지만 사람들이 자신들이 이해하지 못하는 모든 것을 성스러운 것이라고 부른다면 성스러운 것이 끝도 없을 것이다."

많은 인류학적인 우연에는, 일부는 아직 충분히 검증되지 않은 미신 이론이긴 하지만 자연적인 설명이 존재한다. 그리고 몇 가지 예는 주장되어온 것만큼 정교하게 조정되지도 않았고,[22] 가정에 의한 물리적 현실에서의 거대한 숫자의 맥락 속에서만 두드러질 뿐이다. 가장 중요한 것은, 인류학적인 주장은 생명체와 지적인 관측자가 진화할 수 있는 모든 조건을 알고 있어야만 가능하다는 것이다. 생물학에 대한 일반적인 이론 없이는 그저 추측만 할 뿐이다. 다른 곳에서의 생명체가 우리가 상상하는 것보다 더 이상하다면 훨씬 더 넓은 영역의 가상우주가 생명체를 가지고 있을 것이고 우리의 놀라움도 그에 상응하여 줄어들 것이다.

나는 회의적이다. 하지만 동시에 감사하기도 한다. 왜? 137억 년 전 나중에 나를 태어나게 해준 미세한 시공간의 거품이 나타났기 때문이다. 자연은 아무것도 없지 않고 무언가가 있을 수 있도록 충분히 비대칭적이었기 때문이다. 우주는 별이 만들어질 수 있도록 충분히 빠르게 오래 팽창했기 때문이다. 탄소핵은 쓸모없는 헬륨의 바다로 남아 있지 않고 별이 만들어질 수 있는 공진을 가지고 있기 때문이다. 소행성들은 지구에 물을 공급해주었고, 우리의 선조 원숭이들을 멸종시킬 정도로 최근에 충돌하지 않았기 때문이다. 또한 나의 아버지가 가장 친한 친구와 계획한 대로 술집에 가지 않고 도서관으로 가서 긴 갈색 머리와 감성적인 눈을 가진 날씬한 아가씨를 만나는 바람에 결국 내가 당신이 읽고 있는 이 책을 쓸 수 있게 되었기 때문이다.

수학에 뭔가 문제가 있다. 1 더하기 1이 0이 된다. 0은 2와 같다. 입자들과 광자들의 춤은 자연의 인색함을 깨뜨리는 것처럼 보인다. 복사는 일반적인 것과 일반적인 것을 더하는 것이 아니라 일반적인 것과 일반적이지 않은 것, 일반적인 것과 그 반대의 것, 반대로만 정의되는 그림자 물질의 형태를 더한다. 반물질이다.

이것을 반물질이라고 부르는 것은 교묘한 말장난에 지나지 않는다. 물질의 반대라는 개념은 상식적으로 말이 되지 않기 때문이다. 이것은 반상식이다. 하지만 이제 수학이 작동한다. 어떤 수와 그 수의 음의 합은 0이다. 그리고 아무리 많은 수의 숫자도 각각의 음수와 짝을 이루면 사라질 수 있다. 마찬가지로 0은 아무리 많은 수의 숫자도 각각의 음수와 함께 품고 있을 수 있다. 진공의 무한한 가능성은 수학에서와 마찬가지로 더 이상 미스터리가 아니다. 하지만 전체의 합이 0인 규칙은 반드시 지켜져야 한다. 물질과 반물질은 항상 같은 양만큼 만들어진다.

이런 상황을 고려하면 주변의 끓어오르는 우주는 갑자기 불길해 보인다. 입자와 반입자들은 결코 영원하지 못하고, 나타났다가 사라지곤 한다. 모든 물질들은 도플갱어를 가지고 있고 그들이 서로 만나면 그 결과는 감마선으로 사라지는 것이다. 아무리 많은 입자와 반입자들도 걱정을 없애주지는 못한다. 그들은 너무나 쉽게 사라져버리기 때문이다. 하나의 양성자가 어떻게 오래 살아남아 원자가 된다 하더라도 이것은 반원자 도플갱어를 만날 것이다. 하나의 원자가 어떻게 오래 살아남아 탄소가 된다 하더라도 이것은 반탄소를 만날 것이다. 이 과정은 계속 이어진다. 물질이 어떻게 별의 일부가 되어 생명체를 만들어낸다 하더라도, 이것은 반물질을 만나면 거기서 끝일 것이다.

하지만 어쨌든 나는 여기에 있다.

14장
통합과 인플레이션

뜨거운 열기. 측정이 불가능할 정도로 뜨겁다. 온도는 높지 않지만 상황은 너무 심각하여 어떤 구조도 불가능하다. 엄청난 압력. 밀도는 납보다 1조 배나 높지만, 모든 것이 움직이고 있기 때문에 어느 정도 가벼움은 있다. 격렬한 움직임. 상호작용의 빈도는 엄청나다. 입자와 반입자 쌍은 눈부신 복사의 바닷속에서 끊임없이 만들어지고 파괴된다. 미완성. 공간은 원자 구성 입자 크기 수준에서 휘어져 있다. 시간의 화살은 쉽게 앞뒤로 왔다 갔다 한다.

여기는 모든 것이 통합되어 있다. 모든 것의 기원은 하나다. 무정부적이지만 민주적이기도 하다. 모든 것이 가능하다.

갑자기 장면이 바뀌었다. 지금 우주의 나이인 1,000조 분의 1초에 비하면 짧은 시간 동안에, 우주적 힘의 미세한 비대칭성이 이웃에게 에너지를 넘겨주어 엄청난 팽창을 일으킨다. 공간은 구겨진 천이 보이지 않는 손에 의해 당겨지는 것처럼 편평하고 부드럽게 펴진다. 눈에 보이던 거의 모든 것이 사라졌다. 잔해와 공간의 흠들이 네 가지 바람으로 흩어진다. 흠집들은 초기의 공동으로 바뀐다. 일상의 세계에서는 보이지 않는 미세한 양자적 불안정은 시공간과 함께 팽창한다.

한편, 진공에서 빌려온 에너지를 되돌려주어야 한다. 갓 태어난 우주는 에너지와 물질, 그리고 반물질로 가득 차 있다. 팽창은 좀 더 차분한 속도로 계속된다. 양자적 불안정은 미세하여 온도의 미세한 차이와 거의 구별되지 않는다. 하지만 이것은 은하들이 만들어지는 씨앗이다. 진주가 자라나는 상처인 것이다. 그리고 언젠가 이 우주는 내가 살고 있는 우주를 포함한 1,000억 개의 은하들을 가지게 될 것이다.

빅뱅을 넘어서

우리는 우주가 137억 년의 대부분 기간 동안 팽창하고 있다는 이론을 가지고 있다. 이 이론은 시험되고 검증되었으며, 복사와 물질로 가득 찬 작고, 뜨겁고, 밀집한 우주가 어떻게 지금 보이는 것처럼 약한 복사와 물질들의 덩어리가 흩어져 있는 광대한 시공간이 되었는지에 대한 대략적인 설명을 제공해준다.

  우주론 연구자들은 행복해야 한다. 하지만 그들은 만족스러워 보이지 않는다. 그들은 행복할 수 없도록 만들어진 사람들 같다. 그들은 항상 한계를 넘어서는 성공적인 이론을 찾기 원한다. 리처드 파인만이 말한 것처럼 "우리는 우리가 틀렸다는 것을 최대한 빨리 증명하기를 원한다. 그것이 우리가 발전하는 방식이기 때문이다." 그리고 그들도 시간과 공간에 대한 고민에서 비롯되는 존재의 불안에서 자유롭지 않다. 물리학자 스티븐 와인버그Steven Weinberg는 이렇게 말했다. "우주를 이해하려는 노력은 인간을 희극보다 약간 높은 수준으로 끌어올리고, 비극의 우아함을 제공해주는 몇 안 되는 것 중의 하나다."[1] 스티븐, 힘

좀 내자고.

빅뱅 모형에는 몇 가지 문제와 한계가 있다. 우선 우주가 왜 편평한지 설명하지 못한다. 우주 탄생 초기에는 중력이 너무 강하여 공간은 크게 휘어져 있었다. 공간이 편평하려면 빅뱅 이후 이만큼의 시간이 지난 후에 편평해지도록 우주의 초기 조건이 정교하게 조정되어 있어야 했다. 이것은 편평성의 문제다.

또 빅뱅 모형은 우주가 왜 매끄러운지 설명하지 못한다. 하늘의 반대 방향에서 오는 초단파는 거의 정확하게 같은 온도를 가지고 있다. 물리학적으로 이는 이 영역들이 열역학적으로 서로 접촉했을 때만 가능하다. 그런데 초단파가 방출되던 시기에 하늘의 반대 방향은 서로 빛보다 50배나 빠른 속도로 멀어지고 있었고, 서로의 지평선 훨씬 바깥쪽에 있었다. 그 영역들이 처음에 서로 다른 온도를 가지고 있었다면 나중에 온도가 같아질 방법은 전혀 없다.[2] 이것은 매끄러움의 문제다.

빅뱅 모형은 우주가 왜 고르지 않은지 설명하지 못한다. 앞에서 본 대로 빅뱅에서 오는 복사는 10만 분의 1의 편차가 있고, 이것이 별과 은하들의 씨앗이 되었다. 이 씨앗들이 훨씬 더 작았다면 우주는 매끄러운 상태로 유지되었을 것이며, 우리는 여기 없었을 것이다. 씨앗들이 훨씬 더 컸다면 우주는 초기에 고밀도 구조로 굳어버렸을 것이다. 빅뱅 모형으로는 이런 정교한 조정을 설명할 수 없다. 죽은 너무 묽지도 걸죽하지도 않게 먹기 좋은 상태로 만들어졌다. 하지만 이런 행복한 결과를 설명할 방법은 없다. 이것은 구조의 문제다.

빅뱅 모형은 우주에 이상한 입자들이 존재하지 않는 이유를 설명하지 못한다. 자연의 힘들을 통합하는 이론에 의하면, 우주 초기의 매우 높은 온도에서는 이상하고 무거운 입자들이 풍부하게 존재했다. 가장 대표적인 것은 자기홀극이다. 그런데 우주에는 이런 입자들이 존재하지 않는다. 예를 들어 자기홀극은 실험실이나 가속기에서 한 번도 관측된 적이 없다.■3 이것은 잔해의 문제다.

그리고 빅뱅 모형은 우주가 왜 팽창하고 있는지 설명하지 못한다. 멀리 있는 은하들은 적색편이가 된다. 어떤 힘이 관측 가능한 우주의 크기를 920억 광년으로 키워놓았다. 1,000억 개의 은하에 있는 보통물질과 암흑물질의 중력이 시공간의 팽창을 방해하는데도 불구하고 말이다. 빅뱅 모형은 그 이유를 설명하지 못한다. 이것은 팽창의 문제다.

당신이 편평하고 매끄러운 캔버스를 가지고 있는 미술가라면, 또 딱 적당한 양의 구조만으로 그림을 그리기 시작했다면, 예술학교 경험 없이 자신만의 예술적 관점을 확립했다면, 그리고 그림을 그릴 시간이 계속 늘어났다면 불평할 것이 없을 것이다. 당신은 너무나 평온한 삶을 살 것이나. 혹은 당신이 편평하고 매끄러운 바다 위를 여행하는 선원이고, 바람은 일정하며, 어제 폭풍의 흔적은 뒤에 남아 있고, 돛은 부풀고 계속 커진다면 당신은 불평할 것 없이 편안하고 행복할 것이다. 우주론 연구자들은 미술가들이나 선원들보다는 훨씬 더 까다롭다.

앞에서 보았듯이 빅뱅이론은 왜 우주에 복사가 많고, 물질은 조금밖에 없고, 반물질은 사실상 거의 없는지 설명하지 못한다. 그렇다면 빅뱅이론에 심각한 문제가 있는 것이다. 이것은 왜 일어났는가? 이 이전에는 무엇이 있었는가? 이것은 유일한 사건이었는가? MIT의 앨런 구스Alan Guth는 이렇게 이야기했다. "빅뱅이론은 무엇이 폭발했는지, 왜 폭발했는지, 그리고 폭발하기 전에는 무슨 일이 일어났는지에 대해서 아무것도 이야기해주지 못한다."■4

대칭성

더 나은 빅뱅 모형을 만들기 위해서는 과거로 가는 길을 따라가야 한다. '은하', '별'의 표지가 있는 잘 포장된 도로는 '분열', '핵반응'으로 표시된 거친 길을 지나 '입자 수프'라고 표시된 황량한 끝에 이른다. 우주론 지식의 끝은 물리학 지식의 끝과 같은 곳이다. 불확정성이 아주 큰 것과 아주 작은 것을 지배한다.

우리는 시간과 공간, 그리고 물질의 가장 기본적인 상태의 탄생을 함께 알려줄 수 있는 나침반 역할을 하는 기본 원리가 필요하다. 그 원리는 바로 대칭성이다.[5] 미술과 음악에서의 대칭성은 눈과 귀를 즐겁게 하는 규칙성이나 조화를 의미한다. 이런 형태의 미적 감각은 흔히 수학에 기반을 두고 있다. 예를 들어 두 수가 있을 때, 두 수의 합을 큰 수로 나눈 값과 큰 수를 작은 수로 나눈 값이 같으면 두 수는 황금비율이 된다. 황금비율은 미술, 음악, 건축, 그리고 자연세계에 광범위하게 퍼져 있다. 기하학에서 대칭은 모양을 바꾸어도 여전히 똑같이 보인다. 그리스인들은 원과 구를 자신들의 우주론의 기본으로 삼았다. 이것이 가장 완벽하고 대칭적인 모양이기 때문이었다. 수학의 추상적인 형태에서 대칭성은 일반적인 방정식이 많은 수의 특별한 경우들을 설명하는 형식주의의 경제성과 연관되어 있다.

물리학 이론에서의 대칭성은 이 모든 맛을 결합시킨다.[6] 과학은 일상세계에서는 잘 보이지 않거나 미처 깨닫지 못하지만 자연에 통합성이 깔려 있다는 전제에서 많은 것을 얻어왔다. 대칭성은 얼마나 중요할까? 노벨상을 수상한 물리학자 리처드 파인만은 현대 과학을 한 문장으로 요약해달라는 요청을 받고 이렇게 대답했다. "우주는 원자들로 이루어져 있다." 한 문장을 추가할 수 있다고 하자 이렇게 덧붙였다. "자

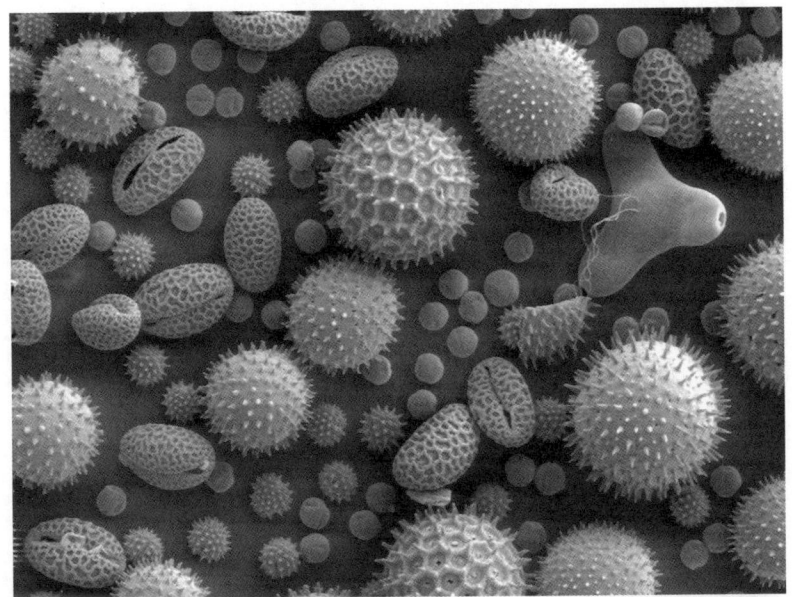

■ 여러 종류 식물들의 꽃가루 알갱이들이다. 확대해서 보면 자연의 대칭성을 볼 수 있다. 사진의 가로 길이는 0.3밀리미터에 해당된다. 전체적으로 구형, 양쪽 대칭, 삼축 대칭이 있고, 더 자세히 보면 오축 또는 그보다 더 많은 축의 대칭도 있다. 자연세계에는 간단한 수학으로 서술할 수 있는 많은 형태의 대칭이 있다.

연의 법칙에는 대칭성이 깔려 있다."■7

전자기학이 가장 좋은 역사적인 예다. 뉴턴 이후 200년 동안 과학자들은 빛을 가지고 실험하여 눈에 보이지 않는 짧고 긴 파장의 복사들을 발견했지만 이들이 같은 현상에서 나타나는 모습이라는 사실은 깨닫지 못했다. 전기와 자기는 전혀 다른 것처럼 보였지만, 마이클 패러데이Michael Faraday는 움직이는 전하는 철을 자화시키고 움직이는 자석은 전류를 만들어낸다는 것을 밝혔다. 전기의 변화와 자기의 변화는 서로 연관되어 있는 것처럼 보였다. 그리고 제임스 클러크 맥스웰James Clerk Maxwell은 놀라운 통찰력으로 두 현상의 연관성을 4개의 우아한 방정식으로 표현했다. 맥스웰의 방정식은 변화하는 전기와 자기 사이의 연관성을 설명해줄 뿐만 아니라, 전기와 자기의 변화는 초속 30만 킬로미터로 이동하는 전자기파를 만들어낸다는 것을 보여주기도 한다. 태양빛, 전파 신호, 그리고 병원의 X선은 모두 근본적으로 같은 것이다.

우리는 다른 두 종류의 대칭성을 이미 다룬 적 있다. 아인슈타인의 상징적인 방정식 $E=mc^2$은 질량과 에너지가 전환 가능한 것이고, 근본적인 양인 질량-에너지의 다른 모습일 뿐이라는 것을 의미한다. 하나의 입장에서 2개의 양자 해를 발견한 디랙은 대칭성에 대한 자신감이 있었기 때문에 반물질의 존재를 예측할 수 있었다. 고에너지물리학에서의 반응은 물질과 반물질을 같은 양으로 만들어낸다. 초기 양자이론의 또 다른 예로, 루이 드 브로이Louis de Broglie는 전자는 파동처럼 행동하고 파동은 입자처럼 행동한다는 사실을 알아차렸다. 둘 사이의 차이는 인위적인 것이다. 이 파동-입자의 '이중성'은 물리학자들조차도 혼란스럽게 만들었지만, 자연세계는 그렇게 작동하는 것처럼 보였다. 입자들은 명확한 경계를 가지고 있지 않고, 움직임은 확실성이 아니라 가능성에 의해 결정된다. 물리학에서의 대칭성은 다르게 보이는 현상이 통합적인 개념을 통해서 서로 연결될 수 있다는 아이디어와 연결된다.

여기에 휩쓸려가기 전에(그래, 동의한다. 대칭성을 주장하는 사람은 나고, 당신은 가만히 앉아서 한쪽 눈을 의심스럽게 치켜뜨고 있을 수도 있다), 이 아이디어를 비판적으로 접근해보자. 수십 년 동안 사람이나 동물이나 모두 이성 상대에 대해서 대칭성을 선호하는 경향이 강하다는 사실이 알려져왔다.[8] 좌우 대칭성은 힘과 건강과 관계가 있기 때문에 최고의 유전자를 가진 상대를 고르려고 하는 것은 당연하다. 어떤 연구에 의하면 여자들은 로맨틱한 것에 대한 애착이나 성적인 경험 수준에 상관없이 대칭성이 강한 남자에게 더 끌린다.

천체물리학자인 마리오 리비오Mario Livio는 우리의 생물학적 대칭성이 자연세계에 대한 직관이나 이론을 편향시키고 있다고 걱정했다. 그는 이렇게 썼다. "우리의 뇌는 대칭성을 찾아내는 데 너무나 최적화되어 있다. 그렇다면 자연의 법칙을 발견하기 위해 우리가 사용하는 도구들이나 이론들 자체가 대칭성을 포함하고 있는 이유가 그것이 자연의 본질이기 때문이 아니라 우리의 뇌가 우주의 대칭적인 부분을 쉽게 찾아내기 때문일 가능성도 있지 않을까?"■9 우리가 아름다운 얼굴에 매혹되어 있을 가능성을 염두에 두고 논의를 계속해보자.

빅뱅에서 우리가 찾고 있는 대칭성이나 숨어 있는 통합성은 무엇일까? 물리학자들은 오랫동안 자연의 4가지 힘을 통합하는 목표를 가지고 있었다. 일상세계에서는 그 힘들의 세기는 40자릿수 차이가 난다. 둘은 미치는 범위가 무한하고 질량이 없는 입자들에 의해 운반되며, 둘은 원자핵 안에서 질량이 큰 입자들이 의해 운반된다. 4가지 힘들은 실험적으로 전혀 다른 형태를 가진다. 물리학에 전혀 관심 없는 학생들이나 그 힘들을 구별하지 못할 것이다. 변화무쌍하지만 못생긴 입자물리학 표준 모형은 19개의 변수를 가지고 있지만 그 변수들 사이의 연관성에 대해서는 아무것도 설명해주지 못한다. 물리학자들은 뭔가 더 나은 것이 있다면 기꺼이 바꿀 것이다.

표준 모형은 왜 4개의 힘이 있는지 설명해주지 못한다. 하지만 나아갈 수 있는 올바른 방향은 알려준다. 1970년대와 80년대 CERN에서의 실험들은 전자기력과 약한 핵력을 통합할 수 있는 이론을 만들어내어 1979년 노벨 물리학상 수상으로 이어졌다. 당신의 거실에서 전자기력은 약한 핵력보다 1,000억 배 더 약하다. 그러므로 이를 같은 것으로 생각한 것은 매우 대담한 것이었다. 전자기력은 다재다능하고 크게 성공한 형과 같다. 모든 것에 재능이 있고, 모든 사람과 잘 지내고, 무한한 능력을 가지고 있는 것처럼 보인다. 약한 핵력은 조용히 지내면서 약간 이상한 아저씨와 같다. 떨어져서 지내고(원자핵에서), 할 수 있는 일은 하나밖에 없다(방사성 활동으로 핵을 붕괴시키는 일).

순간적인 온도가 10^{15}켈빈까지 이를 수 있는 가속기 안에서는 약한 핵력과 전자기력이 합쳐지고 합쳐진 힘을 운반할 수 있는 새로운 입자들이 순수한 에너지에서 만들어질 수 있다. 우주에서 이 두 힘은 빅뱅 10^{-11}초 후에 나뉘어졌다. 이것은 검증된 물리학 이론의 한계와 같은 시간이다.

이 성공에 힘입어 물리학자들은 당연히 좀 더 높은 온도에서는 이 '전자기 약력'과 강한 핵력이 합쳐질 수 있을 것이라고 생각했다. 강한 핵력은 전자기력보다 '겨우' 100배 더 크기 때문에 세 힘을 합치는 것은 비교적 간단할 것이라고 생각할 수 있다. 하지만 불행히도 그렇지 않다. 원자핵 안에서 쿼크들을 묶고 있는 힘은 비정상적으로 크고 범위는 양성자보다 더 작기 때문이다. 지금까지 사용해온 비유를 이용하면, 강한 핵력은 음울한 사촌과 같다. 지하에 있는 실험실에만 박혀 있으면서 밖으로는 절대 나오지 않는다.

조심스러운 계산 결과에 의하면 전자기력, 약한 핵력, 강한 핵력을 통합하는 '대통합이론grand unified theories'은 현재의 가속기로 만들어낼 수 있는 한계보다 수조 배 높은 10^{27}도에 이르러야 한다.■10 우주에서는 빅뱅으로부터 10^{-35}초라는 놀랍도록 짧은 시간 후의 조건이다. 술자리에서 깊은 인상을 주고 싶다면, 이것은 1조 곱하기 1조 곱하기 1,000억 분의 1초이며, 우주 나이의 10억 분의 1초의 10억 분의 1초이다.

높은 에너지 또는 높은 온도와 대칭성과의 관계는 일상생활에서 몇

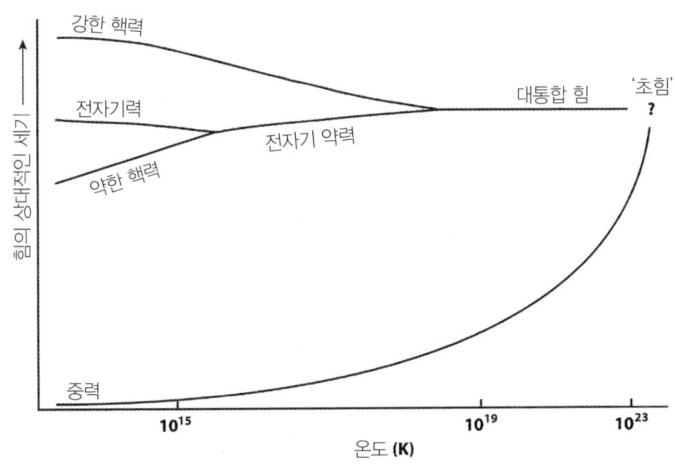

■ 서로 분명히 다른 자연의 4가지 힘의 통합은 매우 높은 온도에서 가능하다. 전자기 약력의 통합은 입자가속기에서 순간적으로 이루어졌지만, 더 높은 통합은 오직 (원칙적으로) 우주론적 관측을 통해서만 접근할 수 있다. 대통합이론들은 현재 검증되지 않았고, 중력을 다른 3가지 힘들과 통합하는 이론들은 훨씬 더 어려울 것이다.

가지 예를 찾을 수 있다. 얼음이 녹으면 얼음 결정 속 물 분자의 특정한 방향성은 어떤 방향성도 가질 수 있는 상황으로 바뀐다. 결과적으로 대칭성이 더 커진다. 고체 속의 각 점은 다른 점과 다르지만, 액체 속의 각 점은 다른 모든 점과 같다. 또 하나의 예로 자석을 들 수 있다. 상온에서 자석 속의 원자들은 모두 비슷한 방향을 가지고 있지만, 가열이 되면 원자들은 모든 가능한 방향을 가질 수 있다. 이것도 온도를 높여 더 높은 수준의 대칭성을 만들어낸 것이다.

초기 우주에서도 마찬가지다. 빅뱅 직후의 우주의 큰 가마솥에서는 4가지의 힘이 모두 결합된 '초힘$_{superpower}$'이 있었던 것으로 여겨진다. 온도가 낮아지면서 힘들은 하나씩 '분리되어' 익숙하고 서로 다른 세기를 가지게 되었다. 빛나던 한 순간의 통합의 시대는 영원히 사라졌다. 우리는 먼저 중력을 제외한 모든 힘들이 통합되어 있을 때 무슨 일이 생겼는지를 통해서 초힘을 살펴볼 것이다.

대통합이론은 오즈의 건물들처럼 희미하게 빛난다. 지평선 위에 어렴풋이 보이지만 도달하기 위해서는 험난한 여행을 해야 한다. 이것은 어떻게 예측되며 어떻게 검증될 수 있을까?

대통합이론은 바퀴를 차볼 수 있고, 칠을 확인해보고, 주차장에서 운전을 해서 빠져나가볼 수 있는 완성된 자동차가 아니다. 여기에는 여러 가지 종류가 있고, 이는 그럴듯한 중고차들의 모음과 더 비슷하다. 빛나는 도금으로 매력적이긴 하지만 보닛 아래를 살펴보기를 권한다. 최악의 상황은 얼마 가지 못하고 퍼져버리는 것일 테니까.

대부분의 대통합이론들이 일반적으로 예측하는 두 가지는 자기홀극과 양성자 붕괴의 흔적들이다.[11] 2배로 난감하다. 둘 다 발견된 적이 없기 때문이다. 폴 디랙은 1931년에 자기홀극을 예측했고, 이것이 발견되지 않는 것은 물리 이론들뿐만 아니라 빅뱅이론에도 문제가 된다. 대통합이론들은 쿼크와 같은 무거운 입자들과 전자와 같은 가벼운 입자들 사이의 연관성을 만들어낸다. 그것은 양성자가 더 작은 입자들로 붕괴될 수 있다는 것을 의미한다. 평범한 물질들은 안정되지 않을 수 있다! 하지만 양성자가 붕괴되는 것은 한 번도 발견된 적이 없다. 그리고 하나의 양성자가 붕괴하는 모습을 발견하는 것은 페인트가 마르는 모습을 지켜보는 것보다 더 어려울 것이다. 현재 양성자 수명의 한계는 10^{34}년이다. 물리학자들은 하나의 양성자를 그렇게 오래 관찰하기보다는 엄청나게 많은 수의 양성자를 수년 동안 주의 깊게 관찰하는 쪽을 택한다. 그 한계는 벌써 몇 개의 대통합이론들을 탈락시켰다.

좋은 소식도 있다. 대통합이론들은 중성미자가 질량을 가지는 메커니즘을 제공한다. 그리고 양성자 붕괴는 물질이 사라지는 근거를 제공

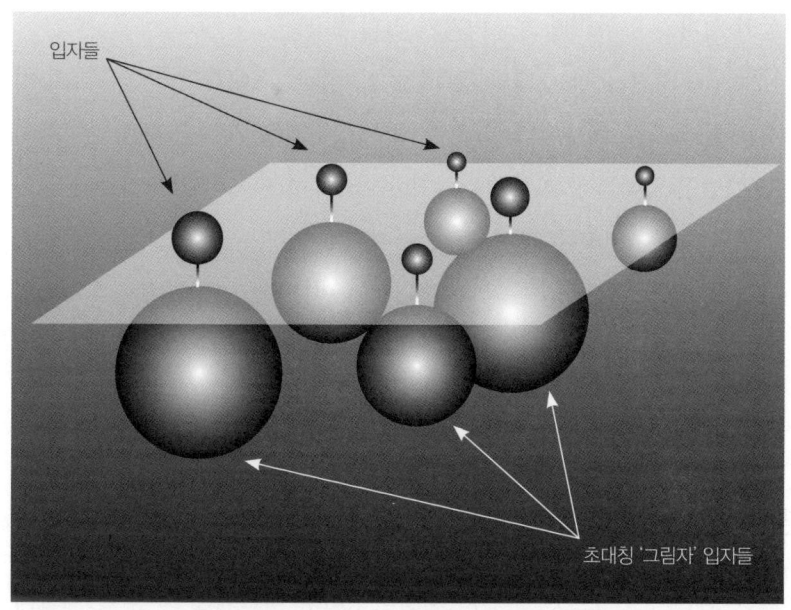

■ 대통합이론은 모든 기본적인 물질 입자에 대해서 '그림자' 힘 운반 입자를 예측하고, 모든 힘 운반 입자에 '그림자' 물실 입자를 예측한다. 이 초대칭의 짝들은 질량이 매우 클 것으로 예측되어 아마도 현 세대의 가속기들로는 발견이 불가능할 것이다.

해주기 때문에 물질과 반물질 사이의 비대칭성을 설명해줄 수 있는 가능성을 가지고 있다. 몇 년 동안 초대칭이론이라고 불리는 일군의 대통합이론들이 주목을 받아왔다.

이 초대칭이론에서는 힘과 입자 사이의 차이가 사라진다. 이 이론은 모든 입자에 초대칭의 짝을 배정한다. 전자에는 초전자가 있다. 모든 종류의 중성미자에는 초중성미자가 있고, 모든 종류의 쿼크에는 초쿼크가 있다. 이런 초입자들을 충분히 모을 수 있다면 초인간을 만들 수도 있을 것이다. 이 이론은 기본적인 힘들을 운반하는 모든 입자들에 대해서도 초대칭의 짝을 가정한다. 광자에는 초광자, 글루온에는 초글루온이 있다. 그리고 가상의 입자인 힉스 입자와 중력자에는 더욱더 가

상의 입자인 초힉스와 초중력자가 있다.■12

그리고 멋진 충격도 있다. 알려진 입자들의 초대칭의 짝들은 질량이 매우 클 것으로 예측된다. 하지만 그중에서 가장 가벼운 것은 안정적이고 평범한 입자들과 약하게 상호작용을 하며, 현재의 가속기들의 영역을 살짝 넘는 질량을 가지고 있다. 이것은 암흑물질을 설명하기에 꼭 맞는 성질들이다. 우주론의 커다란 의문이 빅뱅 10^{-35}초 후에 3가지의 기본적인 힘들이 통합되면서 남은 흔적 입자들로 해결될 수도 있는 것이다!

지금 여러 가지 의심스러운 느낌이 든다 해도 충분히 이해한다. 하지만 물리학자들이 해온 이상한 여정을 살펴보자. 입자들의 존재와 상호작용에 대한 표준 모형의 단점들을 가진 채로, 그들은 3가지의 분명히 다른 힘들이 실제로는 현재의 입자가속기가 만들어낼 수 있는 것보다 수조 배 더 높은 에너지에서 완전히 이해될 수 있는 통합된 힘이 희미하게 모습을 드러낸 것이라고 추정하고 있다. 지금까지 이 이론에서 예측되는 흔적들과 양성자 붕괴는 관측되지 않았고, 기본적인 입자의 수는 2배가 되었지만 새로운 입자들은 아직 아무것도 발견되지 않았다. 이론물리학자들은 포기하지 않는다. 이 이론들은 대칭성의 원리와 수학적인 우아함을 갖추고 있고, 모든 입자들 가족의 질량을 설명하고자 하는 목적을 가지고 있다. 이 새로운 이론들은 왜 우주에 반입자보다 입자가 더 많은지, 그리고 왜 보통물질보다 암흑물질이 더 많은지 설명해줄 수도 있다.

런던의 물리학도일 때 나는 이 이론의 가장 추상적인 형태의 아름다움에 푹 빠져 있었다. 때는 1977년이었다. 나는 대학에서 엄격하고 순수한 아름다움을 갖추고 있으며, 모든 과학의 어머니라는 멋진 주장을 하고 있는 물리학과 사랑에 빠져 있었던 것이다. 하지만 2학년 때 사랑은 식어가고 있었다. 나는 수업과 숙제에 지친 것이다. 쉬운 것은 아무것도 없었다. 어느 날 오후, 나는 실험실에서 대전된 금속 쟁반 주변의 전기장을 측정하여 가우스의 법칙Gauss's Law을 유도하려고 두 시간 동안 시도하고 있었다. 물리학 교과서에 따르면, 가우스는 기본 입자에서 전체 우주에 이르기까지 모든 규모에서 아름답게 서술되는 대칭성에 기반을 두고 공식을 만들어냈다고 한다. 하지만 평범한 실험실 시설에서는 아무것도 제대로 작동하지 않았고, 짜증이 난 조교는 나의 부족한 실험 기술을 호되게 야단쳤다.

나는 나의 피난처 중 하나로 숨어 들어갔다. 바로 물리학과 건물 위층에 있는 라운지로 천체물리학을 전공하는 학생들이 자주 오는 곳이었다. 천문학에 대한 중요한 프로젝트를 하고 싶어 했던 나는 그곳에 자주 들렀다. 몇몇 학생들과 박사 후 연구원들이 낡은 가죽 긴피 잡지들로 복잡한 곳에서 이야기를 나누고 있었다. 그 방은 북쪽으로 앨버트 홀Albert Hall과 켄싱턴 가든Kensington Garden이 보이는 멋진 전망을 가지고 있었다. 우리 대학은 런던의 중심부에 있었다.

그때 수석교수 중 한 명인 짐 링Jim Ring이 걸어 들어와 이야기를 시작하면서 대화는 중단되었다. 그 방에 있던 누구 못지않게 자기중심적인 그는 박사과정 중에 진도가 나가지 않는 한 대학원생에 대해 말했다. 그는 줄담배를 피웠고, 말할 때도 담배를 입에 물고 할 때가 많았다. "머리는 좋아." 그가 말했다. "하지만 노력을 하지 않아." 그는 얼굴을 찡그리고 우리를 노려보며 자신의 말이 제대로 전달되었는지 확인했다. 그러고는 머리를 흔들며 떠났다. 나는 방에 있는 사람들에게 그 대학원생이 누구냐고 물었다. 브라이언 메이Brian May. 이름이 낯익었는데 왜 그런지는 확실하지 않았다.

나는 그날의 마지막 수업인 수리물리 수업에 들어갔다. 담당교수는 가스파르Gaspar였다. 우리는 그것이 성인지 이름인지 모른 채 학생들과 직원들 모두 그냥 가스파르라고 불렀다. 그는 동유럽 출신이었고 매우 겁을 주는 스타일이었다. 그는 순수 수학자였고, 그의 역할은 수학이 물리 이론에서 어떻게 사용되는지 가르쳐주는 것이었지만 우리를 순수 수학의 세계로 가는 많은 우회로로 이끌었다. 그는 이것이 우리에게 아무 소용없을 거라고 생각했던 것이 분명하다. 돼지에게 진주를 던져주는 격으로 생각했을 것이다. 작은 강의실에는 6명이 앉아 있었고, 가스파르는 가는 글씨로 칠판을 덮고 있었다. 그의 날카로운 갈색 눈은 위로 쓸어 올린 머리와 짧은 염소수염 사이에서 빛났다.

그날 그는 순조로웠다. 수학을 현실세계와 연결시키려는 어떤 시도도 하지 않으며 그는 오일러의 공식에 대해서 이야기했다. 이것은 믿기지 않을 정도로 간단한 방정식, $e^{i\pi}+1=0$이면서 수학적 아름다움의 황금 기준이 된다. 이것은 덧셈, 곱셈, 지수법 3개의 셈법과 0과 1, 2개의 숫자, 2개의 초월수 파이와 e, 그리고 허수 세계의 문을 연 기호 i가 결합된 공식이다. 이것은 수학의 휴대용 고옥탄 연료이자 터보과급기가 달린 증류 연료다. 다행히도 우리 중에 그것이 어디에 쓰이는지 물어볼 정도로 무모한 사람은 없었다.

그때, 가스파르가 우리를 깜짝 놀라게 했다. 그는 실수 부분과 허수 부분으로 구성된 복소수는 수학에서 가장 생산적인 영역이라는 것을 상기시켰다. 양자이론의 초기 시절에 디랙은 전자의 파동방정식을 풀다가 양수가 아닌 음수의 제곱근을 포함하는 두 번째 해를 발견하였다. 둘 중 어느 하나를 우선할 이유가 없었기 때문에 디랙은 거울 형태의 물질을 제안했다. 가스파르의 눈은 빛났고, 그의 깊은 목소리는 방정식에서의 대칭성이 어떻게 반물질의 존재를 예측하는 것으로 이어지게 되었는지를 설명하면서 거칠어졌다. 우리는 그의 낯선 발음을 이해하려고 애쓰면서 그를 바라보았다.

수업시간이 끝났지만 아무도 움직이거나 지루해하지 않았다. 가스파르가 말했다. "이걸 생각해보자." 그는 칠판에 수식 하나를 썼다. $Z_{n+1} = Z_n^2 + C$. Z의 값은 바로 앞의 값의 제곱에 상수를 더한 것이다. 상수 C는 실수부와 허수부로 구성된 복소수다. 우리가 물리학 시간에 다루는 것들에 비하면 이는 아주 간단한 수식이다. "이것은 복소수를 무한히 만들어낼 수 있는 반복되는 공식이다." 그가 설명했다. 그는 컴퓨터로 가서 몇 줄의 명령어를 입력한 다음 물러섰다. 소용돌이와 고리 모양의 무늬들이 구식의 녹색 화면에 나타났다. 스페이스바를 계속 두드리자 무늬는 진화해갔다. 한 부분을 확대하자 새로운 나선형과 깃털 모양의 무늬들이 나타나 자라났다. 그리고 그곳에서 더 많고 다양한 무늬들이 나타났다.

"이것을 영원히 반복할 수 있다." 그가 말했다. "이 방정식은 무한한 세계를 가지고 있다. 이것은 프랙탈이라고 한다." 우리는 알아듣기 힘든 억양을 통해 설명을 들었지만 끝없는 복잡한 무늬가 이야기를 해주고 있었다. 우리는 모두 완전히 매료되었다.

그날 밤, 나는 친구들과 함께 해머스미스 극장Hammersmith Odeon에 음악회를 보러 갔다. 당시 최고 인기를 끌고 있던 밴드 퀸Queen이었다. 리드 기타리스트의 이름은 브라이언 메이Brian May였다.■13 크고 요란한 음악 속에 묻힌 채로 나의 마음은 끝없는 숫자와 우주의 가능성으로 달려갔다.

인플레이션의 흔적

새로운 발견을 했을 때, 앨런 구스Alan Guth는 늦게까지 일하고 있었다. 그는 노트 맨 위에 '엄청난 깨달음'이라고 쓰고 들뜬 마음을 가라앉히며 잠자리에 들었다.■14 때는 1979년, 스탠포드대학의 젊은 박사 후 연구원은 팽창하는 우주에서 자기홀극을 없앨 수 있는 아이디어를 찾고 있었다. 자기홀극은 빅뱅이론에서는 예측되지만 한 번도 발견된 적이 없기 때문이었다.

구스는 여기저기 박사 후 연구원을 전전하고 있었고 미래는 불확실했다. 하지만 우주론에 대해서는 충분히 익숙했고, 해야 할 일이 무엇인지 알고 있었다. 그는 진공 공간의 양자에너지는 빅뱅 직후에 우주를 급속도로 팽창시킬 수 있다는 사실을 알고 있었다. 그러니까 매 순간 순간마다 공간은 2배씩 커져 우주가 엄청난 비율로 커진다는 것이다. 팽창이 아주 빠르게 일어난다면 더 일찍 만들어진 자기홀극(또는 시공간의 흠집)은 넓게 퍼져서 우리에게 보이는 우주에서 발견하기란 거의 불가능하게 될 것이다.

구스가 '인플레이션'이라고 부른 이 아이디어는 빅뱅이론의 두 가지 까다로운 문제도 함께 해결하였다. 편평성 문제와 매끄러움의 문제다. 초기 우주에서 나온 초단파는 복사가 매우 균일하고 공간의 휘어짐이 관측되지 않는다는 사실을 보여준다. 인플레이션 전의 우주를 풍선의 표면이라고 생각해보자. 이것은 2차원으로 비유한 것이다. 우리 우주는 3차원에서 휘어져 있었을 것이다. 초기에는 풍선이 휘어진 것을 볼 수 있었을 것이다. 하지만 이것이 엄청난 크기로 급격히 팽창한 후에는 우리가 보는 부분은 실질적으로 편평해 보인다. 우리가 지구의 일부만 보기 때문에 지구가 편평해 보이는 것과 같은 이치다. 표준 빅뱅 모형

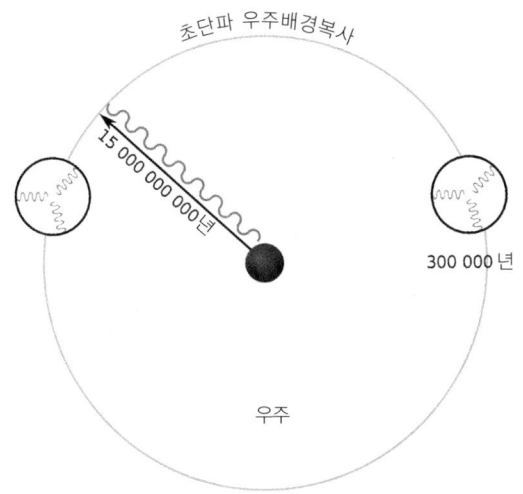

■ 인플레이션은 우주가 태어난 후 1초보다 훨씬 짧은 시간에 일어난 것으로 여겨진다. 휘어진 작은 우주의 급격한 가속팽창은 우주를 거의 완벽하게 편평하게 만들었다. 작은 풍선이 엄청난 크기로 팽창한 것과 비슷하다. 우리는 하늘의 모든 방향에서 똑같은 초단파 신호를 본다. 완전히 다른 방향에 있는 영역(작은 원들)도 인플레이션 전에는 매우 가까이 있었다.

에서, 매끄러운 초단파 복사는 의문이었다. 복사가 자유로워질 때 공간의 다른 방향은 빛보다 몇 배 더 빠른 속도로 멀어지고 있었기 때문이었다. 하지만 인플레이션 모형에서는 이 영역들은 인플레이션 전에는 가까이에서 같은 온도를 가지고 있다가 인플레이션으로 엄청난 거리로 떨어지게 된 것으로 설명할 수 있다.

"사실이라면 중요함." 빅토리아 시대의 여행작가 알렉산더 킹슬레이크Alexander Kingslake는 모든 교회의 문 위에 이렇게 새겨두어야 한다고 말했다. 인플레이션에 대한 논의에도 이 말이 적용된다. 만일 사실이라면, 우리는 엄청난 곡률과 이상한 구조와 모습을 가지고 있을 수 있는 훨씬 더 큰 우주의 매끄럽고 편평한 부분에서 살고 있다는 말이다. 인플레이션이론에서 물리적 우주(모든 것)는 관측 가능한 우주(우리가 보는 모든 것)

보다 훨씬 더 크다. 그러니까 전체 시공간은 우리의 지평선 가장자리까지인 460억 광년보다 훨씬 더 크다.

무엇이 이런 엄청난 사건을 일으켰을까? 구스는 그 팽창이 공간의 진공에 의해 일어났다고 생각했다. 물리학자들에게 진공은 보통 사람들이 상상하는 것처럼 지루한 '아무것도 없는 것'이 아니라 가능성이 넘치는 곳이다. 하이젠베르크의 불확정성의 원리에 따르면, 아주 짧은 시간에 진공에서 에너지를 '빌려올' 수 있다. 그 에너지는 순간적으로 입자와 반입자들, 그리고 실험실에서 보이는 물리적 효과들을 만들어낸다.■[15] 양자이론은 완벽하게 빈 공간에 미세한 양의 에너지를 제공해준다. 대략적인 이론화 과정에서 구스는 이 과정이 엄청나게 빨리 일어난다면 우리 우주를 급격히 팽창시킬 충분한 에너지를 진공에서 빌려올 수 있을 것이라고 생각했다. 그는 이것을 '진정한 공짜 점심'이라고 불렀다.

인플레이션의 방아쇠를 당긴 것은 무엇일까? '대통합' 힘을 강한 핵력과 전자기 약력으로 나눈 과정과 같은 과정이다. 다시 얼음이 녹는 과정으로 비유해보자. 인플레이션은 우주가 섭씨 0도 이하로 과냉각된 차가운 물처럼 극적인 '상 전이'를 겪는 과정을 표현한다. 얼음을 녹이기 위해서는 열이 가해져야 한다. 반대로 물이 얼 때는 열을 방출한다. 그리고 고체가 되면 액체일 때보다 더 낮은 대칭성을 가지게 된다. 초기 우주의 진공에서 온도가 대통합 힘을 분리시킬 정도로 낮아지면 엄청난 양의 에너지가 방출된다. 그 결과로 일어나는 상 전이는 우주를 대칭성이 낮은 상태로 만든다.

인플레이션은 빅뱅 10^{-35}초 후, 온도가 10^{28}도일 때 일어났다. 이것은 공간을 10^{26}배로 팽창시켰다. 즉, 우리가 지금 보는 영역이 양성자의 수

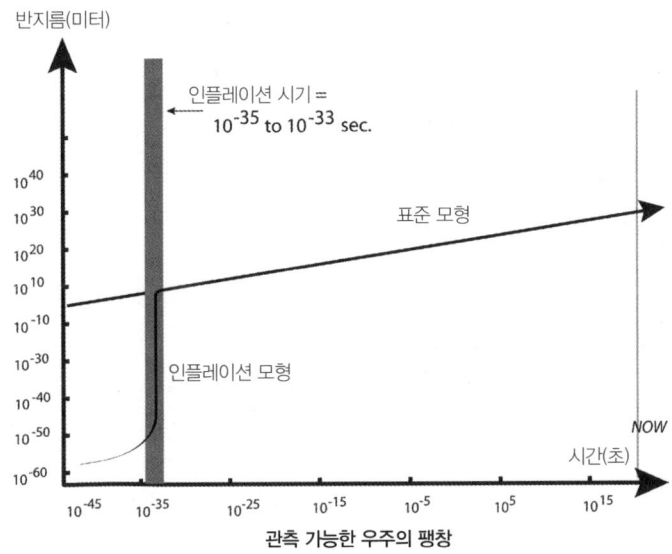

■ 인플레이션은 현재 눈에 보이는 우주를 양성자 수조 분의 1 크기에서 골프공만 한 크기로 급격히 팽창시켰다. 가속 팽창이 끝난 후에는 더 느리고 거의 일정한 속도의 팽창이 계속되었다. 그래프는 우주의 크기와 시간 관계를 압축된 스케일로 보여준다.

조 분의 1에서 오렌지만 한 크기로 자라난 것이다. 빅뱅 10^{-32}초 후에는 모든 과격한 행동이 끝이 났다. 급격한 가속팽창은 끝나고 우주는 지금까지 이어지는 차분한 팽창을 시작했다. 빅뱅을 향한 과거로의 여행에서 우리는 모든 것이 창조된 직후의 순간을 유리창에 코를 대고 볼 수 있을 정도로 멀리 왔다.

이것은 놀랍기도 하고 대단히 영리하기도 하다. 하지만 인플레이션이 정말로 작동을 할까? 얼마 동안은 그럴 것 같지 않아 보였다. 사실 구스가 이를 처음으로 생각한 사람은 아니었다. 우주론의 많은 분야에서 그랬듯이 선구자는 러시아인들이었다. 하지만 물리학을 우주론과 연결시키고, 지금 세계에서 가장 명석한 수백 명의 사람들을 이 분야에 뛰어들게 만든 장본인은 구스였다. 그도 인정했듯이 1980년 그의 선구적인 논문에 소개된 인플레이션은 제대로 작동하지 않았다. 초기의 시공간 거품들은 너무 빨리 팽창하였고 인플레이션은 너무 빨리 끝나버렸다. 다른 이론들은 그 문제를 해결하긴 했지만, 대신 팽창을 구동하는 진공에너지를 약간 '수정'해야 했다. 이것은 물론 인플레이션을 피할 수 있도록 설계된 정교한 조정이다! 또한 인플레이션의 마지막에 엄청난 양의 에너지가 복사의 형태로 우주에 버려졌고, 이 중 작은 일부가 모든 별과 은하들로 바뀌었다.

인플레이션이론은 관측에 의해 증명될 수도, 증명되지 않을 수도 있다. 하지만 이것은 앨런 구스를 엘리트 물리학자로 만들어주었다. 박사 후 과정 인생의 끝에서 조용히 사라질 걱정은 끝나고, 그는 모교인 MIT 물리학과의 빅토르 바이스코프Victor Weisskopf 교수가 되었다. 대형 컨퍼런스에서 그는 수많은 추종자들에게 둘러싸인다. 그의 사무실은 상자와 장난감들, 그리고 책상 위와 바닥에 쌓인 논문들로 정신이 없다. 더벅머리에 둥근 안경, 그는 1980년경의 존 덴버John Denver 얼굴을 하고 있다. 구스는 과학계에서 유명인의 조건을 사실상 정의한다. 과학에서 거대한 아이디어는 매우 드물고, 구스는 그중에서 가장 큰 아이디어 중 하나를 가졌기 때문에 충분히 명성을 얻을 자격이 있다.

인플레이션이 얼마 동안 계속되었고 어떻게 끝났는지는 아직 불확실하다. 검증된 대통합이론과 진공에너지에 대한 더 나은 이해 없이는 발전이 어렵다. 하지만 인플레이션과 비슷한 무언가가 틀림없이 일어났다는 흔적들은 분명히 있다. 우주가 편평하고 매끄럽다는 사실은 증거가 되지 못한다. 그 아이디어가 그 문제들을 해결하기 위해 나온 것이기 때문이다. 하지만 구스의 논문 이후에 더 좋은 초단파 관측으로 공간이 훨씬 더 편평하고 매끄럽다는 사실이 밝혀진 것은 의미가 있다.

그럴 필요까지는 없었기 때문이다.

그러나 초단파 배경복사는 '완벽하게' 매끄럽지는 않다. 온도에 약 10만 분의 1 정도의 차이 또는 파문이 있다. 표준 빅뱅 모형에서 그 파문은 초기 조건이며 설명되지 않는 것이다. 인플레이션이론의 큰 성공은 이것을 설명할 수 있다는 것이다. 인플레이션이 일어나기 전에는 시공간의 불완전성은 미시세계에서 보이는 것과 비슷한 양자 요동이었다. 인플레이션이 일어나면서 양자 요동들은 나중에 은하로 자랄 수 있는 크기로 늘어났다. 양자 요동은 크기에 자유롭다는 특별한 성질을 가지고 있다. 이것은 세기의 분포가 크기에 의존하지 않는다는 것을 의미한다. 크게 보든 작게 보든 모양이 같은 프랙탈이 익숙한 예다. 초단파에서의 요동도 같은 성질을 가지고 있다.■16 도토리가 참나무로 자란다고 하면 아이들은 놀랄 것이다. 하지만 양자 씨앗이 은하로 자랐다고 하면 어른과 아이가 같이 놀랄 것이다.

만일 인플레이션이론이 맞다면 초단파 배경복사의 지도는 우주가 태어난 직후 어마어마하게 짧은 시간에 대한 정보를 가지고 있는 것이다!

최근 WMAP은 인플레이션이론을 매우 정확한 수준까지 테스트하여 인상적인 결과를 얻었다. 초단파의 요동은 크기에 완전하게 자유롭지 않았다. 그리고 그 작은 차이는 인플레이션이론에서 예측한 것과 정확하게 같았다. WMAP의 계승자인 플랑크Planck 위성은 2009년에 성공적으로 발사되었다. 플랑크의 목표는 온도 요동보다 100배 더 작은 인플레이션의 흔적을 찾는 것이다. 그 흔적은 중력파에 의해 복사에 남겨지고, 이것은 인플레이션이론과 다른 이론들을 완벽하게 새로운 방법으로 구별할 수 있다.■17

인플레이션이론은 유아기를 지나 성숙해지고 있다. 이것은 검증 가능한 예측들을 했고, 대부분의 검증을 통과했다. 우주론의 최전선은 미시물리학을 더 깊이 이해해야 이론적으로 발전할 수 있는 빅뱅 직후의 극히 짧은 시간으로 돌아왔다.

양자 우주

T.S. 엘리엇 우주에 대해서 종종 이야기했다. "우리의 탐험이 끝나는 때는 우리가 시작한 장소가 어디인지 알아내는 순간이다." 얼마 후 〈네 개의 사중주 Four Quartets〉에서는 '완벽한 단순성의 조건(모든 것과 별로 다르지 않는)'에 대해 이야기했다.■18

자신의 꼬리를 먹고 있는 우로보로스는 이 폐쇄된 순환의 시각적 아이콘이다. 이것은 고대부터 자기반영성을 의미하는 것으로 서양 문화에 널리 사용되었다. 이것은 이집트의 '죽음의 책 Book of the Death'에도 나오고, 플라톤은 둥근, 자기를 먹는 동물을 우주 최초의 존재로 묘사했다. 노벨 물리학상 수상자인 셀던 글래쇼 Sheldon Glashow는 우로보로스 그림을 아직도 우리를 괴롭히고 있는, 아주 작고 아주 큰 것을 통합하는 이론에 대한 희망을 나타내는 것으로 사용했다. 최초의 우주에서 현재 관측 가능한 우주까지는 10^{60}배가 늘어났다. 인간은 이 로그 스케일 범위의 거의 중간 지점에 자리 잡고 있다.

인플레이션은 빅뱅 모형을 약간 수정하는 것처럼 보인다. 영리하고도 특이한 방법이다. 하지만 이것의 현대적인 모습은 훨씬 더 야심적이다. 그 이유를 알아보기 위해서 이것이 어떻게 만들어지게 되었는지 다시 살펴보자. 앨런 구스는 맛있는 수플레 요리의 조리법을 가지고 있었지만 시공간의 작은 거품들은 너무나 빨리 자라고 합쳐져버려서 맛있는 요리가 되지 않았다. 그 아이디어는 지금은 스탠포드대학의 교수인 심술궂게 유머러스한 러시아인 안드레이 린데Andrei Linde와, 그와는 별도로 또 다른 두 명의 연구자들에 의해 더 발전되었다.[19] 1981년 모스크바의 컨퍼런스에서 처음 연구결과를 발표했을 때의 린데는 젊은 연구원이었다. 역설적이게도 그는 인플레이션은 있을 수 없다고 이야기한 스티븐 호킹의 발표를 통역하는 일을 맡았다!(호킹은 나중에 생각을 바꾸었다).

우주가 전하를 가지고 있고, 모든 곳의 전위가 110볼트라고 가정해보자. 우리는 진공 상태를 볼 수 없는 것과 똑같은 이유로 절대 이 사실을 알아차리지 못할 것이다. 만일 전기장이 시간이나 공간에 따라 달라진다면 우리는 대전된 입자들의 움직임으로 이것을 알 수 있을 것이다. 인플레이션은 비슷한 상황을 포함하고 있다.[20] 이것은 우주가 이미 존재하고 있는 시공간 진공에서 나타났다고 제안한다. 물리학에서는 통상적으로 진공은 양자 요동으로 가득 차 있다. 이 요동들은 신기장에서의 파동과 비슷한 파동들이다. 이 파동들은 가질 수 있는 모든 파장을 가지고 모든 방향으로 움직인다. 그들은 서로 합쳐지기도 하고, 세기가 충분한 곳에서는 가속팽창인 인플레이션이 시작되기도 한다. 이 파동들은 통합된 자연의 힘에서 나오는 것으로 여겨지는데, 이 물리학은 너무 이론적이어서 아직 검증되지 않았다.

이것은 우리가 우주 초단파 복사의 무늬에서 만나는 조화의 비정상적인 예다. 하지만 모든 크기와 세기의 파동을 가지고 있는 초기 우주에서 그 결과는 배경 소음이다. 우리 우주의 음악이 나타날 배경이 되는 것이다.

린데는 '영원한' 인플레이션의 아이디어를 그렸다. 시공간의 어떤 부분은 급격하게 팽창한다. 다른 곳은 변화하지 않고 그대로 있다가 블랙

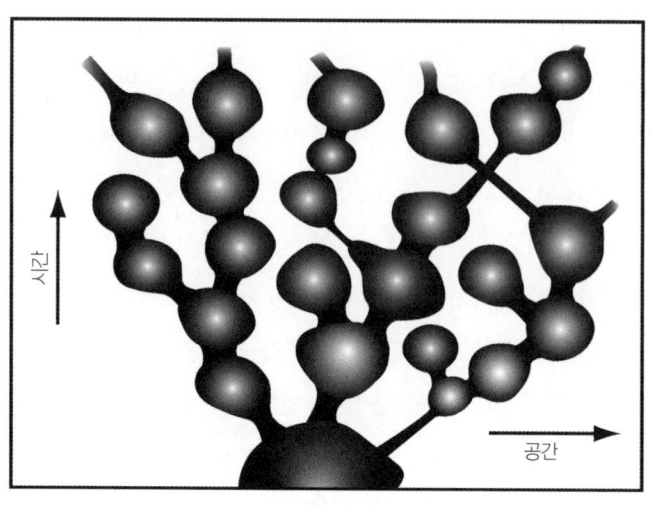

■큰 스케일과 낮은 에너지에서는 시공간은 매끄럽고 조용해 보인다. 하지만 작은 스케일과 중력이 양자이론과 융합되어 있을 것이 분명한 높은 에너지에서는 시공간은 계속 흐르는 상태가 된다.

홀처럼 수축한다. 급팽창하는 지역은 매우 드물지만 급격히 팽창하기 때문에 다른 모든 지역보다 훨씬 더 크다.[21] 급팽창을 하는 지역에서는 모두 똑같다. 하나의 충분히 큰 영역은 새로운 인플레이션 지역을 생기게 할 수 있다. 그러니까, 우리 우주는 새로운 우주를 생기게 할 수 있고, 마찬가지로 우리 우주는 다른 우주에서 생겨났을 수도 있다. 이것은 시작도 없고 끝도 없는 과정이다.

이것은 중요한 개념의 변화다. 이 모형에서 빅뱅은 모든 시공간의 시작이 아니다. 인플레이션이 우리의 우주뿐만 아니라 우리와 비슷하거나 비슷하지 않은 다른 우주들도 만들어낸 메커니즘이 되는 것이다.

영원하고 스스로 만들어내는 우주 모형은 어떤 면에서 보면 빅뱅 모형의 초기의 라이벌이었던 정상상태우주론과 닮았다. 정상상태우주론에서는 우주는 영원하고 끝없이 팽창하고, 팽창하는 공간의 에너지가 모든 물질의 원인이 된다. 영원한 인플레이션은 기원에 대한 설명을 교묘하게 피해왔다. 우리의 시작은 모든 것의 시작이 아니다. 그리고 우로보로스도 '영원한 돌아옴'이라는 두 번째 의미를 가지게 된다. 순환이 끝나는 곳에서 새로운 순환이 시작되는 것이다.

현대의 우주론에서는 우리 우주를 양자적 사건으로 간주한다. 진공에너지는 순간적으로 입자-반입자 쌍을 거실에 앉아 있는 당신의 눈앞을 포함해서(알아차릴 수 없을 정도로 작은 크기이긴 하지만) 어디에서나 만들 수 있다. 이것은 당신이나 당신 거실을 충분히 포함할 정도로 다양한 우주를 만들 수도 있다. 미시세계의 기묘함을 피할 방법은 없으니까 이것이 얼마나 기묘한지 상기해보자.

이중성은 핵심적인 개념이다. 입자들은 공간의 일부를 차지하면서 한 장소에서 다른 장소로 에너지를 옮긴다. 파동은 공간에 퍼져 있고 굴절과 간섭을 일으킨다. 양자이론에서는 어떤 것도 상황에 따라서 입자 혹은 파동처럼 행동할 수 있고, 어떻게 표현해도 다 적용이 된다. 고전물리학 실험에서 2개의 좁은 슬릿을 통과한 빛은 물위에서 결합하여 서로 간섭하는 물결처럼 스크린에 간섭무늬를 만든다. 하지만 광원을 줄여서 한 번에 단 하나의 광자만 나가게 하더라도 그렇게 나간 광자들은 마치 두 슬릿을 통과하여 서로 간섭한 것처럼 앞의 경우와 똑같은 무늬를 만든다. 리처드 파인만은 이것을 양자물리학의 '핵심적인 미스터리'라고 불렀으며, 이것을 이해한다면 양자물리를 이해할 수 있다고 했다. 그러고는 이렇게 말했다. "양자물리학을 이해하는 사람은 아무도 없다."■22

불확정성은 또 하나의 핵심적인 개념이다. 베르너 하이젠베르크는 운동량과 위치, 시간과 에너지와 같이 쌍을 이루는 양에 대해서 우리

지식의 한계를 주는 방정식을 만들어냈다. 둘 중 하나의 양을 정확하게 측정하면 다른 양은 부정확해지는 것이다. 이 두 개념은 서로 연결되어 있다. 파동은 움직임의 방향 혹은 운동량이 잘 정의되는 반면, 입자는 위치가 잘 정의된다. 하이젠베르크는 양자적인 물질의 위치가 정확하게 측정되면 이것의 파동성은 약해지고, 움직임의 방향이 정확하게 측정되면 파동성이 강해진다는 것을 보였다.[23] 그 측정이 시간과 에너지를 포함한다면, 하이젠베르크의 불확정성의 원리는 에너지 보존 법칙이 순간적으로 깨진다는 것을 의미한다. 그것이 빠르면 빠를수록 깨지는 정도는 더 커진다. 이것은 입자에서 우주까지 모든 것이 만들어지는 기본을 이룬다.

아인슈타인은 물리적 세계에 대한 지식이 제한되어 보인다는 사실에 분노하고 좌절했다. 그는 더 깊은 이론이 발견되기를 기다리고 있거나, 혹은 하이젠베르크의 원리는 더 나은 기기에 의해 깨어질 것이라고 확신했다. 그는 이중성과 불확정성을 깨뜨리기 위하여 닐스 보어와 10여 년에 걸쳐 논쟁을 했다. 하지만 그는 실패했다. 보어의 관점—코펜하겐 설명이라고 불렀다—은 검증의 시간을 견뎌냈다. 양자역학은 거의 100년이 되어가고 있고, 잘 검증된 것이다. 물리학자들은 양자역학의 기묘함을 자세히 설명하는 것보다는 그냥 그것과 함께 지내는 것을 더 좋아한다.

결정론은 죽었다. 자연은 가능성으로 설명된다. 관측자와 관측 대상은 깊은 연관이 있다. 관측되기 전에는 어떤 것도 진짜가 아니다. 전자는 가능성의 파동이었다가 관측이 되면 제한된 실제로 수렴한다. 이 확률적인 양자 상태는 양자 얽힘이라는 이름의 현상을 통해 공간으로 확장될 수 있다. 이것은 정보의 교환이 빛의 속도보다 빠르게 이루어질 수 있다는 것을 의미한다. 이 모든 것이 미시세계의 물체에게는 피할 수 없는 사실이고, 우리 우주 자체가 하나의 양자 현상이라면 이것의 철학적 의미는 아주 심오하다.

우주 하나를 창조하기 위해서는 무엇이 필요할까? 안드레이 린데가 계산했다. 우주의 현재 질량은 약 10^{54}킬로그램이고, 복사의 질량은 10^{50}킬로그램이다($E=mc^2$의 공식으로 에너지를 질량으로 바꾸면). 아주 초기 우주에서는 복사의 질량은 10^{82}킬로그램으로 훨씬 더 컸다. 표준 빅뱅 모형은 이것을 무에서 만들어내야 하지만, 인플레이션에서는 이것을 진공에서 양자 요동으로 '빌려'온다. 아인슈타인의 불확정성의 원리에 의하면 불과 100분의 1그램이면 우리가 알고 사랑하는 우주를 거의 순식간에 창조해낼 수 있다. 무에서 얻은 것이 아니라 약간의 투자로 큰 성공을 거둔 것이다.

> 태어나면서 헤어졌다. 나는 아직 존재하지 않는다. 나는 끝없는 빈 공간에 미치는 섭동으로 존재의 끝에서 빛난다. 하지만 나는 가능성을 느끼고 그저 잠재적인 존재 이상이기를 기원한다. 깜빡이는 황혼은 끝이 없고 영원하다. 갑자기 아무런 경고도 없이 공간과 시간이 나타났다. 공간은 모든 방향으로 부풀어 오르고, 나의 일부는 떨어져 나가 멀리 지평선 너머로 사라진다. 나는 나의 일부를 잃어버린 슬픔을 느낀다. 나의 도플갱어는 시야에서 사라졌다. 비록 아직 양자적으로 얽혀 있기는 하지만.
>
> 나는 오랫동안 상실감에 사로잡혀 있다. 우주는 채워질 것이고, 은하가 만들어질 것이고, 별은 빛날 것이고, 생명이 탄생할 것이다. 중력은 계속 팽창하는 우주에 대항하여 물질들을 모은다. 나타난 구조는 다양하고 정교하다. 나의 또 다른 일부는 희미한 추억일 뿐이다.

오랜 시간이 지났다. 관측 가능한 우주는 매일 조금씩 커진다. 팽창속도는 느려진다. 놀랍고도 기쁘게 나의 또 다른 일부가 눈에 보였다. 팽창 때문에 적색화되었다. 그의 빛은 관측 한계 지점 너머에서 시야 안으로 다시 돌아왔다. 내가 한때 그랬던 것처럼 젊다. 그러더니 새로운 힘이 우주를 더 빠르게 팽창시키기 시작하여, 나의 또 다른 일부가 다시 시야에서 사라졌다. 두 번째 이별은 첫 번째보다 훨씬 더 고통스럽다. 위안이 되는 것은 좁은 시공간에서 만들어진 주변의 멋진 풍경이다.

15장

다중우주

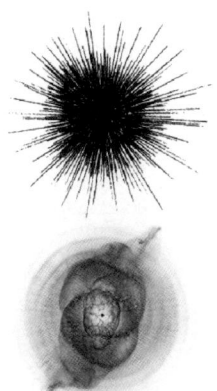

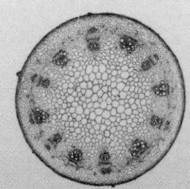

이웃에 있는 우주는 차가운 시공간의 웅덩이다. 이것은 입자-반입자의 쌍으로 깜빡거린다. 공간은 양자적으로 얽혀 있고, 핀 머리에 들어갈 수 있을 정도다. 우주라는 이름을 붙일 수 있을지 잘 모르겠다.

그 위에 있는 우주는 조금 더 사정이 괜찮다. 이것은 물을 채운 풍선처럼 흔들리며 출렁거린다. 이것은 더 높은 차원에서 물질과 복사에 스며들어 있다. 물질과 복사의 상호작용은 파문과 복잡한 화음을 만들어낸다. 이 공간의 소리는 리드미컬하면서 신비롭다. 아름다운 음악이지만 아무도 들어줄 사람이 없어서 슬프다.

더 먼 곳으로는 모양 없는 공간의 계곡이 펼쳐져 있다. 이 우주는 장엄하지만 소박하다. 중력은 텅 빈 공간에서 물질들을 모으려고 노력하고 있다. 여기저기서 별들이 한밤중의 반딧불처럼 빛난다. 그들은 죽어서 검은 배경 속으로 사라질 것이다. 나는 계속 움직인다.

재미있는 것이 있다. 작지만 복잡한 우주다. 5차원의 공간들이 서로 연결되어 붙어 있다. 물질은 정렬되었다가 금방 흩어진다. 구조는 금방 사라지지만 느낄 수 있을 정도로 충분히 다양하다. 하지만 나는 이것을 이해할 만한 기본 바탕이 없다.

나는 시간과 공간 속을 너무나 멀리 여행하여 시간과 공간을 벗어나버렸다. 다중우주의 무한한 가능성이 나의 자의식마저 사로잡았다. 이것은 실재일까? 실재라는 것이 있기는 한 것일까?

지식의 한계

우리는 우리가 알고 있는 것, 그리고 앞으로 알게 될 것의 끝부분에 이르렀다. 과학은 젊다. 인류의 뇌 기능에 마지막으로 진화적인 진보가 일어난 것은 4만 년 전이다. 당시 아프리카의 사바나를 누비고 다니며 사냥과 채집을 하던 사람들은 우리와 똑같은 사람들이다. 우리는 그들이 지금의 우리처럼 우주를 이해할 수 있는 도구들을 잘 갖추고 있었다 하더라도, 그들에게 우주는 경외심을 불러일으키는 이해할 수 없는 대상이었을 것이다. 우리에게 우주를 이해할 수 있는 능력을 제공해준 도구들은 아주 최근의 것이다. 과학적인 방법을 사용한 것은 전체 시간의 5퍼센트이고 망원경을 사용한 것은 1퍼센트, 그리고 우주의 크기와 나이를 제대로 이해하게 된 것은 0.1퍼센트일 뿐이다.

과학자들은 태생적으로 낙관론자들이다. 그들은 코페르니쿠스 이후 우주에 대한 우리의 지식에 커다란 변화가 생기는 과정을 보면서 그 즐거움이 곧 끝날 것이라고는 절대 생각하지 않는다. 망원경과 입자충돌기, 그리고 컴퓨터는 점점 더 좋아지고 빨라진다. 그리고 과거의 그 어느 때보다도 많은 과학자들이 있다. 좀 더 단순하게 말한다면, 우주론에서의 새로운 발견은 거의 매주 뉴스를 만들어낸다. 발전의 속도는 늦추어질 것 같지 않다.

우주론의 노래는 신나면서도 강력하다. 불과 몇 세대 만에, 털 없는 원숭이들은 우주를 이해하는 놀라운 일을 해냈고 시간과 공간 속에서 스스로를 왜소하게 만들었다. 그 음악에는 몇 개의 불안정한 음정이 섞여 있을 뿐이다. 그중 하나는 우리가 실험 가능한 실험실 물리학의 왕국에서 너무나 멀리 벗어나버려서, 경쟁하는 여러 이론들의 옳고 그름을 확인할 수 있을 만큼 충분한 도구를 가지고 있지 못하다는 것이다. 추측의 가지를 타고 너무 멀리 가면 가지는 부러져버릴 것이다. 그리고 더욱 근심스러운 것은 우리의 분석 도구와 지적 능력이 더 깊은 수준의 이해를 하기에는 충분하지 않을 수도 있다는 것이다.

그리고 아포페니아apophenia가 있다. 아포페니아는 서로 연관성이 없는 현상에서 규칙성이나 연관성을 찾아내는 개념이다. 통계학에서는 이것을 1형 실수Type I error 또는 긍정 오류false positive라고 한다. 이것은 귀무가설 null hypothesis(설정한 가설이 진실할 확률이 극히 적어 처음부터 버릴 것이 예상되는 가설 - 옮긴이)이 잘못된 것임에도 불구하고 거부되지 않는 현상이다. 스웨덴의 작가 어거스트 스트린드버그August Strindberg는 아포페니아의 가장 극단적인 모습을 보여주었다. 그는 바위에서 마녀와 염소의 뿔 모양을 보았고, 현미경으로 본 호두에서 기도하는 작은 손들을 보았고, 자신의 구겨진 베개에서 미켈란젤로 스타일의 대리석상 머리를 보았다.

스트린드버그의 아포페니아는 정신병에 가깝지만, 어느 정도의 형태는 진화 과정에서 우리 모두에게 남겨져 있다.[1] 유목생활을 하던 우리 조상들은 얼룩덜룩한 풀숲에서 포식자를 보았다고 생각했다가 그렇지 않다는 사실을 발견하곤 했다. 그들은 두려움을 갖고 있었다. 만일 포식자가 실제로 있는데도 보지 못했다면 잡아먹혔을 것이다! 잘못된 현상을 실제로 믿는 것은 실제 현상을 믿지 않는 것보다 위험 비용이 더 적다. 뇌는 아포페니아를 받아들이도록 구성되어 있다. 이것은 반사적 행동이 과학의 가설-검증의 복잡한 과정보다 더 우월하다는 것을 의미하는 것은 아니다. 이것은 단지 우리가 이론과 설명을 지나치게 과신하지 말아야 한다는 것을 의미한다.

의미를 찾고자 하는 욕망은 가장 중요한 것이다. 자연의 규칙을 찾는 것은 잡음을 제거하는 과정이다. 우리는 많은 성취에도 불구하고 공허함과 피할 수 없는 죽음에 대해서 공포심을 가지고 있다. 현대의 우주론은 우주를 양자 요동, 즉 무작위적인 현상으로 이해한다. 이것은 적어도 우리를 확실하게 안심시키지는 못한다.

모든 것의 이론

과학자들은 설명에 대한 욕망이 어느 정도일까? 우주와 그 안에 있는 모든 것을 설명하는 것이 가능한 일일까? 과학 시대의 초기에 아르키메데스Archimedes는 끌어낼 수 있는 모든 곳에서 공리와 원리를 찾아내려고 노력했다. 그리고 원자론자들은 관측되는 모든 다양한 현상들은 원자들의 충돌에 의해 생기는 것이라고 믿었다. 한참 뒤, 뉴턴의 강력한 만유인력의 법칙에 매료된 피에르-시몽 라플라스Pierre-Simon Laplace는 충분한 능력을 갖추고(예를 들어 컴퓨터와 같은), 어떤 순간의 모든 입자의 위치와 움직임을 알고 있다면 미래의 어떤 순간의 위치와 움직임도 계산할 수 있을 것이라고 주장했다.

많은 인문학자들과 철학자들은 뉴턴의 역학과 중력이론에 내포된 결정론을 혐오했다. 인간은 입자들의 모임이기 때문에 어쩌면 우리의 모든 선택과 자유의지는 환상에 불과할지도 모르기 때문이었다. 물리학자들은 자만심에 사로잡혀 파우스트식 거래를 하고 있는 사람들로 조롱받았다. 진리를 위해서는 악마에게 기꺼이 영혼을 팔 사람들로 취급받은 것이다.

21세기는 이 야심찬 기대를 뒤흔들어놓았다. 겸손 때문이라기보다는 불확정성 때문이었다. 결정론은 양자역학의 확률적 성질, 복잡한 시스템의 예측 불가능하고 갑자기 나타나는 현상, 초기 조건에 지나치게 민감하여 수학적 혼돈에 이르는 현상에 의해 좌절되었다. 철학적인 수준에서는 괴델Gödel의 불완전성이론이 나왔다. 이것은 자기모순이 없고 중요한 모든 수학적 이론은 불완전하거나 결정될 수 없는 위치를 가지고 있다는 이론이다. '모든 것의 이론'도 역시 자기모순이 없고 중요한 수학적 이론이기 때문에, 프리먼 다이슨이나 스티븐 호킹과 같은 유명한 물리학자들은 적은 수의 원리들을 이용하여 궁극적인 이론을 찾는 것은 성과가 없을 것이라고 결론 내렸다. 설사 우리가 주의 모든 것을 설명하는 방정식을 발견한다 하더라도 기원과 의미에 대해서는 여전히 대답할 수 없는 의문이 남아 있다. 스티븐 호킹이 질문한 것처럼, "방정식을 만들어내고 우주를 설명할 수 있게 불을 뿜는 것은 무엇인가?"[2]

대부분의 과학자들은 당당함에서 한 발 물러난다. 그들은 모든 물리 시스템의 행동을 이해하고 예측할 수 있는 하나의 이론은 존재하지 않는다는 사실을 인정한다. 그 대신 그들은 4개의 기본적인 힘을 통합하는 방향으로 계속 나아갈 수 있기를 희망한다. 현재의 낮은 에너지 우주에서는 분명히 다른 4개의 힘이 충분히 높은 에너지에서는 하나의 힘으로 통합된다(통합의 첫 번째 단계는 앞 장에서 다뤘다). 대통합이론은 전자기력을 약한 핵력, 강한 핵력과 통합하기 위하여 노력한다. 가장 희망적인 이론들은 초대칭에 기반하고 있다. 알려진 모든 입자들은 그림자 입자를 가지고 있고, 물질을 구성하는 입자들과 힘을 운반하는 입자들 사이에 차이는 없다는 것이다.

이 길의 마지막 단계는 기본 입자들의 대통합이론과 현재의 가장 완벽한 중력이론인 일반상대성이론을 통합하는 것이다. 아인슈타인은 죽을 때까지 30년 동안 이것을 위해 노력했다. 이것은 아주 어려운 문제다. 입자들은 거칠고 불연속적이지만 중력은 부드럽고 연속적이기 때문이다. 이 둘은 나무와 대리석만큼이나 다르다. 입자이론은 중력이 너무 약하여 무시할 수 있을 때만 적용할 수 있고, 일반상대성이론은 불연속성이나 양자이론의 불확정성을 무시할 수 있을 때만 적용할 수 있다. 양자중력은 아인슈타인이 죽은 이후로 물리학의 성배와 같은 것이었지만, 어떤 실험실도 4개의 기본적인 힘을 통합시킬 수 있는 조건을 만들어낼 가능성은 없다.

대신, 모든 길은 빅뱅 혹은 플랑크 시간Planck time이라고 불리는 어떤 것으로 향한다. 팽창하는 우주를 과거로 특이점—온도와 밀도가 무한대가 되는 상태—까지 밀어붙이면 물리학적 이해의 한계는 플랑크 시간에 도착한다. 플랑크 시간은 빅뱅 직후 10^{-43}초 동안의 극히 짧은 시간이다. 이것은 설명될 수 있는 시간 중에서 가장 짧은 시간이다. 이렇게 극히 이른 시간의 우주의 크기는 10^{-35}미터였다. 이 거리는 플랑크 길이 Planck scale라고 한다.■3 이렇게 작은 크기에서 공간과 거리는 아무런 의미가 없다. 시공간은 일반상대성이론이 예측하는 것처럼 부드럽고 연속적이기보다는 거품과 같은 형태일 수 있다. 당시의 온도는 10^{32}켈빈으

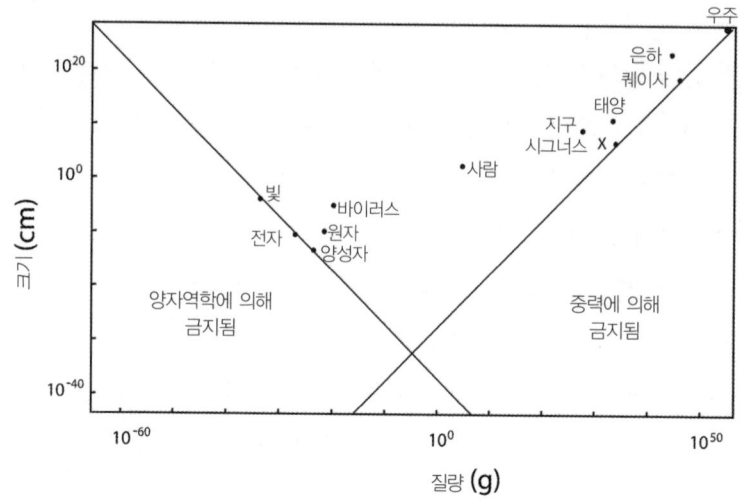

■ 우주에서 질량-에너지와 물체들의 크기 관계. 왼쪽 영역은 양자이론에 의해 금지되어있고, 오른쪽 영역은 중력이론에 의해 금지되어 있다. 두 선이 만나는 지점이 물리 법칙들이 부서지는 플랑크 길이다.

로 보잘것없는 중력이 현재의 차가운 우주에서는 훨씬 더 강한 다른 힘들과 같을 정도로 충분히 뜨거웠다. 이 기준점은 측정과 이해가 가능한 한계를 함께 정의한다.

초기 우주를 설명할 때와는 상관없이 독립적으로 플랑크 시간과 플랑크 길이를 생각할 수 있는 방법이 있다. 하이젠베르크의 불확정성의 원리에 의하면 수명이 짧은, 혹은 가상의 입자들은 항상 나타났다가 사라지고 있다. 그리고 수명이 극히 짧다면 질량이 클 수도 있다. 아인슈타인의 일반상대성이론에 의하면 충분히 작은 공간에 충분히 큰 질량이 있으면 중력이 너무 강하여 탈출속도가 빛의 속도인 블랙홀이 만들어진다. 이 두 이론을 결합하면, 가상의 블랙홀이 존재할 수 있는 충분히 작은 크기가 존재한다. 이것이 플랑크 길이다. 빅뱅 직후 최초의 시간 동안 공간은 입자 크기만큼 휘어져 있어 입자들은 블랙홀의 특성을 가지고 있었고, 휘어진 시공간은 양자적 불안정성에 의해 지배되고 있었다. 펄펄 끓고 있는 물의 모습이 극히 초기 우주의 펄펄 끓는 모습과 그나마 유사한 모습으로 생각해볼 수 있다.

아인슈타인이 모든 것의 이론을 만들어내는 데 실패했다는 것은 이것이 얼마나 어려운 일인지 알려주는 좋은 예가 된다.■4 물리학자들은 표준 모형을 뛰어넘는 대담한 방법을 발견했다.

기타 줄을 예로 들어보자. 기타 줄은 장력과 줄을 튕기는 방법에 따라 다른 소리가 난다. 줄의 성질과 길이에 따라 다른 음정을 만든다. 이 줄이 기타에서 떨어져 나왔지만 여전히 장력을 가지고 있어서 진동할 수 있다고 생각해보자. 이 떠 있는 기타 줄의 일부는 양쪽 끝에 아무것도 없어서 열려 있는 상태이고 일부는 고리 형태로 닫혀 있다. 이제 이 줄들이 눈에 보이지 않을 정도로 작은, 어떤 입자보다도 작은 상태를 생각해보자. 이 줄들은 10^{-35}미터 정도의 플랑크 길이의 1차원 물체다. 이런 아주 작은 호두껍질 속이 물리학자들이 중력과 양자역학을 통합하기 위해 생각한 것이다.■5

끈이론에서 각각의 입자들은 진동모드 혹은 보이지 않는 작은 끈의 '음계'로 간주된다. 열려 있거나 닫혀 있는 끈들은 서로 상호작용을 하고 결합된다. 끈의 진동모드가 전통적인 입자가 가지는 질량, 회전, 그리고 전하량을 만들어낸다. 여기에 초대칭성을 더하면 끈은 입자와 힘을 모두 표현할 수 있다. 그래서 전자는 진동하는 끈이고, 중력을 운반하는 중력자도 마찬가지다. 그러므로 초끈이론으로 다시 이름이 붙은 이 이론은 당연히 표준 모형에 있는 입자들의 모든 상호작용뿐만 아니라 중력도 포함한다.

이 새로운 이론의 가능성은 너무나 커 보여서 많은 명석한 물리학자

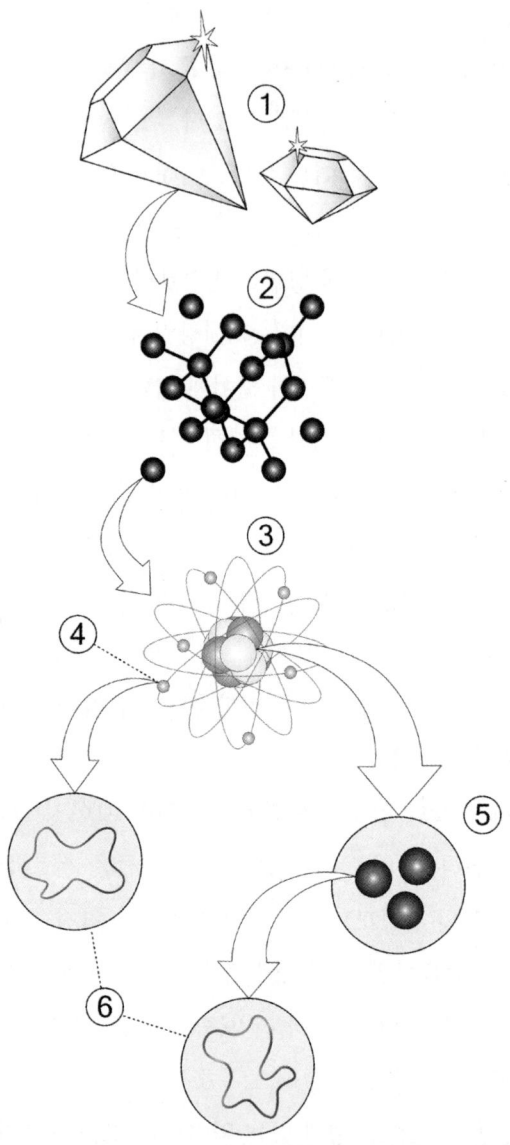

■물질의 구조를 여러 단계로 확대한 그림. 하나의 결정은 ① 분자들의 격자로 이루어져 있고, ② 분자들은 원자들, ③ 모든 원자들은 가벼운 전자들과 ④ 무거운 양성자와 중성자들로 이루어져 있다. ⑤ 중성자와 양성자들은 모두 약하게 대전된 쿼크들로 이루어져 있다. ⑥ 원자보다 낮은 단계의 모든 입자들은 끈이라고 불리는 작은 1차원 개체로 이루어져 있을 수 있다.

들이 상호작용하는 끈들의 양자이론에 필요한 터무니없이 복잡하고 추상적인 수학을 기꺼이 배우려고 하고 있다. 하지만 여기에는 두 가지 문제와 한 가지 놀라운 사실이 있다. 첫 번째 문제는 끈들의 크기와 에너지 규모가 실험이나 가속기로 증명할 수 있는 범위를 수조 배나 벗어나기 때문에 이 이론을 검증할 수 있는 방법이 없어 보인다는 것이다. 두 번째 문제는 1980년대의 세부적인 연구를 통해 서로 다른 5개 형태의 끈이론이 존재한다는 것이 밝혀졌는데, 각각의 이론들은 너무나 어렵고, 그중에서 어떤 하나를 선택할 수 있는 방법이 없어 보인다는 것이다. 그리고 놀라운 것은? 모든 초대칭 끈이론들은 10차원 시공간을 가지고 있다는 것이다!

이것은 그렇게 크게 진전된 것처럼 들리지 않는다. 힘겹게 산을 올라 최정상에 도착하기를 희망했는데, 어느 것이 진짜 정상인지 도저히 알 수 없는 5개의 아찔한 봉우리들을 맞닥뜨린 격이다. 뿐만 아니라 우리는 익숙한 3차원의 공간과 1차원의 시간 안에 6개의 숨겨진 차원이 있다는 것을 믿어야 한다.

그래도 이것은 터무니없는 생각은 아니다. 성공적인 물리 이론은 항상 당연히 수학적이다. 그리고 높은 차원의 휘어진 공간을 가정하는 것은 18세기 중반까지 거슬러 올라간다.[6] 6개의 차원이 양말처럼 말려 있거나 축소되어 있다면 우리는 그 존재를 인지하지 못할 수도 있다. 끈이론에서 그 숨은 차원들은 오직 플랑크 길이에서만 나타나지만, 자연 속에 존재하기는 한다. 전자의 전하와 같은 측면들은 이런 여분의 차원에서의 운동에 의해 나타나기 때문이다. 더 일반적으로 말하면, 숨겨진 차원에서 어떻게 진동하느냐에 따라 끈들은 3차원 공간에서 물질이나 빛 또는 중력으로 나타나는 것이다.[7]

다음 단계로의 도약은 1990년대에 이루어졌다. 프린스턴대학의 에드워드 위튼Edward Witten을 포함한 몇몇 대학의 이론물리학자들은 5개의 각기 다르다고 여겨지던 끈이론들이 사실은 같은 이론을 다른 방법으로 바라보는 것이라는 사실을 깨달았다. 우리는 행성 어딘가에 있는 작은 섬들 밖에 알지 못하고 있는 것이었다. 이 이론을 수학적으로 탐구하는 것은 너무나 어려워서 우리는 행성에서 다른 어떤 것을 찾게 될지도 알지 못한다. 기술이 좀 더 발달하면 각 행성들의 바다를 여행하면서 새로운 섬들을 찾을 수도 있을 것이다. 그때가 되어야만 5개의 끈이론들이 실제로 다른 행성들이 아니라 같은 행성에 있는 섬들이라는 것을 확인할 수 있다. 모든 끈이론들은 다른 형태로 나타나는 바탕에 있는 하나의 이론이 있다.■8 위튼은 이 이론을 'M이론'이라고 불렀다. 그는 'M'이 무엇을 의미하는지 밝히지 않았다. 여기에 대해서는 여러 가지 설들이 있다. Mystery(미스터리), Magic(마술), Monster(괴물), Matrix(기반), mother(어머니, '모든 이론의 어머니'라는 의미로), 그리고 Membrane(막) 등이다.

많은 이론물리학자들은 막을 이용한 공식이 진도를 나가는 가장 효과적인 방법이라고 생각하고 있다. 이것은 하나의 차원을 더 필요로 해서 11차원이 된다(정말로? 누가 계속 세고 있을까?). 기본적인 물체는 끈이 아니라 막이다. 빨대를 멀리서 보는 것처럼, 11번째 차원이 작은 원 안에 감겨 있다면 막은 선으로 보일 것이다. 일반적인 물체인 '막'은 0차원에서 9차원까지 가능하다. 점은 0-막, 선은 1-막, 면은 2-막, 이런 식으로 이름을 가지고 있지 않은 차원까지 올라간다. M이론은 짐승과 함께 일하는 것과 같다. 다른 종류의 막들의 수는 차원이 달라짐에 따라 기하급수적으로 증가하기 때문이다. 3차원에서 이 이론은 서로 연결된 구멍들을 가진 단단한 물체들을 다루어야 한다. 60억 개가 넘는 3차원

M이론 형성

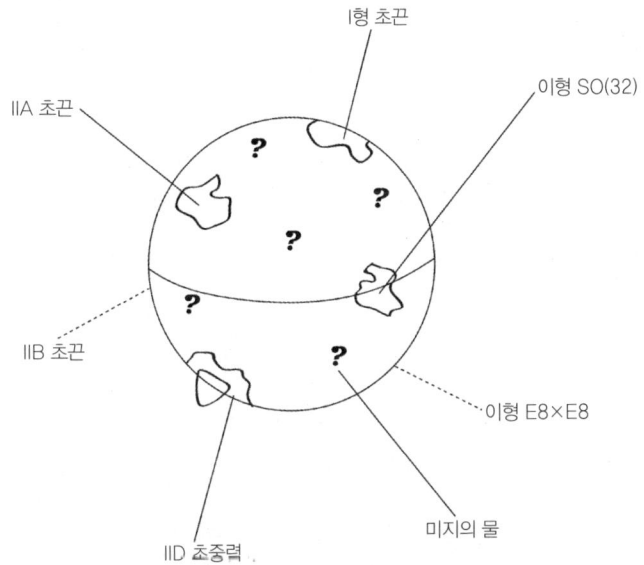

■ 거의 밝혀지지 않은 이론적이고 수학적인 지역의 섬으로 표시되는 여러 종류의 끈이론들. 이 이론들은 모두 M이론이라고 하는 바탕에 있는 구조와 연관되어 있다.

매듭이 목록화되었으며 이들을 분류하기 위해서는 매듭이론knot theory이 필요하다. 이것이 11차원에서는 어떻게 될지 상상해보라.

10차원이나 11차원을 가지고 있는 이론에서 물리적 상태의 수는 실질적으로 무한하다. 하지만 4차원 시공간을 가지는 우리 우주에 해당되는 상태의 수는 좀 더 다루기 쉬운 수로 10^{500} '밖에' 되지 않는다! 이 모든 상태들은 플랑크 크기 안에 숨은 차원들을 가지고 있고, 거시 규모에서는 각기 다른 고유한 힘들과 입자들을 가지고 있다. 이것은 끈이론의 '풍경'이라고 불린다.[9] 그러면 새로운 질문이 생긴다. 우리의 우주는 이 상태들 중 하나에 해당되고 다른 상태들은 우리 우주와 완전히 다른 우주를 표현하는 것이라면 어떻게 될까?

이 지점에서 혼란스럽다면 충분히 그럴 만하다. 브라이언 그린Brian Greene과 같은 끈이론의 추종자이자 전도사인 사람들은 끈이론의 수학적 우아함과 아름다움에 큰 기쁨과 희열을 느끼는 것 같다.[10] 그린은 뉴요커이고, 연극배우와 고등학교 중퇴자의 아들이다. 그는 〈칼라비-야우 모듈리 공간에서의 이중성Duality in Calabi-Yau Moduli Space〉과 같은 멋진 제목의 논문을 쓰는, 압축된 고차원이 가지는 모양에 대한 전문가이다. 그는 대중 서적과 어린이용 서적을 저술하고, 2008년 뉴욕에서 시작된 미술, 음악, 연극, 그리고 과학이 융합된 연례행사인 세계과학축전World Science Festival을 기획하면서 10차원이나 11차원 이상으로 활약하고 있다.

끈이론의 또 다른 '록 스타'인 리사 랜들Lisa Randall은 그린과 뉴욕 스타이브센트Stuyvesant 고등학교를 같이 다녔다. 랜들은 천재적이며 설득력이 있고, 대체로 Y 염색체가 지배하고 있는 이론물리학 세계에서 여자다. 랜들은 프린스턴, MIT, 그리고 하버드의 물리학과에서 종신직을 얻은 최초의 여자다. 랜들은 그린과 마찬가지로 작곡자 헥토르 파라Hector Parra와 함께 오페라 '고차원 음악; 7차원에 투영된 오페라Hypermusic; A Projective Opera in Seven Planes'를 작곡하는 등 높은 차원으로 활약한다. 그린과 랜들은 모두 콜버트 리포트The Colbert Report와의 인터뷰를 위해 인기 높은 문화 카페를 전세 낸 적이 있다. 그들은 지적이고, 일시적인 것이 아니라면 끈이론의 대부인 에드워드 위튼의 계승자다.

끈이론은 1996년 블랙홀들의 놀라울 정도로 큰 엔트로피를 설명하는 데 중요한 성공을 거두었다. 끈이론이 처음으로 '고전' 물리학의 결과를 유도해내는 데 사용되어, 끈과 중력 사이의 분명한 연관성을 설명한 것이다. 하지만 끈이론은 중요한 약속이 지켜지지 않은 것으로 여겨져 큰 반발에 부딪혀왔다.■11 지난 10년 동안 수백 명의 뛰어난 재능을 가진 이론물리학자들이 끈이론에 대한 수천 편의 논문을 썼지만, 이것은 아직도 확인되거나 거부될 수 있을 만큼 검증이 되지 않았다. 어떤 사람들은 이 이론이 너무나 복잡하고 유일무이하지 않은 것은 이것이 검증될 수 없고, 그래서 진정한 과학으로 볼 수 없다는 것을 의미한다고 주장하기도 한다.■12

끈이론은 모든 것의 이론일까 아니면 아무것도 아닌 것의 이론일까? 미녀일까 야수일까? 항상 그랬듯이 학계의 뜨거운 논란 속에서, 정답은 아마도 그 사이 어디에 있을 것 같다. 끈이론은 양자역학과 중력을 통합하는 데 실질적인 통찰을 제공해주며, 비록 숨겨진 차원을 실험실에서 만들어낼 수는 없지만 그 가정은 낮은 에너지에서의 몇 가지 예측을 가능하게 해준다. 예를 들어 거대강입자충돌기는 끈이론의 핵심 요소인 초대칭성을 검증할 것이다. 우리는 스물이홉의 나이에 종신교수가 되고, 2년 후에 맥아더 '천재'상MacArthur 'genius' award을 받고, 물리학자로는 최초로 수학의 '노벨상'으로 여겨지는 필즈 메달Fields Medal을 받은 에드워드 위튼의 말을 들어야 한다. 그는 이렇게 말했다. "끈이론은 우연히 20세기에 떨어진 21세기의 물리학이다." 그리고 그 이론을 만들기 위해 필요한 기술적인 도구들은 아직도 개발되고 있다. 우리는 발견되지 않은 거대한 땅을 탐험하고 있으며, 그 탐험에 필요한 교통수단을 아직도 만들고 있는 것이다. 이것은 시간과 인내심이 필요한 일이다.

마지막으로 앞에서도 언급했지만, 마치 양자역학이 개에게는 이해 불가능한 것처럼 근본적인 진실은 우리의 능력 밖에 있는 것이 아닐까 하는 의심이 남아 있다. 우리는 이미 우리가 이해할 수 있는 한계에 도달했는지도 모른다.

이웃의 우주

E. E. 커밍스Edward Estlin Cummings(1894~1962, 미국의 시인 - 옮긴이)는 이렇게 말한 적이 있다. "들어봐, 바로 옆에 기가 막히게 멋진 우주가 있어. 가보자고." 이것은 그저 시적 상상이나 희망 사항에 불과한 것으로 들리지만, 혹시 다른 뜻이 있지는 않았을까? 인플레이션이론에 의하면 우리가 사랑하는 이 우주는 양자 현상으로 시작되었다. 우주를 품고 있던 초기의 진공은 양자 요동으로 넘쳐나고 있었고, 모든 요동은 무작위로 다른 물리적 성질을 가지고 있었다(그 과정은 영원하여 지금도 진행되고 있을 수 있다). 이 요동의 대부분은 그냥 사라지거나 극히 작은 시공간 이상으로 진화하지 못했다. 몇몇 요동은 급격히 팽창하여 거대하고 오래된 시공간이 되었을 수 있다. 우주론과는 전혀 별개로 나온 끈이론은 다차원 시공간의 가능한 상태에 대한 몇 가지 모습을 제공해준다. 그리고 4차원의 시공간을 가지는 점에서 '익숙한' 물리적 상태의 대략적인 수를 알려준다. 그 값은 10^{500}이다.

거의 검증되지 않은 이 두 개의 이론을 결합하면 다중우주라는 개념이 나온다. 다중우주는 우리에게는 관측되지 않고, 각자 무작위로 다른 성질과 물리 법칙을 가지고 있는 거대한 숫자의 평행우주를 가정한다. 이름만큼이나 특이한 이 개념은 영국의 왕립 천문학자이며 상원의원인 마틴 리스를 포함한 몇몇 뛰어난 우주론 연구자들의 지지를 얻고 있다. 그는 이렇게 썼다. "우리의 우주는 자신만의 빅뱅으로 시작되었고, 독특한 흔적(그리고 자신만의 물리 법칙)을 가지고, 자신만의 우주적 순환을 하고 있다. 우리 우주를 만들어낸 빅뱅은 이 장엄한 풍경에서 어떤 망원경도 닿을 수 없이 멀리 뻗어 있는 정교한 구조의 극히 작은 일부이다."■13

■ M이론에서는 익숙한 1차원의 시간과 3차원의 팽창하는 공간 이외에 6개 또는 7개의 차원이 플랑크 크기 안에 숨어 있다. 이 그림은 숨어 있는 차원들과 관련이 있는 칼라비-야우 기관의 다차원 표면을 시각화한 것이다.

안드레이 린데와 그의 동료인 비탈리 밴처린$^{Vitaly\ Vanchurin}$은 최근에 가능한 우주의 수를 계산하였는데, 그 수는 끈이론에서 익숙한 우주에 해당되는 진공 상태의 수를 월등히 능가하였다. 그것은 10의 $10^{10,000,000}$승이라는 너무나 엄청난 숫자였다.■[14] 실제로 이렇게 어마어마한 숫자가 아니라 하더라도, 양자 요동과 인플레이션은 너무나 많은 수의 우주를 만들어낼 수 있기 때문에 어떤 물리적 성질의 조합도 어딘가에서는 일어나야만 한다.

다중우주는 우리의 감각을 떠나 새로운 사고의 세계에 있는 것처럼 보인다. 우리에게 남은 마지막 감각은 만지는 것이다. 일상생활에서 만지는 것은 원자 규모에서 작동하는 힘에서 나오는 것이다. 만일 우주가 한때 원자 크기였다면, 우주를 둘러싸고 있는 시공간 속에 있는 지각이 있는 개체는 우리가 모래 알갱이를 만지는 것과 같은 방법으로 우리 우주를 만질 수 있었을 것이다. 그리고 다중우주에서는 그들은 여러 우주들 중에서 우리 우주를 '뽑아낼' 수 있었을 것이다. 우리 우주는 에너지로 빛나고 있기 때문이다. 우리가 알고 있는 모든 것은 우리는 우리 우주를 마음으로 만질 수 있다는 것이다. 이것이 우주론의 즐거움이다.

과거에는 단순했다. 우주는 존재하는 모든 것이다. 지금은 다른 관측 결과와 현실들이 축적되고 있는 것으로 보인다. 첫 번째 수준이면서 가장 중요한 것은 관측 가능한 우주다. 이것은 망원경으로 관측할 수 있는 영역으로, 모든 방향으로 460억 광년이고, 1,000억 개의 은하를 포함하고 있다. 우주론의 모든 관측은 이 범위 내에서 이루어진다. 이것은 아주 엄격한 기본 바탕이다.

다음 수준은 우리가 관측할 수는 없지만 관측 가능한 우주와 같은 빅뱅 '사건'의 일부인 공간으로 이루어져 있다. 이 영역들은 우리가 인내심이 있다면 볼 수 있게 될 것이다. 시간이 지날수록 보이지 않는 은하들에서 나오는 빛이 우리에게 도착하기 때문이다. 이런 장밋빛 시나리오는 암흑에너지에 의해 산산이 부서진다. 암흑에너지는 보이지 않는 은하들의 빛이 도착할 수 없도록 낚아채버리고, 우리가 이미 본 은하들도 지속적으로 시야에서 사라지게 만든다. 이 우주의 크기는 얼마나 될까? 어쩌면 무한할 수도 있다. 우주 공간은 편평하고, 관측 결과는 우주가 끝이 있을 것이라는 어떤 흔적도 보여주지 않는다(하지만 아인슈타인의 이 말을 기억해둘 필요는 있다. "무한한 것이 두 가지 있다. 우주와 인간의 멍청함이다. 그런데 우주에 대해서는 확신하지 못하겠다.").

공간은 무한하고 은하, 별, 행성들로 가득 차 있다는 가정에서 맥스 테그마크Max Tegmark는 가장 가까이 있는 당신의 쌍둥이까지의 거리를 구하기 위해서 모든 가능한 양자 상태의 수를 세었다.[15] 이것은 10의 10^{28}

승 미터였다. 10의 10^{118}승 미터는 관측 가능한 우주의 크기와 같다. 하지만 당신의 도플갱어는 자연스러운 행성 생성 과정과 생물학적 진화를 고려하면 훨씬 더 가까이 있을 수도 있다.

세 번째 수준은 혼돈 혹은 영원한 팽창이다. 빅뱅 10^{-35}초 후에 만들어진 평행 혹은 '거품' 우주는 관측이 불가능하다. 이들은 너무나 빨리 팽창하여 그 빛이 우리에게 도달하지 못하기 때문이다. 이 다중우주는 매우 다양하다. 우리가 불변이라고 생각하는 거품의 초기 조건과 물리 법칙이 달라지기 때문이다. 급팽창은 확실한 예측을 제공하는 이론이기 때문에 아직 전통적인 과학의 영역 안에 포함되어 있다. 하지만 아주 조금만 그렇다.

마지막 수준은 고도로 추상적이고 검증이 불가능할 수도 있다. 몇 가지 변형된 이론들이 있는데 모두 의미가 있는 것이다.

양자역학의 '많은 세계' 설명은 자연이 본질적으로 확률적이지는 않다고 주장한다. 이것은 의미 있는 가능성들이 있을 때마다 세계는 하나의 가능성을 가지는 여러 세계로 갈라진다.■16 각각의 세계에서는 한 가지 결과만 제외하고 나머지는 똑같다. 그때부터는 각각의 세계는 독립적으로 발전하며 서로간의 소통은 불가능하기 때문에 그 세계에 살고 있는 사람들은 이런 일이 일어나고 있다는 사실을 알지 못한다. 이런 방법으로는 '세계'의 가지가 끝도 없다. 우리 앞에 놓여 있는 '지금'은 과거와 무한한 수의 가능한 미래 사이에 있는 것이다. 일어날 수 있는 모든 일은 어딘가에서 일어나고 있다.

이것을 모든 세계가 다른 성질을 가지는 다른 우주인 다중우주에 위치시키는 것은 어렵지 않다. 이 아이디어는 물리학이 아니라 1937년 올라프 스테이플던Olaf Stapledon의 SF 소설 《스타메이커Star Maker》에 처음 등장했

■ 슈뢰딩거Schrödinger의 고양이 실험에서 닫힌 방에 있는 고양이가 죽을 확률은 하나의 원자가 방사성 붕괴를 일으켜 망치가 독이 든 그릇을 깨뜨릴 확률과 같다. 양자역학의 '많은 세계' 설명에서는 두 결과는 서로 다른 우주에서 모두 일어난다. 그 우주들은 실재하지만 서로 소통할 수는 없다. 시간이 지나면서 새로운 가지와 우주의 수는 무한히 늘어난다.

다. "생명체가 몇 가지 행동할 수 있는 가능성을 맞이할 때마다 모두 받아들여 우주의 여러 서로 다른 역사들을 만들어낸다. 생명체는 아주 많고 각각의 생명체는 항상 행동할 수 있는 가능성들을 맞이하고 그 수는 무수히 많기 때문에 매 순간 순간마다 무한한 수의 우주들이 새롭게 만들어진다." 이것은 물리 이론들은 최대한 단순해야 한다는 오컴의 면도날Occam's razor에 완전히 위배되는 것처럼 보인다. 하지만 많은 세계의 우산 아래 있는 평행한 현실들은 단 하나의 파동 함수의 일부이기 때문에 바탕이 되는 아이디어는 사실 아주 단순하다.

기본적인 독립체들이 다양한 숫자의 시공간 차원과 우리 우주와는 뚜렷하게 다른 물리 법칙을 가지고 있는 M이론 또 하나의 추상적 개념이다. M이론에서 우주의 풍경은 실질적으로 무한하다.■17 테그마크는 더 멀리 나아가 다중우주는 현존하는 물리 법칙들의 변형에 묶여 있을 필요가 없다고 주장했다. 물리학 법칙의 책들을 던져버리고 수학을 물리적 현실의 기본으로 사용하는 것은 어떨까? 이 글을 쓰면서 나는 35년 전 가스파르의 통찰력과 도전하는 자세를 회상하였다.

물리학과 수학 사이의 연관성을 이분법적으로 생각한 것은 그리스의 철학자 플라톤과 그의 제자 아리스토텔레스까지 거슬러 올라간다. 현대 과학의 방법을 제시한 아리스토텔레스는 수학을, 물리학으로 서술되는 현실을 대략적으로 서술하는 도구 이상으로 보지 않았다. 플라톤의 관점은 수학은 진정한 현실이며 관측자들이 이것을 불완전하게 이해하고 있다는 것이었다. 이것은 직관에 어긋나는 것이다. 수학의 구조는 추상적이며, 시간과 공간의 바깥에 존재하는 불변의 구성이기 때문이다. 테그마크는 모든 수학적인 구조는 물리적으로도 존재하며 각각의 수학적 구조는 평행우주에 해당된다고 주장하며 철저하게 플라톤적인 관점을 취한다.■18 물리 법칙들은 어디서 온 것인가라는 질문을 수학은 어디서 온 것인가라는 새로운 질문으로 바꾸는 것은 대담한 것이기도 하지만, 이것은 오직 수학적으로 서술할 수 있는 것만이 실제로 존재한다는 불편한 개념을 포함하고 있다!

다중우주라는 아이디어는 진정한 과학일까? 좋은 과학이 되기 위해서는 우리가 알고 있는 것을 설명할 수 있어야 하고, 새로운 설명 영역에 대한 유일하고 검증 가능한 예측을 해야 한다.■19 미약한 인식론적인 상황에도 불구하고 다중우주 아이디어가 그렇게 많은 지지와 주목을 받는 이유는 무엇일까? 이는 왜 우주가 현재와 같은 특정한 모습을 가지고 있는지 설명하기 위한 것이다.

앞에서 우리는 우주가 정교하게 조정되어 있어서 몇 가지 요소가 달라졌다면 우리가 이해하고 있는 모습의 우주는 만들어질 수 없었을 것임을 살펴보았다. 다른 우주론적 변수를 가지고 있거나 다른 물리 법칙을 따르는 가상의 우주는 수명이 긴 별이나, 화학구조, 행성 혹은 생명체를 가지기 어려웠을 것이다. 예를 들어, 만일 암흑에너지가 훨씬 더 강했다면 물질들이 우주 초기에 너무 빨리 흩어져서 어떤 구조도 만들어지지 못했을 것이다. 다른 물리 상수들의 경우도 마찬가지다. 조금만 바꾸면 원자가 만들어지지 않거나 너무 안정되었을 것이고, 별은 빛나지 않고, 우주는 물질과 복사의 복잡한 쓰레기장이 되었을 것이다. 메마른 죽음의 우주다.

우주가 '생명체를 위해서 만들어졌다'라는 주장은 인간 원리라고 불린다. 이것은 생명체를 우주에서 특권적인 위치에 놓는 것이기 때문에 많은 과학자들과 철학자들 사이에서 논란을 일으켰다(이것은 특히 관측자를 높은 위치에 놓는다. 박테리아는 정교한 조정을 설명할 필요가 없기 때문이다). 이것은 예측을 하지 못하고 인과관계에 어긋난다는 비판을 받기도 한다.

그 주장을 좀 더 자세히 살펴보자. 우선 이것은 동어반복이다. 당신이 존재한다는 사실에 놀랄 필요는 없다. 나도 놀라지 않는다. 우주가 탄소에 기반한 지적 생명체가 등장하기에 적합한 성질을 가지고 있지 않았다면 놀랄 사람 자체가 존재할 수 없었다. 당신이 브릿지 게임을 하고 있다면 배당률이 6,000억 분의 1밖에 되지 않는다는 사실을 깨닫고, 그것이 얼마나 가능성이 낮은 것인지에 대해 놀랄 이유는 없다.

원자들과 별들이 존재 가능하도록 하는 측면에서 우주가 얼마나 정교하게 조정되어 있는지에 대해서는 실제로 논쟁이 있다. 더구나 생물학에 대한 일반적인 이론이 없이는 우주가 생명체가 존재하기 위해서 얼마나 정교하게 조정되어 있는지 동의할 수 있는 방법은 없다. 표준모형의 19개 변수와 빅뱅 모형에서 주요한 10여 개의 변수들이 더 깊숙이 숨어 있는 이론을 통해 연결되어 있는 것도 가능한(아니면 적어도 그러기를 희망하는) 일이다. 이 모든 변수들이 독립적이지 않다면 정교한 조정은 과장된 것이다.

우리 우주가 여러 우주들 중 하나일 가능성은 인간 원리에 새 생명을 주었다. 다중우주에서는 물리적 성질들이 매우 다양하므로 우리는 그 중에서 지적 생명체가 살기에 적합한 얼마 되지 않는 우주에 우연히 살게 된 것이다.■20 우리의 물리 법칙들은 사실은 생명체에게 유리한 지역적인 '규칙' 정도인 것이다. 우리는 우주의 복권에 당첨된 사람들이다.■21 앞에서 말한 것처럼, 우리 우주가 생명체가 살기에 적합한 것은 놀라운 일이 아니라 그저 관측적으로 선택한 결과일 뿐이다. 정교한 조정과 우리의 존재를 다중우주로 설명하는 것은 정교한 조정이 절대적인 존재나 설계자의 흔적이라고 주장하는 유신론자들을 멋지게 반박한다. 하지만 다양한 우주가 존재한다는 증거가 발견되지 않는다면 이 이야기는 소용이 없다. 실명에 목마른 과학자들은 불쾌할 수도 있겠지만 생명체에게 적합한 우주는 특별히 중요한 의미가 없는 우연에 불과할지도 모른다.

혹은, 어쩌면 아무것도 설명할 필요가 없을지도 모른다. 이것은 현실이 아니기 때문이다. 유신론의 테크노크라트technocrat 버전은 우리는 모두 최첨단의 비디오게임인 컴퓨터가 만든 가상세계 속에 살고 있다는 것이다. 닉 보스트롬Nick Bostrom은 이것을 눈을 반짝이며 강하게 주장한다. 그는 옥스퍼드대학의 인류미래연구소 소장이면서 트랜스휴머니즘transhumanism의 신봉자이다. 트랜스휴머니즘은 인류의 능력을 증가시키고 수명을 어쩌면 무한히 늘릴 수 있다는 아이디어를 선언하고 탐험하는 광범위한 문화운동이다.

몇몇 미래학자들은 생물학적인 진화는 나노기술과 컴퓨터에 기반한

포스트 생물학적인 단계로 대체될 것이라고 예측하고 있다. 하지만 보스트롬은 그런 아이디어들을 논리적이고 약간은 불편한 결론으로 이끄는 철학자이다. 현재의 급격한 컴퓨터 성능과 속도의 발전을 외삽하면 한 세기 이내에 우리 뇌의 전기 화학적인 복잡성을 실리콘으로 복제할 수 있을 것으로 추정된다.[22] 이 정도 능력을 갖춘 외계 문명은 인간의 사고 과정의 전 역사를 쉽게 복제할 수 있을 것이다. 이것을 '선조' 시뮬레이션이라고 한다. 우리은하에만 1억 개의 거주 가능한 행성이 있고, 이 행성들 중 어딘가에서 나타난 지적 생명체가 우리의 발전 수준에 이르거나 능가할 수 있는 시간은 최대 120억 년이 된다. 이 미래학자들은 우리가 이 정도 수준에 이른 최초이거나 유일한 문명은 아닐 것이라고 주장한다.

보스트롬은 세 가지 제안에 기반한 논리적 주장을 구성했는데, 그 중 적어도 하나는 틀림없다. 첫째, 거의 모든 문명은 멸망했거나 우리처럼 모조 생명체를 만들 수 있는 수준이 되기 전에 스스로를 파괴시켰다. 이것은 아주 우울한 가능성이다. 우리가 지금 그 시기로 다가가고 있기 때문이다. 둘째, 거의 모든 문명들이 능력은 되지만 모조 생명체를 만들지 않기로 선택했다. 이것은 가능하긴 하지만, 지구에서의 50억 년 동안의 경험을 보면 인류는 인공적인 물건을 만들고 조종하려는 강한 열망을 가지고 있다. 셋째, 현실세계는 없다. 모든 것은 환상이고, 우리는 가상세계 속에 살고 있다.[23]

세 번째 제안을 반박하는 것은 놀랍게도 매우 어렵다. 훨씬 더 우월한 종족이 만들어낸 가상세계는 영화 〈매트릭스The Matrix〉에서도 보았듯이 결점이 없다. 창조자가 원하지 않는다면, 우리가 가상세계 속에 있다는 사실을 알아낼 수 있는 방법은 전혀 없다. 당신이 피와 살을 가진 존재이고 자유의지를 가지고 있다는 확신은 가상세계의 일부일 뿐이다. 코페르니쿠스의 원리에 따르면, 실제 생명체를 만드는 것보다 가상의 생명체를 만드는 것이 훨씬 더 쉽고 비용이 적게 들기 때문에 실제 생명체보다는 가상의 생명체가 훨씬 더 많다. 좋다. 이 주장은 심각한 주장이라기보다는 도발적인 것이다. 하지만 이것이 다중우주나 숨겨진 시공간의 차원보다 더 근거가 없거나 논리적이지 않은 것은 아니다.

우리는 〈트루먼 쇼Truman Show〉와 같은 형태의 가상세계에 살고 있을지도 모른다. 진보된 문명이 우리를 위한 환경을 만들고 물리적인 현실의 모습을 겉으로 보여준다. 지구의 표면과 우리가 방문한 달이나 화성과 같은 곳은 멋지게 구성해놓았다. 그 외에는 우리 행성은 고립되어 있으며, 별이나 은하들은 복잡한 천체투영 쇼의 일부일 뿐이다. 그저 '충분히' 그럴듯해 보이기만 하면 된다.

또 다른 가능성으로 이보다 훨씬 더 뛰어난 능력을 가져서 아기 우주들을 만들어낼 수 있는 문명을 생각해볼 수 있다. 인류가 만든 가장 큰 핵폭탄은 10^{17}줄의 에너지, 혹은 1킬로그램의 질량에 해당되는 에너지를 가지고 있다. 앞 장에서 보았듯이, 10만 배 더 작은 질량과 같은 양자 요동은 진공에서 우주를 만들어낼 수 있다. 우리는 아직 이런 기술이 없지만 다른 곳의 누군가 혹은 무언가는 가지고 있을 수도 있다. 만일 우리가 가상세계 속에 살고 있다면 우주의 기원은 고려할 가치가 없다.

하지만 지금은—논의를 계속하고 우리 이야기의 결론을 위해서—우리와 우리가 살고 있는 우주를 실재라고 가정하자.

끝없는 창조

이탈리아의 역사적인 장소를 방문하면 출입구나 문 위에 2개의 머리를 가진 사람의 모습을 종종 볼 수 있을 것이다. 이것은 출입구, 시작, 끝, 그리고 시간의 신인 야누스$_{Janus}$다. 1월$_{January}$은 그의 이름에서 온 것이다. 그 이름의 기원은 고대 중동 지역이고, 로마가 건설될 무렵에는 야누스는 고대의 신들 중에서 가장 중요한 신이었다. 생활 속에서는 결혼과 탄생, 곡식을 심을 때, 그리고 추수가 시작될 때 등장했다. 야누스는 문명과 야만, 시골과 도시, 그리고 아이와 어른 사이의 중간을 대표했다. 야누스는 생명과 신, 그리고 우주의 시작과 같은 좀 더 추상적인 변화를 상징하기도 했다. 한쪽 머리는 앞을, 다른 쪽 머리는 뒤를 보고 있는 야누스는 세상이 어떻게 시작되었는지에 대한 연구의 막바지에 이르고 있는 우리와 지금 함께 있다.

우리가 살고 있는 우주는 활동적이고 풍부한 자원을 가지고 있으며 빛이 사라지기까지는 수십억 년이 남아 있는 중년의 우주다. 뒤를 돌아보면 인생의 전성기에—약간은 집요하게—하지만 빠르고 효율적으로 제국을 건설하고 있는 누군가를 볼 수 있다. 더 앞으로는 숙취와 무모한 계획으로 이어지는 힘이 넘치는 10대가 보인다. 더 멀리 보면 부드러운 피부를 가진 연약한 아이가 보인다. 마지막으로 우주는 희망과 가능성만 가진 어린아이다. 마지막(혹은 어쩌면 최초의) 움직임으로 아기가 문을 만지자 문이 열린다.

문 뒤에는 뭐가 있을까? 칠흑같이 어두운 공간? 시간을 거스른 거울상 여행? 살짝 다른 이웃 우주? 반대편에 문이 있는 어두운 복도? 아니면 양쪽 옆으로 문들이 끝없이 늘어서 있는 복도? 어쩌면 그 문 너머에 있는 방은 3면이 거울로 되어 있어서 끝없는 문들은 착시가 아닐까?

시작의 순간으로 돌아가는 우리의 여행에서 플랑크 시간은 이론이 적용되지 못하고 추측의 왕국으로 들어가는 순간이다. 우리는 '영원한' 인플레이션이 대부분 실패하지만 몇몇은 물질과 복사로 가득 찬 우주로 자라나는 무수히 많은 시공간 거품을 가정함으로써 빅뱅 아이디어를 능숙하게 처리하는 것을 보았다. 인플레이션은 우리 우주를 설명하는데 몇 가지 성공을 거두었다. 하지만 영원한 인플레이션에 대한 증거는 없고, 암흑에너지의 존재와 크기에 대한 설명이 없고, 아주 짧은 시간 동안의 급격한 팽창과 우주가 80억 세가 되었을 때 가속되기 시작한 팽창 사이에 아무런 연관성이 없다. 문은 여러 경쟁적인 아이디어들에게 활짝 열려 있다.

1999년 닐 투록Neil Turok과 폴 스타인하트Paul Steinhardt는 케임브리지의 우주론 컨퍼런스에서 M이론에 대한 강연을 듣고 있었다. 이 명석한 젊은 이론가들은 같은 생각을 떠올렸다. 우리 우주가 높은 차원의 막 속에 들어있는 3차원이라고 가정하자. 막들도 일반적으로 더 높은 차원으로 움직일 것이다. 그렇다면 2개의 막이 서로 충돌하면 어떻게 될까? 두 막의 충돌이 그 막에 들어있는 3차원 공간의 에너지원이 될 가능성은 없을까?

이는 어려운 계산이다. 투록과 스타인하트는 런던으로 가는 기차 안에서 그 아이디어에 대해 서로 이야기하고 대략적인 계산들을 해보았다(근처의 통근자들이 눈살을 찌푸렸을 것임에 틀림없다). 그리고 그날 밤 연극을 보면서 토론을 계속했다. 마침 그 연극은 1930년대 양자이론의 발전에 대한 이야기인 마이클 프레인Michael Frayn의 〈코펜하겐Copenhagen〉이었다. 그들은 둘 다 인플레이션의 불명확한 초기 조건과 빅뱅이 시간과 공간 모두의 기원이라는 사실에 불편함을 느꼈다. 그들에게 그것은 우아하지 못했고 임의적인 것이었다. 빅뱅은 막다른 길이었다. 문에는 접근 금지라고 적혀 있다. 그들은 인류 원리가 예측을 하지 않고 피해간다는 것을 발견하고 실망했다.

그래서 그들은 우주는 시작도 끝도 없다는 순환우주 아이디어를 되살렸다.■24 순환우주 모형은 1930년대에 처음 제안된 것으로, 유한한 우주가 팽창하고 수축하고 반발하기를 끝없이 반복한다는 것이다. 리처드 톨먼Richard Tolman은 곧 이 모형에 오류가 있다는 것을 지적했다. 매번 반발이 일어날 때마다 더 많은 복사가 만들어지기 때문에 우주는 더 많은 물질을 가지게 된다. 아인슈타인의 상대성이론에 따르면 반발은 매번 바로 앞의 반발보다 더 오래 지속된다. 과거로 돌아가면 반발이 지속되는 시간은 점점 줄어들어 0에 이르게 된다. 그래서 우주는 유한한 나이를 가지게 되어 빅뱅을 피할 수가 없다. 1980년대에 천문학자들은 팽창을 막고 되돌릴 만한 물질이 우주에 충분하지 않다는 사실을 밝혔다. 순환우주 모형의 관에 마지막 못을 박은 것처럼 보였다. 하지만 투록과 스타인하트는 3차원 세계가 더 높은 차원을 가진 공간의 표면이거나 막이라면 우주의 모습 대부분을 설명할 수 있다고 생각했다.

이것은 이렇게 설명할 수 있다. 끈이론은 2개의 막이 (더 높은 차원에서) 작은 간격을 두고 서로 떨어져 있다면 입자물리학을 꽤 잘 설명한다. 그 둘 사이의 장력은 암흑에너지와 같은 힘이다. 양자 요동은 막들에 주름을 만들어 구조가 형성될 씨앗을 제공한다. 막들은 격렬한 과정으로 충돌하여 많은 복사와 입자들을 만들어낸다. 막들이 서로 가까이 있을 때는 그 사이의 장력, 즉 암흑에너지가 작다. 하지만 멀어질수록 암흑에너지가 점점 커져서 우주를 우리가 지금 보는 것처럼 가속팽창 시킨다. 막들이 가까워지면 계속 팽창하면서 다음 충돌을 향해 나아간다.

이는 우주가 왜 그렇게 편평하고 매끈한지 설명해준다. 그리고 다시 충돌하여 우리 우주에 물질과 복사를 다시 공급한다. 한 번의 순환에는 약 1조 년이 걸린다. 이 모형에서 암흑에너지의 크기는 줄어든다. 여러 번의 순환을 한 후에는 우리가 지금 보는 작은 값을 가질 것으로 기대된다.

이것은 또 하나의 그저 그럴듯한 이야기일 뿐일까? 순환우주 모형은 인플레이션을 일으킨 우주의 여러 모습을 설명한다. 특이점을 피할 수 있고 빅뱅은 필요가 없다. 반면에 막들은 끈이론에서 예측되는 것이기 때문에 끈이론이 흐트러지기 시작하면 순환우주 모형도 마찬가지고, 끈이론에서 막들이 충돌을 하면 어떤 일이 생길지 계산하는 것은 매우 어렵다. 하지만 끈이론은 예측하는 것이 있다. 이것은 초기 우주에서 나와 시공간 사이를 흐르는 중력파가 발견되면 검증될 수 있다. 인플레이션이 맞다면 플랑크 초단파 관측 위성을 포함한 실험들은 중력파를 검출해야 한다. 충돌하는 막 모형이 맞다면 이 실험들은 아무것도 검출하지 못할 것이다.

우주가 영원하다면 우리는 시간과 공간 속에서 보잘것없는 자신에 대해서 더욱 겸손해져야 한다. 우리는 고대의 진리를 상기해야 한다. 힌두교와 불교의 고전에서 베다 경전에는 순환우주와 시간 단위가 서술되어 있다. 칼파kalpa, 브라마Brahma의 '하루'는 43억 년으로 우주의 나이와 규모가 비슷하다. 그랜드 칼파grand kalpa, 브라마의 '1년'은 3조 년으로 충돌하는 막 모형에서 한 번 순환하는 시간과 비슷하다. 브라마는 이보다 100배나 더 긴 300조 년을 산다고 알려져 있다.

나는 가끔 인도 북쪽 지방을 방문하여 불교 승려들에게 우주론을 가르친다. 이것은 승려들이 현대 세계의 과학을 이해하기를 바라는 달라이 라마의 영향에서 시작된 프로그램이다. 승려들은 신사적이고 기발하며, 열심히 배우는 사람들이다. 그들이 나에게서 배우는 만큼 나도 그들에게서 배운다. 한번은 우주의 나이에 대해서 이야기를 나누다가 천문학자들도 너무나 긴 시간에 대한 감을 잡기 어려워한다는 이야기를 한 적이 있다. 그러자 게세Geshe라고 하는 나이 든 승려 한 분이 부처님이 측정할 수 있는 가장 긴 시간을 어떻게 묘사했는지 이야기해 주었다. 고전에 의하면 부처님은 10킬로미터 높이의 대리석 산을 상상해보라고 말했다. 나비 한 마리가 1년에 한 번씩 날개로 가볍게 스치며 이 산을 지나간다. 브라마의 수명은 그 산이 모두 닳아서 없어질 때까지 걸리는 시간이다.

 부처님은 모든 것은 변화한다고도 말했다. 오늘 진리인 것이 내일은 진리가 아닐 수도 있다. 우리는 과학자들이 우주에 대한 우리의 가장 근본적인 질문에 답을 할 수 있을지 알 수 없다. 알버트 아인슈타인은 말했다. "현실과 비교해보면 우리의 모든 과학은 원시적이고 유치하다. 하지만 이것은 여전히 우리가 가진 가장 소중한 것이다." 우리는 젊은 종족이고 우리의 과학은 아직 성숙하지 못했다. 우리는 어둠을 무서워할 정도로 어리지는 않지만 그것을 완전히 이해할 수 있을 정도로 영리하지는 못하다. 우리의 여행은 이제 시작일 뿐이다.

 환상들이 서서히 사라져간다. 나는 땀을 흘리며 침대에 누워 있다. 호흡이 느려진다. 새와 관 속을 흐르는 물이 노래를 하고 멀리 자동차 소리가 들린다. 천천히 지금 여기의 상쾌함을 느낀다.
 꿈속에서 나는 오즈보다 더 환상적인 곳을 다녀왔다. 하늘을 넘어, 잔잔한 바다를 끌어당기는 달을 넘어, 은하 주위를 방황하는 태양의 주위를 돌고 있는 지구에서 먼 곳으로. 나는 생명과 죽음의 세계, 셀 수도 없을 정도로 많은 은하들, 그리고 블랙홀의 가장자리에서 죽어가는 물질들을 보았다. 나는 우주의 불덩어리 속을 탐험하고 물질의 탄생을 목격했다. 나는 우주의 구조가 기본 입자들로 녹아가고 시간과 공간이 알아볼 수 없을 정도로 울퉁불퉁해진 모습을 보았다.

나에게로 다시 돌아와 감각을 열었다. 나의 경험은 내가 오늘을 살고 앞으로 많은 날들을 살아가야 할 현실처럼 생생하다. 나는 생각할 수 있다는 사실에 놀라는 70킬로그램의 피와 뼈와 살이다. 나는 이 우주와, 이 공간과, 이 시간과, 이 생명을 단단하게 움켜쥐고 있다.

부록

| 사진 출처 |

23쪽: T. A. Rector, I. P. Dell'Antonio / NOAO / AURA / NSF.
27쪽: Greg L. Ruppel.
32쪽: NASA / MSFC / Renee Weber.
36쪽: NASA / Apollo 11.
46쪽: NASA / Jet Propulsion Laboratory.
52쪽: NASA / Jet Propulsion Laboratory.
53쪽: Larry McNish / Royal Astronomical Society of Canada.
58쪽: B. Dalrymple, V. Murthy, C. Patterson, D. York, and R. Farquhar.
61쪽: Subaru Telescope / National Observatory of Japan.
79쪽: Paul Butler et al. / Department of Terrestrial Magnetism.
84쪽: NASA, ESA, and D. Lafrieniere / University of Toronto.
86쪽: Greg Laughlin / California and Carnegie Planet Search.
91쪽: Greg Laughlin / California and Carnegie Planet Search.
93쪽: NASA / Kepler Mission.
106쪽: Wikimedia Commons / Borb.
110쪽: NASA / JPL-Caltech / J. Pyle / Spitzer Science Center.
116쪽: NASA / Goddard Space Flight Center.
121쪽: Orionis / Wikimedia Commons.
133쪽: National Park Service / United States Government.
137쪽: NASA / STScI / David Kaplan / University of California Santa Barbara.
142쪽: Johnson / Wikimedia Commons.
146쪽: European Space Agency.
153쪽: Andrea Ghez / UCLA Galactic Center Research Group.
167쪽: NOAO / AURA / NSF / Bill Shoening, Vanessa Harvey.
172쪽: NASA / Space Telescope Science Institute.
173쪽: European Southern Observatory.
183쪽: NASA / JPL-Caltech / R. Hurt / Spitzer Science Center.
193쪽: Proceedings of the National Academy of Science, 2004, vol. 101, p. 8.
196쪽: Brews ohare / Wikimedia Commons.
206쪽: Schaap / Wikimedia Commons.
209쪽: NASA / JPL-Caltech / GSFC / SDSS.
216쪽: NASA / ESA and the Hubble Heritage Team.
223쪽: NRAO/AUI.

231쪽: NASA / CXC / M. Weiss.
234쪽: Marc Turler / Geneva Observatory.
236쪽: NASA / ESA / John Hutchings.
256쪽: LSST Corporation / Howard Lester.
260쪽: NASA / Space Telescope Science Institute.
264쪽: NASA / ESA / E. Hallman.
270쪽: Saul Perlmutter / Physics Today.
280쪽: NASA / ESA / Space Telescope Science Institute.
283쪽: NASA / ESA / Space Telescope Science Institute.
285쪽: Wikimedia Commons / Htkym.
293쪽: NASA / Spitzer Space Telescope.
295쪽: Exoplanet Encyclopedia / J. Schneider / CNRS.
311쪽: Physics of the Universe / Luke Mastin.
319쪽: NASA / Goddard Space Flight Center / WMAP.
321쪽: NASA / United States National Parks Service / Bell Labs.
325쪽: NASA / Goddard Space Flight Center / COBE.
327쪽: NASA / Goddard Space Flight Center / COBE.
329쪽: NASA / Goddard Space Flight Center / WMAP.
341쪽: NASA / Goddard Space Flight Center / WMAP.
350쪽: NASA / Goddard Space Flight Center / WMAP.
354쪽: NASA / Goddard Space Flight Center / WMAP.
360쪽: Volker Springel / Max-Planck Institute for Astrophysics.
369쪽: NSF / Kirk Woellert.
370쪽: Fermi National Accelerator Laboratory.
374쪽: Fermi National Accelerator Laboratory.
383쪽: Maximillien Brice / CERN.
397쪽: Dartmouth Electron Microscope Facility / Wikipedia.
403쪽: Particle Adventure / NSF / DOE.
409쪽: Wikimedia Commons / Chrkl.
411쪽: Wikipedia Foundation.
430쪽: Wikimedia Commons / MissMJ.
433쪽: Carlos Herdeiro.
437쪽: Wikimedia Commons / Jbourjai.
440쪽: Wikimedia Commons / Dc978.

| 주 |

1부 가장 가까운 이웃

1장 | 태어나면서 이별하다

■ 1. 이런 놀라운 정확성은 엄청나게 빠른 전자장비 덕일 뿐만 아니라 시간을 놀라울 정도로 정확하게 측정할 수 있기 때문에 가능하다. 1967년부터 1초는 세슘-133 원자의 바닥상태에서의 미세천이에서 9,9192,631,770개의 복사파가 나오는 시간으로 정의되었다. 가장 정확한 원자시계는 10^{16}분의 1정도의 정확도를 가지고 있고, 실험에서의 시간은 10^{12}분의 1 정도의 정확도로는 쉽게 측정할 수 있다.

■ 2. 걱정은 많이 있었지만, 새턴 V 로켓은 거의 아무 문제없이 작동했다. 13번의 발사를 성공했는데, 아폴로 우주비행사들이 달에 착륙하기 전에는 두 번뿐이었다. NASA는 로켓의 개발을 위해 2만 개의 사기업과 30만 명의 사람들을 관리해야 했다. 그 복잡함과 기술 수준은 전례가 없는 것이었다. 10년 동안 NASA의 발사능력은 1만 배나 늘어났다. 이것은 라이트 형제가 최초의 비행기를 만든 뒤 10년 만에 초음속 비행기를 만든 것과 같다.

■ 3. 아폴로 프로그램의 흥분과 뒷얘기들은 앤드류 차이킨Andrew Chaikin의 《달 위의 사람A Man on the Moon: The Voyages of the Apollo Astronauts》(New York: Pengguin, 1994)에 아름답게 담겨 있다. 아폴로 우주비행사들의 관점은 유진 서난과 돈 데이비스Don Davis의 《달 위의 마지막 사람The Last Man on the Moon: Astronaut Eugene Cernan and America's Race in Space》(New York: St. Martin's Press, 1999)과 마이클 콜린스Michael Collins와 찰스 린드버그Charles Lindbergh의 《불 옮기기Carrying the Fire: An Astronaut's Journeys》(New York: Farrar, Straus, and Giroux, 2009)에 포함되어 있다. 기록자의 요약을 원한다면 리처드 올로프Richard Orloff와 데이비드 할랜드David Harland의 《아폴로Apollo: The Definitive Soucebook》(Berlin: Praxis, 2006)을 보라.

■ 4. J. Bogoshi, K. Naidoo, and J. Webb, '가장 오래된 수학적 도구The Oldest Mathematical Artifact', 〈The Mathematical Gazette 71〉, no. 458 (1987), p. 294.

■ 5. M. Rappengluck, '황도의 황금 대문을 지켜보고 있는 구석기 시대의 시간 관리자들Paleolithic TimeKeepers Looking at the Golden Gate of the Ecliptic', 〈Earth Moon, and Planets 85〉(1999), p.391.

■ 6. C. Cheng, '중국 우주론에서의 인과관계 모형: 비교 연구Model of Causality in Chinese Cosmology: A Comparative Study', 〈Philosophy East and West 26〉, no. 1 (1976), p. 3.

■ 7. E. G. Richards, 《시간을 그리다: 달력과 그 역사Mapping Time: The Calendar and its History》(Oxford: Oxford University Press, 2000).

■ 8. 종교에서 달을 사용하는 것은 해가 없어 보이지만 문제를 일으킬 가능성은 있다. 음력과 관련된 문제는 기독교를 정통 유대교와 멀어지게 만들었고, 수 세기에 걸친 동양의 전통적인 원칙들과 무슬림의 감성들은 일부 기독교 학자들에 의해 그들이 이교도적인 '달'의 신을 섬기는 것으로 비난받았다. 하지만 모든 유일신 종교들은 믿음을 얻기 위해서 다신교나 이교도의 믿음과 충분히 융합될 수 있을 정도로 유연하기 때문에 이런 주장들은 괜한 분쟁만 일으키는 것으로 간주되었다.

■ 9. 아리스타르코스는 지구, 달, 태양의 상대적인 크기를 계산했는데, 태양의 크기는 달이 절반만 빛날 때 태양과 달 사이의 각도를 측정하는 좀 더 어려운 관측에 의존한다. 그는 태양의 크기와 거리를 과소 측정했다. 하지만 태양이 지구보다 훨씬 더 크고 무겁다는 결론을 얻는 데에는 아무런 문제가 없었다. 그래서 초기 그리스인들은 태양-지구-달 시스템에 대해서 현대와 관점이 같은 모든 요소들, 모두 구형이며, 크기와 거리도 알고, 태양이 이 시스템의 중심에 있을 가능성까지 갖추고 있었다.

■ 10. E. Chudler, '보름달의 힘. 텅 빈 곳에서 달리기?The Power of the Full Moon. Running on Empty?' 《마음과 뇌에 관한 재미있는 이야기: 사실과 허구를 구별하기Tall Tale About the Mind and Brain: Separating Fact from Fiction》중에서, ed. S. Della Sala(Oxford: Oxford University Press, 2000), p. 401.

■ 11. J. Rotton and I. Kelly, '보름달에 관한 논란: 달과 연관된 이상한 행동 연구에 대한 메타 분석Much Ado About the Full Moon: A Meta-Analysis of Lunar-Lunacy Research', 〈Psychological Bulletin 97〉, issue 2 (1985), p. 286.

■ 12. D. J. Stevenson, '달의 기원-충돌 가설Origin of the Moon-The Collision Hypothesis', 〈Annual Review of Earth and Planetary Sciences 15〉(1987). p. 271.

■ 13. E. Belbruno and J. R. Gott, '달은 어디에서 왔는가?Where Did the Moon Come From?', 〈The

Astronomical Journal 129〉, no. 3 (2005), p. 1724.

■ 14. J. Touma and J. Wisdom, '지구-달 시스템의 진화Evolution of the Earth-Moon System', 〈The Astronomical Journal 108〉, no. 5 (1994), p. 1943.

■ 15. 역사적인 사건에 참여하는 데에는 재미있는 우연도 중요한 역할을 했다. 아폴로 우주비행사들의 비행대장이었던 디키 슬레이턴Deke Slayton은 대원들을 순환하여 배치했다. 닐 암스트롱은 아폴로 8호의 예비선장이었기 때문에 아폴로 11호의 선장이 되었다. 사실 슬레이턴은 그 역할을 경험이 많은 아폴로 8호의 선장이 프랭크 보먼Frank Borman에게 제안했지만, 팀 플레이어였던 보먼이 양보한 것이다. 거기다 보먼의 아내는 그가 더 이상 목숨을 건 비행을 하지 않기를 원하고 있었다. 짐 로벨Jim Lovell은 달에 두 번이나 갔지만 한 번도 달에 발을 디디지 못했다. 9명의 아폴로 우주비행사들은 1972년 프로그램이 취소되는 바람에 달에 가보지도 못했다. 아폴로 13호의 선원들도 위험했지만, 이 프로그램에서 가장 비극적인 사람들은 발사대 화재로 목숨을 잃은 3명의 아폴로 1호 선원들이었다.

■ 16. Francis French and Colin Burgess, 《달의 그림자 안에서: 고요의 바다를 향한 도전적인 여행In the Shadow of the Moon: A Challenging Journey to Tranquility》(Lincoln : University of Nebraska Press, 2007).

■ 17. 인류의 달 방문을 부정하는 사람들과의 논쟁은 쓸데없는 것이다. 그들은 아폴로 프로그램이 진짜였다는 수많은 증거들은 무시하면서 다르게 설명될 수 있는 극히 일부의 측면에만 의존하고 있기 때문이다. 음모론자들은 NASA가 아폴로 11호 착륙 장면을 방송했던 TV 방송 테이프가 실수로 지워졌다는 사실을 지나치게 즐긴다. 여기에 대한 가장 철저한 반박은 지금은 〈디스커버리 매거진〉 온라인이 관리하는 필 플레이트Phil Plait의 'Bad Astoronomy' 블로그에 잘 나와 있다.

■ 18. Charles Murray and Catherine Cox, 《아폴로: 달을 향한 경주Apollo: The Race to the Moon》(New York : Simon and Schuster, 1989).

■ 19. 모든 선구적인 기술이 그러하듯이, 상업적인 우주비행의 최초 10년은 비싸고 위험하며, 오직 용감하고 부유한 사람들만이 할 수 있다. 하지만 경제가 발전하고 기술이 성숙해지면 더 많은 사람들이 참여할 수 있는 수준으로 가격이 내려갈 것이다. 우주공항연합Spaceport Associates이 2006년 실시한 인터넷 조사 Adventurer's Survey에 의하면 현재의 가격으로는 미국인들 중 단지 5퍼센트만이 저궤도 혹은 궤도 비행에 관심을 가지고 있지만, 가격이 2만 5,000달러로 내려가면 거의 모든 사람들이 저궤도 비행을 고려해볼 것이라고 대답하였다. 내가 애리조나대학에서 1학년과 2학년을 가르칠 때 조사한 바로는 5만 달러면 일생에 단 한 번인 저궤도 비행을 해볼 수 있다고 했다. 그렇다면 미국에서 대학 교육을 받은 인구만 생각해도 우주관광 비용의 규모는 1년에 300억 달러에 이른다. 이것은 1년간의 영화 관람료와 DVD 판매수입을 가볍게 뛰어넘는다. 우주관광 산업이 거대한 시장이 될 수 있는 가능성을 보여주는 것이다.

2장 | 행성 동물원

■ 1. 펠릭스 바움가르트너Felix Baumgartner는 초음속 우주복을 입고 36,000미터에서 자유낙하를 계획하고 있다. '두려움 없는 펠릭스'는 세계에서 가장 높은 건물과 다리에서의 베이스 점핑base-jumping(건물·다리 등 높은 곳에서 낙하산을 타고 내려오는 스포츠 – 옮긴이)과 특별하게 설계된 유리섬유 날개를 이용하여 영국해협을 가로지른 것으로 유명하다. 그의 라이벌은 8,000번이 넘는 낙하산 점프를 했고, 이미 우주에서의 낙하를 준비하면서 7,500미터 이상에서 100번 이상을 점프한 미셸 푸르니에Michel Fournier다. 우주 공간 근처에서의 위험성은 텍사스 상공 64킬로미터에서 마하 20으로 비행하다가 폭발하여 7명의 선원이 목숨을 잃은 콜럼비아 우주왕복선을 상기하면 된다. 그런데 여기에서 이스라엘의 우주비행사 일란 라몬Ilan Ramon의 일기 수십 페이지는 전혀 손상되지 않고 살아남아 현재 예루살렘의 박물관에 전시되어 있다.

■ 2. NASA는 10개가 넘는 센터들로 이루어딘 거대한 조직이며, 그 정보와 임무들도 마찬가지로 다양하며 세분화되어 있다. 모든 국제적인 활동을 포함하여 우주탐사선들에 대한 정보가 가장 잘 정리된 것은 위키피디아의 요약 자료인 '태양계 탐사선 목록List of Solar System probes'이다.

■ 3. 우주여행과 기술에서 많은 부분이 그렇듯이 러시아인들이 선구자였다. 제1차 세계대전에서 하급장교였던 기간 동안 유리 콘드라츄크Yuri Kondratyuk는 행성간 비행에 대한 아이디어로 4권의 공책을 채웠다. 거기에는 궤도선과 착륙선을 이용하는 아이디어도 포함되어 있었는데, 이것은 결국 아폴로 프로그램에 사용되었다. 그의 1919년 논문 〈행성 간 로켓을 만들기 위해서 이 논문을 읽을 사람에게To Whoever Will Read This Paper in Order to Build an Interplanetary Rocket〉에는 중력의 도움을 받는 아이디어가 포함되어 있다. 이 방법은 1959년 소련의 탐사선 루나 3호가 달의 뒷면을 관측할 때 처음으로 사용되었다.

■ 4. 보이저호에 실린 꾸러미에는 각각 우연히 만날 수 있는 외계 문명에게 보내는 메시지로 준비된 '황금 레코드'가 포함되어 있다. 칼 세이건이 이끄는 팀이 레코드판의 홈에 기록될 사진, 음악, 그리고 지구의 다양한 소리들을 선택했다. 지구에서도 거의 사용되지 않는 기술을 보내는 것은 미래지향적이지 않다고 주장하는 사람들도 있었지만, 그 팀은 디지털 기술—CD, DVD, 하드 드라이버, 플래시 드라이버—은 오래 지속되지 못하는 반면 황금 레코드에 물리적으로 기록된 아날로그 정보는 수백만 년 동안 안정적으로 유지될 것이라고 올바르게 반박하였다. C. Sagan, F. Drake, A. Druyan, T. Ferris, J. Lomberg, and L. Salzman, 《지구의 속삭임: 보이저호의 성간 레코드Murmurs of Earth: The Voyager Interstellar Record》(New York : Random House, 1978)을 보라. 보이저 1호에는 행성들의 '가족사진'과 칼 세이건이 '창백한 푸른 점'이라는 이름을 떠올리게 된 토성의 고리 뒤에 있는 지구의 사진이 실려 있다.

■ 5. 거의 모든 인류 문명은 하루와 한 달 사이에 시간을 구분하는 중간 단위를 가지고 있으며, 이것은 4일(중앙아프리카)에서 10일(이집트)까지 다양하지만 천문학적인 주기를 따른다. 7일을 1주일로 나누는 서양의 전통은 유대인들이 기원전 6세기에 바빌론의 식민지로 있을 때 시작

459

된 것이다. 요일의 이름들은 우리의 달력이 율리우스 시저 시대에 혼합되어 발명되었기 때문에 로마의 신들에 기반 한 다섯 행성들의 이름으로 정해진 다음 이후에 약간 수정되었다. 로마어(그리고 힌두어, 일본어, 한국어)에서는 행성들의 이름이 명확하지만 영어에서는 4개의 로마어 이름들이 고대 노르웨이어로 신인 Tiw, Woden, Thor, 그리고 Freya로 바뀌었다.

■ 6. C. S. Littleton, 《신화: 세계의 신화와 이야기 모음집Mythology: The Illustrated Anthology of World Myth and Storytelling》(London: Duncan Baird Publishers, 2002).

■ 7. 갈릴레오와 동시대 인물인 시몬 마리우스Simon Marius는 갈릴레오보다 수 주 전에 적어도 한 개의 목성의 위성을 발견했다고 주장했지만, 그의 주장은 증명되지 못했다. 재미있게도 한 중국인 역사가가 갈릴레오보다 2,000년 전인 기원전 364년에 간 디Gan De가 목성의 위성들 중 하나를 보았다고 주장했다. 4개의 갈릴레오 위성들은 원칙적으로 궤도면에 수직으로 세운 나뭇가지로 행성을 잘 가리면 맨눈으로도 볼 수 있을 정도로 충분히 밝다. 간 디는 그리스의 천문학자 히파르코스보다 수백 년 먼저 별들의 목록을 만들기도 했다.

■ 8. J. Kelly Beatty, Carolyn Peterson, and Andrew Chaikin, 《새로운 태양계The New Solar System》(Cambridge: Cambridge University Press, 1999), 그리고 M. Woolfson, '태양계의 기원과 진화The Origin and Evolution of the Solar System', 〈Astronomy and Geophysics 41〉(2000), p. 1.

■ 9. 2006년 국제천문연맹International Astronomical Union, IAU이 정의한 바에 따르면, 행성은 태양을 중심으로 하는 궤도를 돌아야 하고(큰 달들은 제외됨), 정역학적 평형을 유지할 수 있는 충분한 질량을 가져야 하고(거의 원형에 가까운 모습을 가지고 있어야 함을 의미), 같은 궤도에 있는 '이웃들을 청소'해야 한다. 명왕성은 세 번째 조건을 충족하지 못한다. 이 정의는 천문학자들 사이에서조차 공통적인 지지를 받지 못하고 있다. 이리스를 포함한 많은 해왕성 밖 천체들을 발견한 칼텍의 천문학자가 이에 대한 책을 썼다. Mike Brown, 《나는 어떻게 명왕성을 죽였으며 왜 그렇게 되었는가How I Killed Pluto and Why It Had It Coming》(New York: Spiegel and Grau, 2010).

■ 10. 방사성 연대측정법은 붕괴가 일어나기 전의 핵이나 붕괴로 만들어진 산물이 추가되거나 없어지지 않았다는 가정 하에서 사용된다. 지질학적으로 활동적인 물질에서는 시간이 지나면서 이 방법을 사용하기 어렵게 만드는 오염이 생길 수 있다. 이것을 막기 위해서 여러 종류의 샘플이 사용되며 서로 다른 동위원소들의 여러 붕괴 경로가 측정된다. 서그린란드에서 나온 편마암 하나는 12개의 샘플에 대해서 5가지 방법이 적용되었는데, 36억 4,000만 년의 나이에 3,000만 년 이내에서 일치했다. G. B. Dalrymple, 《지구의 나이The Age of the Earth》(Stanford: Stanford University Press, 1991).

■ 11. S. A. Bowring, '북서 캐나다에서 나온 초기의 정편마암Priscoan Orthogneisses from Northwestern Canada', 〈Contributions to Minerology and Petrology 134〉(1999), p. 3.

■ 12. S. A. Wilde, J. W. Valley, W. H. Peck, and C. M. Graham, '쇄암질 지르콘에서 본 44억 년 전 지구의 대륙지각과 대양의 존재에 대한 증거Evidence from Derital Zircons for the Existence of Continental Crust and Oceans on the Earth 4.4 Gyr Ago', 〈Nature 409〉(2001), p. 175.

■ 13. 앞 장의 마지막에 언급된 상상 속의 사건에서, NASA 달 샘플의 '가치'는 현재로 환산된 아폴로 미션들의 비용을 가지고 온 월석의 무게로 나누면 계산될 수 있다. 우리가 다시 달로 가서 더 가져올 계획이 없기 때문에 대체 불가능한 것이긴 하지만 그 가치는 그램당 1,500달러가 된다. 그러므로 지구에 떨어진 '공짜' 샘플에는 매우 높은 가치가 매겨진다. 2에서 3그램 정도를 먹는다면 수천 달러의 가치를 먹은 것이다. 그램당 겨우 10달러에서 20달러밖에 되지 않는 알마스 캐비어나 사프란 같은 음식의 가격과 비교해보라.

■ 14. M. D. Norman, L. E. Borg, L. E. Nyquist, and D. D. Bogard, '데카르트 각력암 67215에서 얻은 함철 사장 쇄설암의 연대기, 지구화학, 그리고 암석학: 달 지각의 나이, 기원, 구조, 그리고 충돌의 역사에 대한 단서Chronology, Geochmistry, and Petrology of a Ferroan Niritic Anorthosite Clast from Descartes Breccia 67251: Clues to the Age, Origin, Structure, and Impact History of the Lunar Crust', 〈Meteoritics and Planetary Science 38〉(2003), p. 645.

■ 15. J. Baker, M. Bizzarro, N. Wittig, J. Connelly, and H. Haack, '45.662억 년 나이의 다양한 운석들의 초기 미행성 용융Early Planetesimal Melting from an Age of 4.5662 Gyrs for Differentiated Meteorites', 〈Nature 436〉(2005), p. 1127.

■ 16. T. Montmerle, J. -C. Augereau, M. Chaussidon, M. Gounelle, B. Marty, and A. Morbidelli, '태양계의 형성과 초기 진화: 최초의 1억 년Solar System Formation and Early Evolution: The First Hundred Million Years', 〈Earth, Moon, and Planets 98〉(2006), p. 299.

■ 17. 별 생성 모형에 따르면 태양은 1,300광년 떨어져 있는 오리온성운과 그 속에 있는 성단처럼, 수천 개의 별들로 이루어진 성단의 일부로 만들어진 것으로 보인다. 성단에서 가장 무거운 별들은 몇백만 년밖에 살지 못하기 때문에 이 별들의 죽음은 근처 기체들의 수축을 유발하여 새로운 별들이 만들어지게 할 수 있다. 태양계 바깥쪽의 성분과 구조는 태양계가 만들어진 직후에 질량이 큰 별들의 영향을 받은 것으로 보인다. 1억 년 이내에 별들은 만들어진 곳에서 떠났고 원래의 성단에 대한 증거는 사라졌다. S. F. Portegies Zwart의 '태양의 잃어버린 남매들The Lost Siblings of the Sun', 〈The Astrophysical Journal 696〉(2009), p. L13을 보라. 하지만 초신성에 의한 '유발'이론은 몇 가지 문제가 있기 때문에 곧 있을 제네시스 미션을 통해 검증받을 것이다.

■ 18. 암석행성들과 거대 기체행성들의 경계선은 인공적인 것이 아니다. 이것은 '어는점'을 기준으로 나뉜다. 어는점 안쪽에서는 이산화탄소와 메탄, 그리고 물과 같은 휘발성 물질들은 액체나 기체이고, 그 바깥쪽에서는 고체다. 어는점 바깥쪽의 차가운 지역에서는 배아행성들이 바위와 얼음으로 만들어져 거대한 기체 대기를 끌어올 수 있기 때문에 더 크다.

■ 19. 공명은 2개의 행성이나 달의 공전 주기가 작은 정수들의 비로 연관되어 있는 경우 항상 일어난다. 이것은 행성의 음악이 그들의 움직임의 조화에서 오는 것이라고 하는 피타고라스의 '공들의 조화'로 생각할 수 있다. 공명은 불안정하고 일시적인 것도 있고 오래 지속되는 것도 있다. 태양계에서 공명은 소행성대와 토성 고리에서의 틈새, 목성의 위성들인 이오, 유로파, 가니메데의 공전 주기가 서로 단순하게 연관되어 있는 것, 명왕성의 궤도를 안정시키는 해왕성의 역할, 그리고 다른 많은 미묘한 현상들을 설명해준다. 공명은 행성들이 어떻게 자기 궤도에 있는 잔해들을 청소하는지도 설명한다. 그리고 이는 행성의 정의 중 하나가 되었다.

■ 20. H. Levison, A. Morbidelli, C. Van Laerhoven, et al., '천왕성과 해왕성 궤도의 역학적 불안정 기간 중의 카이퍼 벨트 구조의 기원Origin of the Structure of the Kuiper Belt During a Dynamical Instability in the Orbits of Uranus and Neptune', 〈Icarus 196〉(2007), p. 258.

■ 21. David Portree, '화성 유인 탐사: 50년의 미션 준비Humans to Mars: Fifty Years of Mission Planning', in 〈NASA Monographs in Aerospace History Series〉, no. 21 (Washington, DC: NASA, 2001).

3장 | 지구 밖 세계

■ 1. 그리스의 우주론은 지구가 우주의 움직이지 않는 중심이라는 아리스토텔레스의 믿음에 근거하고 있다. 하지만 그리스인들은 별을 운반하는 투명한 구의 빠른 움직임에는 주의를 돌리지 않았다. 100만 킬로미터 거리에서 하루에 한 바퀴를 돌기 위해서는 별의 구는 시속 100만 킬로미터의 속도로 움직여야 한다.

■ 2. 그의 전체 이름은 Abu Abdullah Muhammad ibn Umar ibn al-Husayn al-Taymi al-Bakri al-Tabaristani Fakhr al-Din al-Razi이다. 이 수니파 신학자의 지식은 아리스토텔레스와 라이벌을 이루거나 오히려 능가한다. 그는 법학, 신학, 문법, 역사, 윤리학, 형이상학, 논리학, 수학, 천문학, 물리학, 심리학, 의학, 그리고 점성술, 연금술과 같은 초자연적인 기술의 전문가였다.

■ 3. 별의 구조에 대한 이론을 최초로 개발한 영국의 천체물리학자 아서 에딩턴은 이 문제를 '고래와 물고기들'이라고 불렀다. 바다에서는 고래와 같은 큰 생물들을 작은 물고기들보다 더 쉽게 볼 수 있다. 그래서 이들을 더 먼 거리까지 볼 수 있기 때문에 이들의 숫자를 과대평가하게 되는 것이다. 마찬가지로 우리 주변의 우주에는 밝고 무거운 별보다 작고 어두운 별들이 훨씬 더 많다. 하지만 밝고 무거운 별들은 더 잘 보이기 때문에 더 멀리 있는 것까지 우리가 볼 수 있다. 그래서 태양에서 가장 가까운 별 50개 중 90퍼센트는 평균거리가 12광년인 차가운 적색왜성이고, 가장 밝은 별 50개 중 90퍼센트는 거성, 초거성, 또는 태양보다 질량이 큰 주계열성이며 평균거리는 200광년이다. 이 두 부류가 겹치는 경우는 거의 없다.

■ 4. 100년 전 시차를 발견하는 과정에서 광행차라고 하는, 중요하긴 하지만 시차와는 관련이

없는 효과가 발견되었다. 1727년 제임스 브래들리James Bradley는 런던 근처 큐Kew에 있는 그의 집 정원에 수직으로 향한 망원경을 설치하여 밝은 별의 위치가 시간이 지나면서 변하는 것을 관측하고 있었다. 광행차는 빛의 속도가 일정하고 지구가 태양을 중심으로 움직이기 때문에 일어나는 것이다. 내리는 빗속에 있는 상황을 생각해보자. 앞으로 걸어가려면 비를 막기 위해서 우산을 약간 앞으로 기울여야 한다. 앞으로 걸어가면 내리는 비는 머리 위로 똑바로 떨어지는 것이 아니라 약간 앞에서 비스듬히 떨어지는 것처럼 보인다. 별빛에서도 똑같은 효과가 나타나는데 이것을 광행차라고 한다. 하지만 별빛에서 이 효과는 지구가 움직이는 속도가 빛의 속도에 비해서 아주 작기 때문에 매우 약하게 나타난다. 광행차가 측정되고 이해된 후에는 천문학자들은 시차를 찾는 과정을 새롭게 시작해야 했다. 하지만 광행차는 지구가 태양을 중심으로 움직인다는 코페르니쿠스의 모형을 지지하는 또 하나의 증거가 되었다.

■ 5. 천문학에서 가장 중요한 거리의 단위는 시차에 기반하고 있다. 1파섹은 1초각에 해당하는 곳에 있는 별까지의 거리로 정의된다. 이것은 3.26광년이며 31조 킬로미터에 해당한다. 시차가 가장 큰 별은 프록시마 센타우리로 0.769이며 이것은 1.3파섹 혹은 4.2광년에 해당한다. 거리는 시차의 크기에 반비례한다.

■ 6. 그리스인들은 지구-태양 거리를 계산할 수 있는 태양의 시차를 여러 번 측정하였다. 하지만 처음으로 정밀하게 측정된 값은 금성이 태양 앞을 지나갈 때 지구의 여러 지점에서 관측하여 얻은 것이다. 에드먼드 핼리는 1716년에 이 방법을 제안했지만 1761년과 1769년에 이것이 성공적으로 측정되는 것을 살아서 보시는 못했다.

■ 7. 도플러 효과는 상대적인 운동에 의해 빛(혹은 모든 파동)의 파장이 이동하는 것이다. 관측자에서 멀어지고 있는 별에서 나오는 빛은 붉은색으로 이동하고, 관측자에게 가까워지고 있는 별에서 나오는 빛은 푸른색으로 이동한다. 파장이 이동하는 비율은 빛의 속도에 대한 별의 이동속도의 비와 같다. 도플러 효과는 반드시 관측자에게 다가오거나 멀어지는 방향의 운동 성분이 있을 때에만 관측된다. 그러므로 어떤 행성이 하늘에서 평면으로 별의 주위를 돈다면 도플러 효과는 관측되지 않는다. 행성들이 별들을 우리가 보기에 무작위적인 방향으로 회전하고 있다고 가정한다면, 실제 움직임의 일부만 도플러 효과로 관측될 것이고, 결과적으로 행성들의 속도(그리고 질량)를 2배 정도 과소평가하게 될 것이다.

■ 8. 전파천문학자들은 참을성 있게, 하지만 가끔은 격렬하게 광학천문학자들에게 최초의 외계행성들은 1992년 밀리세컨드 펄사에서 발견되었다고 상기시킨다. 둘은 슈퍼 지구이고 하나는 지구의 달보다 질량이 작다. 이들은 죽은 별 주위를 돌고 있고 생성 메커니즘이 알려지지 않았기 때문에 '적절한' 행성으로 간주되지 못했다. 하지만 지금 발견되고 있는 다양한 외계행성들을 보면, 이것을 최초의 발견으로 인정해 주는 것이 공정할 것 같다. A. Wolszczan and D. Frail, '밀리세컨드 펄서 PSR 1257+12 주변의 행성계A Planetary System Around th Millisecond Pulsar PSR 1257+12', 〈Nature 355〉(1992), p. 145.

■ 9. 흡수선들의 비교 자료는 별의 속도를 매우 정확하게 측정할 수 있을 정도로 만들어진다. 그렇다 해도 외계행성들을 찾기 위해서는 엄청나게 안정적인 분광기가 필요하다. 약간의 파장 이동이나 실수도 찾고 있는 신호를 묻어버릴 수 있기 때문이다. 사실 별의 흡수선들은 별에서의 기체의 움직임 때문에 넓어지기 때문에 충분히 좁지 않다. 그래서 충분히 많은 빛을 모아서 흡수선의 중심을 정확하게 결정해야 한다. 아마도 가장 획기적인 발전은 망원경에서 빛이 지나가는 경로에 기체 상자를 놓아서 요오드 또는 다른 원소들의 흡수선을 기록하는 것일 것이다. 이것은 움직이지 않는 상태를 안정적이고 지속적으로 제공해준다.

■ 10. M. Mayor and D. Queloz, '태양과 유사한 별에 있는 목성 질량의 동반자A Jupiter-mass Companion to a Solar-type Star', 〈Nature 378〉(1995), p. 355.

■ 11. 외계행성의 식현상은 직경 10센티미터 정도의 작은 망원경으로도 관측될 수 있기 때문에 아마추어 천문학자들이 이 연구에서는 중요한 역할을 한다. 뜨거운 목성들이 예상보다 훨씬 많이 발견되었기 때문에 이 방법은 광범위하게 사용되었다. 외계행성이 크고 궤도가 별에 가까울수록 식현상이 일어날 가능성이 커지기 때문이다. D. Charbonneau et al., '태양과 유사한 별 앞을 가로지르는 행성 식현상의 발견Detection of Planetary Transits Across a Sun-like Star', 〈The Astrophysical Journal Letters 529〉(2000), p. L45.

■ 12. 2010년 연구자들은 많은 뜨거운 목성들이 자신들이 태어난 별의 원반에 대해 크게 기울어진 궤도를 돌고 있고, 어떤 것은 모성과 반대 방향으로 회전하고 있다고 발표했다. 이것은 모두 이동 가설로 설명할 수 없는 것이었기 때문에 연구자들은 행성이나 동반성과 같이 멀리 있는 큰 천체가 뜨거운 행성을 지속적으로 건드려 궤도가 불안정하게 되고 별을 뛰어 넘어간다는 메커니즘을 제안하게 되었다.

■ 13. A. -M. Lagrange et al., '젊은 별 베타 픽토리스의 원반에서 촬영된 거대 행성A Giant Planet Imaged in the Disk of the Young Star Beta Pictoris', 〈Science 329〉(2010), p. 57.

■ 14. K. Todorov, K. Luhman, and K. McLeod, '황소자리 갈색왜성의 행성 질량의 동반자 발견Discovery of a Planetary-mass Companion to a Brown Dwarf in Taurus', 〈The Astrophysical Journal Letters 714〉(2010), p. L84.

■ 15. 소행성과 같은 작은 천체가 두 개의 큰 행성들 사이에 위치하고 있는 경우를 생각해보자. 그 소행성은 두 행성들 중 하나를 중심으로 궤도운동을 할 수도 있고, 두 행성들 사이를 혼돈스럽게 왔다 갔다 할 수도 있다. 특정한 시간에 이 소행성이 어떤 행성의 궤도를 돌고 있을지 예측하는 것은 불가능하다.

■ 16. R. Malhotra, M. Holman, and T. Ito, '태양계의 혼돈과 안정Chaos and the Stability of the Solar System', 〈Proceedings of the National Academy of Sciences 98〉(2001), p. 12342.

■ 17. W. Borucki et al., '첫 번째 자료들로 본 케플러 행성 후보들의 특성: 대부분은 해왕성 크기이거나 더 작음Characteristics of Kepler Planetary Candidates Based on the First Data Set: The Majority Are Found to be Neptune-sized and Smaller', 〈The Astrophysical Journal 728〉(2011), p. 117.

■ 18. 생기론에 반대하는 커다란 지적인 전통이 있다. 생기론은 생명체는 생화학적인 반응과 다른 원리에 의해 지배되며 물리학이나 화학 법칙으로 축소시킬 수 있는 것이 아니라는 것이다. 베첼Bechtel과 리처드슨Richardson은 생기론을 '허위라고 입증할 수 없는, 그래서 치명적인 형이상학 교리'라고 표현했다. 《Routledge Encyclopedia of Philosophy》, ed. E. Craig (London: Routledge, 1998).

■ 19. L. Hood and D. Galas, 'DNA의 디지털 암호The Digital Code of DNA', 〈Nature 421〉(2003), p. 444.

■ 20. J. Guedes, E. Rivera, E. Davis, G. Laughlin, E. Quintana, and D. Fischer, '알파 센타우리 B 주변에서의 암석행성들의 형성과 발견 가능성Formation and Detectability of Terrestrial Planets Around Alpha Centauri B', 〈The Astrophysical Journal 679〉(2008), p. 1582.

■ 21. Paul Gilster, 《센타우리의 꿈: 성간 탐험의 상상과 계획Centauri Dreams: Imagining and Planning Interstellar Exploration》(New York: Copericus Books, 2004), 그리고 Gilster의 블로그 http://www.centaruri-dreams.org

4장 | 별들의 요람

■ 1. 아낙사고라스는 아마도 대부분의 사람들이 들어보지 못한 가장 유명한 과학자이자 철학자일 것이다. 태양계의 움직임에 대한 그의 아이디어는 그가 원심력과 물질의 차이를 이해했다는 것을 보여준다. 그리고 달은 태양빛을 받아서 빛나는 것이고, 식현상이 일어나기 위해서는 필요한 것이 무엇인지 이해하고 있었다. 그는 원근법에 대한 논문을 하나 썼는데, 이것은 우주의 3차원 구조와 천체들의 엄청난 크기에 대한 감을 가지는 데 도움을 준 것이 분명하다. 그는 하늘에 있는 모든 물체는 돌이라고 믿었고, 그리스에서 발견된 운석은 하늘에서 떨어진 돌이 틀림없다고 주장했다. 비록 그의 저술이 거의 남아 있지는 않지만 그는 수학 발전에도 중요한 기여를 한 것으로 보인다.

■ 2. 과학자가 기사 작위를 받는 경우는 종종 있지만 상원의원 작위를 받는 경우는 아주 드물다. 가장 최근의 예는 우주론학자 마틴 리스 경으로, 2005년에 러들러의 리스 남작Baron Rees of Ludlow이 되었다.

■ 3. 문제는 지질학자들과 생물학자들은 아직도 자신들의 표본의 나이를 측정하는 믿을 만한 방법을 찾지 못했기 때문에 물리학이 정량적인 계산을 할 수 있는 유일한 기반이라는 것이다.

켈빈의 탁월한 명성은 그의 잘못된 계산이 20세기 하반기 전체에 영향을 미쳤다는 것을 의미한다. 다윈은 그의 동료이자 라이벌인 알프레드 러셀 월리스Alfred Russel Wallace에게 보낸 편지에 이렇게 썼다. "세계의 나이에 대한 톰슨(켈빈)의 관점은 언젠가 나에게 가장 치명적인 문제가 될 것이다." 켈빈은 태양이 당시에 알려진 물리학으로 작동한다고 가정했다. 그리고 공정을 기하기 위하여 여기에 대한 약조도 덧붙였다. "지구의 거주자들은 현재 우리에게 알려지지 않은 에너지원이 거대한 창조의 상점에 준비되어 있지 않다면 수백만 년 동안 생명 유지에 필수적이었던 빛과 열을 계속 즐기지 못할 것이다."

■ 4. 아서 에딩턴. 1920년 영국 런던에서 과학 발전을 위한 영국연합 회장 연설에서.

■ 5. 태양빛을 만드는 3단계의 핵반응은 양성자-양성자 연쇄반응이라고 한다. 우리는 태양의 중심부를 들여다볼 수 없기 때문에 그곳에서 일어날 것으로 가정되던 핵반응의 직접적인 확인은 1980년대 말에 일본의 지하 검출기에서 뉴트리노를 검출할 수 있게 되었을 때에야 가능하게 되었다. 뉴트리노는 수소가 헬륨으로 융합될 때 부산물로 나올 것으로 예측되는 약하게 반응하는 원자 구성 입자이다. 이 검출은 새로운 의문을 낳았다. 뉴트리노가 태양 모형에서 예측한 것의 절반밖에 검출되지 않았기 때문이다. 이 불일치는 입자물리학의 표준 모형을 수정하는 결과로 이어졌다.

■ 6. 눈에 보이는 태양의 표면을 광구라고 한다. 이것은 날카롭고 잘 정의된 것처럼 보이지만, 태양은 온도, 밀도, 그리고 압력이 모두 부드럽게 변하는 뜨겁고 부드러운 기체 공이다. 광구에는 어떠한 물리적인 불연속성이 없기 때문에 광구를 통과하는 탐사선은 아무런 '충격'을 느끼지 못할 것이다. 하지만 밖으로 나올수록 밀도가 낮아진다는 것은 복사의 상호작용이 점점 줄어든다는 것을 의미한다. 태양 깊은 곳에서는 높은 에너지를 가진 광자는 멀리 움직이기 전에 전자와 만나서 부딪히게 된다. 표면은 광자가 평균적으로 더 이상 상호작용하지 않고 진공의 공간을 통해 지구까지 자유롭게 여행할 수 있는 곳을 가리킨다. 그래서 우리는 경계를 볼 수 있다. 구름의 경계도 빛이 전자가 아니라 물방울과 충돌한다는 것만 제외하고는 이와 비슷하다. 구름의 경계도 빛이 자유롭게 여행하지 못하는 곳(구름 안쪽)과 빛이 자유롭게 여행할 수 있는 곳(깨끗하게 정의된 구름의 표면)을 구별하는 곳이다.

■ 7. '열'과 '적외선 복사'를 혼동하는 경우가 많이 있다. 열은 눈으로 볼 수 있는 빛보다 긴 파장의 복사뿐만 아니라 모든 종류의 전자기 복사에서 만들어낼 수 있는 것이다.

■ 8. 적외선 파장은 앞 장에서 논의된, 외계행성들을 직접 관측하는 데 즐겨 사용된다. 뜨거운 별은 긴 파장으로 갈수록 복사가 줄어드는 반면 차가운 행성의 자체 복사는 (가시광선은 별빛의 작은 비율만 반사하는 반면) 적외선에서 최대가 된다. 적외선으로 관측하면 모성에 비해 행성을 볼 수 있는 가능성이 100배 정도 증가된다.

■ 9. B. Zuckerman et al., '항성 사이의 공간에서 트랜스-에틸 알코올의 발견Detection of Interstellar

Trans-Ethyl Alcohol', 〈The Astrophysical Journal Letters 196〉(1975), p. L99.

■ 10. 기체 구름은 내부 중력에 의한 위치에너지가 기체 입자들의 운동에 의한 운동에너지의 두 배가 되지 않으면 모양이 변하지 않는다. 이 평형은 수학적으로 비리얼 정리virial theorem로 기술된다. 질량이 너무 크거나 온도가 너무 낮으면 이 조건을 만족하기 위해서 구름은 중력에 의해 수축하게 된다. 한 성운에서 이런 현상이 일어나는 질량은 1902년 제임스 진스 경 Sir James Jeans에 의해 유도되었고, 이것이 별 생성의 물리적 기반이 되었다. J. Jeans, '구형 성운의 안정성The Stability of a Spherical Nebula', 〈Philosophical Transactions of the Royal Society of London 199〉(1902), p. 1.

■ 11. 두 개의 양이 $y=e^x$의 식으로 연관되어 있으면, 이것은 지수 관계에 있는 것이다. 로그 형태로는 $\log y = x \log e$가 되어, x가 선형적으로 변하면 y는 로그로 변한다. 자연로그, 즉 e를 기반으로 하는 로그가 주로 사용되며 이것은 인구와 세포 증가 비율과 같은 생물학적 현상에 전형적인 관계로 나타난다. 거듭제곱 법칙 관계는 $y=x^n$의 형태를 가진다. 여기서 n은 거듭제곱 법칙 지수라고 불린다. 로그 형태로는 $\log y = n \log x$가 된다. 이 매우 일반적인 공식은 아주 넓은 범위의 현상들을 기술한다. x와 y는 어떤 물리량도 해당될 수 있고 n은 양수나 음수 어떤 수도 될 수 있기 때문이다. 거듭제곱 법칙은 x라는 양의 분포도 $n(x) = x^n$으로 기술할 수 있다. 여기서 n = 1인 경우에는, 어떤 물체의 양이 x라면, x/10의 양을 가지는 물체는 10, x/100의 양을 가지는 물체는 100이 되는 식으로 계속된다. n = 2이면, 어떤 물체의 양이 x라면, x/10의 양을 가지는 물체는 100, x/100의 양을 가지는 물체는 10,000이 되는 식으로 계속된다. 거듭제곱 법칙 지수가 커질수록(양수든 음수든) x의 양은 더 극적으로 변한다.

■ 12. 물리적 과정에서 거듭제곱 법칙이 곳곳에 있다는 사실은 매우 흥미롭다. 그래야 할 이론적인 기반이 전혀 없기 때문이다. 사실, 거듭제곱 법칙은 난류나 상변이 같이 모형으로 만들거나 예측하기 어려운 역학적인 현상에서 흔히 나타난다. 생물계에서 거듭제곱 법칙이 흔하게 보이는 것은 의문을 더욱 심화시킨다. 더 자세히 알고 싶으면 퍼 박Per Bak의 《자연은 어떻게 움직이는가: 자기 조직된 임계상태의 과학The Science of Self-Organized Criticality》(New York : Springer-Verlag, 1999)을 보라.

■ 13. 태양에서 9광년 떨어져 있고 태양보다 질량이 그렇게 크지 않은 시리우스를 15미터 떨어진 곳에 있는 작은 전구라고 한다면, 에타 카리나는 10킬로미터 떨어진 거리에서 같은 밝기로 보이는 것이다.

■ 14. 갈색왜성은 중심부 온도가 200만에서 300만 켈빈이고 밀도는 물의 10배에서 100배가 된다. 질량의 범위는 75에서 80목성 질량까지 올라간다. 65목성 질량 이상이 되면 약간의 리튬이 합성되고, 13목성 질량 이상에서는 약간의 중소소가 합성된다. 갈색왜성과 행성의 공식적인 경계는 13목성 질량이다. 이보다 질량이 작으면 어떤 종류의 융합도 불가능하기 때문이다. 20개가 넘는 외계행성의 질량이 이 한계를 넘는 것으로 밝혀졌다. 그래서 행성의 정의는 반드

시 어떤 별의 주위를 돌아야 한다는 사실을 포함한다. 대부분의 갈색왜성은 목성의 크기와 거의 같다.

■ 15. J. K. 롤링의 어린이를 위한 7편의 소설들 중 첫 권은 영국에서는 《해리 포터와 현자의 돌Philosopher's Stone》로 알려져 있지만, 미국에서는 《해리 포터와 마법사의 돌Sorcerer's Stone》로 바뀌었다. 아마도 미국의 어린이들은 현자의 돌을 둘러싼 실제 세계의 신화에 대해 익숙하지 않아서였을 것 같다.

■ 16. 고전적인 연금술은 기본 물질을 금으로 바꾸고 허미티시즘 전통에서 정신적인 변환을 이야기하는 위대한 작업(Great Work, 라틴어로는 magnum opus)에 중심을 두고 있다. 뉴턴의 시대에는 이것은 3단계로 이루어져 있었다. ① 니그레도nigredo, 부패나 분해로 검어지는 단계, ② 알비도albedo, 불순물을 태우고 정제되어 하얗게 되는 단계, ③ 루비도rubedo, 붉어지는 단계로, 인간과 신 또는 유한한 것과 무한한 것이 통합되는 것을 의미한다. 연금술은 잘못된 이론이긴 하지만 완전히 불합리하지는 않았다. 자연 상태에서 납과 금은 둘 다 무겁고, 둔탁하고, 연한 금속이어서 서로 다른 것으로 바꾸는 것이 충분히 가능해 보였다.

■ 17. 사실 수소에서 융합으로 헬륨을 만드는 방법은 두 가지가 있다. 태양과 유사하거나 태양보다 50퍼센트 더 무거운 별까지는 앞에서 설명한 3단계의 양성자-양성자 연쇄반응으로 헬륨을 만든다. 더 무거운 별은 탄소, 질소, 그리고 산소 동위원소를 촉매로 사용하여 헬륨을 만들 수 있다. 이 과정은 1,600만 도 이상에서 지배적이고 태양에서는 몇 퍼센트의 에너지밖에 구성하지 못한다.

■ 18. 우주에 있는 헬륨 대부분은 137억 년 전 빅뱅 직후 아기 우주의 온도가 1,000만 도였던 최초의 몇 분 동안에 만들어졌다. 다른 가벼운 원소들이 적은 것은 우주 팽창에 의한 빠른 냉각과 핵융합을 계속할 수 있는 능력이 줄어들었기 때문에 생긴 결과이다. 또한 베릴륨(Be)은 방사성 물질이고 리튬(Li)은 별에서 소비되기 때문에 헬륨과 탄소 사이 원소들의 양이 크게 줄어들게 된다. 탄소는 병목처럼 되어 양이 최대가 되었다가 다시 더 무거운 원소로 가면서 줄어든다.

■ 19. E. M. Burbidge, G. R. Burbidge, W. A. Fowler, and F. Hoyle, 'Synthesis of the Elements in Stars', 〈Reviews of Modern Physics 29〉(1957), p. 547

■ 20. 태양에너지가 만들어지는 이론은 1938년 한스 베테에 의해 자리를 잡았다. 하지만 많은 과학자들에게 양성자-양성자 연쇄반응이 실제로 작동하고 있다는 확실한 증거는 1964년 레이 데이비스Ray Davis와 존 바콜John Bahcall이 태양에서 나오는 뉴트리노를 발견한 것과, 그것이 1986년 일본 그룹에 의해 더 정확하게 측정된 것이었다. 이에 대한 최근의 요약은 J. N. Bahcall, M. C. Gonzales-Garcia, and C. Pena-Garay, 'Does the Sun Shine by pp of CNO Fusion Reactions', 〈Physical Review Letters 590〉(2003), p. 131301를 보라. 별들

이 무거운 원소들을 만들어낸다는 증거는 호일과 파울러에 의해 완전한 이론이 만들어지기 전에 나왔다. 테크네튬Technetium은 1952년에 적색거성의 대기에서 발견되었다. 이것은 방사성 원소이고 반감기가 별의 나이보다 훨씬 짧기 때문에, 별이 살아 있는 동안에 만들어져야 한다. S. P. Merrill, 'S형 별들의 분광관측Spectroscopic Observatins of Stars of Class S', 〈The Astrophysical Journal 116〉(1952), p. 21.

■ 21. 별의 핵반응은 매우 예민하고 복잡하다. 주요 과정은 지금은 컴퓨터로 시뮬레이션된다. 철은 병목 역할을 한다. 더 가벼운 원소들의 결합에너지는 결합(핵융합)할 때 방출되고, 더 무거운 원소들의 결합에너지는 붕괴(핵분열)할 때 방출되기 때문이다. 실제로 규소(원자번호 14) 핵융합은 방사성 니켈(원자번호 28)을 만들어내고, 이것은 코발트(원자번호 27)를 거쳐 결국에는 철(원자번호 26)로 붕괴된다. 별이 더 이상 핵반응에 의한 에너지 방출로 압력을 만들어내지 못하면 붕괴하여 별의 일생에서 가장 극적인 마지막 순간인 초신성, 그리고 중성자별 또는 블랙홀로 이어진다.

5장 | 어둠의 끝

■ 1. 사람의 눈은 놀라운 도구다. 사람의 눈은 10억 배의 밝기 변화에 적응할 수 있고, 완전히 어두운 곳에서는 밝은 태양빛 아래에서보다 1만에서 100만 배 더 민감해진다. 광수용기 세포들 중에서 600만 개의 추상체들은 주로 밝은 곳에서 색을 감지하고, 1억 2,000만 개의 간상체들은 색은 잘 감지하지 못하지만 어두운 빛을 감지한다. 부엉이와 같은 몇몇 야행성 종들은 사람보다 훨씬 더 많은 간상체를 가지고 있고, 어두운 빛에 대한 감각과 시력이 우리보다 10배 더 좋다.

■ 2. 아르키메데스와 코페르니쿠스 사이의 서양 천문학의 긴 '암흑' 시대 동안 아람의 과학자들이 수학, 천문학, 그리고 광학에 중요한 기여를 하면서 불꽃을 살려가고 있었다. 11세기 초에 알하젠Alhazen은 은하수의 시차 측정을 시도하였으나 실패하였다. 이것은 아리스토텔레스가 주장했던 것처럼 은하수가 가까운 대기에 의한 현상이 아니라는 것을 보여주는 것이었다. 비슷한 시기에 페르시아의 천문학자 아부 레이한 알 비루니Abu Rayhan al-Biruni는 은하는 무수히 많은 구름과 같은 별들의 모임이라고 주장했다.

■ 3. 거리 측정의 어려움은 천문학 역사에서 반복해서 나타나는 주제다. 삼각측량과 시차는 가장 직접적인 방법이지만 최고의 위성으로도 우리은하 지름의 몇 퍼센트밖에 되지 않는 1,500광년까지의 시차밖에 측정할 수 없다. 섀플리는 구상성단 안에 있는 RR 레이에 별이라는 특정한 변광성을 이용하려고 시도하였다. 이 별의 변광 주기는 광도와 연관되어 있다. 하지만 실제로는 그는 세페이드라고 하는 다른 형태의 변광성을 관측하고 있었다. 그래서 결과적으로 그는 은하의 크기를 크게 과대평가하게 되었다.

■ 4. 순수한 중성자로 된 물질은 관측이 불가능하다고 생각되었기 때문에 조슬린 벨Jocelyn Bell과 앤서니 휴이시Anthony Hewish가 주기가 당시에 알려진 가장 좋은 원자시계보다 더 정확하고 빠르게 회전하면서 맥동하는 전파원을 발견했을 때는 모두 깜짝 놀랐다. 이론과학자들은 자기장을 가진 중성자별은 회전할 때마다 볼 수 있는 전파를 방출한다는 사실을 깨달았다. 극단적으로 밀도가 높은 별만이 대부분의 펄사에서 관측되는 것처럼 1초 이내의 시간에 회전을 할 수 있다. 펄사는 모든 중성자별들 중의 작은 일부에 해당된다.

■ 5. 일반상대성이론은 거의 전설적으로 어렵고, 사람들이 너무나 난해하여 누구도 이해할 수 없는 무언가를 말하고 싶을 때 쓰는 말이다. 일반상대성이론이 너무나 어렵다는 인식은 아서 에딩턴 경과 연관된 일화에서 굳어졌다. 에딩턴 경은 아인슈타인의 지지자 중 한 사람이며 1616년의 일식 때 일반상대성이론을 검증하기 위한 탐험대를 조직한 사람이다. 이 이야기는 존 왈러John Waller의 《아인슈타인의 행운Einstein's Luck》(Oxford: Oxford University Press, 2002)에 잘 나와 있다. 어느 날, 그의 강의가 끝났을 때 한 물리학자가 질문을 했다. "에딩턴 교수님, 당신이 전 세계에서 일반상대성이론을 이해하는 단 3명 중의 한 명이라고 생각하는데 어떻게 생각하십니까?" 에딩턴은 잠시 머뭇거리더니 대답을 할 수 없거나 하기 어려워하는 것처럼 보였다. 질문자가 대답을 재촉했다. "교수님. 너무 겸손해하지 마십시오!" 드디어 그가 입을 열었다. "아닙니다. 저는 그 세 번째 사람이 누구인지 생각하고 있습니다." 사실은 수천 명의 물리학자들이 일반상대성이론에 대한 대학원 과정을 수강했고, 수백 명의 연구자들이 아인슈타인의 방정식을 푸는 것과 연관된 연구를 하고 있다. 이 이론은 도전의식을 북돋우기는 하지만 이해가 절대 불가능한 것은 아니다. 그리고 공부를 하는 사람들에게는 노력에 대한 아름다운 보상을 주는 것이기도 하다.

■ 6. 휠러는 '블랙홀'이라는 이름을 붙인 사람으로 널리 알려져 있지만 사실 그는 한 번도 그렇게 주장한 적이 없다. 그는 1967년의 한 모임에서 '중력적으로 완전하게 수축된 물체'라고 언급했을 때 청중 속에서 누군가가 이것을 그 말 대신 '블랙홀'이라고 부르자고 제안했다고 말했다. 그 후로 그는 이 말을 대중화시켰다. 하지만 1964년 1월 18일자 〈Science News Letter〉의 앤 유잉Ann Ewing의 기사에 AAS 미팅의 일반상대성이론 발표에서 이 단어가 쓰였다고 나와 있다. 결국 이 단어의 기원은 영영 알아내기 어려울 것으로 보인다.

■ 7. 이것은 이상적인 사고실험이다. 현실에서는 누군가가 자유낙하 하는 엘리베이터 안에서 자신의 상황을 결정하는 실험을 할 수 있다. (그 사람이 죽음을 앞둔 상태에서 실험을 할 마음을 가지고 있다면) 지구는 사람에게 조석력을 작용한다. 머리보다 발에 약간 더 강한 중력이 미치는 것이다. 그리고 엘리베이터 안에 떠 있는 물체들은 한곳으로 모이게 된다. 그 물체들은 지구의 중심을 향해서 움직이기 때문이다. 깊은 우주 공간에 있는 상황에서는, 중력은 무한한 거리에 미치는 힘이기 때문에 중력이 전혀 없는 상황을 만들어내기는 매우 어려울 것이다.

■ 8. 일반상대성이론의 패러다임 변화에 의해 직관은 뒤집힌다. 일반상대성이론의 대부분의 물리적 효과는 일상에서의 경험과 너무나 다르기 때문이다. 어떤 해설자들은 아인슈타인의 이

론이 '중력을 끝장내는 것' 혹은 중력을 환상으로 만드는 것이라고 주장했다. 아인슈타인의 중력이 뉴턴의 중력과 매우 다르다는 것은 분명한 사실이다. 하지만 뉴턴은 자신의 '나는 아무런 가설도 세우지 않는다'라는 유명한 말처럼 완전한 진공을 순식간에 가로질러서 작동하는 힘에 대해서 아무런 설명도 하지 않았다. 일반상대성이론에서 빛은 임의의 곡률을 가진 시공간의 두 점 사이의 가장 가까운 거리를 따라 움직인다. 그 경로가 휘어져 있다면 빛은 그 휘어진 경로를 따라간다. 이것은 미국 서부에서 유럽으로 무착륙비행을 해본 사람들에게는 익숙하다. 그 비행경로는 북극을 지나가는데 평면인 지도에 그리면 그 경로는 직선이 아니다! 하지만 휘어진 2차원 평면에서는 그 경로는 실제로 가장 짧은 경로다.

■ 9. J. Michell, '항성에서 오는 빛의 속도 감소의 결과로 항성의 거리, 등급 등을 발견하는 방법에 대하여. 그런 속도 감소가 항성들 중에서 발견되고, 그 목적에 필요하게 될 것처럼 다른 자료들이 관측을 통해 얻어진다면On the Means of Discovering the Distance, Magnitude, etc. of the Fixed Stars, in Consequence of the Diminution of the Velocity of Their Light, in Case Such a Diminution Should be Found to Take Place in Any of Them, and Such Other Data Should be Procured from Observations, as Would Be Farther Necessary of That Purpose', 〈Philosophical Transactions of the Royal Society of London 74〉(1784), p. 35.

■ 10. R. Ruffini and J. Wheeler, '블랙홀 개론 Introducing the Black Hole,' 〈Physics Today〉(April 1971), p. 31.

■ 11. G. Brown and H. Bethe, '우리은하에서 질량이 작은 블랙홀들의 수가 많아진 과정A Scenario for a Large Number of Low Mass Black Holes in the Galaxy', 〈Astrophysical Journal 423〉(1994), p. 659.

■ 12. A. Celotti, J. Miller, and D. Sciama, '블랙홀의 존재에 대한 천체물리학적 증거Astrophysical Evidence for the Existence of Black Holes', 〈Classical and Quantum Gravity 16〉(1999), p. 301.

■ 13. J. Casares, '별 질량 블랙홀에 대한 관측적 증거Observational Evidence for Stellar Mass Black Holes', 《블랙홀: 별에서 은하까지의 질량 범위Black Holes: From Stars to Galaxies Across the Range of Masses》, IAU Symposium 238, Prague, Czechoslovakia (Cambridge: Cambridge University Press, 2007), p. 3.

■ 14. R. Penrose, '중력 수축과 시공간의 특이점Gravitational Collapse and Space-Time Singularities', 〈Physical Review Letters 14〉(1965), p. 57.

■ 15. Kip Thorne, 《블랙홀과 시간여행Black Holes and Time Warps》(New York: Norton, 1994).

■ 16. Sean Carroll, 《시공간과 기하학Space-Time and Geometry》(Reading, MA: Addison-Wesley, 2004).

■ 17. 호킹은 장난스러운 유머 감각으로 몇 가지 내기를 했다. 1975년, 그는 칼텍의 물리학자 킵 손Kip Thorne과 블랙홀이 존재하지 않는다는 데에 1년간 잡지 구독을 해주는 내기를 했다. 그는 이것을 일종의 보험이라고 불렀다. 쏜의 주장이 옳다면 자기가 일생 동안 한 일이 타격을

받기 때문이었다. 그 내기는 최근에 결판이 났다. 블랙홀이 존재한다는 증거가 너무나 확실하다는 사실에 양쪽 모두 동의한 것이다. 쏜은 처음 선택했던 대로 1년간의 〈펜트하우스Penthouse〉 구독권을 받았다. 그의 아내는 기분이 좀 나빴겠지만. 1997년의 내기에서는 쏜과 호킹은 사건의 지평선의 불투과성은 절대적이기 때문에 모든 정보는 잃어버리게 될 것이라는 데 걸었고, 쏜의 칼텍 동료인 존 프레스킬은 그 반대에 걸었다. 2004년 호킹은 내기에서 졌음을 인정하고 프레스킬에게 "원하는 대로 정보를 꺼낼 수 있는 야구 백과사전을 주었다. 쏜은 아직 내기에서 졌음을 인정하지 않고 있다. 호킹도 이렇게 말했다. "내가 존에게 야구 백과사전을 주긴 했지만 어쩌면 그냥 잿더미만 주었어야 했을 수도 있다." 2008년에 호킹은 거대강입자충돌기가 힉스 입자를 발견하지 못할 것이라는데 100달러를 걸었다. 그는 그 이유를 이렇게 설명했다. "우리가 힉스 입자를 발견하지 못하는 것이 훨씬 더 흥분되는 일일 것이다. 그것은 뭔가 잘못되었다는 사실을 보여주는 것이기 때문에 우리는 모든 것을 다시 생각해야 한다."

■ 18. S. Hawking, '블랙홀에서의 정보 손실Information Loss in Black Holes', 〈Physical Review Letters D72〉(2005), p. 4013.

■ 19. A. Ghez et al., '별들의 궤도로 우리은하의 초거대 블랙홀의 거리 측정과 그 특징Measuring Distance and Properties of the Milky Way's Supermassive Black Hole with Stellar Orbits', 〈The Astrophysical Journal 689〉(2008), p. 1044, 그리고 M. Reid, '우리은하의 중심에 초거대 블랙홀이 존재하는가?Is There a Supermassive Black Hole at the Center of the Milky Way Galaxy?', 〈International Journal of Modern Physics D18〉(2009), p. 889.

■ 20. S. Doeleman et al., '우리은하 중심의 초거대 블랙홀 후보의 사건의 지평선 스케일의 구조Event-Horizon-Scale Structure in the Supermassive Black Hole Candidate at the Galactic Centre', 〈Nature 455〉(2008), p. 78.

■ 21. 이 우주선의 문제는 연료에 있다. 1,000톤을 빛의 속도의 10분의 1로 가속하기 위해서는 5×10^{20}줄이 필요하다. 이것은 전 세계가 1년 동안 소비하는 에너지양과 같다. 1,000톤은 가까운 별까지 갈 수 있는 연료를 싣고 소규모 유인 탐사 프로젝트를 위한 생명 유지에 필요한 최소한의 무게다. 별에서 멀리 떨어진 곳에서는 태양광을 이용할 수 없기 때문에 연료를 가지고 가야 한다. 2008년에 열린 합동 추진 컨퍼런스Joint Propulsion Conference의 참가자들은 별 사이의 여행에 대해서 비판적이었다. 이것은 오랫동안, 아마도 수백 년 동안 SF로 남을 것이라고 주장했다.

2부 멀리 있는 세계

6장 | 섬 우주

■ 1. 100년 이상 동안 천문학자들은 사진 감광 유제를 이용하여 하늘의 모습을 기록했다. 감광

유제로 코팅된 건판은 너무나 안정적이어서 CCD가 사용되기 시작한 1980년대 이후에도 특별한 목적을 위해서 사용되었다. 감광 유제에 있는 염화은은 들어오는 빛과 반응하고, 가장 많은 빛을 받는 영역은 가장 강한 화학반응을 하여 가장 어둡게 변한다. 그래서 기록된 건판의 사진은 '음각'이며 에드윈 허블이 얻은 것과 같은 천문 사진 건판은 별들이 흰색이 아니라 검은색으로 얼룩져 있다.

■ 2. 갈릴레오의 가장 크고 좋은 망원경은 1620년에 만들어진 지름 3.8센티미터의 굴절망원경이다. 다음은 크리스티안 하위헌스로 그의 천재적인 지름 8.5인치 '공중' 망원경은 1686년에서 1734년까지 거의 50년 동안 가장 큰 망원경 기록을 가지고 있었다. 광학부는 짧은 튜브에 묶여서 60미터 길이의 줄에 연결되어 매달려 있다. 대물렌즈는 긴 막대 꼭대기에서 회전 고리로 연결되어 하늘 대부분의 방향을 겨냥할 수 있도록 설치되었다. 18세기 초부터는 세계에서 가장 큰 망원경은 모두 굴절망원경이 아니라 반사망원경이었다. 윌리엄 허셜이 1789년에 완성된 1.2미터 망원경으로 약 50년 동안 다음 기록을 가지고 있었다. 다음으로는 파슨스의 거대 괴물과 후커 2.5미터 망원경이 등장했다. 1948년 조지 엘러리 헤일은 팔로마 산에 5미터 망원경을 설치하였다. 이것은 1976년이 되어서야 러시아의 6미터 망원경에 자리를 내주었다. 현재는 8미터 이상의 망원경들이 흔하게 존재한다.

■ 3. 토머스 라이트Thomas Wright, 《우주에 대한 기존 이론과 새로운 가설An Original Theory or New Hypothesis of the Universe》(London : MacDonald, 1750). 라이트는 관측을 한 적이 없고, 그의 아이디어는 신학적인 사고의 영향을 받은 것이었다. 그는 우리은하는 별들이 구형의 껍질을 이루고 있는 모습이고, 태양은 그 껍질의 안쪽과 바깥쪽 끝의 중간에 있다고 했다.

■ 4. 아드리안 반 마넨Adriaan van Maanen은 윌슨산천문대에 있던 섀플리의 동료이자 가까운 친구였다. 그는 10년에서 20년 간격으로 나선성운들을 찍은 건판을 서로 비교하여, 그중 많은 것에서 회전의 증거를 발견했다고 주장했다. 이것이 사실이라면, 그리고 그 성운들이 외부에 있는 별들의 집단이라면 그가 발견했다는 회전의 속도는 빛보다 빨라야 한다는 불가능한 결과가 나왔다. 그가 미처 알아차리지 못한 체계적인 오류가 있었거나, 아니면 그저 기대하고 믿고 싶은 것을 본 것으로 여겨진다. 은하의 회전은 수천만 년에 한 번씩 이루어지기 때문에 인간의 수명 내에 그가 발견할 수는 없는 것이었다. 이 잘못된 관측은 성운의 본질에 대한 논쟁을 흐리게 했다. 이 관측의 오류를 알고 몹시 화가 난 섀플리는 이렇게 말했다. "나는 반 마넨의 결과를 믿었다… 어쨌든 그는 내 친구니까!"

■ 5. 허블의 첫 번째 결과는 잘못된 것이었다. 세페이드 변광성에 두 종류가 있다는 사실을 몰랐기 때문이었다. 그가 관측하고 있던 변광성의 종류를 올바로 적용시킨 결과, 그가 측정한 거리는 100만 광년에서 250만 광년으로 늘어났다.

■ 6. 신기한 우연으로, 세페이드 변광성은 1784년 역시 청각장애인이었던 영국의 천문학자 존 구드리케John Goodricke에 의해 발견되었다. 그는 어렸을 때 성홍열을 앓았다. 그는 안타깝게도

스물한 살의 나이에 폐렴으로 죽었다.

■ 7. K. Haramundanis, ed. 《Celia Payne-Gaposchkin》(Cambridge: Cambridge University Press, 1996), p. 209.

■ 8. 은하galaxy라는 단어는 하늘에서 우리은하가 보이는 모습을 묘사한 '우유로 만든 원milky circle'을 의미하는 그리스어에서 온 것이다. 천문학에서는 galaxy는 멀리 있는 별들의 집단을 의미하는 것이고, 첫 글자를 대문자로 쓴 Galaxy는 우리은하를 의미하는 것이다.

■ 9. Edwin Hubble, 《성운의 왕국Realm of the Nubulae》(New Haven: Yale University Press, 1936).

■ 10. 샤를 메시에는 1771년에 자신이 목록으로 만든 103개 천체들의 본질에 대해서는 몰랐지만, 그의 목록에는 많은 멋진 가까이 있는 은하들이 포함되어 있다. 메시에는 북반구에서 관측을 했기 때문에, 그의 목록에는 마젤란 성운이나 우리은하의 두 개의 동반은하와 같은 먼 남반구 하늘에서 보이는 성운들은 포함되어 있지 않다.

■ 11. 서로 다른 분류 요소가 결합되어 있기 때문에 어떤 경우에는 전문가들만이 어떤 은하인지 알아볼 수가 있다. 예를 들어, SAB(r)c 은하는 약한 막대와 약하게 감긴 팔과 고리를 가진 나선은하이다.

■ 12. 이 이야기는 여기에서 단순하게 정리한 것보다 더 복잡해서 아직도 활발한 연구 주제가 된다. 밀도파 아이디어는 '위대한 설계' 나선은하들은 아마도 설명할 수 있겠지만, 더 복잡한 구조를 설명하기에는 문제가 있다. 두 번째 아이디어는 별의 생성이 실제 밀도와는 독립적으로 근처 영역에서의 별 생성을 자극한다는 것이다. 그 자극은 확률적으로 일어나기 때문에 확실한 것이 아니다. 은하의 회전이 이런 별 생성 영역의 무늬를 나선팔 모양으로 감는다. 별 생성의 물리학은 비선형적이기 때문에 분석적으로 풀 수 있는 단순한 방정식으로 이해하기가 매우 어렵다. 그래서 이것이 어려운 문제가 되는 것이다.

■ 13. 1959년 루이스 볼더스Louise Volders는 가까이 있는 나선은하 M33이 가시광선에 적용된 케플러의 법칙이 예상하는 대로 회전하고 있지 않다는 사실을 발견했다. 하지만 이 하나의 관측 결과는 츠비키의 경우와 마찬가지로 불편한 '비정상적인' 것으로 간주되어 천문학자들이 연구 주제로 선택하지 않았다.

■ 14. V. Rubin, N. Thonnard, and W. Ford, '다양한 범위의 밝기와 크기를 가진 21개 Sc 은하들의 회전 특성Rotational Properties of 21 Sc Galaxies with a Large Range of Luminosities and Radii', 〈The Astrophysical Journal 238〉(1980), p. 471.

■ 15. 베라 루빈과 켄 프리먼이 연구를 시작했을 당시 수십 개였던 나선은하들의 회전속도 곡

선의 수는 지금은 수십만 개가 되었다. 모든 은하들이 암흑물질의 증거를 보여주지만, 보이는 물질과 암흑물질의 비율은 은하의 성질에 따라 재미있는 방법으로 체계적으로 달라진다. 작은 은하들은 큰 은하들보다 암흑물질의 비율이 더 높다. 타원은하들은 보통 작은 위성은하들을 가지고 있고—우리은하에는 12개가 있다—이 위성은하들은 아주 먼 거리에 있는 암흑물질의 양을 측정하는 '시험 입자들'로 사용된다. 우리은하와 같은 나선은하는 암흑물질이 200킬로파섹, 즉 65만 광년까지 뻗어 있다. 이것은 눈에 보이는 물질의 반지름보다 20배 더 큰 것이다. 타원은하들도 역시 암흑물질을 가지고 있다. 타원은하의 암흑물질은 원반의 회전이 아니라 은하핵에 있는 별들이 타원 궤도를 도는 평균속도로 측정된다.

■ 16. Steve Soter and Neil Tyson, eds., 《우주의 지평선: 천문학의 최전선Cosmic Horizons: Astronomy at the Cutting Edge》(New York: New Press, 2000).

■ 17. O. Eggen, D. Lyden-Bell, and A. Sandage, '늙은 별들의 움직임으로 본 우리은하의 수축 증거Evidence from the Motions of Old Stars that the Galaxy Collapse', 〈The Astrophysical Journal 136〉(1962), p. 748.

■ 18. L. Searle and R. Zinn, '헤일로 성단들의 성분과 우리은하 헤일로의 형성Compositions of the Halo Clusters and the Formation of the Galactic Halo', 〈The Astrophysical Journal 225〉(1978), p. 357.

■ 19. 나선은하를 부엌이 아니라면 작업장에서 만드는 재미있는 방법이 〈파퓰러 사이언스 Popular Science〉 매거진 1936년 7월호에 소개되었다. 필요한 것은 핸드 드릴, 압정, 그리고 약간의 기름뿐이다! 먼저, 기계용 기름 한 방울을 스포이드를 이용하여 큰 비커에 담긴 메틸알코올 표면 바로 아래에 주입한다. 그런 다음 핸드 드릴 끝에 붙인 압정으로 회전을 시킨다. 두 개의 나선팔이 만들어지고, 그 팔들은 종종 별이 생성되는 것 같은 작은 방울로 쪼개지기까지 한다. 어떤 슈퍼컴퓨터가 만든 것보다 더 낫다.

■ 20. M. Steinmetz and J. Navarro, '우리은하 형태의 단계적인 기원The Hierarchical Origin of Galaxy Morphologies', 〈New Astronomy 7〉(2002), p. 155; F. Hammer, H. Flores, M. Puech, Y. Yang, E. Athananssoula, M. Rodrigues, and R. Delgado, '허블이 분류한 모양: 그저 병합 사건의 흔적일 뿐일까?Hubble Sequence: Just a Vestige of Merger Events?', 〈Astronomy and Astrophysics 507〉(2009), p. 1313; M. Martig and F. Bournaud, '만기형 나선은하의 형성: 별에서 돌아온 기체가 규제하는 원반의 파괴와 팽대부의 성장Formation of Late-Type Spiral Galaxies: Gas Return from Stellar Populations Regulate Disk Destruction and Bulge Growth', 〈The Astrophysical Journal Letters 714〉(2010), p. L275.

■ 21. 은하들을 만들고 이어지는 별 생성의 원료가 되는 기체 저장소를 발견하는 것은 어려운 일이다. 은하 사이 공간에 있는 얇은 기체들은 은하들에 있는 무거운 별들의 자외선 복사에 의해 항상 이온화되어 있기(엄청나게 뜨겁기) 때문이다. 온도가 10만에서 100만 켈빈인 기체는 원자외선과 부드러운 X-선을 강하게 방출하는데, 이것은 지구의 대기에 의해 가려진다. 이 기체는 결국 민감한 X-선 망원경으로 멀리 있는 활동성 은하들에서 나오는 빛에 의해 '그림자 지

는' 모습을 봄으로써 관측되었다.

■ 22. J. Binney, '조석력에 의한 흐름의 궤도 결정Fitting Orbits to Tidal Stream', 〈Monthly Notices of the Royal Astronomical Society 386〉(2008), p. L47.

■ 23. 다른 은하에서는 매우 진보된 종족만이 발견될 수 있을 것이다. 우리는 순간적으로 우리의 별보다 밝은 전파나 광학 에너지를 만들어낼 수 있지만, 이것은 은하의 무수한 별들 속에서는 무시될 정도의 '깜빡임'일 뿐이다. 진보된 문명이 별을 죽음을 조정하여 많은 자연적인 신호를 능가하는 인공적인 신호를 만드는 것을 가정해볼 수도 있다. 실제의 N값이 무엇이든 간에, 우주 전체의 기술을 가진 생명체의 수는 여기에 관측 가능한 우주에 있는 은하들의 수인 1,000억을 곱해야 한다.

7장 | 우주의 구조

■ 1. 다른 입장에 서서 현대 우주론 역사에서 허블의 역할을 대단치 않게 생각하는 것은 적절하지 않다. 하지만 그의 발견은 대부분의 천문학자들에게 조차(!) 훨씬 더 덜 알려진 리비트와 슬라이퍼의 업적에 크게 의존하고 있다. 외부에 있는 사람들이나 비과학자들에게는 어떤 주제에 대해 영웅이나 '거인'을 연결시키는 것이 자연스럽다. 하지만 이것은 어떤 사람에게는 해가 되고, 과학이 실제로 어떻게 작동하는지에 대한 오해를 불러일으킬 수 있다. 예를 들어 찰스 다윈에 비해 알프레드 러셀 월리스가 얼마나 저평가받는지 생각해보라. 사실 허블은 1루타를 치고 영리하게 2루와 3루를 훔친 것인데, 기록지에는 3루타로 기록되어 있는 것이다.

■ 2. V. Slipher, '성운들Nebulae', 〈Proceedings of the American Philosophical Society 56〉(1917), p. 409.

■ 3. 천문학자들은 멀리 있는 별의 집단으로 가정된 부드러운 타원 '성운들'의 목록도 만들었다. 하지만 이들은 별이 쉽게 분해되지 않아 세페이드 변광성을 찾아서 믿을 만한 거리를 구하는 것이 불가능하였다. 중요한 논문들은 다음과 같다. V. Slipher, '성운들Nebulae', 〈Proceedings of the American Philosophical Society 56〉(1917), p. 409; L. Lundmark, '드 지터의 세계에서 시공간 곡률의 결정The Determination of the Curvature of Space-Time in de-Sitter's World', 〈Monthly Notices of the Royal Astronomical Society 84〉(1924), p. 747; E. Hubble, '은하 외부 성운들의 거리와 시선속도 사이의 관계A Relation Between Distance and Radial Velocity Among Extra-Galactic Nebulae', 〈Proceedings of the National Academy of Sciences 15〉(1929), p. 168.

■ 4. 이 이야기는 너무나 유명하여 물리학에서는 하나의 전설처럼 되어, 혹시 확실한 근거는 없는 이야기가 아닐까 하는 의심도 받고 있다. 사실 아인슈타인 스스로는 이 용어를 한 번도 사용하지 않았고, 들었다는 사람도 없다. 유일한 증거는 조지 가모프의 자서전 《My World Line》(1970)에 그가 쓴 글이다. "한참 뒤에, 내가 아인슈타인과 우주론의 문제들을 논의할 때,

그는 우주상수를 도입한 것이 그의 일생에서 가장 큰 실수였다고 말했다."

■ 5. E. Hubble, '성운들의 분포에 있어서 적색편이의 효과The Effects of Redshift on the Distribution of Nebulae', 〈The Astrophysical Journal 84〉(1936), p. 517.

■ 6. 도플러는 쌍성의 별들에서 스펙트럼이 이동하는 것을 설명하기 위하여 빛의 파장의 상대적인 운동의 효과를 도입하였다. 별의 3차원 공간에서의 운동 중에서 오직 시선 방향의 성분만이 도플러 이동을 일으키기 때문에 이것은 전체적인 속도를 알 수 있는 것은 아니다. 그래서 천문학자들은 도플러 이동을 시선속도로 설명한다. 수학적으로, 움직임이 빛의 속도에 비하여 아주 느리면 주파수 이동의 비율은 빛의 속도에 대한 움직이는 속도의 비율과 같다. 음파에서의 도플러 이동은 1845년 네덜란드의 화학자 바이스 발로Buys Ballot에 의해 처음으로 측정되었다. 그는 위트레흐트-암스테르담 기차에서 악사들에게 조율된 음을 연주하게 하는 방법을 이용했다.

■ 7. 이런 직관적인 설명은 고전물리학의 조용하고 전통적인 세계에서만 유효하다. 20세기 초, 아인슈타인은 상대론적 도플러 효과 공식을 유도해냈다. 이것은 빛의 속도를 본질적인 한계로 놓고 초속 30만 킬로미터 속도에까지 유효한 공식이다. 고전적인 도플러 효과에서도 직관은 종종 창밖으로 버려진다. 레일리 경은 소리에 관한 교과서를 썼다. 거기에 그는 적절하게 움직이면 교향곡을 거꾸로 듣는 것이 가능할 것이라고 썼다.

■ 8. 시인 로버트 프로스트는 이렇게 말했다. "모든 비유는 불완전하다. 그래서 아름답다." 풍선은 팽창하는 공간에 대한 좋은 비유가 되긴 하지만, 우리가 살고 있는 우주는 편평하여 휘어진 부분을 발견할 수 없다(원한다면, 그냥 풍선이 엄청나게 크고 우리는 그중 작은 일부만을 측정하고 있다고 상상하면 된다). 그리고 풍선에 그려진 파동은 풍선이 팽창하면서 진폭을 포함하여 모든 방향으로 커지지만, 우주 공간을 이동하는 파동은 진폭이 제곱에 반비례하여 줄어든다. 하지만 이 비유는 은하들이 '날아가는' 것이 아니라 공간의 팽창에 '실려서' 멀어지는 것이라는 사실을 이해하는 데 도움이 되기 때문에 매우 유용하다.

■ 9. 고대 그리스, 인도의 베다, 마야, 그리고 오스트레일리아의 원주민까지 세계의 많은 문명에서는 시간과 우주가 순환적이라고 믿었다. 순환적인 시간은 무한하긴 하지만 시간이 더 앞으로 나가지 않을 가능성이 있다. 하지만 이 전통들의 공통적인 생각은 물리적인 존재는 시간적으로 과거로의 제한이 없다는 것이다. 반면 팽창하는 우주 모형은 시간과 공간 모두 실제로 기원이 있다고 상정하고 있다.

■ 10. 우리는 더 나아가서 물리 법칙은 어디에서나 똑같다고 가정해야 한다. 이것은 검증하기 어려운 것이긴 하지만 반드시 시도해야 하는 것이다. 그리고 천체물리학의 세부 분야에는 중력 법칙이나 기본적인 힘들의 세기, 그리고 상수들이 먼 은하들에서도 같은지 확인하는 기발한 방법들이 포함되어 있다. 몇몇 도발적인 측정 결과가 있긴 하지만, 우리의 물리학이 우리에게 혹은 우주의 우리 주변에서만 특별하다는 명확한 증거는 전혀 없다.

■ 11. 팽창하는(혹은 수축하는) 우주에 대한 일반상대성이론의 정확한 해는 등방성과 균질성으로 기하학적 효과를 단순화했기 때문에 가능한 것이다. 이것을 전제로 하면, 아인슈타인의 장 방정식은 우주의 크기를 시간에 대한 함수로 계산할 때에만 필요하다. 알렉산더 프리드먼, 조르주 르메트르, 하워드 로빈슨Howard Robinson, 그리고 아서 워커Arthur Walker가 이 분야를 열심히 연구하였기 때문에 팽창하는 시공간을 묘사하는 메트릭은 이들의 이름 첫 글자들을 따서 FLRW 메트릭이라고 한다. 이것은 1920년대에 유도되었는데 그 공식은 너무나 성공적이어서 아직도 우주론의 '표준 모형'이라고 불린다. 물론 우주는 덩어리져 있지 균질하지 않지만 계산은 여전히 유효하다. 우주론 연구자들은 우주를 흔히 '거의 FLRW'라고 부른다.

■ 12. 팔로마천문대스카이서베이는 거의 10년에 걸쳐서 완성되었다. 그리고 이것은 디지털 CCD 검출기가 성숙한 1980년대까지 거의 30년 동안 천문학 연구와 발견에서 핵심적인 재료가 되었다. 훨씬 최근에는 칼텍의 천문학자가 이 1.2미터 망원경을 이용하여 명왕성의 행성 자격을 박탈한 계기가 된 왜소행성 이리스Eris를 발견하였다. 두 번째 서베이는 1980년대와 90년대에 업그레이드된 망원경과 더 민감한 사진 감광유제를 이용하여 수행되었다. 팔로마스카이서베이의 남쪽 부분은 1980년대에 오스트레일리아의 뉴 사우스 웨일즈 사이딩스프링천문대에 있는 1.2미터 망원경의 쌍둥이 망원경으로 이루어졌다. 이 주요 사진 서베이 자료들은 디지털화 되어 늘어난 '수명'으로 CCD 시대에도 연구에 훌륭한 기여를 하고 있다.

■ 13. 텍사스의 프랑스인 제라드 드 보클레르Gerard de Vaucouleurs는 우주 거대구조 연구의 선구자다. 그는 세페이드 변광성을 보완할 수 있는 거리 지표를 찾기 위해 많은 노력을 기울였고, 적색편이가 초속 3,000킬로미터에 이르는 밝은 은하들의 자료를 꾸준히 모았다. 이것은 거리로는 40메가파섹, 또는 1억 3,000만 광년에 해당되는 것이다. 이전에 은하 개수 세기에 기반하여 발견된 은하단에 추가하여, 그는 우리은하가 수천 개의 은하가 포함되어 있고 크기는 수억 광년에 이르는 거대하고 편평한 '초은하단'의 일부라는 사실을 보였다. 최근 요약은 R. B. Tully, '국부 초은하단The Local Supercluster', 〈The Astrophysical Journal 257〉(1982), p. 389를 보라.

■ 14. K. Abazajian et al., '슬론디지털스카이서베이의 일곱 번째 자료The Seventh Data Release of the Sloan Digital Sky Survey', 〈The Astrophysical Journal Supplement 182〉(2009), p. 543.

■ 15. 우주 거대구조의 화려한 묘사가 그 은하들이 서로 아주 가까이 있는 경우는 거의 없다는 사실을 가려서는 안 된다. 가장 밀집한 은하단들도 서로 바싹 붙어 있는 것이 아니라 은하 지름의 3에서 5배까지 떨어져 있다. 우리은하가 위치하고 있는 밀도가 낮은 영역은 일반적인 은하 지름의 10에서 20배 정도 떨어져 있다. 중력은 무한히 먼 곳까지 미치는 힘이기 때문에 은하들이 가까이 있지 않아도 거대한 스케일의 구조를 만들어낼 수 있다.

■ 16. M. A. Aragon-Calvo, R. van de Weygaert, and A. Szalay, '우주의 거미줄의 여러 스케일에 걸친 형태Multiscale Phenomenology of the Cosmic Web', 〈The Astrophysical Journal 723〉(2010), p. 364.

■ 17. M. Fleenor, J. Rose, W. Christiansen, R. Hunstead, M. Johnson-Hollitt, M. Drinkwater, and W. Saunders, 'Horologium-Reticulum 초은하단의 거대 규모의 속도 구조Large-Scale Velocities Structures in the Horologium-Reticulum Supercluster', 〈The Astronomical Journal 190〉(2005),p. 957; A. Kopylov and F. Kopylova, '거대 공동 근처 은하단들의 흐르는 움직임 탐색Search for Streaming Motions of Galaxy Clusters Around the Giant Void', 〈Astronomy and Astrophysics 382〉(2002), p. 389; J. Gott, M. Juric, D. Schlegel, F. Hoyle, M. Vogeley, M. Tegmark, N. Bahcall, and J. Brinkmann, '우주의 지도A Map of the Universe', 〈The Astrophysical Journal 624〉(2005), p. 463.

■ 18. 이 가시 돋친 말은 물리학계 내부의 최첨단 농담이다. 이론물리학자들 사이에는 계산을 더 쉽게 하기 위해서 복잡한 상황을 단순화하는 경향이 있다. 하지만 간혹 세부적인 것을 빠뜨리면 지나치게 단순화되어버리는 경우가 있다. 그들은 이런 상황을 이런 농담으로 표현한다. '구형의 암소를 가정하면….' 그는 몇몇 윗사람들에게는 거친 태도를 보였지만 학생들과 젊은 연구자들에게는 많은 참을성을 보였고, 몇몇 중요한 인간적인 행동을 보여주기도 했다.

■ 19. D. Walsh, R. Carswell, and R. Weymann, '0957+561 A,B: 쌍둥이 준항성 천체 혹은 중력렌즈0957+561 A,B: Twin Quasi-Stellar Objects or a Gravitational Lens', 〈Nature 279〉(1979), p. 381.

■ 20. 렌즈의 본질은 항상 홀수개의 상을 만들어낸다. 수학적으로 빛의 이동 시간이 같은 표면은 '접히게' 되고, 한 번 접힐 때마다 두 개의 상이 만들어진다. 그러므로 하나의 상은 3개가 되고, 질량 분포가 렌즈를 더 복잡하게 만들면 다음은 5개, 그다음은 7개, 이런 식으로 계속 이어진다. 실제로는 렌즈의 기하학적 구조에서 중간의 왜곡되지 않은 상은 항상 더 어두워지기 때문에 발견하기가 어렵다. 그래서 천문학자들은 대체로 짝수개의 상을 검출하게 된다. 하나의 은하에서 가장 많은 상이 만들어진 것은 13개다! 각각의 상들은 암흑물질 사이를 다른 경로를 통해서 다른 각도로 휘어진 것이다. 그러므로 전체 상의 수와 질량 분포의 한계는 매우 크다. 렌즈 현상은 우주의 암흑물질 분포에 대한 중요한 정보를 제공해준다.

■ 21. D. Clowe, M. Bradac, A. Gonzales, M. Markevitch, S. Randall, C. Jones, and D. Zaritsky, '암흑물질의 존재에 대한 직접적이고 경험적인 증거A Direct Empirical Proof of the Existence of Dark Matter', 〈The Astrophysical Journal Letters 648〉(2006), p. L109.

■ 22. R. Genzel, L. Tacconi, D. Rigopoulou, D. Lutz, and M. Tecza, '극히 밝은 적외선 병합: 타원은하의 생성?Ultraluminous Infrared Mergers: Elliptical Galaxies in Formation?', 〈The Astrophysical Journal 563〉(2001), p. 527.

8장 | 핵의 위력

■ 1. 그 메커니즘은 튜브에 낮은 압력의 수은이나 나트륨이 채워져 있는 수은등이나 나트륨등

에서 일어나는 현상과 비슷하다. 튜브가 빛날 때 결코 뜨거워지지 않는다. 그 속에 있는 기체들은 훌륭한 진공 속에 있기 때문이다. 하지만 그 기체들은 전기에 의해 들뜨게 되어서 좁은 방출선을 내보낸다. 네온등의 색깔이 선명한 이유는 대부분의 방출선이 몇 개의 붉은 선에서 나오기 때문이다. 성운에서는 젊은 별에서 나오는 자외선이 전등에서의 전기 역할을 한다.

■ 2. C. Seyfert, '나선성운에서의 핵 방출선Nuclear Emission in Spiral Nebulae', 〈The Astrophysical Journal 97〉(1943), p. 28.

■ 3. 스펙트럼선들은 방출 과정에서의 양자적 불확정성에 의해 '자연 선폭natural width'을 가진다. 하지만 이것은 기체 속의 원자와 분자들의 무작위 운동에 의해 생기는 도플러 선폭보다는 훨씬 더 작다. 기체에서는 온도가 올라갈수록 입자들의 속도도 빨라지고 스펙트럼선의 폭도 잘 이해된 스케일로 커진다. 천문학에서는 종종 선폭으로 온도를 추정한다. 시퍼트 은하들의 선폭은 너무나 커서 어떤 별들보다도 높은 온도를 가지는 것으로 여겨진다. 최고온도는 약 10만 켈빈에 이른다. 별들은 기체가 이렇게 넓은 선폭을 가질 수 있을 정도로 충분한 자외선을 방출하지 못한다.

■ 4. 군대에서 민간사회로의 이동은 자연스럽게 이루어졌다. 오스트레일리아와 영국에서 레이더 운영자들은 비행기에서 바로 오는 레이더와 바다에 반사된 레이더가 만드는 간섭무늬를 발견하였다. 1946년, 오스트레일리아의 그룹은 태양이 떠오를 때 태양에서 바로 오는 전파와 바다에 반사된 전파를 이용하여 이와 유사한 '바다 절벽 간섭'을 관측하였다. 현대의 전파 간섭계는 멀리 떨어져 있는 안테나에서 신호들을 동축 케이블, 도파관, 또는 다른 전송선로들을 이용하여 모아서 간섭무늬를 만들어낸다. 간섭은 서로 다른 안테나에 도착하는 신호들의 시간 차이에 의존하고, 이 정보는 전파원의 위치를 결정하는데 사용된다. 그 정확도는 안테나의 크기보다는 안테나들 사이의 거리에 의해 결정된다. 각분해능은 수신하는 복사의 파장이 짧을수록 좋아진다. 전파의 파장은 가시광선의 파장보다 훨씬 더 길기 때문에 망원경의 크기가 같은 경우에 광학망원경보다 전파망원경의 각분해능은 크게 떨어진다. 하지만 현대의 전파 간섭계들은 안테나들이 아주 멀리 떨어져 있기 때문에(서로 다른 대륙에 있는 경우도 많다) 각분해능이 가장 성능이 좋은 광학망원경보다 더 좋다.

■ 5. F. Smith and B. Lovell, '은하 외부 전파원의 발견에 대하여On the Discovery of Extragalactic Radio Sources', 〈Journal for the History of Astronomy 14〉(1983), p. 155.

■ 6. 과학에서의 과정은 우여곡절을 많이 겪는다. 슈미트의 발견은 시릴 해저드Cyril Hazard가 달에 의해 가려지는 현상을 영리하게 이용하는 방법으로 3C 273의 전파 위치를 정확하게 결정할 수 있었기 때문에 가능했다. 그렇지 않았다면 그는 망원경을 어디로 향해야 할지 몰랐을 것이다. 당시 칼텍의 또 다른 연구원인 제시 그린슈타인Jesse Greenstein은 이미 비슷한 전파원인 3C 48의 스펙트럼을 관측했었다. 하지만 그는 그 자료를 도저히 이해할 수가 없어서 그냥 책상 서랍 속에 넣어두고 다른 일을 하고 있었다. 3C 48의 후퇴속도는 빛의 속도의 37퍼센트로 거리

는 50억 광년 이상이다. 슈미트가 그 선들이 큰 적색편이를 의미하는 것이라는 사실을 알아내자, 그린슈타인과 톰 매튜스Tom Mattews도 자신들의 결과를 슈미트와 함께 발표했다. 하지만 퀘이사를 '발견'한 업적은 네덜란드인 슈미트에게 돌아갔다.

■ 7. M. Schmidt, '3C 273: 큰 적색편이를 가지는 별과 유사한 천체3C 273: A Star-like Object with a Large Redshift', 〈Nature 197〉(1963), p. 1040; C. Hazard, M. Mackey, and A. Shimmins, '달에 의한 가림 방법을 이용한 전파원 3C 273의 조사Investigation of the Radio Source 3C 273 by the Method of Lunar Occultation', 〈Nature 197〉(1963), p. 1037; and J. Greenstein and T. Matthews, '특이한 전파원 3C 48의 적색편이Redshift of the Unusual Radio Source 3C 48', 〈Nature 197〉(1963), p. 1041.

■ 8. 광학망원경은 분해능의 한계가 있기 때문에, 퀘이사들의 엄청나게 먼 거리를 고려하면 관측으로 퀘이사의 크기를 제대로 알아내는 것은 불가능하다. 하지만 빛의 속도에도 한계가 있기 때문에 하나의 천체가 빛이 그 천체를 가로지르는 것보다 더 짧은 시간에 밝기가 변할 수 없다(그렇지 않다면 그 변화는 묻혀져서 평균적인 값으로만 보일 것이다). 퀘이사의 빛은 수 주 정도의 시간 간격으로 불규칙하게 변한다. 그러므로 그 빛은 반드시 수 광주보다 크지 않은 영역에서 나오는 것이어야 한다.

■ 9. D. Lynden Bell, '수축한 오래된 퀘이사로서의 은하핵Galactic Nuclei as Collapsed Old Quasars', 〈Nature 223〉(1969), p. 690. 이 이론은 린덴 벨이 대부분 발전시켰지만, 초거대 블랙홀 가정이 처음 발표된 것은 1964년 에드 샐피터Ed Salpeter와 야코브 젤도비치Yakov Zel'dovich의 논문이었다.

■ 10. M. Rees, '활동성 은하핵의 블랙홀 모형Black Hole Models for Active Galactic Nuclei', 〈Annual Reviews of Astronomy and Astrophysics 22〉(1984), p. 471.

■ 11. 이 기술을 반향 매핑이라고 한다. 이것은 작은 영역의 질량을 측정하는 아주 직접적인 방법이다. 기체 구름으로 블랙홀 근처의 중력을 측정하고, 물리적인 크기는 기체가 블랙홀 근처에서의 변화에 반응하는 시간 지연으로 측정하기 때문이다. 이런 형태의 자료는 가까이 있는 수십 개의 활동성 은하들에서밖에 얻을 수 없다. 거의 모든 퀘이사들을 포함한 멀리 있는 천체들은 방출선의 폭에 기반 하여 질량을 측정한다. 이것은 가까운 천체들의 반향과 연결된 간접적인 방법이다. 비활동적인 블랙홀의 경우에는, 우리은하 중심에 있는 블랙홀처럼 주위에 있는 별들의 속도를 이용하여 블랙홀의 성질을 알아내야 한다. 케플러의 법칙과 뉴턴의 중력법칙으로 블랙홀에서 수 광주나 수 광월 떨어진 곳에 있는 기체나 별들의 운동을 충분히 설명할 수 있다. 일반상대성이론은 사건의 지평선 근처에서만 필요하다.

■ 12. 우주를 이해하는 데 있어서 기술의 역할은 마틴 하윗Martin Harwit의 《우주의 발견: 탐사, 기기, 그리고 천문학의 유산Cosmic Discovery: The Search, Scope, and Heritage of Astronomy》(New York: Basic Books, 1981), 그리고 W. 반 브뤼겔W. van Breugel과 J. 블랜드-호손J. Bland-Hawthorn의 '기기와 천체물리학: 우리는 얼마나 운이 좋았는가?Instrumentation and Astrophysics: How Did We Get to Be So Lucky?'

《우주의 3차원 영상 획득: 첨단 다파장 영상기기를 이용한 천체물리학Imaging the Universe in Three Dimensions: Astrophysics with Advanced Multi-Wavelength Imaging Devices》(San Francisco: Astronomical Society of the Pacific, 2000), p. 3에서 잘 다뤄지고 있다. 하윗은 코넬대학 천문학과의 교수이자 학과장이었고, 워싱턴 국립항공우주박물관 관장이기도 했다. 그는 천문학의 발전을 이끈 것은 이론적인 통찰보다는 기기의 혁신이라고 주장한다. 확실히 퀘이사와 같은 것은 이론적으로 예측된 적이 없고, 가시광선 이외의 관측이 이런 현상들을 정의하고 이해하는 데 핵심적인 역할을 했다.

■ 13. 자기장에 묶여 있는 고온의 기체인 자화된 플라즈마 안에서는 전자들이 자기력선을 따라 나선형을 그리면서 싱크로트론 복사를 방출한다. 비열복사의 특징은 부드러운, 혹은 거듭 제곱 법칙의 스펙트럼과 선형 편광이다. 중성자별이나 블랙홀과 같은 밀집된 천체들은 강한 자기장을 가지고 있기 때문에 싱크로트론 복사가 많이 발생할 수 있다. 싱크로트론 복사가 실험실에서 처음 인공적으로 만들어진 것은 1946년이다.

■ 14. H. Alfven and N. Herlofson, '우주 복사와 전파 별들Cosmic Radiation and Radio Stars', 〈Physical Review 78〉(1950), p. 616, 그리고 G. Burbidge, 'M87에서의 싱크로트론 복사On Synchrotron Radiation from Messier 87', 〈The Astrophysical Journal 124〉(1956), p. 426.

■ 15. 사진을 이용하는 방법은 우리은하에서 가장 뜨거운 별이 비해서 자외선이 '초과'되는 것을 찾는 것이다. 분광을 이용한 방법은 자외선 초과와 스펙트럼에 겹쳐지는 방출선 둘 다에 민감하다. 퀘이사는 아주 드물기 때문에 하늘의 넓은 영역이 관측되어야 한다. 1970년대와 80년대에는 사진 건판으로 이 작업을 수행했다. 팔로마망원경과 UK슈미트망원경으로 퀘이사와 같은 방출선을 내는 천체들을 선구적으로 서베이를 했다. 여기에는 행성상 성운과 특이별들도 포함되어 있었다. 현재는 CCD를 이용하여 훨씬 더 어두운 천체까지 관측을 하고 있다.

■ 16. G. Richards et al., '슬론디지털스카이서베이에서 측광을 이용한 효율적인 퀘이사 선택 II. 6번째 자료의 100만 개 퀘이사들Efficient Photometric Selection of Quasars from the Sloan Digital Sky Survey. II. A Million Quasars from Data Release 6', 〈The Astrophysical Journal Supplement 180〉(2009), p. 67.

■ 17. M. Rowan-Robinson, '은하 활동의 동일성On the Unity of Activity in Galaxies', 〈The Astrophysical Journal 213〉(1977), p. 635.

■ 18. 활동성 은하들의 '우화집'에는 20개가 넘는 카테고리가 있다. 동일성 가설이 많은 수를 줄이기는 하지만, 모든 활동성 은하들을 하나의 기본적인 성분들의 세트로 만들지는 못한다. 활동성 은하들은 여러 스케일의 주변 환경의 영향을 받는다. 배경 은하의 허블 형태, 핵에서 수천 광년 이내에서의 별 생성 정도, 중심부 수 광년 내에서의 사용 가능한 기체와 먼지의 양, 강착원반과 제트의 강도, 그리고 블랙홀의 회전과 질량 등이다. 방향만으로는 모든 것을 설명할 수 없을 뿐만 아니라 카테고리 사이의 차이도 설명하지 못한다. 우리가 이해하는 데 있어서 가장 중요한 빈틈은 하나의 파장으로는 활동성 은하의 '진정한' 수를 파악할 수 없다는 사실이다.

■ 19. 더 정확하게는 은하 중심의 밝은 퀘이사는 태양 밝기의 2에서 3퍼센트 정도가 될 것이다. 이것은 낮 하늘에 보이기에 충분하고, 어떤 행성이나 별보다도 수백 배 이상 더 밝다. 그런데 사실 이것은 이상적인 경우다. 실제로는 먼지에 의해 그 밝기가 밤하늘에 보이는 별 수준으로 어두워질 것이기 때문이다. 이것의 진정한 밝기는 우리가 은하의 원반에서 벗어나야만 알 수 있다.

■ 20. P. Hopkins, L. Hernquist, T. Cox, T. Di Matteo, P. Martini, B. Robertson, and V. Springel, '병합하는 은하에서의 블랙홀: 퀘이사의 진화Black Holes in Galaxy Mergers: Evolution of Quasars', 〈The Astrophysical Journal 620〉(2005), p. 705.

9장 | 은하의 성장

■ 1. 이 가상의 시나리오로 공연을 하기 위해서는 아인슈타인을 구석에 묶어서 입을 막아두고 그의 이론을 아무것도 아닌 것으로 여겨야 한다. 상대성이론은 빛의 속도를 움직임의 절대적인 한계로 간주한다. 실제세계에서는 빛을 따라잡는 것은 불가능하고 빛의 속도는 상대적인 운동에 무관하게 항상 같은 값으로 측정된다. 느린 빛의 가상세계에서는 아주 느린 속도에서 상대론적인 효과가 나타난다. 그리고 시간, 공간, 질량의 왜곡은 본문에 묘사된 시나리오의 가벼운 불협화음을 날려버릴 것이다.

■ 2. 빛의 속도의 정확도는 1728년에 1퍼센트로 증가했다. 제임스 브레들리는 별빛이 지구가 움직이는 방향에 따라 약간 휘어져서 들어온다는 사실을 깨달았다. 이 현상은 바람이 불지 않고 비가 일정하게 내리는 날 원을 그리며 걸어보면 볼 수 있다. 비는 수직으로 내리지 않고 당신의 뒤쪽보다는 앞쪽으로 더 많이 떨어질 것이다. 그리고 휘어지는 정도는 당신이 어떤 원형의 경로를 움직이느냐에 의해 결정된다. 이 효과를 별빛의 광행차라고 한다. 다음 단계의 개선은 갈릴레오의 방식으로 이루어졌다. 1850년 프랑스의 경쟁자 히폴라이트 피조Hippolyte Fizeau와 레온 푸코Leon Foucault는 빠른 전등 불빛의 시간을 측정하여 정확도를 0.5퍼센트까지 높였다.

■ 3. 1970년대 정확도가 1억 분의 1 수준에 이르자 빛의 속도 측정은 미터의 정확도에 의해 제한되기 시작했다. 그래서 무게와 측정을 관할하는 국제단체에서 미터를 빛이 299,792,458분의 1초 동안 움직이는 거리로 다시 정의했다. 지금은 빛의 속도는 SI 단위의 상수로 정의되어 있고, 실험 기술의 발전은 단지 미터를 더 정확하게 정의하는 데 도움을 줄 뿐이다.

■ 4. 알버트 마이컬슨Albert Michelson과 에드워드 몰리Edward Morley의 실험은 당연하게도 과학의 역사에서 가장 유명한 실험으로 여겨지고 있다. 이것은 그리스 시대 때부터 가정되어온, 빛이 통과하는 눈에 보이지 않는 물질인 '에테르ether'에 대한 생각을 없애버렸다. 사실 아인슈타인을 안내한 것은 마이컬슨-몰리 실험보다는 에테르에 대한 증거가 부족하다는 사실이었다. 그리고 전자기파의 진행에 대한 맥스웰Maxwell의 이론에서 빛의 속도가 중요한 역할을 한다는 사실

이었다.

■ 5. 특수상대성이론의 효과는 전 세계의 물리학 실험실에서 매일 수천 번씩 나타난다. 큰 물체들은 빛의 속도에 비해 충분히 빠른 속도로 움직일 수 없기 때문에 상대론적 효과는 크지 않다(그래도 측정할 수는 있다). 하지만 원자나 원자보다 작은 입자들은 빛의 속도의 몇 퍼센트 속도로 가속될 수 있기 때문에 상대론적 효과가 극적으로 나타난다. 많은 시도가 있었지만 타키온tachyon—빛보다 빠르게 움직이는 입자—은 한 번도 발견되지 않았다.

■ 6. G. Benford, D. Book, and W. Newcomb, '타키온 안티텔레폰The Tachyonic Antitelephone', 〈Physical Review D 2〉(1970), p. 263.

■ 7. 사실 빛의 속도가 무한하다면 빛의 속도가 너무 느린 경우와 마찬가지로 많은 개념과 논리에 문제가 생긴다. 우주의 모든 방향에서 오는 빛이 순식간에 도착한다면 인과관계가 영향을 받게 될 것이다. 모든 시간 프레임이 한순간으로 압축되어 모든 곳에서의 사건들이 동시에 보일 것이기 때문이다. 더 기본적으로, 빛은 가속운동하는 전하가 진동으로 이루어진 외란을 만들어내고, 짝을 이룬 전기장과 자기장이 공간 속으로 전파해 나가는 전자기파다. 그 속도가 무한하다면 파동으로서의 빛과 신호로서의 빛은 아무런 의미가 없어질 것이다. 맥스웰의 방정식들은 버려지고 다른 무언가가 대신해야 할 것이다.

■ 8. 1940년대 후반, 일부 이론가들은 팽창하는 우주가 말하는 의미와 우주의 기원에 대해서 불만을 가지고 있었다. 프레드 호일Fred Hoyle, 헤르만 본디Herman Bondi, 그리고 토머스 골드Thomas Gold는 정상상태이론을 주장했다. 이 이론은 팽창을 부정하지는 않았다. 하지만 물질들이 팽창하는 은하들 사이의 공간에서 서서히 만들어져서 새로운 은하들을 만들기 때문에 우주의 모습이 언제나 똑같을 것이라고 주장했다. 이 이론은 우주론의 원리를 우주의 모습이 모든 방향, 모든 장소, 그리고 모든 시간에 걸쳐서 똑같다는 '완벽한' 우주론의 원리로 확장시켰다.

■ 9. M. Blanton et al, '적색편이 z = 0.1에서의 은하 광도함수와 광도밀도The Galaxy Luminosity Function and Luminosity Density at Redshift z = 0.1', 〈The Astrophysical Journal 592〉(2003), p. 819.

■ 10. 1930년대에 이 "부수적인"효과는 팽창의 진위 여부를 검증할 수 있는 중요한 방법을 제공해준다는 사실이 알려졌다(당시에는 관측되는 적색편이를 만들어낼 수 있는 '지친 빛'이론을 포함하는 다른 가상적인 메커니즘이 있었기 때문이다). 은하에서 오는 빛은 확장되어 표면 밝기, 즉 특정한 영역에서의 밝기가 정해질 수 있다. 정상상태 우주에서는 은하에서 오는 빛은 거리의 제곱에 반비례하여 어두워진다. 하지만 보이는 영역도 거리의 제곱에 반비례하여 작아지기 때문에 표면 밝기는 거리에 관계없이 일정하다. 팽창하는 우주에서는 두 개의 부수적인 효과에 의해 멀리서 오는 빛이 약해진다. 그래서 적색편이가 다르고 크기가 비슷한 은하들을 서로 비교하면 팽창의 흔적이 발견되어야 한다. 이것은 물리학자 리처드 톨먼Richard Tolman의 이름을 따 톨먼 테스트라고 한다. 이 테스트의 최근의 성공적인 적용을 보려면 다음 논문을 보라. A.

Sandage and L. Lubin, '톨먼 테스트를 이용한 팽창의 증명. IV. 톨먼 신호 측정과 조기형 은하들의 진화The Tolman Surface Brightness Test for the Reality of the Expansion. IV. A Measurement of the Tolman Signal and the Evolution of Early-Type Galaxies', ⟨The Astronomical Journal 122⟩(2010), p. 1084.

■ 11. 2010년, 넬슨과 엔젤은 모든 거대 망원경들이 지구 대기에 의해 흐려지는 효과를 보정하는데 사용되는 적응광학 기술을 개발한 레이먼드 윌슨Raymond Wilson과 함께 망원경 제작에서의 선구적인 역할에 대한 공로로 100만 달러의 천체물리학 킬비 상Kalvi Prize을 받았다.

■ 12. 지구에 가까운 궤도는 대기보다 위에 있지만 광학관측을 하기에는 완벽하지 않다. 지구의 빛을 피해야 하고 우주에 있는 기계들의 '배기가스'가 광학기기의 표면을 오염시킬 수 있으며 우주 쓰레기에 의한 충격도 무시할 수 없다. 허블우주망원경은 우주왕복선 비행사들이 수리를 할 수 있도록 하기 위해서 저궤도에 올려놓았다. 하지만 나하는 다른 망원경들은 지구에서 100만 킬로미터 떨어진 라그랑지Lagrange 점(태양과 달에서의 중력이 균형을 이루는 곳 – 옮긴이)에 놓고 있다. 아마도 광학관측을 하기에 가장 좋은 곳은 대기와 지질활동이 없고 특별히 어두운 달의 뒷면일 것이다.

■ 13. '가까운' 우주를 벗어난 곳의 움직임에서는 우주론적인 적색편이와 도플러 이동 사이의 개념적인 차이는 매우 중요해진다. 은하나 퀘이사의 유일한 순수 관측값은 적색편이다. 거리와 나이는 적색편이를 만드는 물리적인 메커니즘에 의존한다. 적색편이가 작으면 도플러 효과 공식은 좋은 근사가 된다. 여기에서는 적색편이가 빛의 속도에 대한 후퇴속도의 비와 같다. 관성계에서의 큰 속도에서는 시간 지연 효과가 포함된 상대론적 도플러 효과 공식이 필요하다. 하지만 후퇴속도가 공간의 팽창에 의해 생기는 곳에서 빛이 진행하는 것을 설명하는 데에는 특수상대성이론은 적절하지 않고 일반상대성이론이 필요하다.

■ 14. 복사와 상호작용하지 않고 보통의 '바리온' 물질—양성자와 중성자—보다 훨씬 더 많은 어떤 형태의 물질이 존재한다는 것은 대부분의 우주론 연구자들이 의심하지 않고 있지만, 이것의 물리적인 본질은 전혀 알지 못한다. 블랙홀, 갈색왜성, 행성, 암석, 그리고 먼지가 모두 제외되고 나면, 가장 가능성이 큰 것은 물리학 실험실에서는 아직 발견되지 않았지만 어디에나 존재하는 원자 구성 입자다. 이론적으로 암흑물질 입자는 빛의 속도에 가까운 상대론적 속도로 움직이는 뜨거운 입자와 상대적으로 느리게 움직이는 차가운 입자로 구별할 수 있다. 뜨거운 암흑물질은 너무나 빠르게 움직이기 때문에 초기 우주에서 구조를 지워버려 초은하단 크기의 구조가 먼저 만들어지게 된다. 은하들은 큰 물체가 쪼개지면서 만들어진다. 이것을 '위에서 아래로' 방식이라고 한다. 반면 암흑물질이 차갑다면 왜소은하와 같은 작은 천체들이 빠르게 만들어지고 서로 병합하여 보통 크기의 은하들이 만들어진 다음 은하단과 초은하단은 나중에 만들어진다. 이 두 종류의 암흑물질은 성숙한 우주의 구조를 상당히 다른 모양으로 예측한다. 우주는 아래에서 위로 혹은 계층적인 구조로 형성되었다는 흔적이 남아 있기 때문에 1980년대 이후로는 차가운 암흑물질이 표준 패러다임이 되었다.

■ 15. 우리는 암흑물질이 보통물질보다 6 대 1로 더 많다는 것을 보았다. 하지만 보통물질의 4분의 3은 은하들 사이의 공간에 엷은 기체의 형태로 존재하고, 대부분은 아주 뜨거워 관측하기 어려운 짧은 자외선 파장을 방출한다. 이 기체가 은하로 떨어져도 별로 만들어지는 효율은 낮다. 이 모든 것을 고려하면 광학 천문학자들이 관측하는 빛은 우주 전체 질량의 1퍼센트에 불과하다. 이렇게 제한된 정보로 전체적인 이야기를 자신 있게 하기는 어렵다. 그 와중에도 어쨌든 그럴듯하고 일관성 있는 이야기를 하고 있는 것은 놀라운 일이다.

■ 16. 차가운 암흑물질을 이용한 구조 형성에 대한 기본적인 논문들은 다음과 같다. G. Blumenthal, S. Faber, J. Primack, and M. Rees, '차가운 암흑물질을 이용한 은하와 거대구조의 형성Formation of Galaxies and Large Scale Structure with Cold Dark Matter', ⟨Nature 311⟩(1984), p. 517, 그리고 M. Davis, G. Efstathiou, C. Frenk, and S. White, '차가운 암흑물질이 지배하는 우주에서의 거대구조의 진화The Evolution of Large-Scale Structure in a Universe Dominated by Cold Dark Matter', ⟨The Astrophysical Journal 292⟩(1985), p. 371.

■ 17. L. Ferrarese and D. Merritt, '초거대 블랙홀들Supermassive Black Holes', ⟨Physics World 15⟩ (2003), p. 41.

■ 18. 은하 진화의 본질은 격렬한(때로는 싸움에 가까운) 논쟁의 주제이고 수많은 천문학자들이 활발하게 연구하고 있는 분야다. 질량이 작은 은하들이 늦은 시기에 별 생성이 가장 많이 일어난다는 사실은 덜 밝은 활동성 은하들(다시 말해서 질량이 작은 초거대 블랙홀을 가지는 은하들)이 늦은 시기에 활동성이 가장 높다는 사실과 일치한다. 별 생성과 핵의 활동이 시간이 지나면서 질량이 작은 쪽으로 기울어지는 것을 '소형화downsizing'라고 하는데, 이것은 차가운 암흑물질 우주론에서 구조가 성장하는 경우에 예측되는 것과는 정반대다. 이 난제를 해결할 수 있는 추가적인 재료는 활동성 은하에서의 '피드백'이다. 이것은 초거대 블랙홀의 성장과 활동성을 주변 은하들의 별 생성비율과 연결시키는 것이다. 이 연관성을 설명한 좋은 예로는 다음 논문을 보라. E. Scannapieco, J. Silk, and R. Bouwens, '소형화의 원인이 되는 활동성 은하핵의 피드백 AGN Feedback Causes Downsizing', ⟨The Astrophysical Journal Letters 635⟩(2005), p. L13.

■ 19. Chen Guying, ed., 《Zhuangzhi》(Beijing: Chinese Press, 1983).

■ 20. A. Riess et al., '가속팽창하는 우주와 우주상수에 대하여 초신성으로 얻은 관측적 증거 Observational Evidence from Supernovae for an Accelerating Universe and a Cosmological Constant', ⟨The Astronomical Journal 116⟩(1998), p. 1009, 그리고 S. Perlmutter et al., '42개 큰 적색편이 초신성으로 측정한 오메가와 람다Measurements of Omega and Lambda from 42 High Redshift Supernovae', ⟨The Astrophysical Journal 517⟩(1999), p. 565.

■ 21. M. Kowalski et al., '과거와 현재, 그리고 종합한 초신성 자료로 구한 우주론의 개선된 제한 사항Improved Cosmological Constraints from New, Old, and Combined Supernova Datasets', ⟨The Astrophysical

Journal 686⟩(2008), p. 749.

■ 22. 물리학은 양자이론의 일부로 진공에너지에 대한 개념을 가지고 있긴 하다. 순수한 진공의 공간은 미세한 양자에너지 성분을 가진다는 것이다. 하지만 우주 공간의 활동적인 모습을 표준 물리학으로 예측하려고 하면, 관측된 우주의 가속팽창을 설명할 수 있는 값보다 10^{120}배 더 작은 값밖에 구할 수가 없다. 이 엄청난 차이는 당연히 불편한 것이지만, 동시에 물리학이 아직 완벽하지 않다는 사실을 반영하는 하나의 예일 뿐이다. 아인슈타인은 그의 일반상대성이론 방정식의 해로 자연스럽게 도출되는 우주의 팽창을 막기 위해서 방정식의 해에 하나의 항을 추가시켰다(당시 그는 우주가 정지해 있다고 믿었기 때문이다). 우주론 연구자들에 의해 관측된 암흑에너지는 아인슈타인이 도입한 우주상수와 비슷한 성질을 가지고 있다. 이것은 에너지 밀도와 동일한 음의 압력을 가지고 있고 시간이나 공간에 따라 변화가 없다. 암흑에너지에 대한 관측적 성질은 너무나 적기 때문에 연구를 진전시키기가 아주 어렵다.

■ 23. T. Davis and C. Lineweaver, '팽창의 혼란: 우주의 지평선과 빛보다 빠른 우주의 팽창에 대한 흔한 잘못된 개념들Expanding Confusion: Common Misconceptions of Cosmological Horizons and the Superluminal Expansion of the Universe', ⟨Publications of the Astronomical Society of Australia 21⟩(2004), p. 97.

10장 | 빛과 생명

■ 1. 허블우주망원경은 우주 프로젝트가 흔히 겪는 길고도 험난한 과정의 훌륭한 예이면서, 스스로 역경과 승리의 스토리를 가지고 있다. 우주망원경의 아이디어는 1946년 예일대학의 교수 라이먼 스피처Lyman Spitzer가 처음으로 제안하였는데, 그는 생의 마지막에 가서야 우주망원경이 발사되는 것을 볼 수 있었다. 권위 있는 과학단체들의 지지를 받아 1969년에 설계가 시작되었지만 의회는 1975년 예산을 삭감해버렸다. 규모와 예산이 줄어든 채로 발사는 1983년으로 계획되었다. 하지만 몇 번 연기가 되던 도중 1986년 우주왕복선 챌린저호Challenger의 비극적인 사고로 모든 우주계획이 중단되고 말았다. 1990년 드디어 우주왕복선 디스커버리호Discovery에 실어 허블우주망원경을 발사한 NASA는 망원경의 주경이 잘못 만들어졌다는 사실을 발견했다. 허블망원경의 흐릿한 상은 너무나 실망스러웠고, 대중들의 비난은 NASA에게 큰 재앙이었다. 1993년 우주비행사들이 망원경에 '유리들'을 설치하여 완벽하게 수리를 하였다. 그리고 다섯 차례에 걸친 수리 임무로 몇 년에 한 번씩 망원경에 새로운 기기를 설치하고, 수평장치, 태양 패널, 그리고 컴퓨터를 수리하는 것이 왜 중요한 일인지 잘 보여주었다. 허블망원경은 연구의 최전선에 선 기기로서의 활동에 30년째에 접어들고 있다. NASA의 책임자 션 오키프Sean O'Keefe가 5번째 수리를 하지 않고 허블망원경을 자연사시키기로 결정했을 때, 이 망원경에 대한 대중들의 애착이 명확하게 드러났다. 또 한 번의 우주왕복선 사고 때문에 오키프는 우주비행사들을 수리 임무로 보내는 것이 너무나 위험하다고 생각했다. 하지만 허블 망원경에 대한 대중들의 강력한 지원(그리고 NASA의 시설들이 위치하고 있는 주 의원들의 로비) 때문에 그는 그 결정을 철회할 수밖에 없었고, 2009년 5번째 수리 임무가 무사히 진행되었다.

■ 2. R. Williams et al., '허블 딥 필드: 관측, 자료 처리, 그리고 은하 측광The Hubble Deep Field: Observations, Data Reduction, and Galaxy Photometry', 〈The Astronomical Journal 112〉(1996), p. 1335. 이 논문은 남쪽 하늘을 관측한 다음 논문으로 이어졌다. R. Williams et al., '남쪽 허블 딥 필드: 공식 관측 계획The Hubble Deep Field South: Formulation of the Observing Campaign', 〈The Astronomical Journal 120〉(2000), p. 2735. 보통 망원경 사용이 허락된 제안서는 자료에 대해서 1년간의 우선권을 가진다. 그동안은 제안한 사람들 이외에는 아무도 그 자료를 이용할 수 없다. 하지만 허블 딥 필드 자료들은 곧바로 공개되었다.

■ 3. S. Beckwith et al., '허블 울트라 딥 필드The Hubble Ultra Deep Field', 〈The Astronomical Journal 132〉(2006), p. 1729. 깊은 관측 자료가 흔해짐에 따라 많은 시간을 하늘의 한 영역에 투자하는 것의 장점이 약해지는 것처럼 보일 수도 있다. 하지만 현실에서 천문학자들은 깊이와 관측 영역을 서로 교환하며 다양한 깊이의 탐사 관측 자료를 필요로 한다. 개념적인 결과는 얇고 넓은 층을 가진 '웨딩 케익'이다. 그리고 울트라 딥 필드는 엄청난 깊이를 가진 작은 꼭대기 층이다.

■ 4. 분광관측을 위해서는 단순하게 상을 얻는 관측보다 훨씬 더 많은 빛이 필요한데, 울트라 딥 필드에 있는 대부분의 가장 어둡고 가장 재미있는 은하들은 지상의 10미터 망원경으로도 분광관측을 하기에는 너무나 어둡다. 색으로 적색편이를 측정하는 '가난한 자'의 방법은 측광학적 적색편이라고 한다. 하지만 목적이 넓은 적색편이 영역에서의 진화를 연구하는 것이라면 이것은 문제가 되지 않는다. 더 큰 문제는 신뢰도이다. 어떤 은하들은 특이한 에너지 분포를 가지고 있기 때문에 색을 적색편이로 바꾸는 데 사용되는 표준 은하들이 잘못된 것일 수가 있다. 천문학자들은 정말 믿을만한 적색편이를 얻기 위해서는 분광관측이 필수적이라고 생각하지만, 통계적인 작업을 위해서는 측광학적 적색편이의 신뢰도가 90퍼센트 이상이기만 하면 괜찮다고 생각한다.

■ 5. R. Bouwens et al., '울트라 딥 WFC3/IR 관측으로 얻은 울트라 딥 필드에서 z ~ 8인 은하들의 발견Discovery of z - 8 Galaxies in the Hubble Ultra Deep Field from Ultra-Deep WFC3/IR Observations', 〈The Astrophysical Journal Letters 709〉(2010), p. L133.

■ 6. 오랫동안 수많은 연구 그룹들이 분광관측으로 확인되지 않은 높은 적색편이의 은하들을 발견했다고 주장해오고 있다. 이런 경쟁적인 분야에서는 최고 기록을 세우는 적색편이 은하를 가장 먼저 발표하고자 하는 목적이 매우 강하다. 분광관측으로 틀림없이 확인된 최고 기록의 적색편이 은하는 6에서 7 사이다. 적색편이가 8 이상인 은하들은 측광에 기반한 것이기 때문에 아직 불확실하다. 이런 천체들은 근적외선 파장밖에 방출하지 않기 때문에 분광관측으로 확인하는 것이 기술적으로 가능하지도 않다. 이 분야에 영향을 미치는 또 다른 문제는 먼지에 의해 가려지는 현상이다. 처음으로 은하들이 한꺼번에 만들어지던 시기에는, 일부 활동이 먼지에 둘러싸인 채로 일어났기 때문에 광학으로는 볼 수가 없다. 이것은 별 생성 비율이나 적색편이가 매우 높은 은하들의 수를 과소평가할 수 있다. 현재로는 먼지에 의해 가려진 은하들이 있긴 하지만 그렇게 심각하게 문제가 되지는 않는다고 보고 있다.

■ 7. 뉴턴도 분명히 역시 이것을 고민했어야 할 것 같은데, 그랬던 것 같지는 않다. 그는 중력을 무한한 우주에서 역제곱의 법칙을 따르는 힘이라고 공식화했다. 빛과 중력 모두 거리의 제곱에 반비례하여 약해지는 값이기 때문에 올버스의 역설은 빛뿐만 아니라 중력에도 존재한다. 무한한 우주는 무한한 빛과 무한한 중력을 가지고 있어야 한다.

■ 8. Edgar Allen Poe, 〈유레카: 산문시Eureka: A Prose Poem〉(1848); 올버스의 역설을 해결하는 역사에 대한 멋진 설명은 다음의 책을 보면 된다. Edward Harrison, 《밤하늘의 어둠: 우주의 수수께끼Darkness at Night: The Riddle of the Universe》(Cambridge, MA: Harvard University Press, 1987).

■ 9. 허블 공간 끝까지의 거리에는 팽창의 역사가 고려되어야 한다. 우리는 과거의 그 지점을 보고 있기 때문이다. 가까운 곳에서의 허블 관계로 측정되는 팽창속도에 비해서 당시의 팽창속도는 더 느렸고(최근의 가속팽창 때문에) 그 전에는 더 빨랐다(우주의 나이 처음 3분의 2 동안의 감속팽창 때문에). 정확한 계산은 약 140억 광년이라는 답을 준다. 허블 공간은 상대적이다. 그러므로 어떤 은하가 우리의 허블 공간 바로 바깥에 있다면 우리도 그 은하의 허블 공간 바로 바깥에 있다.

■ 10. C. Lineweaver and T. Davis, '대폭발에 대한 잘못된 개념들Misconceptions About the Big Bang', 〈Scientific American〉(March 2005), p. 36.

■ 11. S. Sigurdsson, H. Richer, B. Hansen, I. Stairs, and S. Thorsett, '펄서 B1620-26의 젊은 백색왜성 짝: 초기 행성 생성의 증거A Young White Dwarf Companion to the Pulsar B1620-26: Evidence for Early Planet Formation', 〈Science 301〉(2003), p. 193.

■ 12. 천문학자들이 역사를 재구성할 수 있다는 사실은 역사 그 자체만큼이나 놀라운 일이다. 이 거대 행성은 펄서의 주기를 10년 동안이나 주의 깊게 지켜보았기 때문에 발견할 수 있었다. 허블우주망원경으로 구한 색과 온도에 대한 자료로 이 백색왜성의 나이와 질량을 구할 수 있었다. 이것은 중성자별이 궤도에서 흔들리는 자료와 결합되어 중성자별의 질량을 알려준다. 펄서 주기의 작은 불규칙으로 세 번째 천체, 목성형 행성이 드러났다. 이 모든 자료들은 두 죽은 별들과 행성 궤도의 기울기를 알려주었다. 행성이 큰 궤도를 가지고 있다는 사실은 이 행성이 지금은 백색왜성이 된 태양과 비슷한 별에서 질량이 중성자별로 흘러가기 전에 이미 두 별을 돌고 있었다는 것을 의미한다. 그리고 행성이 큰 궤도를 가지고 있다는 사실은 이 행성이 가까운 별과의 상호작용에 취약하다는 것을 의미한다. 그러므로 이 시스템이 만들어진 후 수십억 년 동안 구상성단의 중심부를 지나가지 않았다는 것을 알 수 있다. 이것은 최초로 발견된 외계행성인 PSR 1257+12 시스템의 지구와 비슷한 행성과 닮은 점이 있지만, 무거운 별이 죽은 후에 만들어진 행성들은 생명체가 살고 있을 가능성이 별로 없고, 살았던 적도 없었을 것이다.

■ 13. 앨런 보스Alan Boss는 메두셀라 행성은 중력 불안정으로 행성들이 만들어진다는 자신의 아이디어를 뒷받침하는 것이라고 주장해왔다. 그 과정은 핵이 물질을 끌어당기는 것보다 훨씬

더 빨리 일어날 수 있고, 무거운 원소나 암석핵이 이미 존재해야 할 필요가 없기 때문이다.

■ 14. R. Salvaterra et al., '적색편이 z = 8.1에서의 감마선 폭발GRB090423 at a Redshift of z = 8.1', 〈Nature 461〉(2009), p. 1258. 그리고 N. Tanvir et al., '적색편이 z = 8.2에서의 감마선 폭발A Gamma-Ray Burst at a Redshift of z = 8.2', 〈Nature 461〉(2009), p. 1254.

■ 15. 감마선 폭발은 블랙홀을 남기게 될 무거운 별의 죽음을 나타낸다. 수소와 헬륨으로만 이루어진 최초의 별의 모형에 의하면 이 별들은 매우 무거워 질량이 태양의 100에서 200배나 된다. 이런 별들은 수백만 년밖에 살지 못하며 꽤 큰 블랙홀들을 남긴다. 이렇게 만들어진 10에서 50태양 질량의 블랙홀들은 밝은 퀘이사들이 적색편이 6보다 더 먼 곳에서도 발견된다는 천체물리학의 다른 문제를 해결하는 데에도 도움을 준다. 이것은 블랙홀이 태양 질량의 10억 배로 자라는 데 5억 년이 조금 넘는 정도밖에 시간적인 여유가 없다는 것을 의미하기 때문이다. 첫 번째 세대의 별들에서 만들어진 거대한 '씨앗' 블랙홀들이 있다면 병합과 젊고 밀도가 높은 우주에 있는 충분한 연료로 그런 괴물들이 그렇게 빨리 자라는 데에 아무런 문제가 없기 때문이다. 물론 이런 일이 어떻게 일어났는지를 알 수 있는 증거가 있다면 더 좋겠지만.

■ 16. D. Fischer and J. Valenti, '행성과 중원소함량의 상관관계The Planet-Metallicity Correlation', 〈The Astrophysical Journal 622〉(2005), p. 1102.

■ 17. C. Lineweaver, Y. Feener, and B. Gibson, '은하의 서식 가능 지역과 우리은하에서의 복잡한 생명체의 나이 분포The Galactic Habitable Zone and the Age Distribution of Complex Life in the Milky Way', 〈Science 303〉(2004), p. 59; C. Lineweaver, '우주에서 지구형 행성의 나이 분포 측정: 선택 효과로서의 중원소 함량 정량화An Estimate of the Age Distribution of Terrestrial Planets in the Universe: Quantifying Metallicity as a Selection Effect', 〈Icarus 151〉(2001), p. 307; 그리고 반대의 관점으로는, N. Prantzos, '은하의 서식 가능 지역에 대하여On the Galactic Habitable Zone', 〈Space Science Reviews 135〉(2008), p. 313.

■ 18. C. Mordasini, Y. Alibert, W. Benz, and D. Naef, '외계행성 종족 분석 II. 관측 결과와의 통계적 비교Extrasolar Planet Population Synthesis. II. Statistical Comparison with Observations', 〈Astronomy and Astrophysics 501〉(2009), p. 1161.

■ 19. Bertrand Russell, 《나는 왜 기독교인이 아닌가Why I Am Not a Christian and Other Essays on Religion and Related Subjects》(New York: Simon and Schuster, 1957).

3부 우주 생명체를 찾아서

11장 | 빅뱅

■ 1. Jennifer Isaacs, ed., 《오스트레일리아의 꿈: 40,000년의 원주민 역사Australian Dreaming: 40,000 Years of Aboriginal History》(Sydney: Lansdowne Press, 1980).

■ 2. Bruce Chatwin, 《오스트레일리아 원주민들의 항해기술The Songlines》(London: Franklin Press, 1986).

■ 3. Hubert Vecchierello, 《아인슈타인과 상대성이론: 르메트르와 팽창하는 우주Einstein and Relativity: Lemaitre and the Expanding Universe》(Paterson: St. Anthony Guild Press, 1934).

■ 4. 조르주 르메트르 주교의 《빅뱅과 조르주 르메트르The Big Bang and Georges Lemaitre》, ed. A. Barger (London: Reidel, 1984)에서 A. Deprit에 의해 인용됨.

■ 5. 사실, 러시아의 수학자이자 물리학자인 알렉산더 프리드먼이 1922년에 '팽창하는 우주'에 대한 해를 처음으로 유도했다. 그는 1924년의 논문에서 곡률이 양과 음, 그리고 0인 공간에 대한 완벽한 모형을 다루기도 했다. 르메트르가 특별히 기여한 것은 팽창을 관측된 은하들의 적색편이와 연결시키고, 우주의 나이와 팽창속도를 처음으로 계산했다는 것이다. 르메트르와 마찬가지로 프리드먼도 제1차 세계대전 동안에 군대에 복무했다. 프리드먼의 업적은 20세기 초에 고립되어 있던 러시아 과학자들의 상황과 너무나 수학적인 그의 연구 내용 때문에 잘 알려지지 못했다. 레닌그라드의 지구물리연구소 소장이었던 그는 1925년 기구 비행으로 최고고도 기록을 세우고, 같은 해에 장티푸스로 서른일곱의 나이로 죽었다.

■ 6. 현재 과학과 종교 사이의 불편한 관계는 리처드 도킨스Richard Dawkins와 크리스토퍼 히친스Christopher Hitchens와 같은 '새로운 무신론자들'과 지구의 나이가 6,000년이라는 주장을 고집하는 기독교 근본주의자들 사이의 대립에서 잘 드러난다. 후자는 중요한 종교적 인물의 일생과 최전선에 있는 과학자들에 의해 공격받고 있다. 베스트셀러인 《천사와 악마Angels and Demons》의 저자인 댄 브라운은 르메트르가 과학과 종료를 화해시키기 위해서 빅뱅이론을 제안한 성직자라고 주장한다. 모든 면에서 브라운은 틀렸다. 르메트르는 성경은 과학적인 문제에 대해서는 아무런 이야기도 하지 않고 사실은 오류로 가득 차 있을 수도 있다고 생각했다. 하지만 그는 성경을 구원과 영생에 이르는 정확한 길을 알려주는 지혜의 원천이라고 생각했다. 그가 죽은 지 40년이 지나서야 그에 대한 훌륭한 전기가 나왔다. John Farrell, 《어제가 없는 오늘: 조르주 르메트르, 아인슈타인, 그리고 현대 우주론의 탄생The Day Without Yesterday: George Lemaitre, Einstein, and the Birth of Modern Cosmology》(Emeryville, CA: Thunder's Mouth Press, 2005).

■ 7. American Institute of Physics 웹사이트의 '우주론의 아이디어들'이라고 불리는 역사 분야

에서 인용. http://www.aip.org/history/cosmology/ideas/bigbang.htm.

■ 8. 허블을 두 종류의 세페이드 변광성이 있다는 사실을 알지 못하여 팽창속도를 과대평가하고 은하의 거리와 우주의 나이를 과소평가했었다는 것이 밝혀졌다. 섀플리가 우리은하에서 주기-광도 관계를 구하기 위해 사용한 세페이드 변광성은 허블이 먼 은하의 거리를 구하기 위해 사용한 세페이드 변광성과는 다른 것이었다.

■ 9. Oscar Godart and Martin Heller, 《르메트르의 우주론Cosmology of Lemaitre》(Tucson: Pachart, 1985).

■ 10. 구름과 태양은 충분히 다르기 때문에 이 비유를 너무 지나치게 가져가면 안 된다. 구름에서는 빛이 미세한 물방울들에 의해 산란된다. 반면 태양은 전자가 원자핵에서 떨어져 나온 고온의 플라즈마로 이루어져 있기 때문에 빛이 자유롭게 움직이는 것을 방해하는 것은 전자들이다. 산란이나 흡수가 없는 곳(투명한 곳)에서 완벽하게 산란이나 흡수가 일어나는 곳(불투명한 곳)으로의 전환은 점진적으로 일어난다. 관례적으로 그 경계는 빛이 지나가면서 상호작용을 할 확률이 50퍼센트인 곳으로 정의된다.

■ 11. 우주론은 우주의 역사를 묘사하기 위해서 스케일 팩터 R의 진화를 이용한다. 스케일 팩터는 공간에서 임의의 두 점 사이의 거리이다. 우주론의 원리에 포함되어 있는 등방성과 균질성은 측정에 어떤 두 점을 사용하더라도 상관이 없다는 것을 의미한다. z로 표시되는 관측 가능한 값이 적색편이는 스케일 팩터와 단순한 식인 $R=1/(1+z)$로 연결되어 있다. 그러므로 적색편이는 우주의 크기의 변화이고, 적색편이가 1보다 훨씬 큰 우주의 초기에는 이것은 빛이 방출되던 시기에 우주가 얼마나 더 작았는가 하는 값과 거의 비슷하다.

■ 12. 별 형성에 대한 사실적인 모형에 반드시 포함되어야 하는 비선형 물리학의 예로는 충격의 역할, 무거운 원소들의 스펙트럼선에 의한 기체의 냉각, 그리고 중력 수축에 대항하여 기체 구름을 지탱하는 역할을 할 수 있는 자기장이 있다. 은하 형성의 규모에서는 이 중요한 요소들이 무시되거나 아주 단순화된 형태로 포함된다. 비선형 물리학의 또 다른 결과로는 흔히 '나비 효과'로 알려져 있는, 초기 조건에 대한 민감성이다. 컴퓨터 시뮬레이션의 시작 지점이 달라지면 결과는 예측이 불가능할 정도로 크게 변한다. 결과적으로 천문학자들은 우주의 구조가 어떻게 나타났는지 대략적으로 묘사하는 것도 제한된다.

■ 13. R. Alpher, H. Bethe, and G. Gamow, '화학 원소들의 기원On the Origin of the Chemical Elements', 〈Physical Review 73〉(1948), p. 804, 그리고 R. Alpher and R. Hermann, '팽창하는 우주의 진화에 대한 의견Remarks on the Evolution of the Expanding Universe', 〈Physical Review 75〉(1949), p. 1089. 가모프는 빅뱅에서 나온 잔류복사의 온도를 처음으로 언급한 두 번째 논문의 저자에 포함되어 있지 않지만, 그의 흔적은 가득하다. 두 개의 빅뱅 모형이 언급되어 있는데, 하나는 예측된 온도가 1켈빈이고 다른 하나는 5켈빈이다. 사실, 초기의 이론은 온도의 범위를 예측하기에는 불충

분했다. 1950년, 알퍼와 헤르만은 그 온도를 28켈빈으로 다시 계산하였고, 1950년대 중반 가모프는 그 값을 5켈빈에서 50켈빈까지 다르게 발표했다. 하지만 낮은 온도의 복사가 우주를 가득 채우고 있다는 것은 이 모든 작업의 공통적인 내용이었다.

■ 14. 초기 우주가 아주 차가운 별의 광구와 비슷한 성질을 가지기는 하지만 이 비유는 완전하지 않다. 초기 우주에는 연관되어 있지만 분명히 구별되는 두 과정이 있다. 재결합과 비동조화이다. 재결합은 광자들의 에너지가 충분히 감소하여 전자를 수소 원자에서 떼어낼 수 없을 때 일어난다(정밀한 계산에서는 포함되어야 하는 헬륨은 무시한다). 수소는 플라즈마에서 중성 기체가 된다. 이 이행과 연관된 것은 비동조화 과정이다. 이것은 광자가 수소 원자와 상호작용을 할 확률이 0이 되어서 우주가 투명하게 되는 것이다. 초기 우주의 광자들은 넓은 에너지 범위를 가지고 있기 때문에, 에너지 분포에서 에너지가 높은 쪽은 온도가 일반적으로 중성 수소 원자가 만들어질 수 있는 수준으로 떨어진 후에도 우주를 계속 이온화시킨다. 또한 불투명에서 투명으로의 이행은 순식간에 일어나지 않고 약 2만 년이 걸렸다.

■ 15. 최초의 우주 배경복사 발견은 사실 펜지아스와 윌슨보다 25년 앞서 있었다. 1940년, 앤드류 메켈러Andrew McKellar 밝은 별인 뱀주인자리 제타별의 스펙트럼에서 탄소-질소(CN)의 성간 흡수선을 발견하고, 이것이 온도 2.3켈빈 복사에 노출되었을 때만 나타날 수 있다는 사실을 깨달았다. 하지만 그는 이 복사를 만들어낼 수 있는 것에 대한 언급은 전혀 하지 않았고, 그의 관측은 1966년에 와서야 우주론의 관점에서 다시 설명되었다.

■ 16. 물리학에서 이런 종류의 스펙트럼을 흑체 스펙트럼이라고 한다. 이것은 주변과 완벽하게 평형을 이루는 반사하지 않고 불투명한 물체에서 나오는 것이다. 흑체 스펙트럼은 짧은 파장에서 급격히 떨어지고 긴 파장에서는 좀 더 완만하게 떨어진다. 최대 방출을 하는 파장과 스펙트럼의 모양은 단 하나의 물리량 온도에 의해 결정된다. 흑체복사의 성질을 연구하던 중 1900년 플랑크가 양자의 아이디어를 떠올리게 되었다.

■ 17. C. Lineweaver, L. Tenorio, G. Smoot, P. Keegstra, A. Banday, and P. Lubin, 'COBE DMR의 4년 동안의 자료에서 발견한 쌍극The Dipole Observed in the COBE DMR 4-Year Data', 〈The Astrophysical Journal 470〉(1996), p. 38.

■ 18. 우주의 구조가 어떻게 진화했는지를 이해하기 위한 이론적인 노력이 엄청나게 확장되었다. 하나의 의문은 아주 낮은 수준의 온도(그리고 밀도)변화의 기원이 무엇인가 하는 것이었다. 이것은 이 책에서 나중에 다룰 것이다. 초기의 밀도 변화는 평균밀도에 비해 아주 작은 값이다. 초기에는 이 변화가 뉴턴의 단순한 중력이론에 따라 천천히 선형적으로 자라난다. 빠른 팽창으로 인해 기체가 얇아지는 어려움이 있었지만 중력은 구조를 형성하기 시작한다. 암흑물질이 없었다면 은하들은 아예 만들어지지 못했을 것이다! 밀도의 변화가 평균밀도에 비해 충분히 큰 값이 되면 구조는 가속적으로 자라고 비선형적이 된다. 중력 법칙은 여전히 뉴턴의 법칙을 따르지만 수학적인 서술은 더 복잡해지고 충격과 복잡한 기체역학이 별과 은하들의 형성에

적용되어야 한다.

■ 19. George Smoot and Keay Davidson, 《시간의 주름Wrinkles in Time》(New York: Morrow, 1993), 그리고 John Mather and John Boslough, 《최초의 빛: 우주의 여명을 향한 과학 여행의 숨은 이야기The Very First Light: The True Inside Story of the Scientific Journey Back to the Dawn of the Universe》(New York: Basic Books, 1997).

12장 | 백열

■ 1. 피타고라스가 쓴 글은 하나도 남아 있지 않고, 그에 대한 대부분의 정보들은 수백 년 뒤에 기록된 것이다. 불행히도 아리스토텔레스가 그에 대해 쓴 책도 남아 있지 않다. 피타고라스와 그의 추종자들의 세계를 현재의 시각으로 해석하는 것은 쉽지 않다. 하지만 그의 활동은 수학적 지식을 신비로운 힘으로 생각하는 비밀 조직이나 컬트와 유사하다. 피타고라스는 영향력 있는 사람이었지만 사모스 섬의 독재자의 신임을 잃어 이탈리아의 크로톤으로 피신을 해야 했다. 그곳에서 그는 새로운 추종자와 지지자들과 함께 그의 작업을 계속했다. 그는 다시 정치전 분란에 휩싸여 그의 학당은 폐쇄되고 추종자들은 활동이 금지되었다. 그가 어떻게 죽음을 맞이했는지는 확실하지 않다. 그는 플라톤에게 엄청난 영향을 미쳤고, 그를 통해 서양 철학사에 중요한 영향을 미치게 되었다.

■ 2. Jamie James, 《구면체의 음악: 음악, 과학, 그리고 우주의 근본 질서The Music of the Spheres: Music, Science, and the Natural Order of the Universe》(New York: Springer-Verlag, 1993).

■ 3. 행성들의 거리에 3차원 모양들을 맞추고 행성들의 궤도속도에서 조화를 찾으면서 케플러는 물리 이론의 기반이 없는 수를 이용한 점술을 생각하고 있었다. 사실 두 경향성은 모든 행성들을 고려하면 맞지 않다. 하지만 기하학과 조화에 기반 하여 경향성을 찾는 방법은 충분한 동기를 가지고 있다. 그리고 현대의 행성 과학에서 행성의 위성들의 궤도와 고리들의 모양은 중력 공명 과정을 통해서 모든 숫자들의 비율로 정확하게 묘사된다.

■ 4. Walter Isaacson, 《아인슈타인: 그의 인생과 우주Einstein: His Life and Universe》(New York: Simon and Schuster, 2007).

■ 5. W. Hu and M. White, '우주 교향곡The Cosmic Symphony', 〈Scientific American〉 February (2004), p. 44.

■ 6. G. Hinshaw et al., '5년간의 WMAP 관측: 자료 처리, 하늘 지도, 그리고 기본적인 결과들Five Year Wilkinson Microwave Anisotropy Probe Observations: Data Processing, Sky Maps, and Basic Results', 〈The Astrophysical Journal Supplement 180〉(2009), p. 225.

■ 7. 초단파 스펙트럼과 이것의 진화는 마크 위틀에 의해 '소리화'되었다. 그는 배음과 파형을 50옥타브 높은 주파수로 이동시켜 들을 수 있도록 변환했다.
http://www.astro.virginia.edu/~dmw8f/BBA_web/index_frames.html 를 보라.

■ 8. 초기 우주는 소리와 빛을 함께 가지고 있었다. 그 소리는 빅뱅 38만 년 후 방출된 저주파의 파동들이다. 우리는 이들을 당시의 우주의 성대로 생각할 수 있다. 당시의 우주는 온도가 3,000켈빈이었고 어두운 붉은빛으로 빛났다. 그 전에는 더 뜨거웠고, 우주의 복사는 빅뱅 이후 1만 년에서 38만 년까지 눈에 보이는 스펙트럼으로 이동했다. 그러므로 우주는 복사가 자외선에서 가시광선을 거쳐 적외선 파동으로 지나가면서 느린 '불꽃'을 보였을 것이다. 송에뤼미에르Son et lumiere(사적지 등에서 밤에 특수 조명과 음향을 곁들여 그 역사를 설명하는 쇼 – 옮긴이).

■ 9. D. Eisenstein et al., 'SDSS 밝은 붉은 은하들의 거대 규모 상관 함수에서 보통의 최대 소리 검출Detection of the Baryon Acoustic Peak in the Large Scale Correlation Function of SDSS Luminous Red Galaxies', 〈The Astrophysical Journal 633〉(2005), p. 560.

■ 10. 몬티 파이튼Monty Python의 유명한 그림 〈스코틀랜드의 메리 여왕Mary Queen of Scots〉처럼 정상상태이론은 그렇게 아름답게 사라지지 않았다. 정상상태이론은 물질이 천천히 지속적으로 창조되기만 하면 되지만 빅뱅이론은 우주의 모든 물질이 비정상적이고 저절로 나타나야 한다는 호일의 날카로운 비판은 잘 받아들여졌다. 하지만 우리가 왜 3켈빈의 복사 속에 묻혀 있는지 정상상태이론으로는 새로운 개념을 도입하지 않고서는 자연스럽게 설명할 수가 없는 반면 빅뱅이론으로는 자연스럽게 설명할 수 있었다. 좀 더 최근의 버전은 '준 정상상태우주론'으로, 이것은 우주 초단파 배경복사의 온도와 파워 스펙트럼을 설명하려고 시도한다. 하지만 이론의 수정은 즉흥적이고 가장 좋은 자료와 잘 맞지 않는다. UCLA의 네드 라이트Ned Wright는 자신의 웹 페이지에 비판을 올려놓았다. 빅뱅이론은 적색이동을 우주의 팽창이 아닌 가상의 메커니즘으로 연대기 우주론이나 '지친 빛' 이론과 같은 이론들도 물리쳤다.

■ 11. John Mather and John Boslough, 《최초의 빛: 우주의 새벽으로 가는 과학적 여행의 진정한 숨은 이야기The Very First Light: The True Inside Story of the Scientific Journey Back to the Dawn of the Universe》(New York: Basic Books, 1996).

■ 12. 별은 안정적인 핵융합기인 반면 우주는 팽창하고 있고 온도가 빠르게 변하기 때문에 '빅뱅 원소합성'에는 까다로운 것이 많다. 그중 하나는 자유 중성자는 17분의 반감기로 붕괴한다는 사실이다. 그래서 양성자에 대한 중성자의 비율은 팽창하면서 달라지고 이것은 융합 과정에 영향을 미친다.

■ 13. 리튬의 양은 약간 문제가 있다. 별에서 관측되는 리튬이 빅뱅이론에서 예측하는 것보다 더 적기 때문이다. 하지만 별은 리튬을 생성하기만 하는 것이 아니라 파괴하기도 한다. 그래서 리튬 자료로 빅뱅을 검증하는 과정은 기본 원자물리학의 더 나은 계산을 필요로 한다. 실제로

초기 우주 관측과 이론은 실험실에서의 물리학을 도와줄 수 있는 수준까지 나아갔다.
A. Coc, E. Vagnioni-Flam, P. Descouvement, A. Adahchour, and C. Angulo, 'WMAP 관측과 가벼운 원소들의 양을 설명하기 위한 개선된 빅뱅 원소합성이론Updated Big Bang Nucleosynthesis Confronted to WMAP Observations and the Abundance of Light Elements', 〈The Astrophysical Journal 600〉(2003), p. 544.

■ 14. Simon Singh, 《빅뱅: 우주의 기원Big Bang: The Origin of the Universe》(New York: HarperCollins, 2004).

■ 15. M. White and W. Hu, '사스-울프 효과The Sachs-Wolfe Effect', 〈Astronomy and Astrophysics 321〉(1997), p. 89.

■ 16. Carl Sagan, 《Cosmos》(New York: Random House, 1980).

■ 17. 감각을 이용한 우주 탐험에는 소리와 빛이 있다. 하지만 냄새는 분자가 있어야 하기 때문에 최초의 빛과 몇 세대의 별의 탄생과 죽음 후에야 가능하다. 빅뱅 약 1억 년 후, 무거운 별들이 무거운 원소들을 만들어 방출하면서 처음으로 그을음과 유황의 냄새가 있었다.

■ 18. 프린스턴대학의 제리 오스트라이커Jerry Ostriker는 거대 규모 구조와 은하 형성을 주제로 하는 또 한 명의 최고의 이론가다. 그의 연구 그룹은 컴퓨터가 충분히 강력해졌을 때 컴퓨터를 사용하기 시작했다. 1980년대 중반 그는 대학의 학장이 되었는데, 최고 연구 관리자로서의 역할을 수행하면서도 그의 사무실 지하실에는 테라플롭스teraflops(초당 1조 회의 연산을 처리할 수 있는 계산 능력-옮긴이)의 컴퓨터 파워가 항상 돌아가고 있었다.

■ 19. Sverre Arseth, 《중력 N-Body 시뮬레이션: 방법과 알고리즘Gravitational N-Body Simulations: Tools and Algorithms》(Cambridge: Cambridge University Press, 2003).

■ 20. 하나의 예는 중력의 역제곱 법칙의 장점을 이용하는 것이다. 시뮬레이션에서 각각의 입자가 모든 다른 입자에게 힘을 미치지만 멀리 있는 입자들에는 크게 약해진다. 시뮬레이션의 정확도는 고려하고 있는 입자에서 멀리 있는 입자들을 무시해도 크게 떨어지지 않는다는 것이 밝혀졌다. 이것은 계산의 수를 엄청나게 줄여준다. 또 다른 지름길은 입자들이 중력으로 결합하면 다른 모든 입자들에 힘을 미치는 하나의 물체로 간주될 수 있다는 사실이다. 입자들이 서로 가까이 있으면 그들의 움직임은 아주 자세하게 추적되어야 한다. 반면 입자들이 고려하고 있는 입자에서 아주 멀리 있으면 시뮬레이션의 정확도에 영향을 거의 주지 않고 투박하게 한 덩어리로 볼 수 있다. 일반적으로 이런 전략들은 컴퓨터 시간을 N^2에서 N으로 줄이지는 못하지만 $N \times \log N$으로 줄일 수는 있다. 여기서 N은 입자의 수이다.

■ 21. V. Springel et al., '은하와 퀘이사의 형성, 모임, 그리고 진화 시뮬레이션Simulations of the Formation, Clustering and Evolution of Galaxies and Quasars', 〈Nature 435〉(2005), p. 629.

13장 | 아무것도 없기보다는 무언가 있는 것

■ 1. 철학자들은 왜 아무것도 없기보다는 무언가 있는지 아주 오랫동안 고민해왔다. 철학에서 이것은 선험적 존재의 문제Primordial Existential Question, PEQ라고 불린다. '아무것도 없다'라는 가정은 어떤 실험으로도 뒷받침되지 않는다. 모든 관측은 관측자의 존재를 내포하기 때문이다. 그리스의 파르메니데스는 아무것도 없음에 대해서 이야기하는 것은 무의미하다고까지 말했다. 언급 자체가 존재를 내포하기 때문이다. 우리가 '아틀란티스는 존재하지 않는다'라고 말한다면 이것도 역시 무언가에 대한 언급이다. 그리고 언급은 오직 무언가가 존재하는 경우에만 할 수 있다! 파르메니데스의 반대편에 선 사람들은 눈에 보이지 않는 물체가 빈 공간 주변을 움직이는 것을 물질과 운동의 원천으로 간주한 원자론자들이었다. 수학자들조차도 아무것도 없는 것을 묘사하는 데에는 어려움이 있었다. 집합론은 거의 모든 수학을 묘사할 수 있다. 우리는 당신을 포함하는 집합을 묘사할 수 있고, 그 집합을 포함하는 집합을 묘사할 수 있고, 계속 이렇게 이어갈 수 있다. 하지만 그래도 여전히 무언가가 존재한다는 가정을 해야만 한다. 형이상학자이자 과학철학자인 웨슬리 새먼Wesley Salmon은 공집합에 대해서 이렇게 말했다. "바보들은 진심으로 공집합이 없다고 말한다. 하지만 만일 그렇다면 그런 집합을 모두 포함하는 집합은 비어 있을 것이므로 그것이 바로 공집합이 된다."

■ 2. 실제로 페르미가 학부생들에게 사용한 고전적인 '페르미 문제'는 시카고에 있는 피아노 조율자의 수를 측정하는 것이다. 얼핏 보기에는 이것은 불가능해 보인다. 하지만 몇 가지 합리적인 가정을 하면 대략적인 수를 구할 수 있다. 시카고의 인구는 300만이고, 한 가구는 대략 3명으로 구성된다. 20가구에 하나씩 피아노가 있고 피아노 조율은 1년에 한 번 하고, 피아노 조율사는 피아노 한 대를 두 시간 만에(이동 시간을 포함하여) 조율하며, 거의 일 년 내내 하루 종일 일을 한다고 가정하면, 1년에 5만 번의 조율 '시장'이 있고, 1,000번의 조율 '용량'이 있다. 이 두 수를 나누면 조율사의 수는 50이 나온다. 시카고의 광고책자에는 34명의 피아노 조율사가 있다. 모든 조율사가 광고를 하는 것은 아니라고 본다면 이 수는 실제보다 적은 수일 것이다. 그러므로 이 방법은 아주 잘 작동한다. 또 하나의 페르미의 고전적인 질문은 1950년에 생명체를 가지고 있을 만한 세계의 수를 추정한 것이었다. 그리고 진화가 일어날 만한 충분한 시간이 있었다는 것을 고려하면 우리가 우주에서 유일한 존재일 가능성은 매우 낮다. 그래서 그는 이런 질문을 던졌다. "모두 어디에 있는가?"

■ 3. Graham Farmelo, 《가장 이상한 남자: 폴 디랙의 일생The Strangest Man: The Life of Paul Dirac》(London: Faber and Faber, 2009).

■ 4. 이 관측으로 앤더슨은 서른한 살의 나이로 노벨 물리학상을 수상하여 역대 최연소 수상자가 되었다. 다른 몇몇 사람들은 아슬아슬하게 그 발견을 놓쳤다. 1923년, 디미트리 스코벨친Dimitri Skobeltsyn은 같은 현상을 발견하고 너무나 혼란스러워 동료들과 그 결과를 나누었지만, 거기서 더 나아가지는 않았다. 그는 노벨상은 놓쳤지만 빛나는 업적으로 6개의 레닌 훈장을 받았다. 칼텍의 대학원생이었던 청-야오 차오Chung-Yao Chao는 양전자에 의해 생기는 이상한 현상

을 실험실에서 발견했지만 그것을 추적하지는 않았다.

■ 5. 태양은 물질이 월등하지만, 재미있게도 이것은 우리가 알고 있는 가장 엄청난 반물질 공장들 중 하나이다. 태양과 다른 별들은 우주선이라고 불리는 고에너지 입자들을 방출하는데, 이것이 다른 입자들을 때리면 반입자들을 포함한 부산물들을 만들어낸다. 이 반입자들은 오래 지속되지 못하고 보통입자와 함께 소멸된다. 2002년에 일어난 태양 플레어는 0.5킬로그램의 반물질을 만들어냈는데, 이것은 미국 전체를 이틀 동안 유지할 수 있는 에너지고, 매년 입자가속기에서 만들어지는 양의 수십억 배나 되는 양이다.

■ 6. A. Cohen, A. De Rujula, and S. Glashow, '입자-반입자 우주?A Matter-Antimatter Universe?', 〈The Astrophysical Journal 495〉(1998), p. 539.

■ 7. 입자가속기는 양자는 점과 같고 기본 입자이지만, 중성자와 양성자는 그렇지 않다는 것을 보여주었다. 양성자는 전하가 각각 +2/3인 두 개의 '업up'쿼크와 전하가 -1/3인 한 개의 '다운down'쿼크로 이루어져 있고, 중성자는 한 개의 업쿼크와 두 개의 다운쿼크로 이루어져 있다. 쿼크들은 입자들을 구성하는 성분으로 강하게 제한되어 있고, 자유로운 상태로 관측된 적이 전혀 없다. 이 용어는 무거운 입자들의 상호작용 모형을 생각해낸 물리학자 머리 겔만Murry Gell-Mann에 의해 제안되었다. 이것은 오리가 만들어내는 소리를 표현한 것으로, 제임스 조이스James Joyce의 피네간의 경야Finnegan's Wake(무의미한 내용으로 가득 찬 책이라고 평가받는)에 나오는 무의미한 문구 '미스터 파크의 세 개의 쿼크들'에서 따온 것이다.

■ 8. 얼마 동안 세 번째 세대 혹은 레벨의 쿼크들은 '진실truth'과 '아름다움beauty'으로 이름 붙여졌다. 하지만 물리학자들조차도 입자들의 이름으로는 너무 유치하고 엉뚱하다는 의견이 많아 좀 더 평범한 이름인 '톱top'과 '보톰bottom'으로 바뀌었다. 노벨상 수상자인 엔리코 페르미는 훗날 역시 노벨상을 수상한 학생 레온 레더만Leon Lederman에게 한번은 이렇게 말했다. "젊은 친구, 내가 이 모든 입자들의 이름을 다 외울 수 있었다면 나는 식물학자가 되었을 것이네."

■ 9. 양성자와 중성자는 세 개의 쿼크로 이루어져 있다. 하지만 쿼크-반쿼크 쌍으로 만들어진 입자도 있다. 이 입자는 메손이라고 하고, 이들은 모두 불안정하여 순식간에 붕괴한다. 입자의 '동물원'에 메손을 추가하면 왜 물리학자들조차도 제대로 정리하기 어려워하는지 설명이 될 것이다.

■ 10. Robert Oerter, 《거의 모든 것의 이론: 표준 모형, 현대 물리학의 숨겨진 승리The Theory of Almost Everything: The Standard Model, the Unsung Triumph of Modern Physics》(New York: Pearson Education, 2006).

■ 11. 힉스 보손은 물리학에서 가장 열심히 찾기 위해서 노력하고 있는 입자다. 이것은 기본 입자들이 질량을 얻게 되는 메커니즘에 대한 연구의 부산물로 그 존재를 제안한 에딘버러 대학의 명예교수 피터 힉스Peter Higgs의 이름을 딴 것이다. CERN과 페르미 실험실에서 모두 열심

히 노력하고 있지만 힉스 입자는 몇 번의 잘못된 보고가 있긴 하지만 2011년 중반까지 아직 발견되지 않고 있다(2012년 10월 기준으로 발견을 눈앞에 두고 있다 - 옮긴이).

■ 12. 중성미자는 빛의 속도에 가깝게 움직이고, 전기적으로 중성이며 물질과 너무나 약하게 상호작용하기 때문에 수 킬로미터의 납을 아무 반응 없이 통과할 수 있다. 이들의 약한 상호작용은 약한 핵력을 포함하고, 이것은 베타붕괴로 만들어진다. 표준 모형에서 중성미자는 질량이 없지만 이들은 세 가족들—전자, 뮤온, 타우입자—의 맛 사이에서 '진동'하는 것이 관측되었다. 이것은 이들이 반드시 질량을 가져야 한다는 것을 의미한다. 지금까지의 실험에서 측정된 질량은 절대적이지 않고 맛에 따라 달라진다. 중성미자는 암흑물질을 설명할 수 있을 정도로 충분히 많고 질량도 충분하다. 하지만 행동에 문제가 있다. 중성미자는 '뜨겁고' 상대론적 속도로 움직이기 때문에 은하들의 거대 규모 구조를 씻어버릴 것이다. 그런데 가상의 암흑물질은 '차갑고' 구조를 그대로 유지한다.

■ 13. 이것은 모든 페르미온에서 사실이다. 입자가 전하를 띠고 있으면 반입자는 반대의 전하를 띠고 있다. 입자가 중성자나 중성미자처럼 중성이면 반중성자와 반중성미자도 역시 중성이다. 전자기력을 운반하는 광자를 포함한 보손은 자기 자신의 반입자처럼 행동한다.

■ 14. 훨씬 더 어려운 장정은 2003년 CERN에서 반헬륨의 동위원소를 만들어낸 것이다. 하지만 풍선에 뜨게 힐 수 있을 정도로 많은 양을 모아서 반풍선에 넣어 아이들을 생일 반파티나 반생일 파티에 사용할 수 있는 현실적인 방법은 없다.

■ 15. 사실 그 실험은 공간에서의 거울 효과와 물질을 반물질로 대체하는 현상의 결합이 깨지는 것을 보여주었다. 3차원 공관과 시간, 그리고 전하가 통합적인 대칭성을 유지하고 있다면, 반대 방향의 시간도 깨져야 한다. 그래서 K 메손은 시간의 방향을 구별할 수 있는 입자가 된다. 이 효과의 가장 고감도의 실험은 반원자에 대해서도 수행되고 있다.

■ 16. 또한 이 시기 즈음에 남은 쿼크들은 쌍을 이루어 메손이 되거나 3개가 모여 바리온이 되었고, 우주가 식으면서 강한핵력에 의해 이 배열은 단단하게 묶여 유지되었다. 오래되고 차가운 우주에서 자유 쿼크는 절대 발견되지 않는다.

■ 17. Nick Bostrom, 《인류발생의 불균형: 과학과 철학에서의 선택 관측 효과Anthropic Bias: Observation Selection Effects in Science and Philosophy》(New York: Routledge, 2002).

■ 18. 정교한 조정을 주장하는 역사에서 또 하나의 실마리는 몇몇 숫자가 인류발생론과 일치한다는 아이디어에서 나왔다. 1919년, 헤르만 웨일Hermann Weyl은 두 전자 사이의 전자기력과 중력의 크기의 비가 10^{39}라는 큰 값이 되는지 궁금해했다. 얼마 후, 천체물리학자 아서 에딩턴은 이 수의 제곱이 우주에 있는 입자들의 수라는 것을 알아냈고, 폴 디랙은 이 수가 별의 수명을 빛이 양성자 하나를 지나가는 데 걸리는 시간으로 나눈 값과 같다는 것을 알아냈다. 1962

년, 로버트 디키 역시 많은 우연에 대해서 자세히 설명했다. 이 사람들은 모두 위대한 과학자들이었다. 하지만 이 수를 설명할 수 있는 배경 이론이 없는 상태에서 인류발생론적인 설명은 목적론과 숫자를 이용한 점술로 취급받아 관심을 잃을 수밖에 없었다.

■ 19. Roger Penrose, 《제왕의 새로운 마음 The Emperor's New Mind》(New York: Oxford University Press, 1989).

■ 20. Stephen Hawking, 《시간의 역사 A Brief History of Time》(New York: Bantam, 1988).

■ 21. John Leslie, 《우주 Universes》(New York: Routledge, 1989).

■ 22. V. Stenger, '인류학적인 우연에 대한 자연적인 설명 Natural Explanations for the Anthropic Coincidences', 〈Philosophy 3〉(2000), p. 50. 스텐저는 가상의 우주의 물리적 변수들을 변화시키면서 얼마나 자주 중원소와, 수명이 긴 별들과, 생명체가 나타날 수 있는지 알아보는 '원숭이 신MonkeyGod' 프로그램을 수행했다. 그는 폭넓은 물리적 변수들에 대해서 생명체를 가지고 있는 우주가 그렇게 드물지 않다고 강하게 주장했다. 정교한 조정과 인류학적인 주장에 대해 상세히 기술한 최초의 책으로는 J. Barrow and F. Tipler, 《인류학적 우주론의 원리 The Anthropic Cosmological Principle》(New York: Oxford University Press, 1986).

14장 | 통합과 인플레이션

■ 1. Steven Weinberg, 《처음 3분간 The First Three Minutes》(New York: Basic Books, 1977).

■ 2. 같은 온도를 가지고 있는 기체, 액체, 혹은 고체는 열적 평형에 있다고 표현된다. 열은 일반적인 기체, 액체, 혹은 고체 속의 원자들과 분자들의 충돌에 의해 전달되고 이것이 시간이 지나면서 물질들을 열적 평형에 이르게 한다. 초기 우주는 고온의 기체였지만, 이것은 너무나 빠르게 팽창하고 있었기 때문에 충돌에 의해 매끄러워질 수가 없었다. 복사는 초속 30만 킬로미터로 이동하고 에너지가 전달되어 열적 평형에 이르게 하는 가장 빠른 방법이다. 하지만 초기 우주는 빛보다 훨씬 더 빠르게 팽창하고 있었기 때문에 초기 상태의 어떠한 온도 변화도 '고정된' 상태로 있었어야 한다.

■ 3. 또 다른 잔해는 끈과 벽이라고 불리는 시공간의 1차원과 2차원 단절과 구조라고 불리는 복잡한 시공간의 흠집들이다. 자기홀극은 전자기력, 약한 핵력, 그리고 강한 핵력을 통합하도록 설계된 확장된 표준 모형인 소위 말하는 대통합이론의 결과물이다. 1970대에 제안된 이 이론은 특이한 잔해들이 흔하게 있고 일반적인 입자들보다 더 많아야 한다고 예측한다. 우주론자 마틴 리스는 이 예측에 대해 약간 좋지 않게 보는 관점을 가지고 있었다. '특이한 물리학에 대한 회의론은 그 자체가 가설에 의한 입자들이 존재하지 않는 것을 설명하는데 대한 이론적

인 논쟁에 의해 크게 영향을 받지 않는다. 예방약은 존재하지 않는 질병에 대해 100퍼센트 효과가 있는 것처럼 보인다!' 리스의 유명한 책《태초 이전Before the Beginning》(New York: Basic Books, 1998)을 보라.

■ 4. A. Guth, '우주의 인플레이션의 빅뱅의 폭발이었을까?Was Cosmic Inflation the 'Bang' of the Big Bang?'〈The Beamline 27〉(1997), p. 14.

■ 5. Leon Lederman and Chris Hill,《대칭성과 아름다운 우주Symmetry and the Beautiful Universe》(New York: Prometheus, 2004).

■ 6. 물리학에서 에미 노에더Emmy Noether는 1918년에 대칭성은 에너지 보존 법칙이나 운동량 보존 법칙과 같은 바탕에 깔린 보존 법칙들과 연관되어 있다는 것을 보였다. 특수상대성이론에서 아인슈타인은 시공간의 대칭성을 기본적인 원칙으로 끌어올렸다. 그 결과는 빛의 속도 가까이에서 보이는 질량, 길이 그리고 시간의 뒤틀림이었고, 그는 이 생각을 일반상대성이론으로 이어갔다. 대칭성의 원리는 양자역학 발전의 중심이었고, 미시세계와 우주론 왕국을 설명하는 물리학의 통합 법칙을 찾는 현재의 연구의 기본 바탕이기도 하다.

■ 7. A.V. Voloshinov, '과학과 예술에서의 대원칙으로서의 대칭성Symmetry as a Superprinciple in Science and Art',〈Leonardo 29〉(1996), p. 109에서 인용.

■ 8. 특히 얼굴의 대칭성과 아름다움에 대해서는 많은 문헌들이 존재한다. 예를 들어, D. Perrett, '대칭성과 사람 얼굴의 매력Symmetry and Human Facial Attractiveness',〈Evolution and Human Behavior 20〉(1999), p. 295.

■ 9. Mario Livio,《풀릴 수 없는 방정식The Equation That Couldn't Be Solved》(New York: Simon and Schuster, 2005).

■ 10. 힘들이 결합하기 위해 필요한 온도보다 훨씬 낮은 온도에서의 통합이 가능하다는 단서가 있다. 하지만 모든 합리적인 추론은 힉스 입자의 발견을 기다린다. 이것은 강한 상호작용에 참여하는 쿼크들을 포함한 기본 입자들의 질량 규모를 결정하는 표준 모형의 최소한의 확장을 표현하기 때문이다. 질량을 설명하는 힉스 입자의 기본적인 역할을 제쳐두고라도, 통합이론에 너무나 많은 변화가 있고, 너무나 많은 잠재적인 '낮은 에너지' 흔적이 있기 때문에 현재의 가속기들로는 강력한 제한을 제공하기가 매우 어려울 것이다. 사실 대통합이론에 대한 단일한 온도나 에너지는 존재하지 않고, 이론의 특징에 의존한다.

■ 11. 대통합이론들은 대칭성을 복잡하고 당황스러울 정도로 추상적인 수학 안에 포함시킨다. 이 이론들은 대칭성을 포함하고 있는 어떤 형태의 변환도 가질 수 있도록 설계된 대수의 형태를 이용한다. 축에 대한 회전이 한 예가 될 것이다. 그 대수는 다양체의 측면에서 해당되는 기

하학적 묘사를 가지고 있거나, 1, 2, 3차원 혹은 그보다 높은 차원에서의 휘어진 고차원 공간을 가지고 있다. 물리학 이론은 순수하게 수학적인 대칭성을 깔고 있고, 사실은 '현실세계'와는 아무런 상관이 없는 수학에서 사용되는 것과 같은 공식을 사용하고 있다.

■ 12. 초대칭은 페르미온 혹은 입자와 보손 혹은 힘 전달자 사이의 상호작용을 가정한다. 보손은 정수의 스핀을 가지고 페르미온은 정수 절반의 스핀을 가지며, 양자이론에서는 이들은 어떤 상호작용도 하지 않는다. 당연하게도 페르미온의 초대칭짝은 스핀이 0이며, 보손의 초대칭짝은 정수 절반의 스핀을 가진다.

■ 13. 브라이언 메이와 퀸은 3억장의 앨범을 판매했고, 메이는 2005년 Planet Rock의 투표에서 역대 세계 최고 기타리스트 톱 10에 포함되었다. 그는 영국왕실의 훈장을 받았고, 2007년에는 임페리얼칼리지Imperial College에서 드디어 천체물리학 박사학위를 받았다. 줄리아 집합Julia set에 기반한 프랙탈은 1970년대 중반 몇몇 수학자들에 의해 연구되었고, 1970년대 후반 프랑스의 수학자 브누아 만델브로Benoit Mandelbrot에 의해 처음으로 시각화되고 대중화되었다.

■ 14. Alan Guth, 《인플레이션 우주: 우주의 기원에 대한 새로운 이론을 위한 탐험The Inflationary Universe: The Quest for a New Theory of Cosmic Origins》(New York: Perseus, 1997).

■ 15. 진공에너지는 압력의 속성을 가지고 있기 때문에 원칙적으로 공간을 팽창시킬 수 있다. 앞에서 보았듯이 우리는 현재 우주 팽창을 가속하고 있는 '암흑에너지'를 만났는데, 진공의 에너지는 현재의 가속을 설명하기에는 너무 크다. 이것은 초기의 인플레이션을 설명하기에 더 적합하다. 하지만 확실한 설명을 해줄 수 있는 정량화된 중력이론은 현재 없다.

■ 16. 더 정확하게는 초단파 요동은 무작위 혹은 가우시안 통계로 결정되며, 로그적으로 더 작은 크기에서 더 작은 기여를 하는 멱법칙의 성질을 가지고 있다. 멱법칙 세기와 기울기 단 두 개의 변수로 서술된다. 멱법칙 기울기 -1은 크기에 자유로운 요동에 해당된다.

■ 17. 새로운 측정은 초단파 배경복사의 편광 발견에 달려 있다. 우주가 중성이 되고 물질과 복사가 마지막으로 상호작용했을 당시에 관측된 복사의 요동은 세 가지 다른 행동을 가지고 있다. 은하 형성을 이끈 10만 분의 1 파문은 수축과 팽창에 의해 만들어졌다. 소리의 파동이 좋은 비유가 된다. 두 번째 모드는 소용돌이와 같다. 세 번째 모드는 공간을 다른 방향으로 다른 양으로 뒤트는 중력파에 의해 만들어지고, 이것은 복사를 약간 편광이 되게 만든다. 이 모드들은 표준적인 온도 변화보다 1,000배 더 작을 수 있기 때문에 플랑크가 발견하지 못할 수도 있다. 만일 이들이 인플레이션 모형이 예측하는 것처럼 100배 정도밖에 작지 않다면, 아주 초기 우주의 물리학에 대한 중요한 시험을 할 수 있는 기회가 될 수 있다.

■ 18. T. S. Elliot, 《네 개의 사중주Four Quartets》(Orlando: Harcourt, 1943).

■ 19. 구스의 통찰 훨씬 전에 이론가들은 우주론에서 진공에너지의 역할에 대해 연구해왔다. 에드 트라이언Ed Tryon은 진공 요동이 전체적인 에너지 비용 없이 우주를 만들어낼 수 있었을 것이라고 지적했다. 1979년, 구스의 중요한 논문이 발표되기 전에 알렉세이 스타로빈스키Alexei Starobinsky는 인플레이션을 가능하게 하는 메커니즘을 떠올렸다. 하지만 그는 그것이 어떻게 우주론의 중요한 문제들을 해결할 수 있는지 알아차리지 못했다. 구스의 '우아한 틸출구' 문제는 폴 슈타인하르트Paul Steinhardt와 안드레아스 알브레히트Andreas Albrecht에 의해 독립적으로 풀렸다. 1980년대 초반에 20여 명의 이론가들이 이 분야에 중요한 기여를 하였다. 그중 많은 수가 러시아인들이었는데, 이것은 구소련의 활기찬 이론물리학의 전통을 보여주는 것이다. 이 전통은 안타깝게도 지난 수십 년 동안 계속 약해져왔다. 구스와 린데는 학문적으로 슈퍼스타가 되었고, 자신의 분야에서 상징적인 지위를 얻었다. 이것은 눈에 띄거나 띄지 않는 영웅들이 있고, 독창적인 새로운 아이디어가 드물고, 주요한 역할과 약한 역할의 구별이 미묘한 과학 분야에서 전형적인 상황이다. 그들은 각각 인기 있는 책을 쓰고 대중 강연도 자주 하여 자신들의 독특한 아이디어를 더 많은 대중들에게 알렸다.

■ 20. 전기적 포텐셜은 스칼라장이라고 불린다. 입자물리학의 형식주의에는 대칭성 파괴와 연관된 스칼라장들이 있다. 그래서 우주 공간은 전자기 약력이 통합되어 있던 시기에 만들어진 스칼라장으로 가득 차 있다. 그리고 그 장과의 상호작용의 결과로 약한 상호작용을 전달하는 W와 Z 보손은 무겁고, 전자기 상호작용을 전달하는 광자는 가볍게 되었다. 비슷하게, 가상의 힉스 입자는 현재의 낮은 온도 우주에서 입자들에게 질량을 제공해주는 스칼라장과 연관되어 있다. 또 다른 형태의 스칼라장에서의 변화들이 인플레이션의 원인으로 여겨진다. 그리고 입자물리학자들은 종종 이것을 대통합이론에서의 대칭 파괴의 탓으로 돌린다.

■ 21. 지평선에 갇혀 있는 시공간들은 블랙홀과 비슷하다. 영원한 인플레이션에서의 변화라는 방법은 블랙홀에서 일어나는 과정을 가지고 있다. 블랙홀이 특이점으로 수축할 때마다 또 다른 시공간으로 튀어 오르고 새로운 인플레이션 우주가 만들어진다. 이것이 아기 우주의 시나리오다.

■ 22. Richard Feynman, 《물리학 법칙의 특징The Character of Physical Law》(London: BBC Publications, 1965).

■ 23. Jim Al-Khalili, 《양자: 혼란스러운 사람들을 위한 안내서Quantum: A Guide to the Perplexed》(London: Weidenfield and Nicholson, 2005).

15장 | 다중우주

■ 1. Michael Shermer and Stephen Jay Gould, 《왜 사람들은 이상한 것을 믿는가Why People Believe Weird Things: Pseudoscience, Superstition, and Other Confusions of Our Time》(New York: Henry Holt and Company,

2002).

■ 2. Stephen Hawking, 《시간의 역사 A Brief History of Time》(New York : Bantam, 1998).

■ 3. 시간과 공간의 크기는 엄청나게 작지만 에너지와 온도의 크기는 엄청나게 큰 플랑크 크기는 어떤 면에서는 물리학의 '본질적인' 크기다. 모든 양들은 3개의 기본적인 상수들의 결합이다. 빛의 속도, 플랑크 상수, 그리고 중력상수다. 이 3개의 상수를 결합하여 길이, 시간, 에너지를 유도하는 방법은 하나밖에 없다. 그래서 물리 법칙에서 플랑크 크기가 그렇게 중요하게 여겨지는 것이다. 하지만 이것은 양자역학과 상대성이론이 만나는 상황에 해당되고, 두 이론을 결합하는 검증된 이론은 없기 때문에 이것도 역시 물리학적인 이해의 한계지점이다. 플랑크 단위들은 종종 '신의 단위들'이라고 불린다. 이들은 (SI 단위 시스템과는 달리) 어떤 인공적인 물체의 참조 없이 유도된 것이기 때문이다. 어떤 과학자들은 지적인 외계인들이 다른 지적인 외계인들과 의사소통을 할 때도 이 시스템을 이용할 것이라고 생각한다. 플랑크 단위들은 물리학자들이 자연에 대한 의문을 재구성 하도록 해준다. 예를 들어, 프랭크 윌첵 Frank Wilczek은 이렇게 썼다. "궁금한 것은 '중력이 왜 그렇게 약한가?'라기보다는 '양성자의 질량이 왜 그렇게 작은가?'이다. 자연의 단위, 혹은 플랑크 단위에서 중력의 세기는 그냥 주어진 기본적인 양이고, 양성자의 질량은 작은 숫자이기 때문이다."(Physics Today [June 2001], p. 12).

■ 4. 양자역학을 상대성이론과 융합시키는 과정에는 많은 수학적인 문제들이 존재한다. 가장 악명 높은 것은 계산 과정에서 나타나는 수많은 '무한대들'이다. 순수 수학에서는 무한대는 아무런 문제가 되지 않고, 오히려 조사할 만한 많은 주제들을 정의해준다. 하지만 물리학에서 무한대는 문제가 된다. 물리적인 양은 항상 범위를 가지거나 결정이 되어야 하기 때문이다. 예를 들어, 표준 모형에서 전자는 크기가 없기 때문에 질량밀도와 전하밀도가 무한대가 되어야 한다. 이것은 하나의 단순한 예일 뿐이고, 다른 점에서는 매우 성공적인 여러 양자 상호작용 이론에서도 많은 무한대들이 나타난다. 이 양들을 계산하기 위해서 물리학자들은 무한대들을 소거하는 영리한 방법인 환치계산법이라는 기술을 개발했다. 이 상황을 특히 못마땅해했던 폴 디랙은 이렇게 말했다. 합리적인 수학은 어떤 양이 아주 작을 때 무시하는 것이지, 무한히 크고 마음에 들지 않는다고 무시하는 것이 아니다! 리처드 파인만도 역시 환치계산법을 '멍청한 과정' 혹은 '간교한 말장난'이라고 부르며 불편해했다. 이들의 의구심에도 불구하고 환치계산법은 물리학의 표준 도구의 일부이다. 하지만 이것도 플랑크 크기에서는 전혀 사용할 수 없다.

■ 5. George Musser, 《바보들을 위한 끈이론 안내서 The Complete Idiot's Guide to String Theory》(Indianapolis : Alpha, 2008).

■ 6. 1820년대에 칼 프리드리히 가우스 Carl Friedrich Gauss는 휘어진 3차원 공간에서의 일반적인 기하학을 완성했다. 이것은 100년 후 아인슈타인이 일반상대성이론을 발전시킬 때 중요한 역할을 했다. 1850년대에 베른하르트 리만 Bernhard Riemann이 가우스의 이론을 다양체라고 하는 다차원의 공간으로 확장시켰다. 미분기하학의 영역에서 가능한 차원의 한계값은 없다. 이런 일

들은 1920년대에 테오도르 칼루자Theodor Kaluza와 오스카 클라인Oscar Klein이 중력과 전자기력을 5차원 시공간에서 통합하려고 시도했을 때까지 현실에는 적용되지 않는 별난 이론으로 간주되었다. 칼루자와 클라인의 작업은 초끈이론과 10차원 시공간으로 현재의 연구에까지 이어지고 있다.

■ 7. Lisa Randall, 《휘어진 경로: 우주의 숨겨진 차원의 미스터리를 풀다Warped Passages: Unraveling the Mysteries of the Universe's Hidden Dimensions》(New York: Ecco Press, 2005).

■ 8. 각기 다른 끈이론들은 이중성이라고 불리는 변환들로 연결되어 있다. 이중성은 하나의 끈이론을 다른 끈이론으로 그리기만 하는 것이 아니라, 항상 다른 것으로 여겨지던 양을 연결시키기도 한다. 크고 작은 거리 스케일, 그리고 강하고 약한 결합상수들이다. 이중성은 물리학에서 아주 작고 큰 스케일 사이의 차이가 고정된 것이 아니라 거리 측정을 어떻게 할 것인지 결정하는 것에 따라 유동적이라는 의미를 내포한다는 점에서 매력적이다.

■ 9. 10^{500}은 1 뒤에 0이 500개가 붙는 것이다. 지금까지 우리가 만난 가장 큰 확실한 숫자는 10^{80}으로 관측 가능한 우주에서 있는 입자의 수다. 끈이론 진공 상태의 수는 우주의 모든 입자들이 각각 자신과 연관된 10^{80}개의 입자를 가지고 있고, 이 입자들이 또 10^{80}개의 입자, 이 입자들이 또 10^{80}개의 입자, 이 입자들이 또 10^{80}개의 입자, 이 입자들이 또 10^{80}개의 입자, 이 입자들이 또 10^{80}개의 입자를 가지고 있는 것에 해당된다. 실로 어마어마한 숫자다!

■ 10. Brian Greene, 《엘러건트 유니버스The Elegant Universe: Superstrings, Hidden Dimensions, and the Quest for the Ultimate Theory》(New York: Norton, 2003), 그리고 Brian Greene, 《우주의 구조The Fabric of the Cosmos: Space, Time and the Texture of Reality》(New York: Alfred A. Knopf, 2004).

■ 11. Lee Smolin, 《물리학의 문제: 끈이론의 부상, 과학의 추락, 그리고 그 다음에 일어날 일The Trouble with Physics: The Rise of String Theory, the Fall of a Science, and What Comes Next》(New York: Houghton Mifflin, 2006), 그리고 Peter Woit, 《틀린 정도가 아니다: 끈이론의 실패와 물리 법칙을 통합하기 위한 탐구Not Even Wrong: the Failure of String Theory and the Search for Unity in Physical Law》(New York: Basic Books, 2006).

■ 12. 끈이론을 두고 벌어지는 격한 싸움은 많은 물리학자들에게는 고통이고, 이론물리학은 순수한 지성의 경연장이라고 상상하고 있는 외부 사람들에게는 놀라운 일이다. 20년 전 리처드 파인만은 끈이론을 '미친 짓'이며 물리학의 '잘못된 방향'이라고 비판했다. 노벨상 수상자이자 끈이론 이전 시대에 입자물리학에 마지막으로 가장 큰 기여를 한 사람들 중 한 명인 셸던 글래쇼는 끈이론자들을 하버드의 자기 과에 들어오지 못하게 하려고 노력했다(하지만 실패했다). M 이론의 'M'을 삐딱하게 설명한 것으로는 '모호한murky'과 '자위masturbation'가 있다. 끈이론은 성장하면서 미학적으로 매력을 끌던 단순성을(그리고 유용한 순수성을) 잃어버렸다. 그리고 끈이론을 싫어하는 사람들은 물리학계가 '집단적 사고'를 하고 있고, 젊은 이론가들이 끈이

론을 연구하지 않으면 일자리를 얻을 기회가 거의 없게 되었다고 비난했다. 끈이론에 반대하는 몇몇 비유는 좀 과도하긴 하지만, 이 이론이 계속 검증되지 않고, 사회과학이 물리학자들이 작업하는 문제들을 좌우한다면 바람직하지 못한 상황이 될 것이다.

■ 13. Martin Rees, 《처음 이전Before the Beginning》(Reading, MA: Helix Books, 1997).

■ 14. A. Linde and V. Vanchurin, '다중우주에는 얼마나 많은 수의 우주가 있을까?How Many Universes Are in the Multiverse?', 〈Physical Review D 81〉(2010), p. 83525. 그들의 계산에서 허용되는 우주의 수는 겨우 10의 500승이 아니라 10의 지수가 1 뒤에 0이 1억 개가 붙은 숫자다. 흔히 사용되는 가장 큰 수는 구골googol로 10의 100승이다(재미있게도 래리 페이지Larry Page와 세르게이 브린Sergey Brin이 그들의 사업을 시작할 때 구골이라는 단어의 철자를 살짝 바꾸어 회사 이름을 구글 Google이라고 지었다). 구골플렉스googolplex는 10의 지수가 구골인 수이다. 칼 세이건은 이 수를 기록하는 것을 불가능하다고 계산했다. 알려진 우주보다 더 큰 공간이 필요하기 때문이다(아마 다중우주에는 충분한 공간이 있을 것이다). 구골플렉스조차도 인플레이션에서 허용되는 우주의 수보다는 훨씬 더 작은 수이다. 하지만 최근의 논문에서 린데Linde와 반슈린Vanchurin은 사람의 뇌가 구별할 수 있는 수에 기반 하여 그 수를 10의 지수가 10^{16}인 수로 제한하였다.

■ 15. M. Tegmark, '평행우주Parallel Universes', 〈Scientific American〉(May 2003), p. 41.

■ 16. 양자역학의 '많은 세계' 해석은 1957년 휴 에버렛Hugh Everett의 박사학위 논문에서 처음 공식화되었고, 1960년대와 1970년대에 브라이스 드위트Bryce DeWitt에 의해 대중화되었다. 이것은 양자역학을 설명하는 방정식들은 결정론적인 반면 방사성 붕괴와 같은 개별적인 양자적 사건은 본질적으로 확률적이라는 사실을 양립시키는 것을 목표로 한 것이었다. 물리학자들은 이 아이디어에 이중적인 반응을 보였다. 대부분은 이것을 더 전통적인 코펜하겐 해석과 같은 수준의 현실 묘사로 받아들였다. 하지만 이것은 그들을 불편하게 만들었기 때문에 대부분 이것에 대해서 언급하지는 않았다.

■ 17. Leonard Susskind, 《우주의 풍경: 끈이론과 지적설계론의 환상The Cosmic Landscape: String Theory and the Illusion of Intelligent Design》(New York: Little Brown, 2005).

■ 18. 이후에 발견된 순수 수학에서의 예들은 자연의 측면들이 다수라는 것을 묘사한다. 수학자들은 플라톤적인 관점을 갖는 경향이 있다. 로저 펜로즈는 복소수의 단순한 귀납적인 관계인 만델브로 집합이 무한하고 무한히 복잡한 '세계'를 드러내는 것을 기뻐했다. 그는 발명보다는 발견을 기대했다. "만델브로는 발견되기를 기다리고 있다: 에베레스트 산처럼 그것은 그냥 거기에 있다!"(The Emperor's New Mind [Oxford: Oxford University Press, 1989], p. 95). 지난 100년이 넘는 동안 물리학자들은 자연의 복잡한 측면을 묘사하는 이론들의 우아함과 아름다움, 그리고 단순성에 충격을 받았다. 유진 위그너Eugene Wigner는 1959년의 강연에서 이렇게 말했다. "자연과학에서 수학의 엄청난 유용성은 미스터리에 경계를 짓는 것이다."(Communications in

Pure and Applied Mathematics 13, no. 1 [1960], p. 13).

■ 19. 플랑크 크기는 강입자충돌기나 어떤 제안된 물리실험에서도 이르기 어려운 수준이다. 하지만 상황이 완전히 암울하지만은 않다. 높은 에너지에서의 행동이 낮은 에너지에서 어떤 현상으로 드러나기 때문이다. 초대칭을 넘어, 물리학자들은 끈이론과 이것의 표현인 다중우주에서 중심이 되는 숨은 차원을 간접적으로라도 찾을 수 있기를 희망한다. 같은 크기들을 살펴보는 또 다른 방법은 가속기나 우주선cosmic ray을 이용해서 소형 블랙홀을 만들어내는 것이다. 최근 크레이그 호건Craig Hogan은 플랑크 크기의 시공간 '픽셀'에서 증폭된 잡음을 발견하는 실험을 제안했다. 그의 아이디어는 어떤 공간도 그 경계에서 일어나는 일로 완벽하게 묘사할 수 있다고 하는 '홀로그램 원리'를 이용한 것이다. 호건은 정밀한 광학 간섭계를 이용하여 플랑크 크기로 세분화된 시공간의 '흠집'을 측정할 수 있을 것으로 기대한다. 하지만 그의 예측은 특수상대성이론이 양자중력 스케일에서는 적용되지 않는 경우에만 의미가 있다.

■ 20. M. Livio and M. Rees, '인간 원리Anthropic Reasoning', ⟨Science 309⟩(2005), p. 1022.

■ 21. 작지만 성장하고 있는 연구 그룹들이 끈이론이나 M이론이 기반이 되는 다중우주의 기본적인 물리 변수들의 분포 가능성을 계산하려고 시도하고 있다. 검증된 '모든 것의 이론'은 아무것도 없기 때문에 이것이 어렵다는 것은 말할 필요도 없다. 하지만 다중우주에서 정교하게 조정된 우주로서의 우리 우주를 이해하기 위해서는 필요하다.

■ 22. 이 논의의 전제는 뇌는 모든 신경 연결과 활동의 종합 이상이 아니라고 하는 '기질 독립성'이다. 많은 인간론자와 철학자들은 이와 같은 물질론적인 전제를 혐오한다. 이들은 의식, 지각, 그리고 말로 표현할 수 없는 인간의 특징들이 신경회로와 추상적인 계산으로 환원될 수 없다고 주장한다. 하지만 과학적인 실험들은 '마음'이 실리콘에 저장되고, 수정되고, 마음대로 업로드와 다운로드를 할 수 있다는 기질 독립성의 가능성을 배제하지 않는다.

■ 23. N. Bostrom, '당신은 컴퓨터 시뮬레이션 속에 살고 잇는가?Are You Living in a Computer Simulation?', ⟨Philosophical Quarterly 53⟩, no. 211 (2003), p. 243.

■ 24. Paul Steinhardt and Neil Turok, 《끝없는 우주: 빅뱅을 넘어서Endless Universe: Beyond the Big Bang》(New York: Doubleday, 2007).

세상은 어떻게 시작되었는가

2013년 1월 3일 초판 1쇄 인쇄
2013년 1월 7일 초판 1쇄 발행

지은이 | 크리스 임피
옮긴이 | 이강환
발행인 | 전재국

본부장 | 이광자
단행본개발실장 | 박지원
책임편집 | 정선영 이연수
마케팅실장 | 정유한
책임마케팅 | 정남익 조용호 조광한 이지희 정현설
제작 | 정웅래 박순이

발행처 | (주)시공사
출판등록 1989년 5월 10일(제3-248호)

주소 | 서울시 서초구 사임당로 82(우편번호 137-879)
전화 | 편집(02)2046-2850 · 영업(02)2046-2800
팩스 | 편집(02)585-1755 · 영업(02)588-0835
홈페이지 | www.sigongsa.com

ISBN 978-89-527-6794-3 03400

본서의 내용을 무단 복제하는 것은 저작권법에 의해 금지되어 있습니다.
파본이나 잘못된 책은 구입하신 서점에서 교환해 드립니다.